전기공학도와 현장 실무자를 위한
최근 개정법 규정 수록

건축전기설비
기술사 Ⅱ권

예문사

머리말

전기설비는 전력회사에서 보내온 상용전력을 수전받아 변압기를 통해 부하기기에 안정적으로 공급하여 일상생활을 쾌적하고 편리하게 할 수 있도록 하는 자동화, 정보화 에너지 설비라 할 수 있습니다.

고도 정보사회의 급속한 진전 및 신축 건축물의 대형화, 현대화, 고층화에 따른 쾌적한 주거환경의 확보, 건물의 편리성 유지, 방재기능의 강화 등으로 인해 전기설비의 내용도 점점 복잡·다양해지고 전기설계, 감리공사비의 비중도 점차 증대되고 있으며, 특히 정보화의 급격한 발전으로 정보화 빌딩인 인텔리전트화로 전기설비 분야가 급격하게 각광을 받고 있습니다.

또한 최근 지구온난화 및 에너지 절감을 위한 전 세계적인 시대상황과 관련하여 전기설비의 고효율화, 에너지 절감 및 신재생에너지 설비의 보급이 확대되고 있는 추세이며, 이와 관련하여 다양한 신재생에너지 설비의 내용을 수록함은 물론, 기존 국내 전기관계 법규정인 전기설비기술기준 및 판단기준, 내선규정이 폐지되고 KEC로 신설·변경됨에 따라 이를 기준으로 한 내용으로 전면 수정·보완하게 되었습니다.

이 도서는 1권에서 기초이론 및 전원설비, 2권에서 전력공급설비 및 부하설비(조명 및 동력), 3권에서 전기에너지설비, 방재 및 방범설비, 정보통신설비, 반송설비, 전기설비설계, KSC-IEC 60364 및 62305로 구성되어 있습니다.

본 도서에서 건축전기설비기술사의 취득과 관련하여 쉽게 공부에 도전할 수 있도록 건축전기설비 분야의 다양한 내용에 대해 많은 참고도서의 내용과 저자의 현장경험, 강의 자료 등을 토대로 이해하기 쉽게 정리하였습니다.

따라서 이 도서는 건축전기설비기술사 수험서로 활용될 뿐만 아니라 전기설비를 공부하는 대학, 전문대학의 교재로도 충분히 활용이 가능하며, 전기설계, 감리, 시공분야의 업무에서도 참고서적으로 유용하게 활용될 수 있을 것이라 생각됩니다.

최선의 노력으로 이 도서를 정리하였으나 부족하고 잘못된 곳이 있으리라 생각되며, 독자 여러분들의 교시와 충고를 받아 보다 좋은 책이 될 수 있도록 보완하고 수정하여 더욱 발전시켜 나가고자 합니다.

끝으로 이 도서가 독자 여러분들께 출판될 수 있도록 애써 주신 도서출판 예문사 임직원 및 사장님께 깊은 감사의 말씀을 표하는 바입니다.

2025.03
저자 **조 성 환**

출제기준

직무 분야	전기 · 전자	중직무 분야	전기	자격 종목	건축전기설비 기술사	적용 기간	2023.1.1.～2026.12.31.
○ 직무내용 : 건축전기설비에 관한 고도의 전문지식과 실무경험을 바탕으로 건축전기설비의 계획과 설계, 감리 및 의장, 안전관리 등 담당. 또한 건축전기설비에 대한 기술자문 및 기술지도하는 직무이다.							
필기검정방법		단답형/주관식 논문형			시험시간		400분(1교시당 100분)

필기과목명	주요항목	세부항목
건축전기설비의 계획과 설계, 감리 및 의장, 그 밖에 건축전기설비에 관한 사항	1. 전기기초이론	1. 회로이론 – R, L, C 회로의 전류와 전압, 전력관계 • 전기회로해석, 과도현상 등 • 밀만, 중첩, 가역, 보상정리 등 • 비정현파 교류
		2. 전자계 이론 • 플레밍, Amper의 주회적분, 페레데이, 노이만, 렌쯔 법칙 등 – 전자유도, 정전유도 • 맥스웰 방정식 등
		3. 고전압공학 및 물성공학 • 방전현상 • 고체, 액체 및 복합유전체의 절연파괴 • 금속의 전기적 성질, 반도체, 유전체, 자성체 • 전력용 반도체의 종류 및 응용
	2. 전원설비	1. 수전설비(수변전설비 설계) • 수전방식, 변압기용량계산 및 선정, 변전시스템선정 • 수전설비 기기의 선정 등
		2. 예비전원설비(예비전원설비 설계) • 발전기 설비, UPS, 축전지설비 • 조상설비, 전력품질개선장치 등
		3. 분산형 전원(지능형신재생 구축) • 분산형 전원의 종류 및 계통연계
		4. 변전실의 기획 • 변전실 형식, 위치, 넓이 배치 등
		5. 고장 계산 및 보호 • 단락, 지락전류의 계산의 종류 및 계산의 실례 • 전기설비의 보호 및 보호협조
	3. 배전 및 배선설비	1. 배전 설비(배전설계) • 배전방식 종류 및 선정 • 간선재료의 종류 및 선정 • 간선의 보호 • 간선의 부설

필기과목명	주요항목	세부항목
		2. 배선 설비(배전설비 설계) • 시설장소·사용전압별 배선방식 • 분기회로의 선정 및 보호
		3. 고품질 전원의 공급 • 고조파, 노이즈, 전압강하 원인 및 대책 • Surge에 대한 보호
		4. 전자파 장해대책
	4. 전력부하설비	1. 조명설비 – 조명에 사용되는 용어와 광원 • 조명기구 구조, 종류, 배광곡선 등 • 조명계산, 옥내·외 조명설계, 조명의 실제 • 조명제어 • 도로 및 터널조명
		2. 동력설비 • 공기조화용, 급배수 위생용, 운반·수송설비용 동력 • 전동기의 종류, 기동, 운전, 제동, 제어
		3. 전기자동차 충전설비 및 제어설비
		4. 기타 전기사용설비 등
	5. 정보 및 방재설비	1. I.B.(Intelligent Building) • I.B.의 전기설비 • LAN • 감시제어설비 • EMS
		2. 약전설비 • 전화, 전기시계, 인터폰, CCTV, CATV 등 • 주차관제설비 • 방범설비 등
		3. 전기방재설비 • 비상콘센트, 비상용조명, 유도등, 비상경보, 비상방송 등 – 피뢰설비 • 접지설비 • 전기설비 내진대책
		4. 반송 및 기타설비 • 승강기 • 에스컬레이터, 덤웨이터 등

출제기준

필기과목명	주요항목	세부항목
	6. 신재생에너지 및 관련 법령, 규격	1. 신재생에너지 • 태양광, 연료전지, 풍력, 조력 등 발전설비 • 에너지절약 시스템 및 기법 • 2차 전지 • 스마트그리드 • 전기에너지 저장(ESS)시스템 • 기타 신기술, 신공법관련 • 에너지계획 수립 • 친환경에너지계획 검토
		2. 관련법령 – 전기설비기술기준 • 한국전기설비규정(KEC) • 전기공사업법, 시행령, 시행규칙 • 전력기술관리법, 시행령, 시행규칙 • 주택법, 시행령, 시행규칙 • 건축법, 시행령, 시행규칙 • 에너지이용 합리화법, 시행령, 시행규칙 • 정부 고시 등
		3. 관련규격 • KS(Korean Industrial Standard) • IEC(International Electrotechnical Commission) • ANSI(American National Standards Institute) • IEEE(Institute of Electrical & Electronics Engineers) • JEM(Japanese Electrical & Machinery Standards) • ASA, CSA, DIN, JIS, KEC 등
	7. 건축구조 및 설비 검토	1. 구조계획검토
		2. 하중검토
		3. 설비시스템 검토
		4. 에너지계획 수립
		5. 친환경에너지계획검토
	8. 수 · 화력발전 전기설비	1. 조명방식 · 기구 선정 및 설계 방법, 에너지절감 방법
		2. 건축 구조 미 시공방식, 부하용량, 용도, 사용전압, 경제성, 방재성 등을 고려한 전선로/케이블 설계 방법
		3. 기타 설비설계 관련 사항
		4. 안전기준에 따른 접지 및 피뢰설비 설계 방법
		5. 정보통신설비 관련 규정 및 설계 방법
		6. 소방전기설비 관련 규정 및 설계 방법
		7. 기타 발전 방재 보안설계 관련 사항

Chapter 03 배전설비

SECTION 01 개요 ········ 2
SECTION 02 배전방식 ········ 2
SECTION 03 간선 ········ 8
  1. 정의 ········ 8
  2. 간선 결정 시 고려사항 ········ 8
  3. 간선 구분 ········ 9
  4. 간선도체 ········ 11
  5. 간선의 절연재질 비교 ········ 16
  6. 배선설비 공사의 종류 ········ 19
  7. 지중전선로의 시설 ········ 30
  8. 지중전선관과 지중약전류전선 등 또는 관과의 접근 또는 교차 ········ 31
  9. 지중전선 상호 간의 접근 또는 교차 ········ 31
  10. 지중함의 시설 ········ 32
  11. 국토해양부 공동구 설계기준에 의한 전기설비기술기준 ········ 32
  12. 전선의 단면적 선정 ········ 35
  13. 전압강하 ········ 43
  14. 기계적 강도 ········ 48
  15. 고조파 검토 ········ 52
  16. 간선 고장 시 대책 ········ 52
  17. 간선의 에너지 Saving 대책 ········ 52
  18. 간선 및 배선설비 ········ 53
  19. 초고층 빌딩의 간선계획 ········ 58

SECTION 04 분기회로 ········ 61
  1. 개요 ········ 61
  2. 분기회로의 종류 ········ 61
  3. 분기회로 수 ········ 61

SECTION 05 배전기구 ········ 64
  3.5.1 배전반 ········ 64
  3.5.2 전자화 배전반과 일반 배전반 ········ 66
  3.5.3 분전반 ········ 69

SECTION 06 전력공급 설비의 각종 현상 ··· 71

- 3.6.1 순시전압강하 ··· 71
- 3.6.2 선로 전압변동 ··· 76
- 3.6.3 전압강하율과 전압변동률 ··· 79
- 3.6.4 전압강하 계산방법의 종류, 단거리 선로의 옴법 전압강하식, 등가회로 및 벡터도 ··· 82
- 3.6.5 불평형 부하의 제한 ··· 85
- 3.6.6 노이즈 장해 ··· 87
- 3.6.7 고조파 장해 ··· 94
    - 3.6.7.1 중성선에 흐르는 제3고조파 전류 ··· 111
    - 3.6.7.2 고조파 관리기준 ··· 116
    - 3.6.7.3 전력계통에서 발생하는 고조파가 전기설비에 미치는 영향 및 저감대책 ··· 119
    - 3.6.7.4 고조파 왜형률의 정의, 전류고조파 왜형률과 역률의 상관관계 ··· 121
- 3.6.8 유도장해 ··· 123
- 3.6.9 플리커 대책 ··· 127
- 3.6.10 정전기 장해 ··· 131
- 3.6.11 전자파 장해 ··· 140
    - 3.6.11.1 맥스웰 방정식 정의와 미분·적분형 방정식 ··· 147
- 3.6.12 전력품질의 저하원인과 고품질화 대책 ··· 148
- 3.6.13 전력케이블의 절연열화 및 판정기준 ··· 153
    - 3.6.13.1 XLPE 절연케이블의 VLF 열화진단법 ··· 167
    - 3.6.13.2 유전체의 트리잉과 트래킹 현상 비교 ··· 170

SECTION 07 보호 ··· 172

- 3.7.1 저압회로 단락보호 ··· 172
- 3.7.2 저압회로 지락보호 ··· 181
- 3.7.3 저압회로의 저압차단기 ··· 186
    - 3.7.3.1 저압차단기의 용도별 적용 ··· 200
    - 3.7.3.2. 보호장치의 종류 및 특성 ··· 205
    - 3.7.3.3. 과부하전류에 대한 보호 ··· 208
    - 3.7.3.4. 단락보호장치 ··· 211
    - 3.7.3.5. KEC 기준의 저압전로 중의 전동기 보호용 과전류보호장치의 시설 ··· 213

SECTION 08 배전선로 일반사항 ··· 217

- 3.8.1 전력케이블의 차폐층 설치원리, 접지 형태에 따른 현상, 차폐층의 역할, 차폐층 접지방법 ··· 217
- 3.8.2 케이블의 각종 손실과 전위경도 ··· 223
- 3.8.3 Cable의 단절연 ··· 227
- 3.8.4 유전율 ··· 229

3.8.5 표피효과 ·· 230
3.8.6 근접효과 ·· 232
3.8.7 동심중성선 CNCV ·· 233
3.8.8 동상다수조 케이블 ·· 235
3.8.9 중성선 굵기 ·· 237
3.8.10 충전전류의 영향 및 대책 ·· 240
3.8.11 전력케이블에 전기적 고장이 발생한 경우 고장점 탐지법 ······························· 244
3.8.12 코로나 방전 ··· 249

Chapter 04 부하설비

SECTION 01 조명설비 ·· 254
4.1.1 총론 ··· 254
- 시감도(시감도, 비시감도) ··· 256
- 순응(명순응, 암순응) ··· 257
- 퍼킨제 효과 ·· 258
- 연색성 ·· 259
- 색온도 ·· 261
4.1.2 전등 ··· 277
- 루미네센스 ·· 284
- 파센의 법칙 ·· 290
- 페닝 효과 ·· 291
- 방전 특성 ·· 294
- 조광기 ·· 295
- LED ··· 296
- OLED ··· 302
4.1.3 조명기구 ··· 308
4.1.4 옥내 조명설계 ··· 315
4.1.5 조명제어 System ·· 344
- 건축화 조명 ·· 321
- 전반조명 설계 순서(광속법을 이용한 조명설계) ·· 324
- 조명 계산 방법(광속법, 3배광법, 구역공간법, BZM, CIE법) ·························· 330
- DALI ·· 349
- LED Dimming ·· 353

4.1.6 조명설계의 적용 ··· 356
    ▣ 학교 조명 ·· 356
    ▣ 미술관, 박물관의 전시 조명 ·· 360
    ▣ 상점 조명(백화점) ·· 366
    ▣ 공항 조명 ·· 370
    ▣ 경관 조명 ·· 379
    ▣ KS C 3703에 의한 터널 조명 ·· 388
    ▣ 도로 조명 ·· 394
    ▣ OA 사무실의 VDT 조명 ·· 399
    ▣ 골프장 조명설계 ·· 402
    ▣ 자연채광과 인공조명(PSALI) ·· 406

SECTION 02 전동기 설비 ··· 409

4.2.1 직류 전동기 ·· 410
    ▣ 전기제동 ·· 418
    ▣ BLDC Motor ·· 419
4.2.2 유도전동기 ·· 424
    4.2.2.1 3상 유도전동기 ·· 424
        ▣ 기동방법 ·· 434
        ▣ 유도전동기 기동방식 선정 시 고려사항 ·· 441
        ▣ 속도제어 ·· 445
        ▣ 유도전동기 인버터의 속도제어(VVVF) 방식 ·· 449
        ▣ 유도전동기 제동방법 ·· 457
    4.2.2.2 단상 유도전동기 ·· 459
4.2.3 전동기 일반사항 ·· 464
    4.2.3.1 유도전동기 고효율화 ·· 464
    4.2.3.2 전동기 보호방식 ·· 467
    4.2.3.3 권선형 유도전동기 ·· 475
    4.2.3.4 동기전동기 ·· 478
    4.2.3.5 전동기 진동 및 소음 원인 ·· 484
    4.2.3.6 전동기 과부하율 및 과부하율 1.0과 1.15의 차이 ·· 485
    4.2.3.7 유도전동기 출력에 영향을 미치는 고조파 전압계수에 대하여 설명 ············ 487
    4.2.3.8 유도전동기의 단자전압이 정격전압보다 저하되는 경우 발생하는 현상 및 대책 ············ 489
    4.2.3.9 주파수의 변화(60[HZ] → 50[HZ])가 전동기 부하에 미치는 영향 ················ 492

CHAPTER 03
배전설비

SECTION 01 | 개요

전력공급설비라 함은 발·변전소로부터 가공선, 지중선, 개폐장치 및 기타 전기 공작물을 거쳐 수용가까지 전력을 공급함을 의미하며, 건축전기설비에서의 전력공급설비는 수용가 인입구로부터 변압기를 통해 특별고압 및 고저압 방법으로 부하에 필요한 전력을 공급하는 것을 말하는데 일반적으로 배전선로가 전력공급설비에 해당한다.

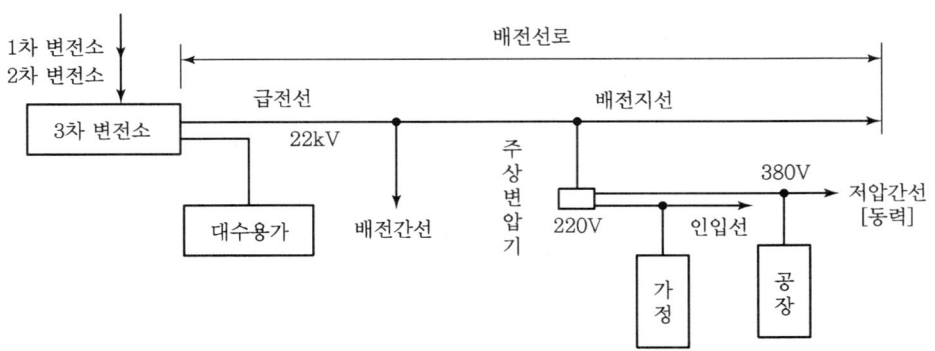

그림 3-1 ▶ 전력공급설비 구성도

SECTION 02 | 배전방식

1. 배전전압

배전방식은 전력회사의 변전소로부터 공급되는 전압 형태에 따라 구분되며 이를 분류하면 다음과 같다.

표 3-1 ▶ KEC 기준의 전압에 따른 배전방식

구분	교류(AC)	직류(DC)
저압	1[kV] 이하	1.5[kV] 이하
고압	1[kV] 초과 7[kV] 이하	1.5[kV] 초과 7[kV] 이하
특고압	7[kV] 초과	

일반 건축물에서의 배전방식 적용은 대상 건축물의 부하설비용량, 부하설비의 분포, 신뢰성, 경제성 등을 충분히 고려하여 결정해야 한다.

2. 배전방식의 구분

건축물에서 사용되는 부하의 규모, 용도에 따라 배전방식이 결정되며 국내에서 적용되고 있는 배전방식을 구분하면 다음과 같다.

1) 단상 2선식(220[V])

① 110[V] 단상 2선식 대비 전력공급이 2배가 됨
  (단상 110[V] → 국내 배전방식에서는 거의 적용되지 않음)
② 단상 110[V] 대비 선로의 전압강하 및 허용전류가 $\frac{1}{2}$로 경감됨
③ 적용부하 : 조명, 소용량 단상전동기 등

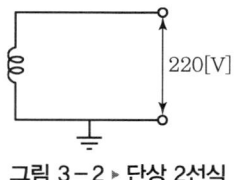

그림 3-2 ▶ 단상 2선식

2) 단상 3선식(220/110[V])

① 220[V], 110[V] 2개의 전압을 사용할 수 있는 배전방식
② 중성선을 이용한 110[V] 부하는 부하 평형을 유지해야 함
③ 중성선의 불평형률이 40[%]를 초과하지 않도록 할 것
④ 적용 : 전등, 전열용 분전반의 간선

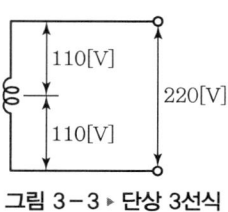

그림 3-3 ▶ 단상 3선식

3) 3상 3선식

① 공장, 빌딩 등에 시설되는 전동기의 전원공급용 배전방식
② 부하의 전압에 따라 220[V] 또는 380[V]로 공급됨

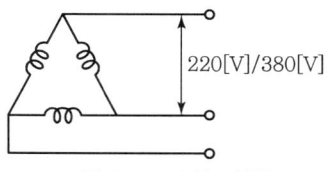

그림 3-4 ▶ 3상 3선식

4) 3상 4선식

① 3상 동력과 단상 전등부하를 동시에 사용할 수 있는 배전방식
② 사용전압은 380/220[V]로 구분됨
③ 설비불평형률은 30[%] 이하로 제한됨
④ 전압강하와 전력손실이 타 배전방식보다 우수함
⑤ 국내에서 저압배전계통에서 가장 많이 적용하는 방식

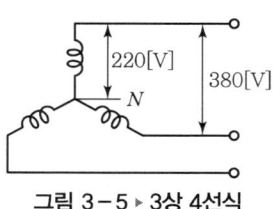

그림 3-5 ▶ 3상 4선식

표 3-2 ▶ 배전방식의 비교[전선의 총중량이 동일한 경우]

전기방식 구분	단상 2선식	단상 3선식	3상 3선식(Δ)	3상 4선식(Y)
공급전력 (역률 1.0으로 동일)	$P = EI_1$	$P = 2EI_2$	$P = \sqrt{3}\,EI_3$	$P = 3EI_4$
선전류	$I_1 = \dfrac{P}{E}$ 100[%]	$I_2 = \dfrac{I_1}{2}\left(\dfrac{P}{2E}\right)$ 50[%]	$I_3 = \dfrac{I_1}{\sqrt{3}}\left(\dfrac{P}{\sqrt{3}\,E}\right)$ 57.7[%]	$I_4 = \dfrac{I_1}{3}\left(\dfrac{P}{3E}\right)$ 33.3[%]
전선체적(동일) 중성선 = 각상굵기	$V = 2S_1 L$	$V = 3S_2 L$	$V = 3S_3 L$	$V = 4S_4 L$
전선단면적	S_1 100[%]	$S_2 = \dfrac{2}{3}S_1$ 66.7[%]	$S_3 = \dfrac{2}{3}S_1$ 66.7[%]	$S_4 = \dfrac{1}{2}S_1$ 50[%]
전압 강하	$e_1 = 2I_1 R_1$ $= 2I_1 \dfrac{\rho L}{S_1}$ 100[%]	$e_2 = I_2 R_2$ $= \dfrac{3}{4} I_1 \dfrac{\rho L}{S_1}$ 37.5[%]	$e_3 = \sqrt{3}\,I_3 R_3$ $= \dfrac{3}{2} I_1 \dfrac{\rho L}{S_1}$ 75[%]	$e_4 = I_4 R_4$ $= \dfrac{2}{3} I_1 \dfrac{\rho L}{S_1}$ 33.3[%]
전력 손실	$P_{l1} = 2I_1^2 R_1$ $= 2I_1^2 \dfrac{\rho L}{S_1}$ 100[%]	$P_{l2} = 2I_2^2 R_2$ $= \dfrac{3}{4} I_1^2 \dfrac{\rho L}{S_1}$ 37.5[%]	$P_{l3} = 3I_3^2 R_3$ $= \dfrac{3}{2} I_1^2 \dfrac{\rho L}{S_1}$ 75[%]	$P_{l4} = 3I_4^2 R_4$ $= \dfrac{2}{3} I_1^2 \dfrac{\rho L}{S_1}$ 33.3[%]

[비고]
1. 상기 표에서 1선당 송전전력은 3상 3선식이 단상 2선식의 약 1.15배로 가장 유리하므로 송전뿐 아니라 배전에서도 고압선 및 동력용 전압선에 사용됨
2. 3상 4선식은 단상 2선식 대비 전압강하 및 전력손실 측면에서 가장 유리하여 배전방식에서 많이 사용됨

CHAPTER 03
배전설비

Exercise 01

3상 3선식의 1선당 송전전력이 단상 2선식의 1선당 송전전력의 1.15배임을 증명하시오.

풀이

1) 단상 2선의 경우 전력(P_1)
   (1) $P_1 = EI\cos\theta$ (2선당 전력)
   (2) 1선당 전력 $P_1' = \dfrac{P_1}{2} = \dfrac{EI\cos\theta}{2}$ .... ①

2) 3상 3선의 경우 전력(P_3)
   (1) $P_3 = \sqrt{3}\,EI\cos\theta$ (3선당 전력)
   (2) 1선당 전력 $P_3' = \dfrac{P_3}{3} = \dfrac{\sqrt{3}\,EI\cos\theta}{3}$ .... ②

3) 단상 2선식과 3상 3선식의 1선당 전력 비교 $\left(\dfrac{3상\ 3선식}{단상\ 2선식}\right)$

$$\dfrac{3상\ 3선식}{단상\ 2선식} = \dfrac{\dfrac{\sqrt{3}\,EI\cos\theta}{3}}{\dfrac{EI\cos\theta}{2}} = \dfrac{2\sqrt{3}}{3} = 약\ 1.15배$$

∴ 3상 3선식 = 1.15 × 단상 2선식

Exercise 02

송전전력 P, 부하역률 $\cos\phi$, 송전거리 l, 선간전압을 V라 할 때 단상 2선식과 3상 3선식의 전력손실비를 비교 설명하시오.

풀이

1) 같은 굵기의 전선을 사용할 경우
   전선의 굵기가 같으므로 1선당 저항 R은 동일함
   (1) 단상 2선식 전력손실(P_2) : $P_2 = 2I_2^2 R_2 = 2R\left(\dfrac{P}{V\cos\phi}\right)^2$
   (2) 3상 3선식 전력손실(P_3) : $P_3 = 3I_3^2 R_3 = 3R\left(\dfrac{P}{\sqrt{3}\,V\cos\phi}\right)^2$

   ∴ $\dfrac{P_3}{P_2} = \dfrac{3}{2} \times \left(\dfrac{1}{\sqrt{3}}\right)^2 = \dfrac{1}{2}$ (50[%])

2) 전선의 전중량이 동일할 경우
   단상의 경우 전선 1가닥의 저항을 R이라고 하면 3상의 경우 전선 1가닥의 저항은 $\dfrac{3}{2}R$가 됨
   (1) 단상 2선식 전력손실(P_2) : $P_2 = 2I_2^2 R_2 = 2R\left(\dfrac{P}{V\cos\phi}\right)^2$
   (2) 3상 3선식 전력손실(P_3) : $P_3 = 3I_3^2 R_3 = 3\left(\dfrac{P}{\sqrt{3}\,V\cos\phi}\right)^2 \left(\dfrac{3}{2}R\right)$

   ∴ $\dfrac{P_3}{P_2} = \dfrac{3}{4}$ (75[%])

3. 배전전압 결정요소

3상 전력을 송전하는 경우 전력$(P) = \sqrt{3}\,EI\cos\theta$에서 전력$(P)$을 확보하기 위하여 전압$(E)$과 전류$(I)$를 높게 하고 역률$(\cos\theta)$을 개선해야 하는데, 전압을 높게 하면 절연재료 및 전압계급이 상승되고, 전류를 크게 하면 도체 굵기 증가에 따른 비용 증가가 발생되며 또한 거리 증가에 따른 비용을 무시할 수 없을 뿐만 아니라 전압변동 전력손실의 증대를 발생시킨다.

1) 도체비용(M)

$$M = a \cdot \beta \cdot I \cdot L = a \cdot \beta \cdot \frac{P}{\sqrt{3}\,E\cos\theta} \cdot L$$

표 3-3 ▶ a : 전압차에 따른 가격 변동계수

전압	400[V]	3.3[kV]	6.6[kV]	22.9[kV]
가격[%]	100	110	120	200

(1) β : 도체 Size에 따른 전류밀도 변화계수
(2) P : 전력[kW], E : 전압[V], I : 전류[A], L : 송전거리(도체길이)[m], $\cos\theta$: 역률
(3) $M \propto \dfrac{\alpha \cdot \beta}{E}$에서 도체비용과 전압은 반비례 관계임

① $\alpha \cdot \beta = E$인 경우 → E와 무관하게 M은 일정
② $\alpha \cdot \beta > E$인 경우 → M 증가
③ $\alpha \cdot \beta < E$인 경우 → M 감소

2) 전력손실[$W_L = P_l$]

$$W_L = I^2 \cdot r \cdot L = \left(\frac{P}{\sqrt{3}\,E\cos\theta}\right)^2 \cdot r \cdot L, \quad r : \text{도체 단위길이당 저항}[\Omega/\text{m}]$$

$W_L \propto \dfrac{1}{E^2}$에서 배전전압의 제곱에 반비례함

3) 전압변동률(ε)

$$\varepsilon = \frac{E_s - E_r}{E} \times 100 = \frac{I(R\cos\theta + X\sin\theta)L}{E} \times 100$$

$$= \frac{P}{\sqrt{3}\,E\cos\theta} \times \frac{(R\cos\theta + X\sin\theta)L}{E} \times 100$$

$\varepsilon \propto \dfrac{1}{E^2}$에서 배전전압의 제곱에 반비례함

4. 구내 배전전압 결정 시 고려사항

1) 송전거리, 전압변동, 전력손실

어느 정도의 용량을 어느 정도의 거리로 송전할 때 발생되는 전력손실을 고려하여 최적의 전압을 선정하는 항목이다.

표 3-4 ▶ 10[MVA] 용량을 1[km]로 송전 시

구분 \ 전압	22.9[kV]	3.3[kV]
전류	작음	큼
전압변동	작음	큼
전력손실	작음	큼

※ 22.9[kV]로 송전 시 전력손실, 전압변동 측면에서 유리함

2) 수전전압과 부하전압

(1) 시대의 추이에 따라 표준값이나 시장성이 달라진다.
(2) 특히 저압에서 이러한 경향이 심하므로 그때마다 조사하는 것이 좋다.
(3) 최근 400[V] 배전을 많이 채용하게 된 것도 높은 전압이 유리하다는 것과 상통한다.

3) 부하용량, 정격과 제작 한계

상기 2)의 내용과 동일하다.

4) 기설 설비가 있을 경우 기설과의 관계

5) 안전성과 경제성

안전성과 경제성은 설비계획의 기본이고 배전전압의 선정은 경제성 검토 그 자체가 된다.

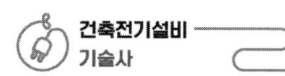

SECTION 03 | 간선

1. 정의

건물 내의 전력계통에서 인입점, 발전기, 축전지 등의 전원에서부터 변압기 또는 배전반 사이의 배전선로 또는 각 배전반에서 각 전등분전반, 동력제어반 사이의 배전선로를 말한다.

2. 간선 결정 시 고려사항

1) 전선의 허용전류

주위 온도, 전선관 등에 다수 배관에 따른 전류감소계수 등을 고려하여 결정한다.

2) 전선의 허용전압강하

표 3-5 ▶ KEC 기준의 수용가 설비의 전압강하

설비의 유형	조명(%)	기타(%)
A - 저압으로 수전하는 경우	3	5
B - 고압 이상으로 수전하는 경우[a]	6	8

[a] 가능한 한 최종회로 내의 전압강하가 A 유형의 값을 넘지 않도록 하는 것이 바람직하며, 사용자의 배선설비가 100[m]를 넘는 부분의 전압강하는 미터당 0.005[%] 증가할 수 있으나 이러한 증가분은 0.5[%]를 넘지 않을 것

3) 전선의 기계적 강도

단락 시 기계적 강도, 신축 시 기계적 강도, 진동 시 기계적 강도에 대한 전선의 인장강도, 신축, 열적 강도, 안전율, 허용측압을 고려하여 결정한다.

4) 연결점의 허용온도

5) 열방산 조건

6) 장래 증설부하 및 여유분 고려

7) 고조파 부하의 고려

부하기기가 인버터, 컨버터 등의 기기가 설치된 경우 여유율을 고려하여 결정한다.

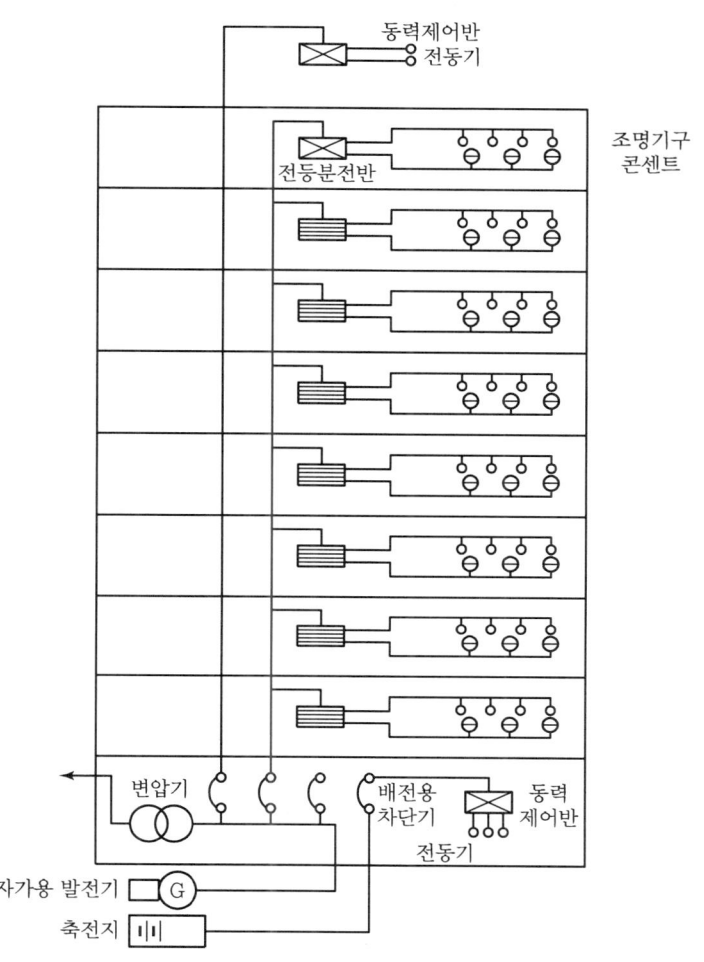

그림 3-6 ▸ 간선 구성도

3. 간선 구분(분류)

1) 목적에 따른 분류

(1) 전등간선

① 상용 전등간선 : 상시 사용전등
② 비상용 전등간선 : 비상시 사용전등

(2) 동력간선

① 상용 동력간선 : 전동기, 펌프, E/V 등
② 비상용 동력간선 : 소화전펌프 등

(3) 특수용 간선

전산기기용 간선, 의료기기용 외

2) 배선방식에 따른 분류

표 3-6 ▶ 배선방식 구분

종류	구조	특징
나뭇가지식 (집중식)	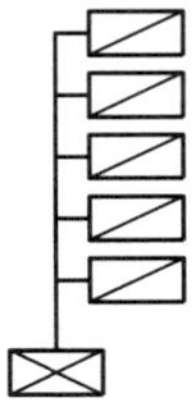	• 부하 감소에 따라 간선 굵기가 감소 • 접속점에서는 보안장치가 필요 • 가장 경제적이고 소규모 빌딩에 적용
나뭇가지평행식 (병용식)	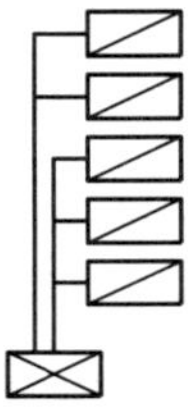	• 집중부하 중심 부근에 분전반을 설치하여 분전반에서 각 부하에 배선 • 일반적으로 많이 사용 • 중규모 빌딩에 사용
평행식 (개별 방식)	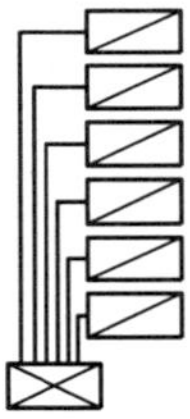	• 전압강하가 평균화됨 • 사고파급 범위가 국한 • 대용량 부하, 분산부하에 단독으로 배선됨 • 대규모 건물에 적합 • 배선이 혼잡하고 설비비가 고가 • 신뢰성이 높음
Loop식	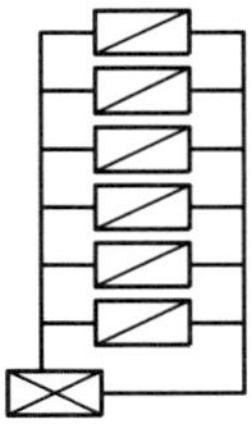	• 공급신뢰도가 가장 높아 중요한 부하에 적용 • 선로 사고 시 즉시 절체 가능 • 설치비가 가장 고가

3) 배전방식에 따른 분류

(1) 저압간선

① 1상 2선식 → 220[V]　　② 1상 3선식 → 110/220[V]
③ 3상 3선식 → 380(220)[V]　　④ 3상 4선식 → 380/220[V]

표 3-7 ▶ 저압간선 구분

배전방식	적용부하	특징
단상 2선식	소용량 단 경간 부하	• 부하 불평형이 없음 • 전력손실이 큼
단상 3선식	부하 밀집지역	• 전선소요량 및 전력손실 감소 • 중성선 단선 시 이상전압 발생
3상 3선식	전동기 등 동력용	지락 시 지락전류가 적음
3상 4선식	동력 및 전등 공용 사용	• 경제적 배선방식 • 전력공급 능력이 우수 • 중성선 단선 시 이상전압 발생 • 전력손실 및 전압강하가 가장 적음

(2) 고압간선

① 3상 3선식 → 6.6[kV] – Δ 방식   ② 3상 3선식 → 3.3[kV] – Δ 방식

(3) 특고압간선

① 3상 3선 → 22[kV] – Δ 방식   ② 3상 4선 → 22.9[kV] – Y 방식

4. 간선도체(간선배선)

1) 비닐 절연전선

(1) 옥외용 비닐 절연전선(OW)

① 염화 비닐수지로 절연된 단심 비닐 절연전선
② 주로 옥외에 사용됨

(2) 450/750[V] 저독성 난연 가교 폴리올레핀 절연전선(HFIX)

① 저독성(Halogen Free) 가교 폴리올레핀 절연
② 고난연 특성으로 화재 시 케이블에 의한 확산 방지
③ 화재 시 유독가스 및 연기발생량이 적음
④ 산성도와 전기전도도가 작아 금속 부식성이 적음
⑤ 750[V] 이하 일반 전기시설물 혹은 전기기기 배선용

(3) 300/500[V] 옥내용 절연전선

① 내열성 가요제가 첨가된 염화 비닐수지로 절연됨

② 옥내 사용 전기시설물이나 전기기기 배선용

③ 도체 최고허용온도 90[℃]

(4) 인입용 비닐 절연전선(DV)

① 염화 비닐수지로 절연됨

② 600[V] 이하 가공인입용으로 사용

2) 케이블(Cable)

(1) CV 케이블

① **절연재질** : 가교 폴리에틸렌

② **온도상승한도** : 연속 시 → 90[℃], 단락 시 → 250[℃]

③ **종류** : 저압, 고압, 특고압

④ **특징** : 내열성, 내약품성이 우수하며 현재 대부분 지중케이블에 사용됨

(2) EV 케이블

① **절연재질** : 폴리에틸렌

② **온도상승한도** : 연속 시 → 75[℃], 단락 시 → 140[℃]

③ **종류** : 저압, 고압, 특고압

④ **특징** : 내열성이 낮으며 현재 거의 사용되지 않음

(3) FR-8

① 방재용 전력간선으로 사용됨

② 시험온도 : 840[℃] 30분 기준에 적합할 것

(4) FCV(TFR-CV)

① 난연 특성이 우수함(KS C 3341 또는 IEC 60332-3-24의 수직트레이 난연시험에 만족)

② 절연체의 내열온도가 기존 CV와 같아 허용전류가 동일함

③ 기존 CV와 동일 구조로 접속 등 취급이 용이함

④ 난연 특성이 우수하여 노출 배선 가능 및 별도의 방재처리가 필요 없음

⑤ 경제적 시공 가능

⑥ **적용** : 대단위 공장 내, 석유화학단지, 지하전력구, 지하밀폐공간 등

(5) MI 케이블

① 동관에 동선 및 산화마그네슘 등의 분말과 같은 무기질을 봉입하고 비닐 또는 폴리에틸렌으로 방식 처리한 케이블임
② 방재용 전력간선으로 사용됨

(6) BN 케이블(부틸 고무 케이블)

① 내열성은 CV보다 조금 낮지만 상당한 고온에서도 변형이 없음
② 내알칼리성이 우수함
③ 가공이 쉬워 시공이 용이함
④ 도체 허용온도 : 연속 사용 시 → 80[℃], 단락 시 → 230[℃]

(7) 0.6/1[kV] 가교 폴리에틸렌 절연 저독성 난연 폴리올레핀 시스 트레이용 케이블

① 가교 폴리에틸렌 절연
② 내열온도 90[℃]

(8) 고압 3심 케이블과 단심 케이블의 비교

① 구조적 사항

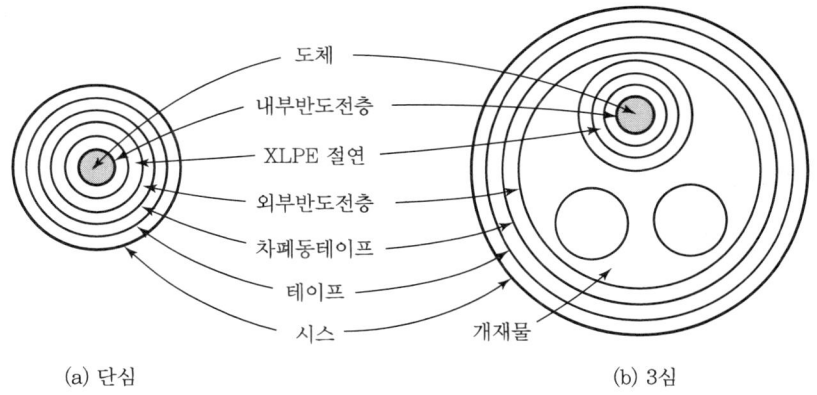

그림 3-7 ▶ 고압 단심, 고압 3심 케이블 구조

② 기술적 사항

표 3-8 ▶ 3심과 단심의 비교

종류	시공성	사고 시 파급	허용전류	전압강하	유도장해
단심	유리	유리	유리	(−)	(−)
3심	(−)	(−)	(−)	유리	유리

㉠ 시공성 : 100[mm²] 이상 시 케이블 중량, 가요성 단말처리에서 단심이 유리함
㉡ 사고 시 파급 : 단심의 경우 1선 지락 시 파급효과 적음
㉢ 허용전류 : 단심의 경우 공기와의 접촉면적이 커서 방열효과가 우수함(약 10[%] 정도의 허용전류가 큼)
㉣ 전압강하 : 3심의 경우 대칭배열로 전압강하가 적음
㉤ 유도장해 : 3심의 경우 연가되어 유도장해가 적음
③ 경제성 : 3심이 저가로 경제적임

(9) CNCV 케이블("3.8.7 동심중성선 CNCV와 CVCN 전선 비교" 참조)

3) 버스덕트(Bus Duct)

(1) 개요

버스덕트는 1,000[A] 이상 대용량 간선으로 사용 시 경제성이 우수하며 재료의 종류는 도체와 덕트에 따라 구분됨

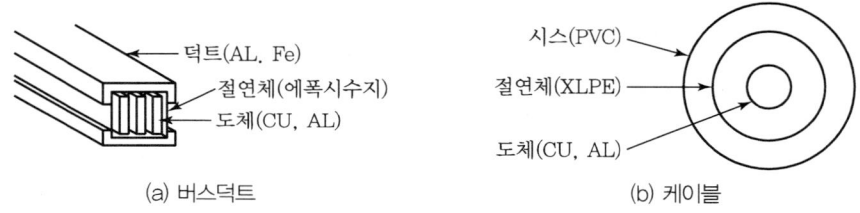

그림 3-8 ▶ 버스덕트와 케이블 구조 비교

(2) 구분

① 용도별
  ㉠ Feeder Bus Duct : 도중에 부하를 접속하지 않은 Bus Duct
  ㉡ Plug In Bus Duct : 도중에 부하를 접속할 수 있도록 꽂음 플러그를 가진 Bus Duct
  ㉢ Trolley Bus Duct : 이동부하에 접속할 수 있도록 한 Bus Duct

② 재질별

표 3-9 ▶ 도체 및 덕트의 재질별 비교

도체	AL		CU	
덕트	AL	Fe	AL	Fe

③ 전류의 크기별

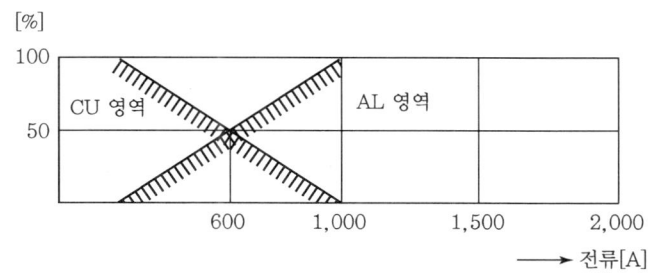

그림 3-9 ▶ 도체의 CU-AL 적용

(3) CU와 AL 도체의 비교

표 3-10 ▶ 도체 특성 비교

도체	도전율	무게	항장력	가격	적용범위	산화성
CU	100[%]	100[%]	100[%]	100[%]	600[A] 미만	-
AL	60[%]	30[%]	50[%]	30[%]	600[A] 이상	쉬움

① 무게는 AL이 CU의 약 30[%] 정도로 수송, 부설 등에 설치비가 저렴함
② AL은 항장력이 CU의 약 50[%]로 장거리 공사 시 보강이 필요함
③ 허용전류가 600[A] 이상인 경우 AL이 유리함
④ 대용량의 경우 AL이 경제성 측면에서 장점이 있음

(4) 경제성 평가

Bus Duct는 시공비에서 CV 케이블보다 1.3~1.5배 정도 고가이나 부하증설, 전기적인 안전성, 내진성, 방재성, 전자파 발생의 저감 등의 이유로 1,000[A] 이상에서는 현장 적용에 있어 경제성이 있음

(5) KEC 232.61.1 기준의 시설조건(시공 시 주의사항)

① 덕트 상호 간 및 전선 상호 간은 견고하고 전기적으로 완전하게 접속할 것
② 덕트를 조영재에 붙이는 경우 덕트 지지점 간 거리는 3[m] 이하로 할 것(취급자 이외의 자가 출입할 수 없도록 설비한 곳에서 수직으로 붙이는 경우에는 6[m])
③ 덕트(환기형은 제외)의 끝부분은 막을 것
④ 덕트(환기형은 제외)의 내부에 먼지가 침입하지 않도록 할 것
⑤ 덕트는 접지공사를 할 것
⑥ 습기가 많은 장소 또는 물기가 있는 장소에 시설하는 경우에는 옥외용 버스덕트를 사용하고 버스덕트 내부에 물이 침입하여 고이지 않도록 할 것

(6) KEC 232.61.2 기준의 버스덕트 선정

① 도체
  ㉠ 단면적 20[mm²] 이상의 띠 모양, 지름 5[mm] 이상의 관 모양이나 둥글고 긴 막대 모양의 동(CU)일 것
  ㉡ 단면적 30[mm²] 이상의 띠 모양의 알루미늄일 것
② 도체 지지물 : 절연성·난연성 및 내수성이 있는 견고한 것일 것
③ 덕트 규격

표 3-11 ▸ 버스덕트의 선정

덕트의 최대폭(mm)	덕트의 판 두께(mm)		
	강판	알루미늄판	합성수지판
150 이하	1.0	1.6	2.5
150 초과 300 이하	1.4	2.0	5.0
300 초과 500 이하	1.6	2.3	—
500 초과 700 이하	2.0	2.9	—
700 초과하는 것	2.3	3.2	—

5. 간선의 절연재질 비교

1) 폴리에틸렌(C_2H_4의 중합)

(1) 종류

① EV : 폴리에틸렌 절연비닐 시스케이블
② CV : 가교 폴리에틸렌 절연비닐 시스케이블

(2) 화학적 구조

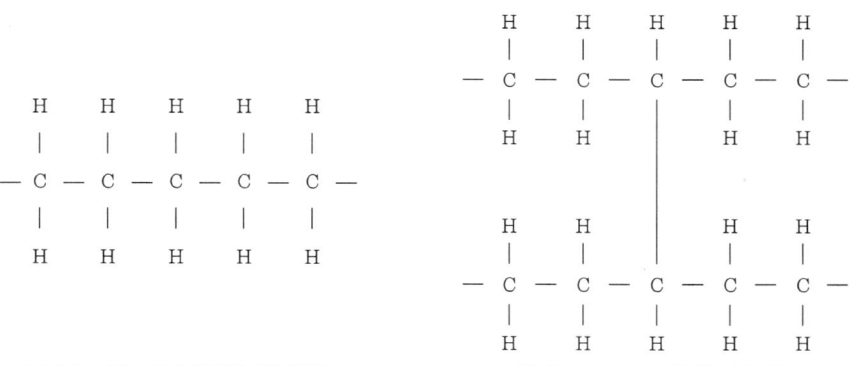

그림 3-10 ▸ EV 케이블 분자구조   그림 3-11 ▸ CV 케이블 분자구조

① EV 케이블 : 쇄상 고분자 구조
② CV 케이블 : 망상 고분자 구조

(3) 특징

① 에틸렌의 부가중합에 의한 무극성 고분자재료임
② 전기음성도 차이가 적고 공유결합이 강함
③ 합성법 : 저압법, 중압법, 고압법

(4) 장점

① 유전체손($wd = wcE^2\tan\delta$)이 적음
② 전기절연이 우수하여 고주파 고전압 케이블 절연에 적합함
③ 경화온도가 낮으나 가교 폴리에틸렌으로 내열성을 향상시킴
④ 중량($0.93[\mathrm{gr/cm^3}]$)이 가벼워 취급이 용이함
⑤ 건식임
⑥ 내약품성이 우수함

(5) 단점

① 케이블의 외경이 큼
② 상용주파 전압에 대해 절연파괴시간특성($V^n - t = constant$)이 있음
③ 내코로나 특성이 타 케이블보다 나쁨
④ 상용주파 및 뇌임펄스 전압에 대한 파괴 전압의 온도계수가 유침 절연케이블보다 약간 큼

(6) CV 케이블의 구조

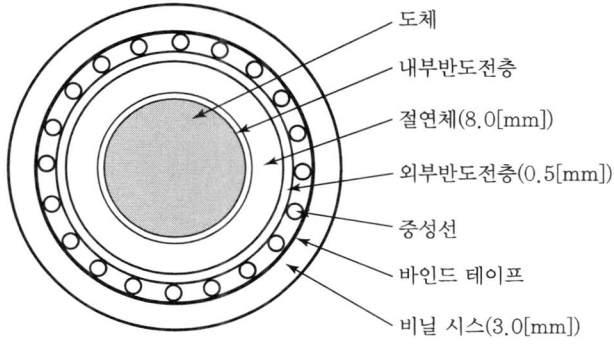

그림 3-12 ▸ CV 케이블의 구조

2) 폴리 염화비닐(HCl)

(1) 종류

① 저압 절연전선　　　　　　　② 통신용 전선

(2) 특징

① 염화의 부가중합체(유극성)
② 분자의 인력이 강하고 단단한 성질로 기계적 강도가 큼
③ 가소제 첨가로 유연성이 확보됨 → 연질 PVC 전선에 사용
④ 전기적 절연은 우수하나 고전압, 고주파 특성이 나빠 저압용으로 사용됨

3) 가교 폴리올레핀(XLPO)

(1) 종류

표 3-12 ▶ HFIX와 HFIX+ 비교

HFIX(XLPO 적용)	HFIX+(시공성 향상 XLPO 적용)
• 난연재(수산화마그네슘) 사용 • 수분과의 친화성이 높아 절연체 내로 흡수한 수분에 의한 절연저항 저하 추정 • 절연체 표면 재질이 거칠어서 작업 능률 저하	• 표면층에 스킨층 추가 • 표면 마찰계수 저감으로 시공 시 장력이 작아짐

(2) 특징

표 3-13 ▶ 장단점 비교

장점	단점
• 저독성 난연성이 우수함 • 화재 시 부식성 유독가스 및 연기 발생이 적음 • 전기적 특성이 우수하고 신뢰성이 우수함	• 절연체의 절연저항 저하 문제

(3) 적용

450/750[V] 이하의 옥내용 전기 시설물이나 전기기기의 배선

(4) 실계통의 적용

시공성 향상 HFIX+생산 중

6. 배선설비 공사의 종류(KEC 232.2)

간선부설방법은 건물의 형태, 간선도체의 재질, 시설 장소 등에 따라 수평부설, 수직부설방법으로 구분되며 간선 설치방법에는 아래와 같은 배선방법이 있다.

종류	공사방법
전선관시스템	합성수지관공사, 금속관공사, 가요전선관공사
케이블트렁킹시스템	합성수지몰드공사, 금속몰드공사, 금속트렁킹공사[a]
케이블덕팅시스템	플로어 덕트공사, 셀룰러덕트공사, 금속덕트공사[b]
애자공사	애자공사
케이블트레이시스템(래더, 브래킷 포함)	케이블트레이공사
케이블공사	고정하지 않는 방법, 직접 고정하는 방법, 지지선 방법

[a] 금속 본체와 커버가 별도로 구성되어 커버를 개폐할 수 있는 금속덕트공사를 말한다.
[b] 본체와 커버 구분 없이 하나로 구성된 금속덕트공사를 말한다.

1) 전선관시스템(KEC 232.10)

(1) 합성수지관공사(KEC 232.11)

① 시설조건(KEC 232.11.1)
　㉠ 전선
　　ⓐ 절연전선(옥외용 비닐 절연전선을 제외)일 것
　　ⓑ 연선일 것. 다만, 다음의 것은 예외임
　　　- 짧고 가는 합성수지관에 넣은 것
　　　- 단면적 $10[mm^2]$(알루미늄선 : 단면적 $16[mm^2]$) 이하의 것
　㉡ 전선은 합성수지관 안에서 접속점이 없도록 할 것
　㉢ 중량물의 압력 또는 현저한 기계적 충격을 받을 우려가 없도록 시설할 것

② 합성수지관 및 부속품의 시설(KEC 232.11.3)
　㉠ 관 상호 간 및 박스와는 관을 삽입하는 깊이
　　ⓐ 관의 바깥지름의 1.2배 이상일 것
　　ⓑ 접착제를 사용하는 경우에는 관의 바깥지름의 0.8배 이상일 것
　㉡ 관의 지지점 간의 거리 : 1.5[m] 이하일 것
　㉢ 습기가 많은 장소 또는 물기가 있는 장소에 시설 시 : 방습장치를 할 것
　㉣ 합성수지관을 금속제의 박스에 접속하여 사용하는 경우 박스에 접지공사를 할 것
　㉤ 콤바인 덕트관은 직접 콘크리트에 매입하여 시설하거나 옥내 전개된 장소에 시설하는 경우 이외에는 불연성 마감재 내부, 전용의 불연성 관 또는 덕트에 넣어 시설할 것
　㉥ 합성수지제 휨(가요) 전선관 상호 간은 직접 접속하지 말 것

③ 화재에 취약한 합성수지관공사의 천장 은폐 장소(이중 천장) 및 벽체 내 시설
㉠ 개정 이유(2021년 7월 1일)
ⓐ 2017년 및 2018년 화재로 인한 많은 인명 및 재산 피해 발생, 2018년도 하반기 정부 감사 결과 건축물 화재의 주 요인으로 천장 은폐배선이 지적되어 화재 확산의 원인으로 평가됨에 따라 정부의 대책 마련 지시로 개정
ⓑ 천장 및 은폐된 장소에 불연성 소재 사용 의무화 필요성
㉡ 주요 개정 내용(2021년 7월 1일)

기존	개정(개선)	비고
이중 천장 내 노출, 콘크리트 및 마감재, 단열재 내 매입 등	콘크리트 및 불연성 마감재 내 매입	콘크리트 및 관련 규정 충족한 석고보드 마감재 내

ⓐ 합성수지관 등 화재 취약 배선공사방법의 이중 천장 내 시설 제한함
ⓑ 콤바인 덕트관(합성수지관) 시설
- 직접 콘크리트에 매입(埋入)하여 시설
- 옥내 전개된 장소 이외에는 불연성 마감재 내부, 전용의 불연성 관 또는 덕트에 넣어 시설할 것

④ 특징
㉠ 전기절연성이 우수하며 누전의 위험성이 적음
㉡ 가벼운 특성으로 가공 및 시공이 뛰어남
㉢ 가격이 저렴하고 공사비가 적음
㉣ 물기 등에 대한 절연성이 우수하며 부식이 발생되지 않음

(2) 금속관공사(KEC 232.12)

① 시설조건(232.12.1)
㉠ 전선
ⓐ 절연전선(옥외용 비닐 절연전선을 제외)일 것
ⓑ 연선일 것. 다만, 다음의 것은 예외임
- 짧고 가는 합성수지관에 넣은 것
- 단면적 10[mm^2](알루미늄선 : 단면적 16[mm^2]) 이하의 것
㉡ 전선은 금속관 안에서 접속점이 없도록 할 것
② 금속관 및 부속품의 선정(KEC 232.12.2)
㉠ 콘크리트에 매입하는 것은 1.2[mm] 이상
㉡ ㉠항 이외의 것은 1[mm] 이상일 것
③ 금속관 및 부속품의 시설(KEC 232.12.3)
㉠ 관 상호 간 및 관과 박스, 기타의 부속품과는 견고하고 또한 전기적으로 완전하게

접속할 것
ⓒ 관의 끝부분에는 전선의 피복을 손상 방지를 위해 부싱을 사용할 것
ⓒ 습기가 많은 장소 및 물기가 있는 장소에 시설하는 경우에는 방습장치를 할 것
② 관에는 접지공사를 할 것

④ 특징
㉠ 금속관의 구조에 접지가 잘 되어 누전 등에 의한 감전 및 화재위험성이 적음
ⓒ 금속관의 보호 특성으로 외부의 충격 등의 손상에 강함
ⓒ 방폭공사 등 플랜트 공사에도 적용할 수 있음
② 시공비가 고가임

(3) 금속제 가요전선관공사(KEC 232.13)

① 시설조건(KEC 232.13.1)
㉠ 전선
ⓐ 절연전선(옥외용 비닐 절연전선 제외)일 것
ⓑ 연선일 것, 단면적 10$[mm^2]$(알루미늄선은 단면적 16$[mm^2]$) 이하인 것은 예외임
ⓒ 가요전선관 안에는 전선에 접속점이 없도록 할 것
ⓒ 가요전선관은 2종 금속제 가요전선관일 것
② 1종 가요전선관 사용 장소
ⓐ 전개된 장소 또는 점검할 수 있는 은폐된 장소
ⓑ 습기가 많은 장소 또는 물기가 많은 장소 : 비닐 피복 1종 가요전선관

② 가요전선관 및 부속품의 시설(KEC 232.13.3)
㉠ 관 상호 간 및 관과 박스, 기타의 부속품과는 견고하고 또한 전기적으로 완전하게 접속할 것
ⓒ 가요전선관의 끝부분은 피복을 손상하지 아니하는 구조일 것
ⓒ 2종 금속제 가요전선관을 사용하는 경우에 습기 많은 장소 또는 물기가 있는 장소에 시설하는 때에는 비닐 피복 2종 가요전선관일 것
② 가요전선관공사는 접지공사를 할 것

③ 제1, 2종 금속제 가요전선관 비교

구분	제1종 금속제 가요전선관	제2종 금속제 가요전선관
결로	결로 발생	결로 방지
내충격성	약함	강함
가요성	좋음	나쁨
방폭 장소	(-)	적용

④ 특징
  ㉠ 굴곡이 금속관에 비해 자유로워 시공성이 우수함
  ㉡ 내산, 내알칼리 등 내식성, 내진성, 내수성이 우수함
  ㉢ 가격이 고가임
⑤ 적용
  ㉠ 전동기와 같은 진동 발생 및 금속관에 준하는 시공성이 요구되는 장소
  ㉡ Con'c 매입 등 저압 옥내 배선의 거의 전 부분에 사용됨

2) 케이블트렁킹시스템(KEC 232.20)

(1) 합성수지몰드공사(KEC 232.21)

① 시설조건(KEC 232.21.1)
  ㉠ 전선 : 절연전선(옥외용 비닐 절연전선 제외)일 것
  ㉡ 합성수지몰드 안에는 전선에 접속점이 없도록 할 것
  ㉢ 합성수지몰드 상호 간 및 합성수지 몰드와 박스, 기타의 부속품과는 전선이 노출되지 아니하도록 접속할 것

② 합성수지몰드 및 박스, 기타 부속품의 선정(KEC 232.21.2)
  ㉠ 합성수지몰드공사에 사용하는 합성수지몰드 및 박스, 기타의 부속품은 KS C 8436에 적합한 것일 것
  ㉡ 합성수지몰드는 홈의 폭 및 깊이가 35[mm] 이하, 두께는 2[mm] 이상의 것일 것 (사람이 쉽게 접촉할 우려가 없도록 시설하는 경우에는 폭이 50[mm] 이하, 두께 1[mm] 이상의 것을 사용할 수 있다).

(2) 금속몰드공사(KEC 232.22)

① 시설조건(KEC 232.22.1)
  ㉠ 전선 : 절연전선(옥외용 비닐 절연전선을 제외)일 것
  ㉡ 금속몰드 안에는 전선에 접속점이 없도록 할 것
  ㉢ 금속몰드의 사용전압이 400[V] 이하로 옥내의 건조한 장소로 전개된 장소 또는 점검할 수 있는 은폐 장소에 한하여 시설할 수 있음

② 금속몰드 및 박스, 기타 부속품의 선정(KEC 232.22.2)
  ㉠ 황동이나 동으로 견고하게 제작한 것으로서 안쪽 면이 매끈한 것일 것
  ㉡ 황동제 또는 동제의 몰드는 폭이 50[mm] 이하, 두께 0.5[mm] 이상인 것일 것

③ 금속몰드 및 박스, 기타 부속품의 시설(KEC 232.22.3)
  ㉠ 몰드 상호 간 및 몰드, 박스, 기타의 부속품과는 견고하고 또한 전기적으로 완전하게 접속할 것

ⓒ 몰드에는 접지공사를 할 것

(3) 금속트렁킹공사(KEC 232.23)

본체부와 덮개가 별도로 구성되어 덮개를 열고 전선을 교체하는 금속트렁킹 공사방법은 KEC 232.31(금속덕트공사)의 규정을 준용함

(4) 케이블트렌치공사(KEC 232.24)

① 시설기준
　㉠ 케이블트렌치 내의 사용 전선 및 시설방법 : 케이블트레이공사를 준용함
　㉡ 케이블 : 배선 회로별로 구분하고 2[m] 이내의 간격으로 받침대 등을 시설할 것
　㉢ 케이블트렌치에서 케이블트레이, 덕트, 전선관 등 다른 공사방법으로 변경되는 곳에는 전선에 물리적 손상을 주지 않도록 시설할 것
　㉣ 케이블트렌치 내부에는 전기배선설비 이외의 수관·가스관 등 다른 시설물을 설치하지 말 것

② 케이블트렌치 구조

구분	내용 설명
바닥 또는 측면	전선의 하중에 충분히 견디고 전선에 손상을 주지 않는 받침대를 설치할 것
뚜껑, 받침대 등 금속재	내식성의 재료 또는 방식처리를 할 것
굴곡부 안쪽의 반경	• 통과하는 전선의 허용곡률반경 이상 • 배선의 절연피복을 손상시킬 수 있는 돌기가 없는 구조일 것
뚜껑	• 바닥 마감면과 평평하게 설치 • 장비의 하중 또는 통행하중 등 충격에 의하여 변형되거나 파손되지 않을 것
바닥 및 측면	방수처리하고 물이 고이지 않을 것
보호등급(IP)	IP2X 이상일 것

③ 케이블트렌치가 건축물의 방화구획을 관통하는 경우 관통부는 불연성의 물질로 충전(充塡)할 것
④ 케이블트렌치의 부속설비에 사용되는 금속재는 접지공사를 할 것

3) 케이블덕팅시스템(KEC 232.30)

(1) 금속덕트공사(KEC 232.31)

① 시설조건(KEC 232.31.1)
　㉠ 전선 : 절연전선(옥외용 비닐 절연전선 제외)일 것

   ⓛ 금속덕트 내 전선의 단면적 합계
    ⓐ 덕트의 내부 단면적의 20[%] 이하일 것
    ⓑ 전광표시장치 또는 제어회로 등의 배선만을 넣는 경우에는 50[%] 이하일 것
   ⓒ 금속덕트 안에는 전선에 접속점이 없도록 할 것
   ⓔ 금속덕트 안에는 전선의 피복을 손상할 우려가 있는 것을 넣지 아니할 것
   ⓜ 건축물의 방화 구획을 관통하는 경우 덕트 내부는 불연성의 물질로 차폐할 것
  ② 금속덕트의 선정(KEC 232.31.2)
   ㉠ 폭 : 40[mm] 이상, 두께 : 1.2[mm] 이상인 철판 금속제일 것
   ⓛ 안쪽 면 : 전선의 피복을 손상시키는 돌기가 없는 것일 것
   ⓒ 내·외부 면 : 산화 방지를 위하여 아연도금 도장을 할 것
  ③ 금속덕트의 시설(KEC 232.31.3)
   ㉠ 덕트 상호 간 : 견고하고 전기적으로 완전하게 접속할 것
   ⓛ 덕트를 조영재에 붙이는 경우 : 덕트의 지지점 간 거리를 3[m] 이하로 함
   ⓒ 덕트의 본체와 구분하여 뚜껑을 설치하는 경우 : 쉽게 열리지 않도록 시설할 것
   ⓔ 덕트의 끝부분은 막을 것
   ⓜ 덕트 안에 먼지가 침입하지 않도록 시설할 것
   ⓗ 덕트는 물이 고이는 낮은 부분을 만들지 않도록 시설할 것
   ⓢ 덕트는 접지공사를 할 것

(2) **플로어 덕트공사**(KEC 232.32)

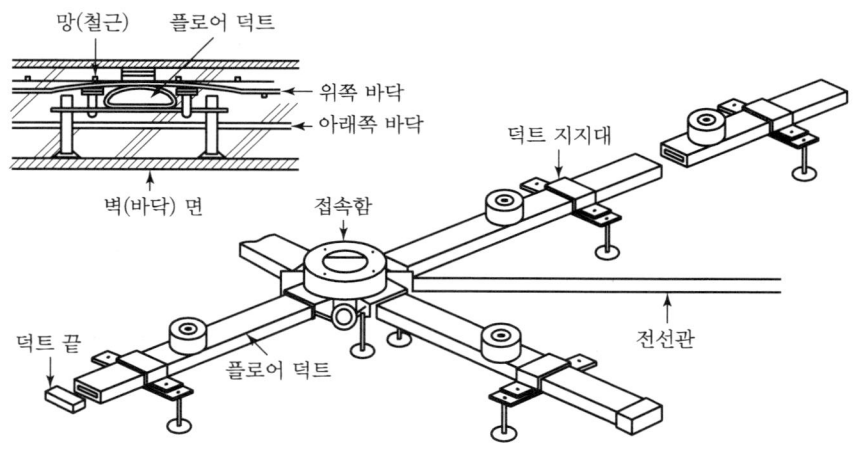

그림 3-13 ▶ 플로어 덕트 배선

① 시설조건(KEC 232.32.1)
 ㉠ 전선 : 절연전선(옥외용 비닐 절연전선 제외)일 것

ⓒ 전선
　　　ⓐ 연선일 것
　　　ⓑ 단면적 10[mm^2](알루미늄선은 단면적 16[mm^2])이하인 것은 예외임
　　ⓒ 플로어 덕트 안에는 전선에 접속점이 없도록 할 것
② 플로어 덕트 및 부속품의 시설(KEC 232.32.3)
　　㉠ 덕트 상호 간 및 덕트와 박스 및 인출구와는 견고하고, 전기적으로 완전하게 접속할 것
　　㉡ 덕트 및 박스, 기타 부속품은 물이 고이는 부분이 없도록 시설할 것
　　㉢ 박스 및 인출구는 마루 위로 돌출하지 않도록 시설하고, 물이 스며들지 않도록 밀봉할 것
　　㉣ 덕트의 끝부분은 막을 것
　　㉤ 덕트는 접지공사를 할 것

(3) 셀룰러덕트공사(KEC 232.33)

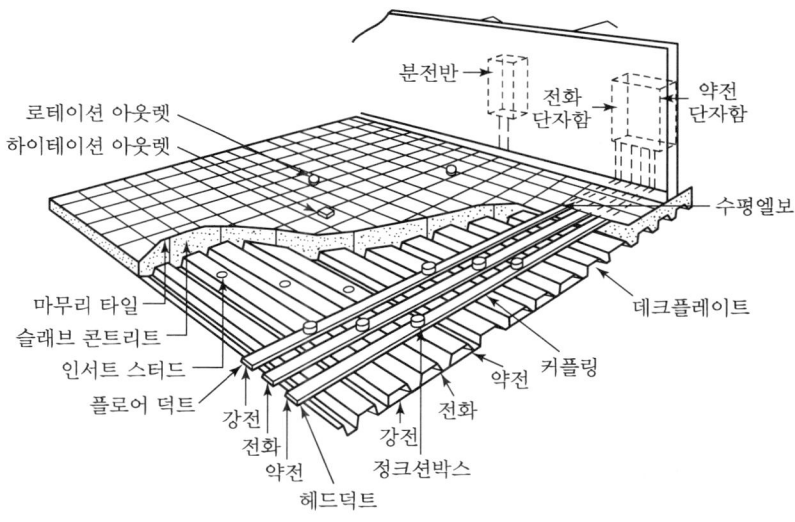

그림 3-14 ▶ 셀룰러덕트 배선

① 시설조건(KEC 232.33.1)
　　㉠ 전선 : 절연전선(옥외용 비닐 절연전선 제외)일 것
　　㉡ 전선
　　　ⓐ 연선일 것
　　　ⓑ 단면적 10[mm^2](알루미늄선은 단면적 16[mm^2]) 이하의 것은 예외임
　　㉢ 셀룰러덕트 안에는 전선에 접속점을 만들지 아니할 것

ⓔ 셀룰러덕트 안의 전선을 외부로 인출하는 경우에는 그 셀룰러덕트의 관통 부분에서 전선이 손상될 우려가 없도록 시설할 것

② **셀룰러덕트 및 부속품의 선정**(KEC 232.33.2)
  ㉠ 강판으로 제작한 것일 것
  ㉡ 덕트 끝과 안쪽 면은 전선의 피복이 손상하지 않도록 매끈한 것일 것
  ㉢ 덕트의 안쪽 면 및 외면은 방청을 위하여 도금 또는 도장을 한 것일 것
  ㉣ 셀룰러덕트의 판 두께

덕트의 최대폭	덕트의 판 두께
150[mm] 이하	1.2[mm] 이상
150[mm] 초과 200[mm] 이하	1.4[mm] 이상
200[mm] 초과	1.6[mm] 이상

  ㉤ 부속품의 판 두께 : 1.6[mm] 이상일 것
  ㉥ 저판을 덕트에 붙인 부분은 다음 계산식에 의하여 계산한 값의 하중을 저판에 가할 때 덕트의 각부에 이상이 생기지 않을 것
  $P = 5.88D$
  여기서, P : 하중(N/m), D : 덕트의 단면적(cm^2)

③ **셀룰러덕트 및 부속품의 시설**(KEC 232.33.3)
  ㉠ 덕트 상호 간, 덕트와 조영물의 금속 구조체, 부속품 및 덕트에 접속하는 금속체와는 견고하게 또한 전기적으로 완전하게 접속할 것
  ㉡ 덕트 및 부속품은 물이 고이는 부분이 없도록 시설할 것
  ㉢ 인출구는 바닥 위로 돌출하지 않도록 시설하고 또한 물이 스며들지 않도록 할 것
  ㉣ 덕트의 끝부분은 막을 것
  ㉤ 덕트는 접지공사를 할 것

4) 케이블트레이시스템(KEC 232.40)

(1) 케이블트레이공사(KEC 232.41)

케이블을 지지하기 위하여 사용하는 금속제 또는 불연성 재료로 제작된 유닛 및 그 부속재 등으로 구성된 견고한 구조물을 말함
① **재료** : 금속재 또는 불연성 재료
② **종류** : 사다리형, 펀칭형, 메시형, 바닥밀폐형

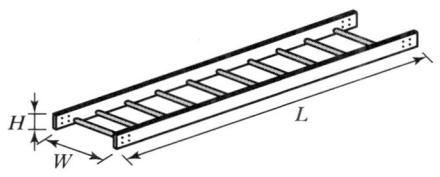
그림 3-15 ▶ 사다리형

그림 3-16 ▶ 펀칭형

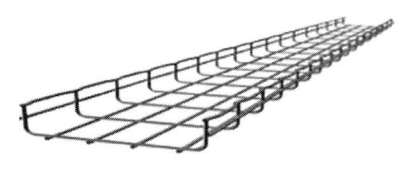
그림 3-17 ▶ 메시형

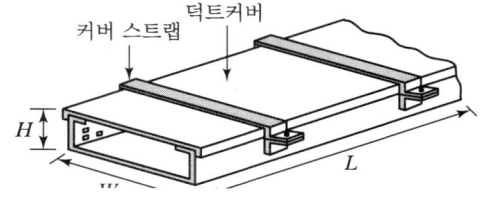
그림 3-18 ▶ 바닥밀폐형

③ 시설 조건(KEC 232.41.1)
  ㉠ 전선의 종류
    - 연피케이블, 알루미늄피 케이블 등 난연성 케이블
    - 기타 케이블[적당한 간격으로 연소(延燒) 방지 조치를 한 것]
    - 금속관 혹은 합성수지관 등에 넣은 절연전선
  ㉡ 저압 · 고압 · 특고압 케이블은 동일 케이블트레이 안에 포설할 수 없다.
  ㉢ 수평 트레이에 다심 케이블을 포설 시
    - 케이블의 지름(케이블 완성품 바깥지름)의 합계는 트레이의 내측 폭 이하 및 단층으로 포설할 것
    - 벽면과의 간격은 20[mm] 이상, 트레이 간 수직 간격은 300[mm] 이상 이격하여 설치할 것. 단, 이보다 간격이 좁을 경우 저감계수를 적용할 것

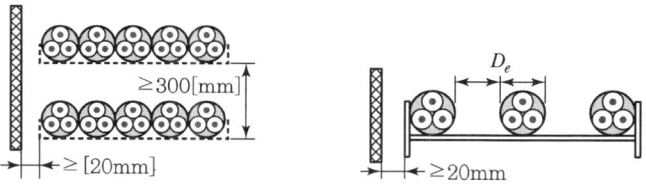
그림 3-19 ▶ 수평트레이의 다심케이블 공사

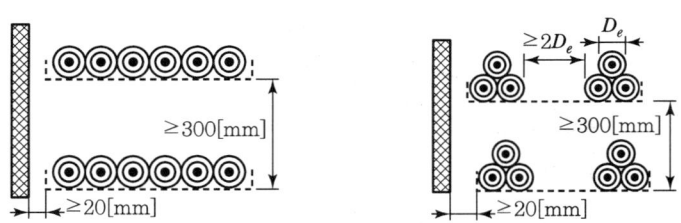

그림 3-20 ▶ 수평트레이의 단심케이블 공사

ⓔ 수평 트레이에 단심케이블을 포설 시
- 케이블의 지름의 합계는 트레이의 내측 폭 이하 및 단층으로 포설함. 단, 삼각 포설 시에는 묶음 단위 사이의 간격은 단심케이블 지름의 2배 이상(이보다 좁을 경우 저감계수를 적용) 이격하여 포설함([그림 3-19] 참고)
- 벽면과의 간격은 20[mm] 이상, 트레이 간 수직간격은 300[mm] 이상 이격하여 설치할 것. 단, 이보다 간격이 좁을 경우 저감계수를 적용할 것

ⓜ 수직 트레이에 다심케이블을 포설 시
- 케이블의 지름의 합계는 트레이의 내측 폭 이하 및 단층으로 포설함
- 벽면과의 간격은 가장 굵은 케이블의 바깥지름의 0.3배 이상 이격하여 설치할 것. 단, 이보다 간격이 좁을 경우 저감계수를 적용할 것

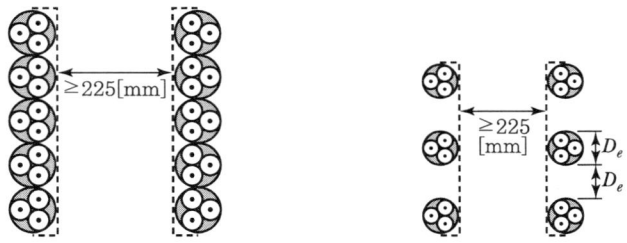

그림 3-21 ▶ 수직트레이의 다심케이블 공사

그림 3-22 ▶ 수직트레이의 단심케이블 공사

ⓑ 수직 트레이에 단심케이블을 포설 시
  - 케이블 지름의 합계는 트레이의 내측 폭 이하 및 단층으로 포설함. 단, 삼각포설 시에는 묶음단위 사이의 간격은 단심케이블 지름의 2배 이상(이보다 간격이 좁을 경우 저감계수를 적용) 이격하여 설치함
  - 벽면과의 간격은 가장 굵은 단심케이블 바깥지름의 0.3배 이상 이격하여 설치함. 단, 이보다 간격이 좁을 경우 저감계수를 적용할 것

④ 케이블트레이의 선정(KEC 232.41.2)
  ㉠ 안전율 : 1.5 이상일 것
  ㉡ 지지대는 트레이 자체 하중과 케이블 하중을 충분히 견디는 강도일 것
  ㉢ 전선의 피복 등을 손상시킬 돌기 등이 없이 매끈할 것
  ㉣ 금속재의 것은 적절한 방식처리 및 내식성 재료일 것
  ㉤ 비금속제 케이블트레이는 난연성 재료의 것일 것
  ㉥ 금속제 케이블트레이시스템은 기계적 및 전기적으로 완전하게 접속할 것
  ㉦ 금속제 트레이는 접지공사를 할 것
  ㉧ 케이블트레이가 방화구획의 벽, 마루, 천장 등을 관통하는 경우에 관통부는 불연성의 물질로 충전할 것

⑤ 특징

표 3-14 ▶ 케이블트레이의 장·단점

장점	단점
• 방열 특성이 우수함 • 허용전류 특성이 우수함 • 장래 증설부하에 대응이 용이함	• 시공면적이 넓음 • 방화구획 관통처리부가 넓음 • 사다리형의 경우 소동물 등의 침해 문제

⑥ **적용 장소** : 동일 경로에 다수의 전선이 부설되는 장소
⑦ **용도** : 고압 및 특고압, 저압 및 통신용

7. 지중전선로의 시설

1) 사용 전선(KEC 334.1) : 케이블

2) 시설방법(KEC 334.1)

구분	내용 설명
관로식	• 매설 깊이 : 1.0[m] 이상 • 매설 깊이가 충분하지 못한 장소 : 견고하고 차량, 기타 중량물의 압력에 견디는 것을 사용할 것 • 중량물의 압력을 받을 우려가 없는 곳 : 0.6[m] 이상일 것
암거식 (전력구식)	견고하고 차량, 기타 중량물의 압력에 견디는 것을 사용할 것

직매식	• 매설 깊이
	  − 차량, 기타 중량물의 압력을 받을 우려가 있는 장소 : 1.0[m] 이상
	  − 기타 장소 : 0.6[m] 이상으로 하고 또한 지중전선을 견고한 트라프, 기타 방호물에 넣어 시설할 것
	• 지중전선을 견고한 트라프, 기타 방호물에 넣지 않아도 되는 경우
	  − 저압 또는 고압의 지중전선을 차량, 기타 중량물의 압력을 받을 우려가 없는 경우에 그 위를 견고한 판 또는 몰드로 덮어 시설하는 경우
	  − 저압 또는 고압의 지중전선에 콤바인덕트 케이블 또는 개장(鎧裝)한 케이블을 사용하여 시설하는 경우

3) 매설방법

구분	내용 설명
관로식	케이블을 관로에 넣고 맨홀과 지중전선관을 이용하여 시공하는 방법
암거식 (전력구식)	지중에 차량 등 중량물에 견디는 콘크리트 구조물(방수 포함)과 케이블트레이 등을 이용하여 시공함
직매식	케이블을 직접 또는 트라프에 넣어 시공함

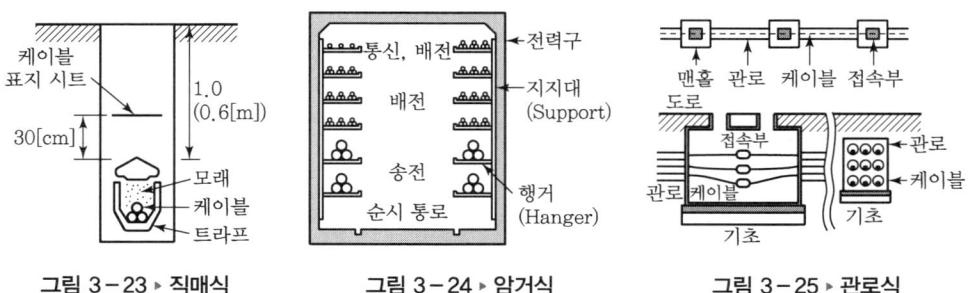

그림 3-23 ▶ 직매식   그림 3-24 ▶ 암거식   그림 3-25 ▶ 관로식

4) 장 · 단점 및 적용

구분		내용 설명
관로식	장점	• 케이블의 재시공 증설이 용이함 • 고장 복구가 용이함 • 보수점검이 용이함
	단점	• 공사비가 고가이며 공기도 긺 • 허용전류가 작음 • 활락의 가능성
	적용	지중선 회선수가 3회선 이상 9회선 미만일 때 장래 회선 증설이 예상되는 곳
암거식 (전력구식)	장점	• 수용회선수가 많고 시공이 용이함 • 유지보수가 용이함 • 열방산 특성이 좋아 허용전류가 큼
	단점	• 공사비가 고가이며 공기가 긺 • 화재 시 피해 확산 우려
	적용	시공회선수가 많고 장래의 증설 등이 요구되는 경우
직매식	장점	• 공사비가 저렴하고 공기가 짧음 • 열발산 특성이 좋아 허용전류가 큼 • 케이블의 융통성이 있음
	단점	• 케이블의 손상이 쉬움 • 보수점검이 어려움
	적용	• 장래 증설이 없는 2회선 이하의 선로 • 임시 선로

8. 지중전선과 지중약전류전선 등 또는 관과의 접근 또는 교차(KEC 334.6)

다음의 이격거리 이하인 경우 견고한 내화성 격벽을 시설해야 한다.

구분	이격거리
저압 또는 고압의 지중전선과 지중약전류전선 간	0.3[m] 이하
특고압 지중전선과 지중약전류전선 간	0.6[m] 이하
특고압 지중전선이 가연성이나 유독성의 유체를 내포하는 관과 접근 · 교차	1.0[m] 이하

9. 지중전선 상호 간의 접근 또는 교차(KEC 334.7)

지중함 내 이외의 곳에서 상호 간의 이격거리는 다음과 같다.

구분	이격거리
저압 지중전선과 고압 지중전선 상호 간	0.15[m] 이상
저압이나 고압의 지중전선과 특고압 지중전선 상호 간	0.3[m] 이상

10. 지중함의 시설(KEC 334.2)

구분	내용 설명
지중함 구조	• 견고하고 차량, 기타 중량물의 압력에 견디는 구조일 것 • 그 안의 고인 물을 제거할 수 있는 구조일 것
폭발성 또는 연소성의 가스가 침입할 우려가 있는 것에 시설하는 지중함	그 크기가 1[m³] 이상인 것에는 통풍장치, 기타 가스를 방산시키기 위한 적당한 장치를 시설할 것
지중함의 뚜껑	• 시설자 이외의 자가 쉽게 열 수 없도록 시설할 것 • 저압지중함 : 절연성능이 있는 고무판을 주철(강)재의 뚜껑 아래에 설치할 것
차도 이외의 장소에 설치하는 저압 지중함	절연성능이 있는 재질의 뚜껑을 사용할 수 있음

11. 국토해양부 공동구 설계기준에 의한 전기설비기술기준

1) 개요

(1) 공동구는 국민생활에 필수적인 전기, 상수도, 통신, 난방, 가스 등을 통합 수용하는 기반시설로서, 도시미관을 개선하고 보행자의 통행공간을 확보, 유지하는 데 있어 매우 유용한 시설이다.

(2) 공동구와 전력구의 차이점을 간단히 구분하여 설명한다.

(3) 국토해양부 공동구 설계기준에 대한 전기설비 부분의 내용을 중심으로 설명한다.

2) 공동구와 전력구의 차이

공동구	전력구
전력, 통신, 가스, 냉난방, 상하수도 배관 등의 시설물을 수용하는 시설물	사람이 통행할 수 있는 지하 구조물 내에 케이블 지지대를 설치하고 그 위에 케이블을 시설한 구조물

3) 전기설비

(1) 전원설비

① 상용전원 정지 및 공동구 내 돌발사고(화재, 폭발, 선로의 단선, 기타)에 따른 정전 시를 대비하여 비상전원설비를 갖추어 신속한 유지, 보수가 가능하도록 하고 사고의 효과가 최소화되도록 함

② 사용전압은 동력설비는 3상 380[V](소용량은 단상 220[V])로 하고 조명설비는 단상 220[V]로 함

③ 분전반의 외함은 1.5[mm] 두께 이상의 스테인리스강판으로 하고 IEC 60529의 IP 32에 해당하는 방진, 방수구조로 함
④ 케이블 간 지지간격은 1.2[m] 이하로 함

(2) 조명설비

조명설비는 공동구 내의 작업 및 대피에 필요한 조명을 확보하는 데 목적이 있으며 예비용으로 비상전원을 연결할 수 있음

① **바닥면 조도기준**
  ㉠ 전기실, 발전기실(공동구 내부 설치 시) : 10~200[lx] 이상
  ㉡ 환기구, 교차구 및 분기구 등 중요 부분 : 100[lx] 이상
  ㉢ 공동구 일반 부분 : 15[lx] 이상
  ㉣ 출입구 계단 : 40[lx] 이상

② **조명기구**
  ㉠ 광원은 형광램프를 사용함을 원칙으로 하되 발열이 적고, 효율이 높고, 조도기준에 충분한 밝기의 형식으로 사용할 수 있음
  ㉡ 조명기구 및 전원설비는 방수형, 방진형 및 내부식성의 기구를 작업 및 보행 등에 지장이 없는 위치에 설치하고 작업보도가 2열인 경우에는 조명기구를 서로 엇갈리게 설치함
  ㉢ 폭발할 가능성이 있는 장소에는 방폭형을 적용함

③ **긴급전화**
  공동구 내부와 관리사무소 사이의 교신이 가능하도록 무선통신 보조설비를 구축하여 휴대가 가능한 무선통신설비를 설치, 운영하여야 함

(3) 비상전원설비

① **무정전 전원(UPS)설비**
  ㉠ 공동구 내 정전상황이 발생 시 비상발전기의 전원공급 개시 전 및 비상발전기 가동 정지 후 일정시간 동안 방재설비에 대하여 비상전원을 공급하기 위한 시설임
  ㉡ 공동구 내 방재시설이 설치되는 경우 비상전원 공급용으로 설치함
  ㉢ 방재설비에 대하여 적정한 용량으로 선정해야 하며 옥내 설치를 원칙으로 하며 옥외 설치 시에는 단열 및 냉난방 시설을 설치하여야 함
  ㉣ 60분 이상 비상전원을 공급할 수 있도록 시설함

② **비상발전설비**
  공동구 내 정전상황이 발생하는 경우 조명설비, 제연설비 등의 방재설비에 비상전원을 공급하기 위한 시설임

㉠ 본 설계기준에 언급되지 않은 사항은 옥내소화전설비의 화재안전기준의 규정에 따라 설치함
　　㉡ 디젤발전기의 사용을 표준으로 하며, 정전 시 자동으로 가동하여야 하며 옥외에 설치하는 비상발전기는 소음을 최대로 줄이는 형식을 사용함
　　㉢ 비상발전설비는 연장이 1,000[m] 이상의 공동구에 설치함을 원칙으로 하되, 조명설비, 제연설비, 소방설비 등에 비상용 전원이 필요한 경우에는 설치 여부를 검토하여 반영하여야 함
　　㉣ 비상발전설비는 공동구 내 설치되는 방재시설을 충분히 가동할 수 있는 용량으로 국가화재안전기준에서 요구하는 비상전원 공급시간을 고려한 비상출력용량으로 시설하여야 함
　　㉤ 비상발전기는 옥내 설치를 원칙으로 하며 옥외 설치 시에는 발전기 및 원동기 내부에 수분, 먼지 등이 들어가지 않도록 방호시설을 설치하여야 함
　　㉥ 발전기 운전은 정전검출 계전기에 의하여 한전측과 발전측으로 자동절체가 가능하도록 제어회로를 구성함

(4) 중앙감시 및 제어설비

공동구 내의 설비 시스템의 감시, 각종 설비의 자동 운전과 공동구에 관한 자료의 기록, 보관 및 분석을 행하는 중앙 통제시스템을 구축함

① CCTV(감시용 텔레비전 설비)
　　㉠ CCTV는 비상상황 시 최소 1시간 이상 기능을 유지할 수 있도록 무정전 전원설비에 의하여 비상전원을 공급함
　　㉡ 공동구 내부에 설치하는 카메라는 저조도 환경에서도 영상의 끊김이나 번짐 현상을 최소화하고 선명한 영상을 촬영할 수 있는 기종을 적용함
　　㉢ 관리실에 설치되는 모니터는 20인치 이상을 표준으로 하며 영상을 저장하는 방식은 디지털 DVR, NVR 또는 동등 이상의 방식을 적용함
　　㉣ CCTV 설비는 제연설비가 설치되는 공동구에는 화재상황 감시를 위해 반드시 설치하여야 함
　　㉤ 감시용 CCTV 설비는 공동구 내에서 발생된 모든 비상신호와 연동하여 집중감시가 이루어지도록 함
　　㉥ 공동구 내 카메라의 설치 높이는 공동구를 적절하게 효과적으로 감시할 수 있는 높이 이상으로 하며 각종 정보를 제공할 수 있도록 30일 이상의 영상 저장을 원칙으로 하며 최근 상황을 연속적으로 갱신할 수 있도록 함

12. 전선의 단면적 선정

1) 전선의 단면적 선정절차

(1) 전선의 단면적 선정 시 관계요소(고려사항)

① 설계전류　　　　　　　② 공사방법
③ 주위 온도　　　　　　　④ 병렬회로 수
⑤ 전압강하 및 과도 현상(기동돌입전류 및 단락전류) 등

(2) 최종적으로 보호장치와 협조조건을 고려하여 선정됨

(3) 단계별 선정절차

구분	전선의 단면적 선정절차	비고
1단계	설계(부하)전류 산정(I_B)	• 간선의 경우 수용률 적용이 가능 • 설계전류는 피상전력을 기준으로 산출하여 적용
⇓		
2단계	허용전류 결정	• 공사방법, 도체의 종류 및 절연물 등이 고려된 표를 통해 전선의 허용전류를 선정 • 주위 온도, 토양의 열저항률, 동일 시스템에 포설된 회로수 등에 대한 보정계수를 적용하여 산정함
⇓		
3단계	전선의 단면적 결정	절연체의 최고허용온도, 허용전압강하, 고장전류에 의한 전기기계 적응력, 과도 현상에 의한 보호장치 오동작 여부 등을 고려하여 결정함
⇓		
4단계	차단기와 보호 협조 조건 검증	• 조건 1 　I_B(설계전류) ≤ I_n(보호장치의 정격전류) ≤ I_Z(케이블의 허용전류) • 조건 2 　I_2(보호장치 규약동작전류) ≤ $1.45 \times I_Z$(케이블의 허용전류)

2) 전선의 허용전류 선정 및 보정계수 적용

(1) 전선의 허용전류

① 허용전류의 정의
　특정 조건(주위 온도, 도체의 수, 절연물의 종류, 시설방법 등)에서 도체의 온도가 절연물의 최고허용온도를 초과하지 않는 범위 내에서 도체에 연속적으로 흘릴 수 있는 최대전류임

② KEC에서 전선의 허용전류 선정

도체의 종류, 절연물(체) 등을 고려하여 적합한 표를 이용하고, 선정된 허용전류에 주위 온도, 동일 시스템에 포함된 회로수 등 해당 보정계수를 적용하여 산정함

표 3-15 ▸ 설치방법에 따른 허용전류(XLPE 또는 EPR 절연, 3개 부하 도체, 도체 온도 90℃, 주위 온도 : 기중 30℃, 지중 30℃)

도체의 공칭 단면적 (mm²)	표 B.52.1의 설치방법				
	A1	A2	B1	B2	C
1	2	3	4	5	6
구리 1.5	17	16.5	20	19.5	22
2.5	23	22	28	26	30
4	31	30	37	35	40
6	40	38	48	44	52
10	54	51	66	60	71
16	73	68	88	80	96
25	95	89	117	105	119
35	117	109	144	128	147
50	141	130	175	154	179
70	179	164	222	194	229
95	216	197	269	233	278

③ 절연물의 허용온도

정상 상태에서 내용기간 중 전선에 흘릴 수 있는 전류는 절연물의 종류별 허용온도 이하일 것

표 3-16 ▸ 절연물의 종류에 대한 최고허용온도

절연물의 종류	케이블의 종류	최고허용온도[℃]
열가소성 물질(PVC)	450/750 비닐 절연전선, VV케이블	70
열경화성물질(XLPE, EPR)	HFIX, F-CV, FR-8 케이블	90
무기물(접촉 우려 있음)	M-I 케이블	70
무기물(접촉 우려 없음)	M-I 케이블	105

(2) 보정계수 적용

① 주위 온도

㉠ 기준 주위 온도(보정계수 1.0 적용 시)
- 공기 중의 절연전선, 케이블 : 설치방법과 상관없이 30[℃]
- 매설케이블 : 토양에 직접 또는 지중덕트 내에 설치 시 20[℃]

㉡ 온도에 따른 보정계수 값
- 주위 온도가 기준 주위 온도보다 높을수록 보정계수는 감소함
- 주위 온도가 기준 주위 온도보다 낮을수록 보정계수는 증가함

표 3-17 ▶ 지중온도와 보정계수

주위 온도[℃]		10	15	20	25	30	35	40	45	50
절연체	PVC	1.10	1.05	1.00	0.95	0.89	0.84	0.77	0.71	0.63
	XLPE 또는 EPR	1.07	1.04	1.00	0.96	0.93	0.89	0.85	0.80	0.76

표 3-18 ▶ 기중온도와 보정계수

주위 온도[℃]			10	15	20	25	30	35	40	45	50
절연체	PVC		1.22	1.17	1.12	1.06	1.00	0.94	0.87	0.79	0.71
	XLPE 또는 EPR		1.15	1.12	1.08	1.04	1.00	0.96	0.91	0.87	0.82
	접촉 우려	있는 것 (70[℃])	1.26	1.20	1.14	1.07	1.00	0.93	0.85	0.87	0.67
		없는 것 (105[℃])	1.14	1.11	1.07	1.04	1.00	0.96	0.92	0.88	0.84

② 토양의 열저항률

㉠ 기준의 열저항률이 2.5[K·m/W]일 때 보정계수 : 1.0
㉡ 기준의 열저항률보다 열저항률이 높을수록 보정계수가 감소됨
㉢ 기준의 열저항률보다 열저항률이 낮을수록 보정계수가 증가됨

표 3-19 ▶ 토양의 열저항률에 따른 보정계수

토양의 열저항률[K·m/W]	0.5	0.7	1.0	1.5	2.0	2.5	3.0
매설덕트 내 케이블에 대한 보정계수	1.28	1.20	1.18	1.1	1.05	1.0	0.96
직접 매설한 케이블에 대한 보정계수	1.99	1.62	1.5	1.28	1.12	1.0	0.90

③ 복수회로 또는 다심케이블 복수의 집합에 따른 감소계수
   ㉠ 회로수가 증가할수록 감소계수 값이 작아짐
   ㉡ 배치방법(케이블 밀착방법)에 따라 감소계수 값이 달라짐

표 3-20 ▶ 복수회로 또는 다심케이블 복수의 집합에 따른 감소계수

배치 (케이블 밀착)	회로 또는 다심 케이블의 수											
	1	2	3	4	5	6	7	8	9	12	16	20
기중이나 벽면에 묶거나 매설 또는 수납	1.00	0.80	0.70	0.65	0.60	0.57	0.54	0.52	0.50	0.45	0.41	0.38
벽 또는 막힘형 트레이의 단일층	1.00	0.85	0.79	0.75	0.73	0.72	0.72	0.71	0.70	9개 이상의 회로나 다심케이블인 경우 더 이상의 감소계수는 없음		
목재 천장면 아래에 직접 고정한 단일층	0.95	0.81	0.72	0.68	0.66	0.64	0.63	0.62	0.61			
환기형 수평 또는 수직 트레이의 단일층	1.00	0.88	0.82	0.77	0.75	0.73	0.73	0.72	0.72			
사다리 지지대 또는 클리이트의 단일층	1.00	0.87	0.82	0.80	0.80	0.79	0.79	0.78	0.78			

④ 케이블트레이공사 방법에 따른 보정계수
   ㉠ 트레이당 케이블 수가 증가할수록 보정계수 값이 감소함
   ㉡ 트레이 또는 사다리 수가 증가할수록 보정계수는 감소함

(3) KS C - IEC 기준의 허용전류

① 상시허용전류(I)

$$I = a \times S^m - b \times S^n [\text{A}]$$

여기서, S : 도체의 단면적[mm^2]
   a, b : 케이블의 종류와 설치 방법에 따른 계수
   m, n : 케이블의 종류와 설치 방법에 따른 지수

※ 대개의 경우, 첫 번째 항만 적용하며, 두 번째 항은 대형 단심케이블을 사용하는 8가지의 경우에만 적용함

② 단락 시 허용전류(I_S)

$$I_S = k \frac{S}{\sqrt{t}} [\text{A}] (\text{단락지속시간이 5초 이하인 경우에만 적용})$$

여기서, S : 도체의 단면적[mm^2]
t : 단락전류 지속시간(초)
k : 보호도체, 절연, 기타 부위의 재질 및 초기온도와 최종온도에 따라 정해지는 계수

3) 전선의 단면적 산정방법

(1) **설계조건 1** : 설계전류(I_B)를 고려한 단면적을 선정함

① 계산식(I_B) = $\dfrac{\sum P_i}{K \times V} \times a \times h \times k$

여기서, P_i : 단상 또는 3상부하의 입력[VA]
K : 상(Phase) 식별계수(3상 : $\sqrt{3}$, 단상 : 2)
V : 부하의 정격전압(V)
a : 수용률
h : 고조파 발생부하의 선전류 증가계수
k : 부하의 불평형에 따른 선전류 증가계수

② 설계전류의 적용
㉠ 분기회로 : 부하의 효율, 역률 및 부하율이 고려된 부하 최대전류를 의미함
㉡ 고조파발생부하 : 고조파 전류에 의한 선전류 증가가 고려될 것
㉢ 간선의 경우 : 수용률, 부하불평형률, 장래 증가에 대한 여유 등이 고려될 것

(2) **설계조건 2** : 과전류보호장치의 정격전류(I_n)를 고려한 단면적을 선정

① 도체의 허용전류 이하에서 과전류 보호장치의 정격전류가 선정될 것
② 관계식 : $I_B \leq I_n \leq I_Z$

여기서, I_B : 설계전류[A], I_n : 과전류보호장치 정격전류[A]
I_Z : 케이블의 허용전류[A](연속 허용전류 기준도체 온도 XLPE : 90℃)

(3) **설계조건 3** : 부하의 운전 시 허용 전압강하를 고려한 단면적 선정

① 허용 전압강하 기준

설비의 유형	조명(%)	기타(%)
A – 저압으로 수전하는 경우	3	5
B – 고압 이상으로 수전하는 경우[a]	6	8

[a] 1. 가능한 한 최종회로 내의 전압강하가 A 유형의 값을 넘지 않도록 하는 것이 바람직함
2. 사용자의 배선설비가 100[m]를 넘는 부분의 전압강하는 미터당 0.005[%] 증가할 수 있으나 이러한 증가분은 0.5[%]를 넘지 않을 것

② 전압강하 계산

㉠ 교류회로 전압강하 계산식 $(u) = b\left(\rho_1 \dfrac{L}{S}\cos\phi + \lambda L \sin\phi\right) I_B$ [V]

여기서, b : 배선방식에 따른 계수

회로 구분	계수(b)
3상 4선, 단상 3선식	1
단상회로, 30[%] 이상의 불평형(단상부하)를 가지는 3상회로는 단상으로 간주	2
3상 3선식	$\sqrt{3}$

ρ_1 : 통상적인 사용에서 도체의 저항률
L : 배선설비의 직선길이[m]
S : 도체의 단면적[mm²]
$\cos\phi$: 역률(정확한 사항을 알고 있지 못한 경우 0.8, $\sin\phi = 0.6$)
λ : 도체의 단위 길이당 리액턴스, 다른 자세한 사항을 알고 있지 못한 경우 0.08mΩ/m임
I_B : 설계전류[A]

㉡ 옥내배선의 전압강하 계산식

비교적 전선의 길이가 짧고, 전선이 가는 경우에서 표피효과나 근접효과 등에 의한 도체 저항값의 증가분이나 리액턴스분을 무시해도 지장이 없는 경우의 계산식

배전방식	전압강하 구리도체	비고	
단상 2선식	$e = \dfrac{35.6LI}{1,000A}$	선 간	여기서, A : 사용전선의 단면적[mm²] L : 전선의 길이[m] I : 부하전류[A] e : 전압강하[V]
단상 3선식, 3상 4선식	$e = \dfrac{17.8LI}{1,000A}$	대지 간	
3상 3선식	$e = \dfrac{30.8LI}{1,000A}$	선 간	

(4) 설계조건 4 : 전동기 기동 시 기동전류에 의한 허용전압강하율을 고려한 단면적 선정

① 전동기 기동 순간 허용전압강하율이 5~15[%] 정도일 것

② 허용전압강하율

$$e(\%) = \dfrac{\Delta V}{V} \times 100[\%] = \dfrac{K \times I_{ms} \times L(R\cos\theta_s + X\sin\theta_s)}{V} \times 100[\%]$$

여기서, I_{ms} : 전동기 기동전류[A]
$\cos\theta_s$: 전동기 기동 시 역률
$\sin\theta_s$: 전동기 기동 시 무효율

(5) **설계조건 5** : 전동기 기동전류에 의한 도체의 온도 상승을 고려한 단면적(S) 선정

① 전동기 기동전류에 의한 도체의 온도 상승이 케이블 온도 상승 한계 이하 값일 것

② 단면적(S) = $\dfrac{I_m \times \beta \times \sqrt{t_m}}{k \times n} \times a\,[\mathrm{mm}^2]$

여기서, I_m : 전동기의 정격전류[A], β : 전동기의 전전압 기동배율
t_m : 전동기의 전전압 기동시간[s]
k : 절연물 및 주위 온도에 따른 상수(XLPE : 143)
n : 병렬도체수, a : 설계여유(1.0~1.25)

(6) **설계조건 6** : 단락 고장전류(I_{sc})에 의한 도체의 온도 상승을 고려한 단면적(S) 선정

단면적(S) = $\dfrac{I_{smin} \times \sqrt{t_n}}{k} \times a\,[\mathrm{mm}^2]$

여기서, $I_{\min}$: 단락고장전류의 최솟값[A]
t_n : 단락고장전류에 의한 보호장치의 동작시간[s]
k : 절연물 및 주위 온도에 따른 상수

구분	동(CU)	알루미늄(AL)
PVC	115	76
XLPE 또는 EPR	143	94

a : 설계여유(1.25배 권장)

※ 위의 6가지 산정방법 중 가장 큰 단면적을 선정

4) 전선단면적과 차단기 정격과의 보호협조 검토

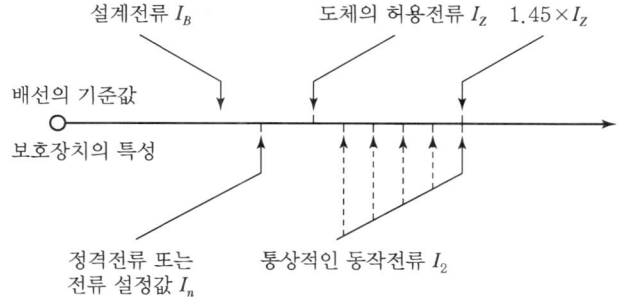

그림 3-26 ▶ 과부하 보호 설계 조건도

(1) **조건 1** : I_B(설계전류) ≤ I_n(보호장치 정격전류) ≤ I_Z(케이블의 허용전류)

(2) **조건 2** : I_2(보호장치의 규약동작전류) $\leq 1.45 \times I_Z$(케이블의 허용전류)

　　① **산업용 차단기일 경우** : I_n의 1.3배의 전류에 조건 2의 규정이 만족될 것

　　② **주택용 차단기일 경우** : I_n의 1.45배의 전류에 조건 2의 규정이 만족될 것

(3) 전선단면적 선정은 상기 조건 1과 조건 2가 모두 만족되어야 하며, 불만족 시 전선의 단면적을 조정하여 재선정함

13. 전압강하

1) 정의

선로에 전류가 흐르게 되면 선로의 임피던스로 인해 전원측 전압보다 부하측 전압이 낮아지는 것을 전압강하라 하고, 상시 전압강하와 순시 전압강하로 구분되며 전압강하는 주로 무효전력의 변동에서 기인한다.

2) 전압강하율(Percentage Voltage Drop)

$$전압강하율(\%e) = \frac{E_s - E_r}{E_r} \times 100[\%]$$

여기서, E_s : 송전단전압[V]
E_r : 수전단전압[V]

3) KEC 기준의 전압강하

(1) 다른 조건을 고려하지 않는다면 수용가 설비의 인입구로부터 기기까지의 전압강하는 [표 3-21]의 값 이하일 것

표 3-21 ▶ 수용가설비의 전압강하

설비의 유형	조명(%)	기타(%)
A-저압으로 수전하는 경우	3	5
B-고압 이상으로 수전하는 경우[a]	6	8

a) 가능한 한 최종회로 내의 전압강하가 A 유형의 값을 넘지 않도록 하는 것이 바람직하며, 사용자의 배선설비가 100[m]를 넘는 부분의 전압강하는 미터당 0.005[%] 증가할 수 있으나 이러한 증가분은 0.5[%]를 넘지 않을 것

(2) 다음의 경우 [표 3-21]보다 더 큰 전압강하를 허용할 수 있음

① 기동시간 중의 전동기
② 돌입전류가 큰 기타 기기

(3) 다음과 같은 일시적인 조건은 고려하지 않음

① 과도과전압
② 비정상적인 사용으로 인한 전압 변동

(4) KEC 핸드북에 의한 전압강하식

$$u = b\left(\rho_1 \frac{L}{S}\cos\phi + \lambda L \sin\phi\right) I_B$$

여기서, u : 전압강하[V]
b : 배선방식의 계수

회로 구분	계수(b)
3상 회로(3상 4선), 단상 3선식	1
단상 회로	2
30[%] 이상의 불평형(단상부하)을 가지는 3상 회로는 단상으로 간주	2

ρ_1 : 통상적인 사용에서 도체의 저항률
L : 배선설비의 직선길이[m]
S : 도체의 단면적[mm²]
$\cos\phi$: 역률, 정확한 사항을 알고 있지 못한 경우, 역률은 0.8($\sin\phi = 0.6$)
λ : 도체의 단위 길이당 리액턴스, 다른 자세한 사항을 알고 있지 못한 경우 0.08 mΩ/m임
I_B : 설계전류

① 특별저압 회로에서는 조명 외 용도(벨, 제어기, 현관문 개폐장치)에 대해 해당 기기가 정확히 작동되는 것을 확인한 경우 [표 3-21]의 전압강하 제한을 지킬 필요가 없음
② 최대전압강하
  ㉠ 저압으로 수전하는 경우 : 계량기 2차측 단자에서부터 해당 부하까지
  ㉡ 고압 이상 수전하는 경우 : 변압기 2차 단자에서부터 해당 부하까지

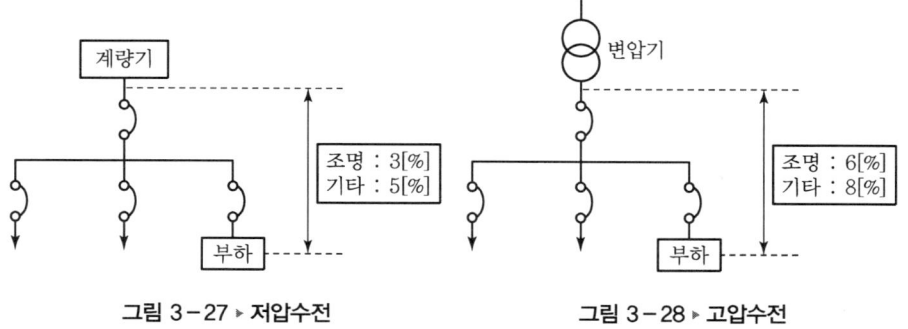

그림 3-27 ▶ 저압수전   그림 3-28 ▶ 고압수전

③ 사용부하 중 부하의 특성 등에 의해 [표 3-21]보다 낮은 전압강하를 요구하는 부하의 경우 그 부하 요구조건에 적합한 전압이 공급될 수 있도록 고려할 것
④ 기타는 조명부하 이외의 부하를 말함

(5) 옥내 배선의 전선의 길이가 짧고 가는 경우의 전압강하 표피효과나 근접효과 등에 의한 도체 저항값의 증가분이나 리액턴스분을 무시해도 지장이 없는 경우의 계산식

배전방식	전압강하 구리도체	비고	
단상 2선식	$e = \dfrac{35.6LI}{1,000A}$	선 간	여기서, A : 사용전선의 단면적[mm²] L : 전선의 길이[m] I : 부하전류[A] e : 전압강하[V]
단상 3선식 3상 4선식	$e = \dfrac{17.8LI}{1,000A}$	대지 간	
3상 3선식	$e = \dfrac{30.8LI}{1,000A}$	선 간	

■ 3상 4선식 옥내 배전방식에서 전압강하를 고려한 전선의 단면적 유도과정

1) 조건
  $\cos\theta = 1$(역률 100[%]), $K_w = 1$(3상 4선식), 단위길이가 1[m]인 경우

2) 풀이 : $\triangle V(e) = E_s - E_r = K_w IRL = IR = I \times \rho \dfrac{L}{A}$

  여기서, I : 전류[A], L : 전선길이[m], A : 전선의 단면적[mm²]

  (1) 고유저항$(\rho) = \dfrac{1}{58} \times \dfrac{100}{97}$ 이므로

  (2) 전압강하$(e) = 1 \times I \times \dfrac{1}{58} \times \dfrac{100}{97} \times \dfrac{L}{A} = \dfrac{0.0177LI}{A}$

  $\therefore A(\text{단면적}) = \dfrac{17.8LI}{1,000e}[\text{mm}^2]$

4) 전압강하 계산의 종류

직류	교류
전압강하$(\triangle V) = 2IRL$[V] 여기서, I : 선로전류[A] 　　　R : 선로저항[Ω/m] 　　　L : 선로길이[m]	• 임피던스법 • 등가저항법 • 암페어미터법 • %임피던스법

5) 전압강하의 영향

(1) 백열전구

① 전압 강하 시 수명 증가, 광속 감소
② 전압 상승 시 수명 감소, 광속 증가
(전압 5[%] 상승 → 수명 50[%] 감소,
전압 10[%] 상승 → 수명 70[%] 감소)

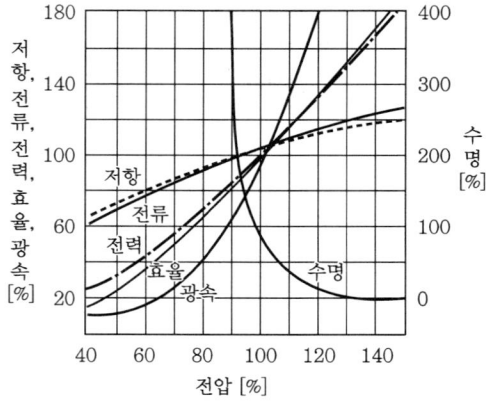

그림 3-29 ▶ 백열전구의 전압 특성

(2) 조명의 Flicker 발생

전압 변동에 의한 광속 변화 현상으로 시력에 지장을 초래함

(3) TV

① 전원전압이 저하되면 휘도 변화가 발생
② 휘도의 변화는 전압 변동에 비례함

(4) 회전기

회전기의 토크 감소 회전속도의 변동, 기동시간이 길어짐

(5) 전자응용장치

① 논리회로나 기억장치에 파급되면 오계산이나 기억오차 발생
② 대책 : CVCF를 설치하여 정전압을 공급함

표 3-22 ▶ 전자응용기기의 전압변동허용치

기기 종류	전압변동허용치
전자계산기	±6.5[%]
사진 전송	±2[%]
복사 전송	출력전압변동 ±20[%] 이하
가변속 제어장치	±3[%] 이하

6) 전압강하 대책($\Delta V = X_S \cdot \Delta Q$)

(1) 전원측의 리액턴스 감소(X_S)

① 공급계통의 단락용량을 증가시킴
② 전원 임피던스의 감소 : 내부 임피던스가 적은 변압기로 공급하여 전원 임피던스를 감소시킴

③ 직렬콘덴서를 설치
④ 3권선 보상 변압기 설치

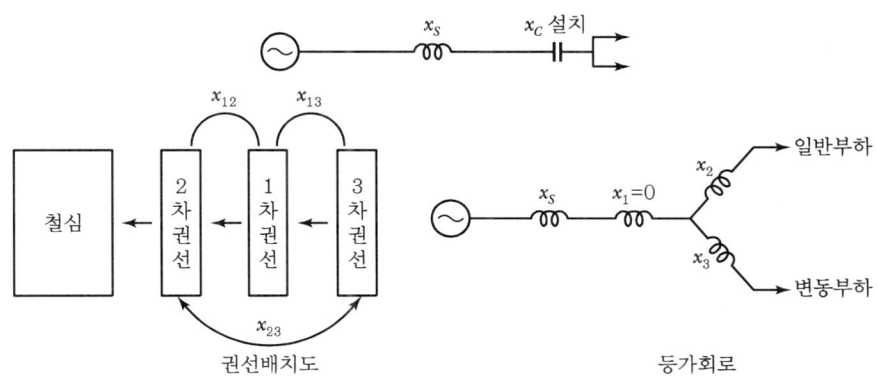

그림 3-30 ▶ 3권선 보상 변압기 설치도

(2) 전압을 직접 조정하는 방법($\triangle V$)

① Tap 변환기, 유도전압 조정기 사용
  전압을 증가시켜 부하측 전압을 조정함
② 변동부하의 뱅크 분리
  전압강하가 심한 아크로, 유도전동기, 용접기 부하는 일반 조명부하와 뱅크를 분리시킴

(3) 무효전력조정($\triangle Q$)

① 동기조상기, 병렬콘덴서, 분로리액터 등을 사용하여 무효전력을 보상
② 무효전력 보상제어장치 설치(SVC, SVG)

(4) 기타 대책

① 전선의 단면적 증가
② 전선길이 단축

7) 허용전압강하 결정 시 고려사항

(1) 부하의 기기를 손상시키지 않는 범위일 것
(2) 부하단자 전압의 변동폭이 적을 것
(3) 각 부하단자 전압이 균일할 것
(4) 배선의 전력손실이 최소일 것
(5) 경제적일 것

14. 기계적 강도

케이블이나 버스덕트 부설 시 통전 시의 열신축, 지진 시 및 단락 시에 기계적 응력이 가해지기 때문에 이 기계적 응력이 어느 정도 되는가를 고려하여 케이블의 종류 선정 및 부설방법이 정해져야 한다.

1) 단락 시 기계적 강도

(1) 열적용량

통전에 의해 도체에 발생한 주울(Joule) 열은 도체의 온도를 상승시킴과 동시에 그 결과로 생기는 외기와의 온도차에 의해 절연물 속을 통해서 외부로 방산되며 단락 시 수초 이하의 단락전류일 때는 도체에 발생한 열은 모두 도체의 온도를 상승시키는 데 소비된다.

표 3-23 ▶ 전선 및 케이블의 단락 시 허용전류 계산식

절연체 종류	케이블 종류	단락전도체 온도[℃]	단락 시 최고 허용온도[℃]	계산식 동	계산식 알루미늄
비닐	VV, VE	60	120	$I = 96 \dfrac{A}{\sqrt{t}}$	$I = 64 \dfrac{A}{\sqrt{t}}$
폴리에틸렌	EV, EE	75	140	$I = 98 \dfrac{A}{\sqrt{t}}$	$I = 66 \dfrac{A}{\sqrt{t}}$
가교 폴리에틸렌	CV	90	250	$I = 143 \dfrac{A}{\sqrt{t}}$	$I = 90 \dfrac{A}{\sqrt{t}}$
부틸고무	BN, BV	80	230	$I = 140 \dfrac{A}{\sqrt{t}}$	$I = 94 \dfrac{A}{\sqrt{t}}$
천연고무	RN	60	150	$I = 116 \dfrac{A}{\sqrt{t}}$	$I = 78 \dfrac{A}{\sqrt{t}}$
EP고무	PN, PV	80	230	$I = 140 \dfrac{A}{\sqrt{t}}$	$I = 94 \dfrac{A}{\sqrt{t}}$

(2) 단락전자력

① 케이블의 단락전자력

㉠ 임의의 거리를 둔 두 개의 도체에 전류가 흐르면 전류의 상호작용에 의해 개개의 도체에 전자력이 작용한다.

㉡ 전류방향이 같으면 흡인력 전류방향이 반대방향이면 반발력이 되며 그 힘(F)은

$$F = K \times 2.04 \times 10^{-8} \times \dfrac{I_m^2}{D} \,[\text{Kg/m}]$$

여기서, I_m : 전류파고치[A]
D : 케이블 중심간격[m]
K : 케이블 배치에 따른 계수(0.809~0.866)

표 3-24 ▶ 단락전자력의 K값

케이블의 배열	단락전자력 K(최대치)
R, T, S (삼각배열)	$K_R = 0.866$
R, S, T (일렬배열)	$K_R = 0.809$ $K_S = 0.866$ $K_T = 0.809$

② 버스덕트의 단락전자력
  ㉠ 버스의 형상이 구형(장방형)이므로 전류의 흐름이 다르고 전자력의 분포도 다르므로 보정을 가할 필요가 있음
  ㉡ 식 : $F_S = PF(P : 보정계수)$

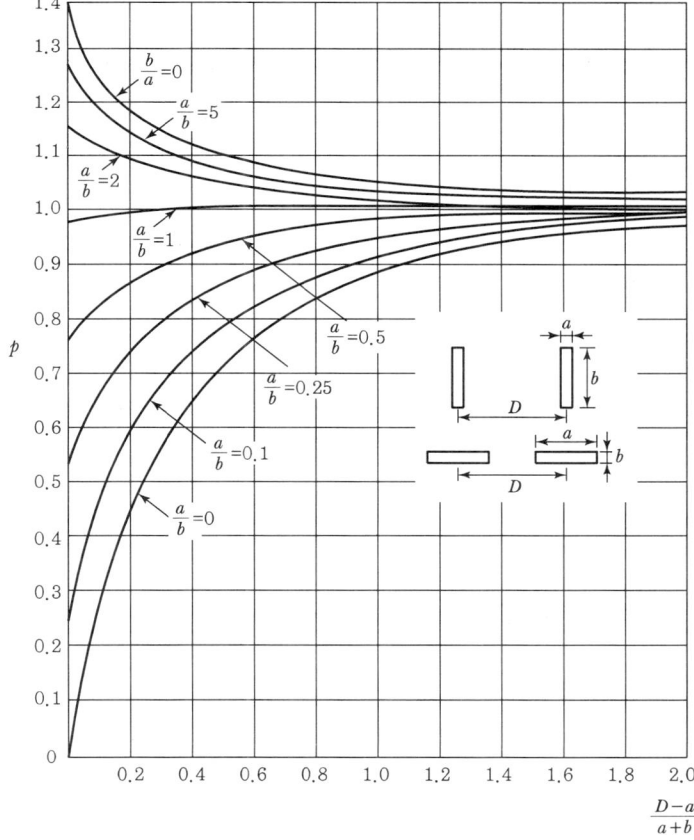

그림 3-31 보정계수(P)

(3) 3심 케이블의 단락기계력

3심 케이블에 단락이 생기면 축방향의 장력과 비틀림 모멘트가 발생함

① 축방향 장력(T)

$$T = \frac{3rFp\sqrt{(2\pi r)^2 + p^2}}{(2\pi r)^2} \text{ [kg]}$$

여기서, F : 전자력[kg/m]
p : 피치[m]
r : 케이블 중심과 선 중심과의 거리[m]

② 비틀림 모멘트(Q)

$$Q = \frac{3rF\sqrt{(2\pi r)^2 + p^2}}{2\pi} \text{ [kg · m]}$$

3심 케이블에서는 비틀림 때문에 시스의 손상이 생기거나 차폐테이프가 절단될 우려가 발생됨

2) 신축 시 기계적 강도

케이블에 전류가 흐르면 도체는 발열하고 온도가 상승한다. 온도 상승은 도체의 팽창계수에 따른 신장이 생기며, 온도가 하강하면 수축이 발생된다.

(1) 버스덕트의 신축

열신축에 따른 이상 응력 등의 발생을 방지하기 위하여 적당한 개소에 익스펜션 조인트 부분을 설치해야 한다.

(2) 케이블의 신축

수직 포설 케이블에서 높이가 높아지면 케이블의 자중이 커지며 이에 대한 대책으로
① 적당한 간격으로 고정금속구 또는 클리이트로 여러 점에서 벽면에 지지함
② 상부의 시스 위에서 케이블 그립으로 단단히 매달고 적당한 간격으로 바닥면에 고정함
③ 케이블의 중량을 줄이기 위해 알루미늄 도체 케이블을 사용함

3) 진동 시 기계적 강도

(1) 건물의 진동

① Bus Duct의 경우 건물에 고정하여 설치하기 때문에 건물과의 공진을 검토함
② 중고층 건물의 진동주기(T_1) = $(0.06 \sim 0.10)N$ [sec] (단 N : 층수)

(2) Bus Duct의 진동

Spring Hanger를 적당한 간격으로 설치하여 Bus Duct의 자중을 부담함

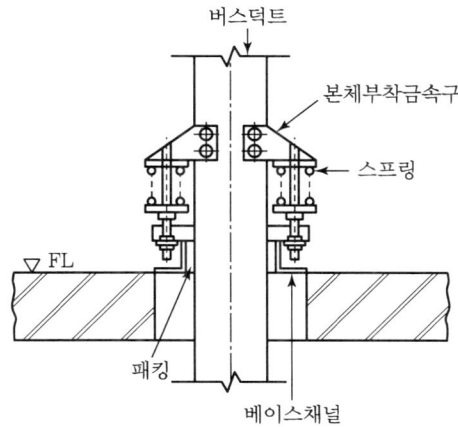

그림 3-32 ▶ Spring Hanger도

(3) 케이블의 진동

건물과 공진이 되지 않도록 케이블 클리이트로 고정함

4) 지지금속구 및 케이블 근접부재의 발열

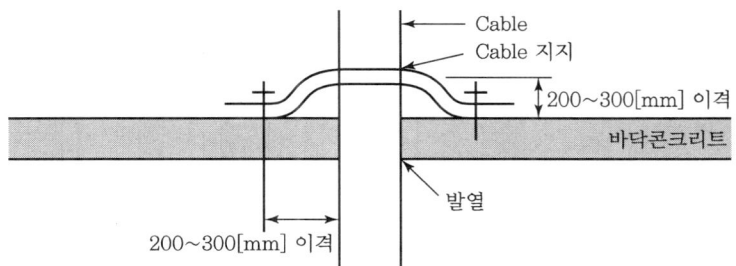

그림 3-33 ▶ 케이블 지지방법

(1) 단심 케이블의 경우 지지금속구는 반드시 비자성체를 사용함
(2) 자성체 사용 시 케이블 전류에 의한 자계의 영향으로 발열 및 케이블 소손의 원인이 됨
(3) 특히 철재 주위가 열방산이 나쁠 때는 온도 상승이 심하므로 200~300[mm] 이상 간격을 두어야 함

5) 설계 시 고려사항

(1) 전선의 기계적 강도와 전기적 조건을 동시에 만족해야 함
(2) 광화이버 이용 버스덕트 온도감시시스템 구성

(3) 내진설계에 대한 검토
(4) 경제성을 고려한 설계 검토

15. 고조파 검토

1) 고조파 전류의 실효치[A] = $\sum_{n=1}^{m} \sqrt{I_n^2}$ 에서

2) UPS의 고조파 전류분이 40[%] 발생된 경우

$I = \sqrt{1+(0.4)^2} \cong 1.077[\%]$

따라서 약 7.7[%]의 간선 굵기를 고려해야 한다.

16. 간선 고장 시 대책

간선회로에는 많은 분기회로가 연결되며 병원, 전산센터 등과 같은 시설물에서 간선 고장 시 피해규모 및 파급효과가 크므로 반드시 신뢰성이 높은 간선방식이 구성되어야 한다.

표 3-25 ▶ 간선 고장 시 대책

Back-up 방식	Loop 방식	예비본선 방식
• 중요 부하에만 양쪽에 연결 • 이상 시 By-Pass • 기타 부하는 Stop • 가장 경제적인 방식	• 평상시 By-Pass SW OFF • 이상 시 By-Pass SW ON • 간선 및 차단기의 크기는 2배 • 가장 일반적인 방식	• 각 부하마다 예비선을 연결 • 신뢰도가 가장 큼 • 배선이 복잡하고 시설비가 고가임

17. 간선의 에너지 Saving 대책

1) 가능한 한 부하 중심에 수변전실을 시설하여 간선 경로를 단축시킴
2) 440[V] 배전방식의 채용
3) 간선 굵기 선정 시 전압강하를 적게 함

18. 간선 및 배선설비(KDS 기준)

1) 목적

인입구로부터 각종 기계기구 및 배선기구 등에 이르는 설비에 대하여 안전하고 안정적인 전기공급을 위한 표준적 설계방법을 제공하여 합리적인 계획 및 설계를 도모하기 위함이다.

2) 적용범위

(1) 구내의 인입구로부터 분기 과전류차단기 및 부하설비에 이르는 옥내·외 간선 및 배선설비의 설계에 적용
(2) 건설공사의 이와 유사한 설비에도 이를 적용

3) 설계 시 고려사항

(1) 외부 영향

① 주위 온도 및 외부 열원
② 물의 존재 및 높은 습도, 부식 또는 오염물질의 존재 여부
③ 충격 및 진동
④ 식물 또는 곰팡이, 동물(쥐, 파충류, 새, 작은 동물 등)
⑤ 전자기 장애, 정전기 또는 이온화의 영향
⑥ 태양방사, 지진, 기후조건(강우, 강설, 낙뢰, 바람 등)

(2) 전기·기계적 응력

① 전기설비 공사 중 또는 사용 중에 배선이 받는 응력
② 배선을 지지하는 건축물의 구조(벽 등) 또는 기타 부분의 특성
③ 사람과 가축이 배선에 접촉할 가능성
④ 지락 및 단락 전류에 의해 발생할 수 있는 전기·기계적 응력

■ KDS 외 기타 설계 시 고려사항

구분	내용 설명
시공주와의 협의	• 배선방식, 전압 • 부하의 사용계획 및 수용률 • 장래의 부하증설에 대한 계획 등 검토
건축설계자와의 협의	• 간선 경로에 대한 건축공간 확보 및 위치의 적정성 여부 검토 • 점검구의 유무 및 크기 등의 충분한 검토
설비설계자와의 사전협의	• 동력설비의 종류, 용량, 전압, 전기방식, 가동률 등의 협의 • 동력설비의 배치에 대한 위치 확인

4) 간선의 분류

(1) 부하의 용도에 따른 분류

간선은 일반적으로 부하의 용도에 따라 [표 3-26]과 같이 분류하며, 사용부하 구성 특성에 따라 상용·비상용, 고조파발생 부하용 등으로 구분함

표 3-26 ▶ 간선의 부하용도에 따른 분류 예

용도별 간선	조명·전열용 간선	상용 조명·전열용 간선
		비상용 조명·전열용 간선
	동력용 간선	상용 동력간선
		비상용 동력간선
	특수용 간선	전산장비용 간선
		기타(의료기기용 간선 등)

(2) 조명·전열용 간선

① 조명기구, 콘센트(소용량 기기) 등에 전기를 공급하는 간선에 적용함
② 비상용 조명·전열용 간선에는 관계 법령(소방, 건축 등)에 따른 조명·전열설비가 연결되며, 정전 시 예비전원에 의해 전원을 공급함

(3) 동력용 간선

① 공조설비, 급배수 및 위생설비, 특수기계설비와 소방설비, 전동셔터 및 자동문 그리고 건물 내 운반(반송)설비 동력에 전기를 공급하는 간선에 적용함
② 비상용 동력간선에는 관계 법령(소방, 건축 등)에 따른 동력설비가 연결되며, 정전 시 예비전원에 의해 전기를 공급하는 간선에 적용함

(4) 특수용 간선

① 일반적으로 중요도가 높은 것으로 대형 전산기기용 간선, 의료기기용 간선, 대형 전광판용 간선 등이 있음
② 중요도를 고려하여 정전 시 예비전원이 공급되도록 구성함

5) 설계순서

(1) 간선 및 배선설비의 설계 순서도

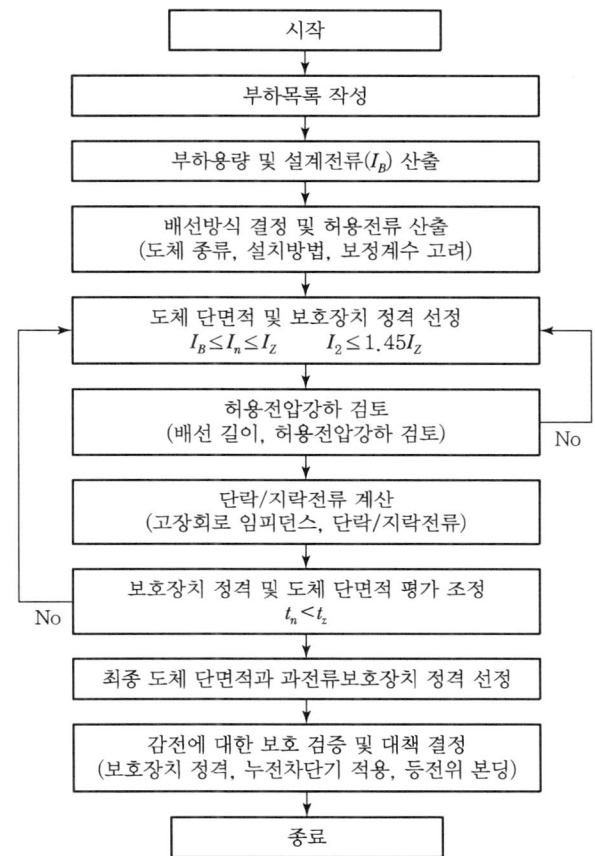

주) I_B : 회로의 설계전류, I_n : 보호장치 정격전류, I_Z : 도체의 허용전류, I_2 : 보호장치 규약동작전류,
 t_n : 보호장치 동작시간, t_Z : 도체 허용온도 도달시간

그림 3-34 ▶ 설계 순서도

(2) 설계 절차

① 부하목록 작성

㉠ 부하 명칭 및 설치 장소

㉡ 부하용도(전등·전열부하, 동력부하, 사무기기용 부하 등)

㉢ 상수, 정격전압 및 정격주파수

㉣ 정격용량

㉤ 부하의 운전방식(연속, 불연속, 주기적 사용 등)

㉥ 부하의 중요도

ⓐ 예비전원의 필요성(소방부하, 비상부하, 정전 시 운전이 필요한 부하)
② 부하용량 및 회로의 설계전류(I_B) 산출
　㉠ 부하마다 출력용량을 입력용량으로 환산하여 부하용량을 산정함
　㉡ 분기회로는 부하용량을 고려하여 회로별로 설계전류(I_B)를 산정함
　㉢ 간선은 분기회로별로 산정한 입력용량을 모두 합산한 후 여기에 수용률, 부하 불평형률, 장래 부하증가율 등을 감안하여 설계전류(I_B)를 산정함
③ 배선방식 결정 및 허용전류 산출
　㉠ 도체의 종류, 배선설비 공사방법 등을 결정함
　㉡ 도체의 허용전류(I_Z)는 시설 상태에 따른 배선설비 공사방법, 주위 온도, 집합계수 등을 고려하여 산정함
④ 도체 단면적 및 보호장치 정격 선정
　㉠ 보호장치의 정격전류(I_n)는 회로의 설계전류(I_B)와 같거나 큰 것을 선정하되 장래 부하증설이 예상되는 경우 이를 반영함
　㉡ 도체의 허용전류(I_Z)는 보호장치의 정격전류(I_n) 이상의 것을 선정함
　㉢ 보호장치의 규약동작전류(I_2)는 전선의 허용전류(I_Z)의 1.45배 이하의 것을 선정함
⑤ 허용전압강하 검토
　㉠ 전원의 공급지점(저압수전은 계량기 2차측, 특고압수전은 변압기 2차측)으로부터 수용지점(분전함, MCC, 부하기기 등)까지 배선거리를 결정하고 전압강하를 산정함
　㉡ 수용가설비의 허용전압강하는 KEC 규정 232.3.9에 따름
⑥ 단락전류 및 지락전류 계산
　㉠ 전원공급원을 포함한 선로 등의 임피던스를 합산하여 수용지점에서 예상되는 3상 단락전류(I_s)를 산정함
　㉡ 보호장치의 정격차단전류는 수용지점의 예상단락전류(KS C IEC 60909-0)보다 큰 것을 선정함
　㉢ 전원공급원을 포함한 선로 등의 루프임피던스를 계산하여 예상되는 지락고장전류(I_g)를 산정함
　㉣ 보호장치의 지락고장전류(I_g)에 대한 보호 여부를 검토하여야 하며, [표 3-27]에서 보호장치의 최대 차단시간 이내에 차단될 수 있는 동작전류를 산정하고, 그 값은 예상 지락고장전류(I_g)보다 작아야 함

표 3-27 ▶ 분기회로의 최대 차단시간

공칭대지전압	TN 계통		TT 계통	
	32[A] 이하	32[A] 초과	32[A] 이하	32[A] 초과
120[V] 이하	0.8초	5초	0.3초	1초
230[V] 이하	0.4초	5초	0.2초	1초
400[V] 이하	0.2초	5초	0.07초	1초
400[V] 초과	0.1초	5초	0.04초	1초

⑦ 보호장치 정격 및 도체 단면적 평가 조정
　㉠ 보호장치의 동작전류(I_2) 값이 도체 허용전류(I_Z)의 1.45배를 초과할 경우에는 ④항의 ㉢을 만족하는 도체의 굵기를 선정함
　㉡ 배선의 단시간허용온도에 도달하는 시간을 검토($t_n < t_z$)하여야 하고, 예상단락전류(I_s)에 대한 보호장치의 동작시간(t_n)이 도체의 허용온도 도달시간(t_z)보다 짧아야 함

⑧ 최종 도체 단면적과 과전류보호장치 정격 선정
　배선의 고장전류에 대한 열적 성능과 도체의 허용전류 및 전압강하 계산에서 산정된 도체의 굵기를 비교하여 큰 것을 선정함

⑨ 감전에 대한 보호 검증 및 대책 결정
　만약 ⑥항의 ㉣을 만족하지 못할 경우에는 다음 중 어느 하나에 의한다.
　㉠ 보호장치를 누전차단기로 선정함
　㉡ 분전반, MCC, 부하 등과 계통 외 도전성 부분이 허용접촉범위 이내에 있을 경우에는 상호 간에 보조 보호등전위본딩을 함

19. 초고층 빌딩의 간선계획

1) 개요

초고층 빌딩이란 50F 이상 200[m] 이상의 건물을 말하며 국내의 경우도 초고층 빌딩 건설이 증가 추세에 있으며 이러한 건물의 전력공급에 필요한 간선계획에 대해 대용량 전력공급에 대한 고신뢰도, 건축적 한계 등을 감안한 검토가 이루어져야 한다.

2) 건축물의 특징적 요소에 따른 검토사항

(1) 건축의 높이가 높아 수직간선 부설 및 전압강하
(2) 건축 바닥 면적이 넓어 대용량 수변전설비 및 배치계획
(3) 건물의 유효면적 확보에 따른 EPS 공간의 제약
(4) 중요 부하설치에 따른 고 신뢰성의 전원공급

3) 간선계획 시 고려사항

(1) 일반적 고려사항

① 초고층 빌딩에서는 부하가 종 방향으로 분포하여 간선을 대용량화하여 간선계통수를 적게 하고 내진대책 등을 검토함
② 초고층 빌딩의 경우 저압간선은 버스덕트를 채용함
③ 고조파 내량, 노이즈 내량을 검토하여 충분한 간선 용량을 검토함
④ 에너지 절감대책을 적극 검토함
⑤ 경제성과 신뢰성 등을 검토하여 건물의 기능에 장해를 주지 않을 것
⑥ 전압강하를 고려한 간선의 적정 굵기를 설계함
⑦ 유도장해 방지를 위한 전력선의 연가

(2) 간선계획 측면

① 고압간선 적용
　㉠ 일반적으로 대용량 부하설비나 간선길이가 긴 경우 전압강하 등의 문제로 고압간선이 적용됨
　㉡ 고압간선이 저압간선보다 설치면적이 적게 소요됨

② 대용량 저압간선 적용
　㉠ 분기장소의 공사가 용이할 것
　㉡ 충분한 건축적 공간이 확보될 것
　㉢ 가요성이 크고 설치(운반) 등이 용이할 것
　㉣ 내진성이 있고 분기고정이 용이할 것

ⓜ 가격이 저렴할 것
③ 수직간선도체
   ㉠ 동(CU)도체 : 고압간선용, 소용량의 분산동력용
   ㉡ 알루미늄(AL)도체
- 높이가 200[m]를 초과하고 부하용량이 수천[kVA] 이상인 경우 전류밀도, 중량, 가격 등의 문제로 알루미늄 도체의 적용이 가능함
- 알루미늄은 동에 비해 도전율이 약 60[%]로 적으나, 중량 및 가격 면에서 동의 약 $\frac{1}{3}$로 현장적응성이 있음

   ㉢ Bus Duct
- 대용량의 전력간선에 적응성이 높음
- Feeder Bus Duct, Plug In Bus Duct, 트롤리 Bus Duct 등이 적용됨
- 동도체와 알루미늄도체의 적합성 여부는 현장 여건에 따라 적용함

④ 간선 System
초고층의 특성상 대용량 간선이 부설되며 고장사고 시 정전의 손실 외 무형의 경제적인 손실이 크고 복구작업 시 많은 시간이 소요되는 특성으로 고신뢰성의 이중화방식이 고려됨

표 3-28 ▶ 간선 System

Back-up 방식	Loop 방식	예비본선 방식
• 중요 부하에만 양쪽에 연결 • 이상 시 By-Pass • 기타 부하는 Stop • 가장 경제적인 방식	• 평상시 By-Pass SW OFF • 이상 시 By-Pass SW ON • 간선 및 차단기의 크기는 2배 • 가장 일반적인 방식	• 각 부하마다 예비선을 연결 • 신뢰도가 가장 큼 • 배선이 복잡하고 시설비가 고가임

⑤ 간선 부설방법
   ㉠ 케이블트레이 방식
- 주로 철(Fe : 지지간격 2[m]), 알루미늄(AL : 지지간격 1.5[m])이 적용되며 수직부설의 경우 지지간격을 2[m]로 함

- 케이블 고정은 클리이트, 고정금속구 등을 이용하여 지지함
ⓒ Bus Duct
- 수직부설에 따른 중량 문제 : AL 도체 및 AL 덕트 방식 채용
- 전압강하 등을 고려하여 저임피던스 버스덕트를 채용
- 수평지지 간격 : 3[m]마다 견고히 지지함
- 수평지지는 I형 및 C형, U형 행거를 조합하여 진동 등을 방지시킴
- 수직지지는 스프링 지지대를 설치하여 중량과 진동을 방지함
- 기타 지지 등은 기준의 조건에 적합해야 함

⑥ 간선계획 시 기술적 검토사항
ⓐ 간선의 단락강도
단락 시 도체에 발생하는 열적강도와 도체 상호 간의 단락전자력에 견디는 간선 도체를 선정함
ⓑ 수직하중에 대한 고정
간선 자체의 수직하중 외 신축 시 기계적 강도, 진동 시 기계적 강도, 단락 시 기계적 강도에 견디는 부재 선정 및 고정
ⓒ 고조파
부하에 고조파 성분이 많은 경우 간선 도체에 고조파에 대한 검토가 필요함
ⓓ 산화문제
Al의 경우 공기 중에서 급속 산화되어 AlO_2로 되어 전기적 저항이 증가
ⓔ 내진성
Bus Duct의 경우 내진성이 우수하며 중간에 Flexible을 처리하여 충격을 흡수함

SECTION 04 | 분기회로

1. 개요

분기회로란 저압옥내 간선으로부터 분기 과전류 보호기를 거쳐 전등, 콘센트에 이르는 배선으로 전기기기의 안전한 사용, 사고 시 파급 방지, 신속한 복구를 위해 사용된다. 이러한 분기회로의 종류, 선정기준, 실계통에서의 산정 예, 선정 시 고려사항을 구분한다.

2. 분기회로의 종류

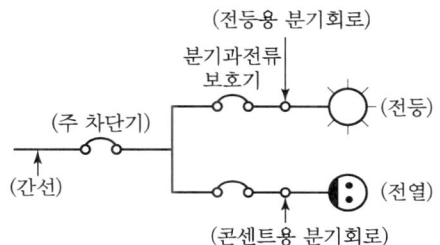

그림 3-35 ▶ 분기회로도

분기회로의 종류는 회로를 보호하는 분기과전류 차단기의 정격전류에 따라 구분된다.

3. 분기회로 수

1) 부하용량의 상정(想定)

(1) 집합주택

구분	내용
KEC 핸드북	$P[\text{VA}] = 40[\text{VA/m}^2] \times $ 바닥면적$[\text{m}^2] + 500 \sim 1,000[\text{VA}]$ ① 합계용량이 3[kVA] 이하 시 3[kVA]로 선정 ② 공용부하는 별도 계산함 ③ 세대수에 따른 종합 수용률 적용
주택건설기준	$P[\text{kW}] = 3[\text{kW/세대}] + 60[\text{m}^2]$ 초과 시 $10[\text{m}^2]$ 당 0.5[kW] 추가

(2) 전전화 주택

① 1호당 부하용량의 합

$P[\text{VA}] = 60[\text{VA/m}^2] \times $ 바닥면적$[\text{m}^2] + 4,000[\text{VA}]$

부하용량의 합계가 7[kVA] 이하인 경우 7[kVA]로 함

② 부하용량식으로 부족한 경우 실사용 기기의 합계에 의해 산정함
③ 심야전력을 이용하는 전기온수기 등의 전기용량은 ①, ②의 상정부하용량에 가산할 것
④ 공용부하설비는 ①, ②, ③에 의해 상정한 값에 공용부하설비용량을 가산할 것

(3) 표준부하용량에 의한 방법

표준부하용량 $= PA + QB + C$ [VA]

여기서, P : 표준부하 바닥면적[m²] → Q부분은 제외
A : 표준부하밀도[VA/m²]
Q : 부분적 표준부하 바닥면적[m²]
B : 부분적 표준부하밀도[VA/m²]
C : 가산해야 할 부하[VA]

표 3-29 ▶ 건물의 종류별 표준부하(KEC 핸드북)

건축물의 종류	표준부하밀도[VA/m²]
공장, 공회당, 사원, 교회, 극장, 영화관, 연회장 등	10
기숙사, 여관, 호텔, 병원, 학교, 음식점, 다방, 대중목욕탕	20
사무실, 은행, 상점, 이발소, 미용실	30
주택, 아파트	40

표 3-30 ▶ 건물의 부분적 표준부하(KEC 핸드북)

건축물의 부분	표준부하밀도[VA/m²]
복도, 계단, 세면장, 창고, 다락	5
강당, 관람석	10

표 3-31 ▶ 표준부하에 따라 산출한 값에 가산하여야 할 VA 수(KEC 핸드북)

항목	가산 VA
주택, 아파트(1세대당)	500~1,000[VA/세대]
상점의 진열장 폭 1[m]에 대해	300[VA/m]
옥외의 광고등, 전광사인, 네온사인 등	등의 VA 수
극장, 댄스홀 등의 무대조명, 영화관 등	특수전등부하의 VA 수

표 3-32 ▶ 수구의 종류에 의한 예상부하(KEC 핸드북)

수구의 종류	예상부하[VA]
소형 전등수구, 콘센트	150[VA/m]
대형 전등수구	300[VA/m]

2) 분기회로수 산정

(1) 산정기준

① 사용전압이 220[V]인 경우 설비용량 3,300[VA]로 나눈 값을 원칙으로 함
② 소수점은 절상함
③ 대형기기는 별도 전용 분기회로를 산정함
④ 진열장의 전등, 전열은 분리함
⑤ 표준부하에 의하지 아니하고 그 부하를 상정한 경우에는 회로를 2,600[VA] 이하로 산정함

(2) 분기회로 산정 예

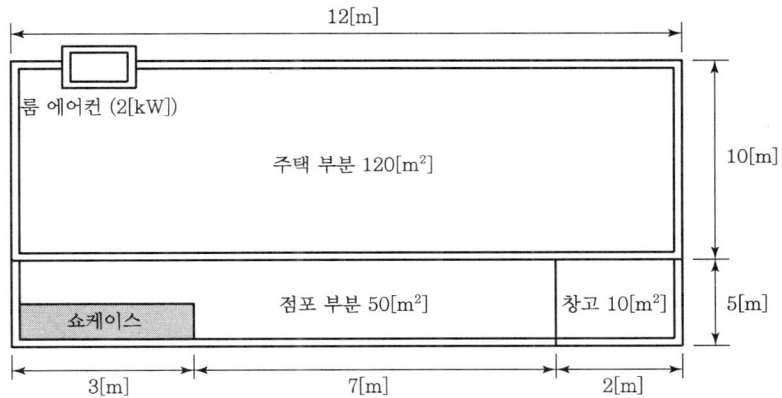

그림 3-36 ▶ 분기회로 산정 예

① 부하용량[VA]
  $(120[m^2] \times 30[VA/m^2]) + (50[m^2] \times 30[VA/m^2]) + (10[m^2] \times 5[VA/m^2]) + 1,000[VA]$
  $+ 900[VA] = 7,050[VA]$
② 분기회로수(220[V] 기준)
  ㉠ 7,050/,3300 = 2.14 → 3회로
  ㉡ 에어컨 1회로 총 4회로의 분기회로가 필요함

SECTION 05 | 배전기구

배전기구에는 배전반, 분전반 개폐기, 자동차단기 등이 있으며 이들 전력공급 설비의 개별 기구 사항의 특성을 파악하고 단락 및 지락에 사용되는 차단기 및 보호 협조가 검토된다.

3.5.1 배전반

1. 개요

    1) 정의

    수전전압을 변압기로 변성시킨 2차 전압을 배전하기 위해 설치하는 함류를 말한다.

    2) 목적

    부하측에 안전한 전력공급을 위해 시설한다.

2. 배전반의 기준

    1) Nema 기준

    (1) Cubicle

    차단기, 단로기, 기타 기기를 단순한 접지 강판으로 둘러싼 구조

    (2) Metal Clade

    각 실이 구분 격벽되며 차단기가 고정 개방 상태에서만 인출이 가능하도록 인터록(Interlock) 장치가 완비된 배전반을 말함

    2) Jem 기준

    (1) Cubicle + Metal Clade : 단위폐쇄형 배전반
    (2) 등급과 구비조건에 따라 A~G급으로 구분됨

3) KS 규정에 의한 구분

차단장치	차단방식	설비용량
CB형	• 단락, 지락 : CB로 차단 • 주기기 배선 : 38[mm^2] • 기타 기기 : 8[mm^2]	옥내외 1,000[kVA] 이하
PF형	• 단락 : PF • 과부하, 지락 : CB로 차단 • 주기기 배선 : 8[mm^2]	옥내외 500[kVA] 이하
PF−S형	• 단락 : PF • 지락 : 개폐기로 차단 • 주기기 배선 : 8[mm^2]	옥내외 300[kVA] 이하

3. 배전반이 갖추어야 할 조건

① 운전 및 조작의 신뢰성이 높고 조작이 간단할 것
② 감시제어가 용이할 것
③ 내구성이 우수할 것
④ 설치장소의 특수성이 일치할 것
⑤ 보수 및 점검이 용이할 것
⑥ 안전할 것
⑦ 증설이 용이할 것(설치면적이 작을 것)
⑧ 환경성이 우수할 것
⑨ 내진성이 우수할 것
⑩ 에너지 절약이 가능할 것

4. 배전반 채용 시 효과

① 소요면적이 축소됨
② 신뢰성이 향상됨
③ 점검, 보수작업이 용이함
④ 인체 안전 확보 가능
⑤ 지하실, 옥상, 구내 일부에 간단히 설치할 수 있음

3.5.2 전자화 배전반과 일반 배전반

1. 개요

전자화 배전반이란 CPU(Micro-Processor 내장)를 이용하여 모든 기능을 집약화시킨 것으로 보호, 계측, 제어, 표시, 통신기능을 일체화시킨 Digital형 배전반으로 경제성보다는 신뢰성, 안전성, 유지보수성이 요구되는 중요 부하에 적용이 확대되고 있는 추세이다.

2. 전자화 배전반의 구성

1) **보호계전기부** : OCR, OVR, UVR 등
2) **계측부** : V-M, A-M, 역률계, KW, VAR 등
3) **제어부** : CB-ON, OFF 제어 등
4) **감시반** : 컴퓨터, 그래픽보드 등

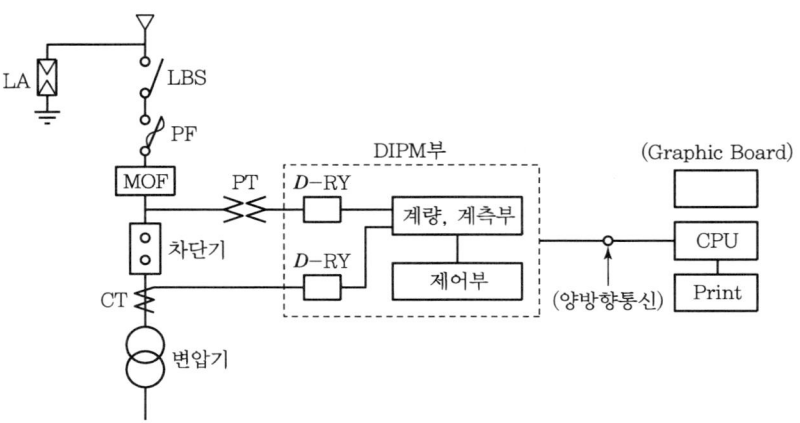

그림 3-37 ▶ 전자화 배전반 System

3. 기능

1) **감시반(CPU)의 감시기능**
2) **통신기능** : RS232, RS422, RS485 중 System에 맞게 공급 가능
3) **그래픽 시각기능** : 각종 계측값을 시각적으로 표현함
4) **SMS 경보 통보기능** : 경보 및 이상 유무를 음성으로 알림
5) **웹기반 서비스기능** : 서비스 프로그램 제공 및 연동
6) **스위치 조작기능** : 수배전반의 각종 스위치를 무인 원방조작

7) Data 분석기능 : 계측된 전력 Data를 이용하여 각종 분석
8) 자기진단기능

4. 특징

1) **정전작업** : 작업이 용이하고 증설공사에 용이함
2) **경제성** : 변압기가 3 Bank 이상 시 경제성이 있음
3) **외관** : 외관이 단순하고 미려함
4) **유연성** : PT, CT비의 자체 설정이 가능하여 회로정격의 변경이 용이함
5) **유지보수** : 유지보수가 신속하여 신뢰성이 확보됨

5. 전자화 배전반과 일반 배전반의 비교

	전자화 배전반	일반 배전반
정전작업	① PT, CT비의 변경이 용이 ② 계측기 변경은 불필요 ③ 증설공사에 대응이 용이함	① 변경 시 계측기 교체 ② 정전작업이 복잡 ③ 증설공사 전체 계기, 계측기 교체
경제성	① 변압기가 많을수록 경제성 우수 ② 일체형으로 System 구성 및 유지보수에 유리	① 접점수가 증가할수록 → TD, 통신케이블이 증가 ② 변압기가 많을수록 가격이 증가
외형	① 계기, 계전기가 일체화됨 ② 미관이 양호함	① 계기, 계전기가 개별 부착 ② 미관이 나쁨
유지보수	① System이 간단하여 유지보수가 용이함 ② 고장빈도가 적어 유지보수에 유리 ③ 고장 책임소재가 분명	① 계기의 고장 발생빈도가 높음 ② 공사에 대한 책임소재 모호(TD공사, 통신공사)
통신기능	① 별도 통신장치 없이 고속통신 가능 ② 통신의 유도장해가 없음 ③ 배선이 간단함	① 저속통신(10~12[Kbps]) ② 배선이 복잡함 ③ 유도장해 발생
계측감시	① 디지털 계측(계측의 정확성) ② 측정오차 및 판독오차가 적음 ③ 전력분석 가능	① 아날로그 계측 → 계기오차 발생 ② 계측의 판독오차 발생 ③ 원방감시 시 별도 RTU 설치

6. 기대효과

1) 부하의 열 발생 감소와 사고 감소효과
2) 변압기의 여유율 증가(온도 상승 시 Fan 동작)
3) 고조파 감소에 따른 각종 Trouble 감소
4) 역률제어 및 에너지 절감
5) 사고 확인 및 분석 가능

7. 결론

1) 현재 일정규모 이상의 배전반은 전자화 배전반이 적용
2) IT와 연계하여 인터넷망을 통해 휴대전화, 웹, SMS를 통해 전력사고를 사전 방지할 수 있음
3) Peak 억제, 역률제어를 통한 에너지 절감효과가 크므로 현재 많이 보급되고 있음

3.5.3 분전반

1. 정의

배전반으로부터 전원을 공급받아 소요 부하에 전원을 배전시키는 분기함으로, 배전반의 일종이며 대규모 설비에서 분전반과 분기회로와의 관계를 적절히 검토하여 경제성과 시공성 사고 범위의 관계 등을 고려하여 검토할 필요가 있다.

2. 구성요소

1) 강판제(스테인리스, Steel)
2) 주개폐기
3) 분기개폐기

3. 분전반 설치기준(KDS 기준)

1) 분전반의 설치 위치는 전압강하를 고려하고, 점검과 유지보수가 용이한 곳에 설치할 것
2) 분전반은 실내의 사용성을 고려하여 복도 또는 코어 부분에 설치하고, 전기샤프트(ES)가 설치된 경우 ES 내에 수납할 것

3) 옥내에 시설하는 저압용 분전반 등의 시설KEC 232.84)

   (1) 노출된 충전부가 있는 분전반은 취급자 이외의 사람이 쉽게 출입할 수 없도록 설치할 것
   (2) 한 개의 분전반에는 한 가지 전원(1회선의 간선)만 공급할 것(안전 확보용 격벽 및 그 회로의 과전류차단기 가까운 곳에 사용전압을 표시할 경우 제외)
   (3) 주택용 분전반은 노출된 장소(신발장, 옷장 등의 은폐된 장소에는 시설할 수 없다)에 시설할 것
   (4) 옥내에 설치하는 분전반은 불연성 또는 난연성이 있도록 시설할 것

4) 옥측 또는 옥외에 저압용 분전반 및 배선기구 등의 시설(KEC 235.1)

   (1) 옥내에 시설하는 저압용 분전반 등의 시설(KEC 232.84)규정을 준용할 것
   (2) 배분전반 안에 물이 스며들어 고이지 않는 구조일 것
   (3) 배분전반은 외부 분진에 대한 보호, 방수성, 방청처리 구조일 것

4. 분전반 설치 시 기술적 고려사항

구분	내용 설명
분전반의 위치	• 부하 중심에 설치하여 전압강하에 의한 전력손실을 검토해야 함 • 현관, Hall 등 미관을 고려하여 사람의 눈에 잘 띄는 장소는 가능한 한 회피함 • 대형 빌딩의 경우 EPS 실내에 배치함
층당 설치 개수	• 1층당 1개 이상을 설치함 • 가능한 한 분기회로의 길이는 30[m] 이하가 되도록 위치를 선정함
매입형 분전함	• 건축 벽체 두께를 확인하여 충분히 매입되도록 함 • 건축구조 등을 고려하여 보강근 등을 설치함
설치높이 및 이격거리	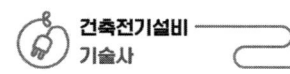 그림 3-38 ▶ 분전반 설치높이 및 이격거리
접지	금속제 분전반은 접지할 것

함의 구조	• 난연성 합성수지제 : 두께 1.5[mm] 이상으로 내아크성일 것
	• 강판제
	  - 두께 1.2[mm] 이상
	  - 가로 또는 세로 길이가 30[cm] 이하인 것은 두께를 1.0[mm] 이상으로 할 수 있음

분전반 1면이 공급하는 범위	• 1,000[m^2/면] • 1개의 분전반에 넣을 수 있는 분기개폐기의 수는 40회로
예비회로	10~20회로를 확보

SECTION 06 | 전력공급 설비의 각종 현상

3.6.1 순시전압강하

1. 개요

1) 정의

(1) 순시전압강하란 선로의 사고 및 기타 원인으로 인한 순간적인 전압저하 현상으로 보호계전기가 사고전류를 검출하여 차단기를 고속도로 개방하기 전까지의 짧은 시간동안 사고 설비를 중심으로 광범위하고 대폭적인 전압강하 현상을 말한다.

(2) IEEE의 경우 0.5cycle에서 1분 동안 rms(실효치) 전압의 0.1~0.9[pu] 정도의 전압저하를 순시전압강하로 규정한다.

2) 순시전압강하의 파형 및 허용범위(IEEE/IEC 기준)

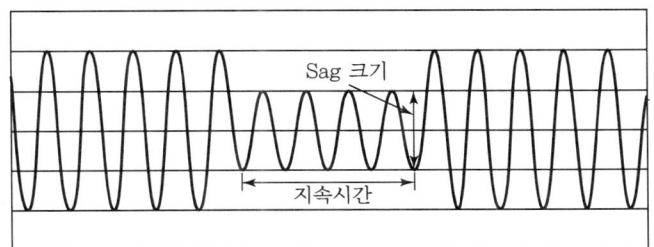

그림 3-39 ▶ 순시전압강하

(1) IEEE(Short Duration Variation)

구분	지속시간	전압범위
Instantaneous Sag	0.5~30[cycle]	0.1~0.9[pu]
Momentary Sag	30[cycle]~3[sec]	
Temporary Sag	3[sec]~1[min]	

(2) IEC(Short Variation)

DiP(Sag) : 0.5~30[cycle], 0.1~0.9[pu]

2. 발생원인

자연재해, 시설물 외부 접촉, 조류에 의한 고장 등 인위적으로 제어할 수 없는 고장이 대부분이며 사전예측을 통해 완전히 방지하는 데 한계가 있다.

전력공급자	수용가
차단기 동작 책무로 인한 재폐로	변압기 여자돌입전류
배전선로에서의 재폐로 동작	아크로, 전기로 가동
사고정전(낙뢰, 기기손상), 작업정전	전동기 및 용접기 기동
단락, 지락사고	단락, 지락사고
	5고압 전동기 Plugging

3. 교란 상태

교란의 형태는 과도전압, 저전압, 극고전압 등의 형태가 된다.

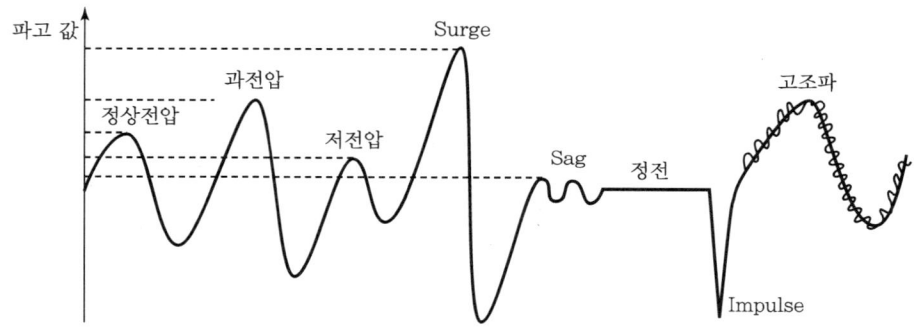

그림 3-40 ▶ 전원의 교란상태

4. 영향

1) **컴퓨터 설비** : Main 컴퓨터의 정지 및 저장 Data의 파괴
2) **가변속 전동기 설비** : 싸이리스터를 사용한 가변속 전동기의 제어능력 상실
3) **HID Lamp** : 소등 및 재점등 시간 소요
4) 각종 개폐기 및 계전기 오동작
5) OA기기의 동작 정지 및 성능 저하
6) 조명의 Flicker 현상
7) **제조업체** : 제품 불량 및 생산 차질

5. 허용범위

1) 전자개폐기 및 접촉기
40~60[%], 0.03~0.01[초]

2) 가변속 전동기
20[%], 0.01~0.1[초]

3) 컴퓨터 설비
10[%], 0.03~0.2[초]

4) 방전램프
20[%], 0.05~0.1[초]

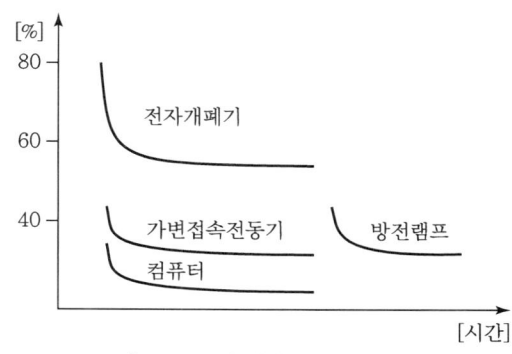

그림 3-41 ▶ 순시전압강하 허용범위

6. 대책

1) 전력 공급자측
(1) 가공배전선로의 절연화
(2) 배전선로의 지중화
(3) 가공지선 및 피뢰기 시설
(4) 배전 자동화

2) 수용가측
(1) Spot Network 수전방식 채용
(2) 무정전 전원장치(UPS) 시설
(3) 수용가 설비의 사용 전 검사 강화
(4) 전력 공급측과의 보호 협조 강화로 사고 파급을 방지함
(5) 각종 교란 방지장치 설치
(6) 자동전압조정장치(AVR) 설치
(7) Line Conditioner 설치

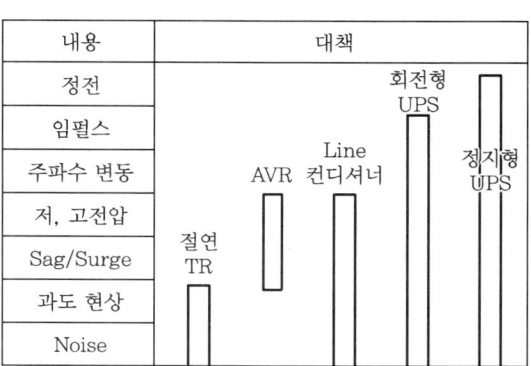

그림 3-42 ▶ 교란상태의 방지대책

3) 순시(간)전압강하 보상장치(개선기기)

순간적인 전압강하 시 Battery 없이 0.1~60초 동안 보상 가능

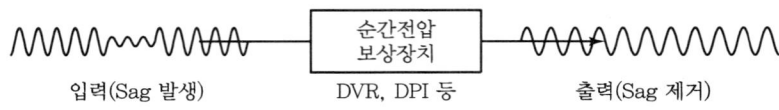

그림 3-43 ▶ 순간전압 보상장치

(1) 순간정전 보상장치

① DVC(Dynamic Voltage Compensator) : 최소 0.1초~1분 정전 보상
② SP(Sag-Protector) : 최소 0.1~5초 정전 보상
③ DPI(Voltage Dip Proofing Inverter)
  ㉠ 전해콘덴서 사용(무 배터리)
  ㉡ 1초 순간정전 보상
  ㉢ 운전방법
    • 단상 제어 회로에 콘덴서를 설치하여 전압을 보상함
    • 정상 시 : Static Switch를 통해 부하에 직접 전력공급
    • 순간전압강하 시 : Static Switch를 OFF 하고 600[μs] 이내 인버터가 콘덴서 충전 전력을 공급함

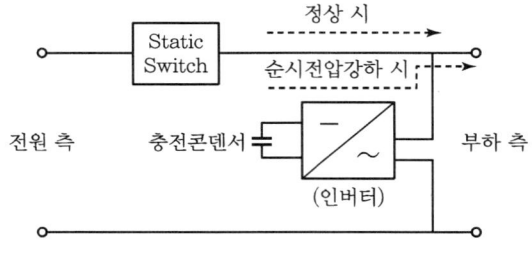

그림 3-44 ▶ DPI 구성도

(2) 순간전압강하 보상장치 : DVR(Dynamic Voltage Restorer)

4) 접점 개방 보상장치

(1) 충전콘덴서를 이용하여 순간전압강하 시 전자개폐기 개방을 방지함
(2) 장치 종류 : Coil Lock, Super Magnetic Coil

5) 순시전압강하에 민감한 기기 보완 장치

    (1) **전자개폐기** : 지연석방형(화학플랜트 등에 적용)
    (2) **고압방전등** : 순간 점등형 사용
    (3) **부족전압계전기(UVR)** : 순간전압강하에 동작하지 않도록 정정

7. 설계 시 고려사항

1) UPS 사용 시의 문제점 검토

    (1) 고조파 문제 → 정류차수가 높은 UPS 및 회전형 및 정지형 UPS 검토
    (2) 경제성 검토
    (3) 장소별, 용도에 적합한 적응성 검토

2) 순시전압강하에 대한 모니터링 시스템(Monitoring System) 검토

8. 결론

1) 순시전압강하 및 순간정전은 우리사회가 디지털화, 첨단화, 자동화될수록 더 큰 영향을 미치게 되는 문제이다.
2) 기상이변에 따른 자연재해의 증가 등으로 낙뢰 등 전원측의 고장원인이 증가하고 있는 상황이다.
3) 순간정전 및 전압강하에 대한 피해상황과 보상설비에 대해 전력공급자 및 수요자에 대해 충분히 이해시켜 전력설비에 대한 표준화된 지표, 기술적 협력은 물론, 전력설비에 대한 투자 등이 이루어져야 할 것으로 판단된다.

3.6.2 선로 전압변동

1. 개요

전력계통의 전압변동 Pattern은 정상 시 전압변동, 순시전압변동 등으로 구분할 수 있으며 이러한 전압변동은 전력계통뿐만 아니라 부하기기에도 큰 영향을 주므로 이에 대한 대책이 중요하다.

2. 전압변동의 원인 및 영향

1) 정상 전압변동(정상적인 부하가동에 의한 전압변동)

원인	영향
송전전압 저하	전력손실 증가
장거리 송전선로	생산성 저하
변압기 및 리액터	전기기기의 수명 저하
대용량 부하의 가동	전원의 교란 상태

2) 순시전압변동(불규칙적인 가동 특성을 갖는 기기의 가동에 의한 전압변동)

원인	영향
대용량 유도전동기 기동	유도전동기 Stall 현상
고조파로 인한 전압강하	생산 공장의 제품 불량, 재가동시간 소요
상간 전압 불평형	컴퓨터 메모리 및 화면 소멸
전원의 교란 상태	조명의 Flicker 발생
	전자접촉기 개방 등

3. 전압변동 허용기준(표준전압별 전압유지범위 : 한전 기본공급약관 23조)

표준전압	유지범위
110[V]	110±6[V] 이내
220[V]	220±13[V] 이내
380[V]	380±38[V] 이내

4. 영향

1) 조명부하의 영향

(1) **전압 저하** : 광속 저하

(2) **전압 상승**

① 백열등 : 전압 10[%] 상승 → 수명 약 70[%] 저하
② 형광등 : 전압 10[%] 상승 → 수명 약 30[%] 저하

2) 유도전동기 토크 저하

(1) **전압 저하 시**

토크(T) ∝ 전압(V^2) 관계에서 토크가 저하됨

(2) **전압 상승 시**

① 토크(T) ∝ 전압(V^2) 관계에서 토크가 증가함
② 기동전류가 증가하며 전압강하를 발생시킴

3) 전압플리커 발생

조명의 깜박임, TV 영상신호의 일그러짐이 발생되며 심리적으로 불쾌감 유발

4) 제어장치의 영향

(1) **가변속 전동기** : 인버터 제어보호를 위해 정지(15[%] 저하 시 10[ms] 정도)
(2) **제어기기** : 전자접촉기(50[%] 저하 시 50[ms] 정도), 보호계전기 동작

5) 전자기기의 영향

컴퓨터 시스템의 오동작 및 정지(10[%] 저하 시 10[ms] 정도)

5. 전압변동 대책

1) 전압변동 $\Delta V = X_S \cdot \Delta Q$ 에서 전압 조정, 리액턴스 조정, 무효전력 조정 등이 있음

구분	수용가측	전력 공급자측
리액턴스 (X_S) 감소	• 스폿네트워크 방식 채용 • 계통분리 및 전용 변압기 설치	• 전용변압기로 전력 공급 • 3권선 보상변압기 설치 • 직렬콘덴서 설치
무효전력 (ΔQ) 보상	• 정지형 무효전력 보상장치(SVC, SVG) 설치 • 병렬콘덴서(APFCR 제어) • 능동 필터 설치	• 동기 조상기 설치 • 정지형 무효전력 보상장치 설치(SVC, SVG)
전압(ΔV)을 직접 조정	• ULTC, NLTC 설치 • IVR(유도전압조정기) 설치	• ULTC(OLTC) 설치 • NLTC 설치

2) **기타 수용가의 대책**

(1) Spot - Network 수전방식 채용

① 수전회로를 3Bank로 구성 시 변압기 용량을 충분히 함
② 선로 전압변동이 문제가 되는 수용가의 경우 적극 검토가 필요함

(2) 충분한 용량의 변압기 선정

(3) 간선의 Size 증가

① 간선계통의 고조파 함유에 의한 과부하 운전 발생
② 간선에 대한 고조파 왜형률 고려

3.6.3 전압강하율과 전압변동률

1. 전압강하율

1) 전압강하 정의

(1) 선로에 전류가 흐를 경우 선로 임피던스, 부하 크기, 역률에 의해 부하측 전압이 전원전압보다 낮아지는 현상으로 부하가 없을 경우 송전단 전압(V_s)은 거의 수전단 전압(V_r)이 되나 부하가 있을 경우 $V_s \neq V_r$가 됨

(2) 전압강하는 배전선로에서는 Scalar, 송전선로에서 Vector 개념으로 구분됨

2) 전압강하식

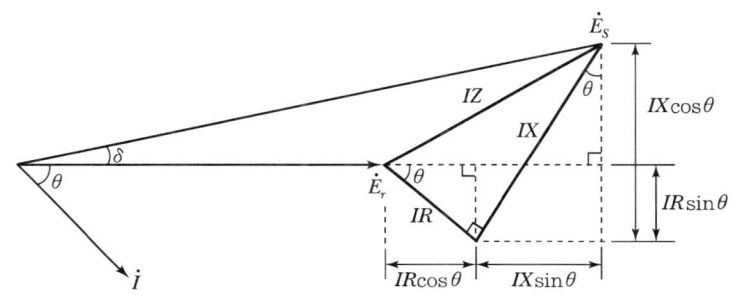

그림 3-45 ▶ 전압강하 벡터도

$E_s = \sqrt{(E_r + IR\cos\theta + IX\sin\theta)^2 + (IX\cos\theta - IR\sin\theta)^2}$ 에서

선로길이가 짧은 건축설비에서는 허수부분을 무시하면 실수부분의 전압강하만 남음

$\Delta V = E_s - E_r \fallingdotseq (IR\cos\theta + IX\sin\theta)$

따라서 전기방식 및 선로의 길이가 L인 경우의 전압강하(Δ)는

$\Delta V = E_s - E_r \fallingdotseq K_w(IR\cos\theta + IX\sin\theta)L$

3) 전압강하율(%e : Percentage Voltage Drop)

전압강하의 수전단 또는 송전단 전압에 대한 백분율을 전압강하율이라 함

(1) 대관에 의한 전압강하율(%e)

$$\text{전압강하율}(\%e) = \frac{E_s - E_r}{E_r} \times 100[\%]$$

여기서, E_s : 송전단전압[V], E_r : 수전단전압[V]

(2) 수용가 자체의 전압강하율(%e)

$$\text{전압강하율}(\%e) = \frac{E_s - E_r}{E_s} \times 100\,[\%]$$

2. 전압변동률

1) 정의

변압기 2차에 정격역률로 정격전류 I_{2n}이 흐를 때 2차 단자의 전압이 정격전압 V_{2n}이 되도록 1차 전압과 부하를 조정한 다음 1차 전압을 그대로 유지하면서 무부하로 했을 경우의 2차측 단자전압을 V_{20}라 하면 전압상승($V_{20} - V_{2n}$)에 대한 2차 전압의 백분율을 전압변동률이라 한다.

2) 전압변동식

(1) 전압변동률(ε) = $\dfrac{V_{20} - V_{2n}}{V_{2n}} \times 100\,[\%]$

여기서, V_{2n} : 수전단 정격전압[V], V_{20} : 수전단 무부하전압[V]

(2) 백분율 전압변동률(ε) $\cong p\cos\varphi + q\sin\varphi$

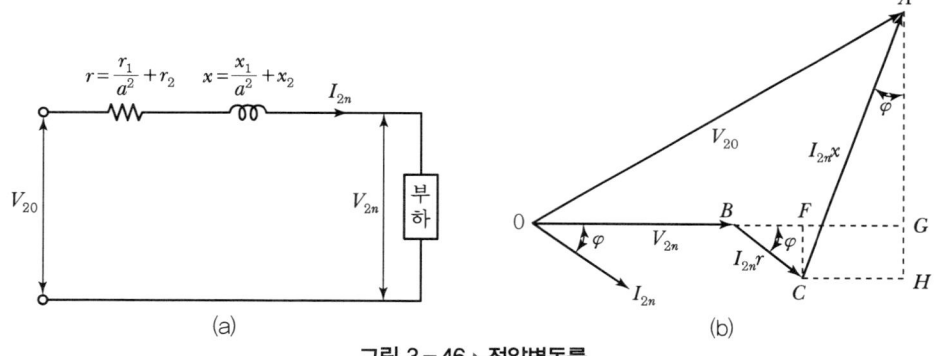

그림 3-46 ▶ 전압변동률

$BG = BF + FG = I_{2n}r\cos\varphi + I_{2n}x\sin\varphi$

$AG = AH - GH = I_{2n}x\cos\varphi - I_{2n}r\sin\varphi$

$V_{20} = V_{2n} + I_{2n}[(r\cos\varphi + x\sin\varphi) + j(x\cos\varphi - r\sin\varphi)]$ ········ ①

① 식에서 j항을 무시하고 풀이하면

$V_{20} - V_{2n} = I_{2n}(r\cos\varphi + x\sin\varphi)$ ·· ②

② 식의 양변을 V_{2n}으로 나누고 100을 곱하면

$$\frac{V_{20} - V_{2n}}{V_{2n}} \times 100 = \frac{I_{2n} r \cos\varphi}{V_{2n}} \times 100 + \frac{I_{2n} x \sin\varphi}{V_{2n}} \times 100$$

$$\therefore \varepsilon \cong (p\cos\varphi + q\sin\varphi)$$

> **참고**
>
> $\dfrac{I_{2n} r}{V_{2n}} \times 100 = p(\% \text{ 저항강하})$
>
> $\dfrac{I_{2n} x}{V_{2n}} \times 100 = q(\% \text{ 리액턴스강하})$

3) 전압변동 허용기준(표준전압별 전압유지범위 : 한전 기본공급약관 23조)

표준전압	유지범위
110[V]	110±6[V] 이내
220[V]	220±13[V] 이내
380[V]	380±38[V] 이내

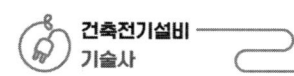

3.6.4 전압강하 계산방법의 종류, 단거리 선로의 옴법 전압강하식, 등가회로 및 벡터도

1. 개요

1) 전압강하란 선로에 전류가 흐를 때 선로 임피던스, 역률에 의해 부하측 전압이 전원측 전압보다 낮아지는 현상을 말한다.
2) 옴법 전압강하 계산식이란 선로임피던스를 저항(R)만의 회로로 해석하는 기법이며, 선로거리가 짧은 건축전기설비에서는 전압강하를 스칼라로 해석한다.
3) 전압강하 계산방법을 직류와 교류로 구분하고 교류 전압강하 계산방법을 위주로 설명한다.

2. 전압강하 계산의 종류

직류	교류
전압강하($\triangle V$) = $2IRL$[V] 여기서, I : 선로전류[A] R : 선로저항[Ω/m] L : 선로길이[m]	• 임피던스법 • 등가저항법 • 암페어미터법 • %임피던스법

1) 임피던스법(옴법)

(1) 정상적인 전압강하는 전원전압과 부하측 전압의 차이로 전압강하를 계산하는 방식

(2) 임피던스법에서 저항만으로 해석하는 경우가 옴법 전압강하법이 됨

(3) 종류

① 정식 전압강하 계산법 　　　② 간이 전압강하 계산법

2) 등가저항법

(1) 전압강하($\triangle V$) = $E_s - E_r = I(R\cos\theta + X\sin\theta)L$에서
($R\cos\theta + X\sin\theta$) = R_e(등가저항)으로 치환하면
$\triangle V = E_s - E_r = I R_e L$[V]가 되며

(2) 이 등가저항은 전선의 굵기, 간격(배치), 부하역률에 따라 정해지는 것이며, 이 값을 사전에 단위 1[km]에 대한 값으로 정해두고 적용하면 편리하게 활용할 수 있음

3) 암페어미터법

(1) 전압강하의 개략을 알기 위해 암페어미터표를 만들면 편리하게 전압강하 계산이 가능한 방식으로 1[V]의 전압강하에 대한 전류[A]와 전선의 긍장[m]과의 곱을 말함

표 3-33 ▸ 암페어미터법

배전 방식	전선 굵기[mm²] 역률	38	50	80	100	150	200	250
1상 3선	$\cos\theta = 0.95$	1,800	2,300	3,600	4,400	6,400	7,700	9,300
	$\cos\theta = 0.85$	1,900	2,400	3,700	4,500	6,200	7,200	8,500
3상 3선	$\cos\theta = 0.95$	1,000	1,300	2,100	2,500	3,700	4,400	5,400
	$\cos\theta = 0.85$	1,100	1,400	2,100	2,600	3,600	4,200	4,900

(2) $\triangle V \cong K_w(R\cos\theta + X\sin\theta)IL$에서 전압강하 $\triangle V = 1[V]$라 하면

$$IL = \frac{1}{K_w(R\cos\theta + X\sin\theta)}[A \cdot m]$$에서 전선 굵기, 부하역률로 IL값을 산출할 수 있고 이 값을 통해 그때의 부하전류로 일정거리에 대한 1[V] 전압강하를 산출할 수 있는 방식임

4) %임피던스법

(1) 임피던스법과 등가저항법은 전압강하 그 자체를 구했지만 전압변동률ε[%]로 전압강하를 구하는 방법임

(2) 계산식 : $\varepsilon = \dfrac{I_R \%R + I_X \%X}{I_S}$

여기서, I_R, I_X : 부하전류의 유효분, 무효분
I_S : 기준전류

3. 단거리 선로의 옴법 전압강하식, 등가회로 및 벡터도

1) 등가회로와 벡터도

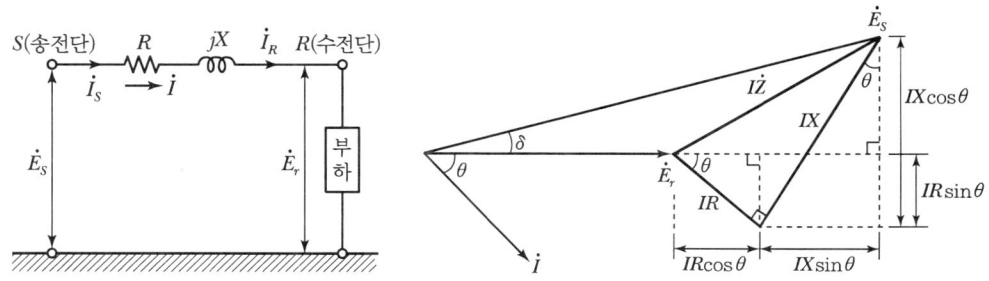

그림 3-47 ▸ 등가회로와 전압강하 벡터도

2) 단거리 선로의 옴법 전압강하 계산식

(1) 기본 전압강하식 유도

벡터도에서 전원단 전압을 스칼라(실수부와 허수부)의 식으로 유도하면

$$\dot{E}_s = \dot{E}_r + (IR\cos\theta + IX\sin\theta) + j(IX\cos\theta - IR\sin\theta)$$

$$\therefore \Delta V = \dot{E}_s - \dot{E}_r = (IR\cos\theta + IX\sin\theta) + j(IX\cos\theta - IR\sin\theta)$$

여기서, ΔV : 전압강하, $\dot{E}_s$: 전원단 전압, $\dot{E}_r$: 부하단 전압

선로길이가 짧은 건축전기설비에서 사용하는 단거리 선로의 전압강하식은 허수부분을 무시하여 적용함

(2) 단거리 선로의 정식 전압강하식

$$(\Delta V) = IR\cos\theta + IX\sin\theta$$

3.6.5 불평형 부하의 제한

1. 불평형 현상

불평형이란 부하배치를 Unbalance시켜 전원전압의 각 상의 차이를 발생시키는 것을 말한다.

2. 영향

1) 역상전류에 의한 변압기 및 발전기 용량 감소
2) 전동기 역상전류에 의한 토크 저하 및 동손, 철손 증가
3) 전동기 온도 상승, 소음 증가, 효율 저하

3. 불평형 부하의 제한

1) 저압수전의 단상 3선식

(1) 설비 불평형률은 40[%] 이하까지 할 수 있음

(2) 설비 불평형률

$$\frac{중성선과 \ 각전압측 \ 선 \ 간에 \ 접속되는 \ 부하 \ 설비 \ 용량의 \ 차}{총부하설비용량 \times \frac{1}{2}} \times 100[\%]$$

(3) 계산 예

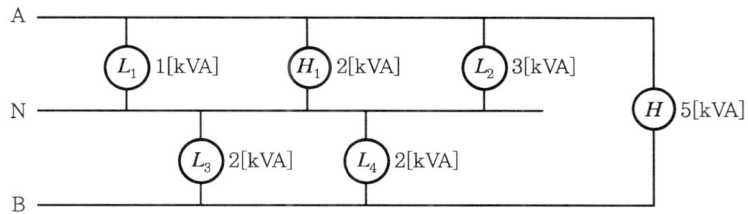

그림 3-48 ▶ 단상 3선 220 / 440[V] 수전의 경우

설비 불평형률 $= \dfrac{6-4}{15 \times \dfrac{1}{2}} \times 100 = 26.7[\%] \rightarrow 40[\%]$ 이하로 적합함

(4) 계약전력의 5[kW] 정도 이하의 설비에서 소수의 전열기구류를 사용할 경우 등 완전한 평형을 얻을 수 없을 경우는 설비 불평형률을 40[%] 초과할 수 있음

2) 저압, 고압, 특고압 수전의 3상 3선 또는 3상 4선

(1) 설비 불평형률은 30[%] 이하

(2) **설비 불평형률**

$$\frac{각\ 간선에\ 접속되는\ 단상부하\ 총설비용량의\ 최대와\ 최소의\ 차}{총부하설비용량 \times \frac{1}{3}} \times 100[\%]$$

3.6.6 노이즈(NOISE) 장해

1. 개요

1) 노이즈란 불필요한 신호가 System에 침입하여 설비의 오동작 가동 중단, 수명을 단축시키는 원하지 않는 모든 형태의 교란 현상이다.
2) 최근 건축물이 IBS화됨에 따라 건물자동화, 사무자동화, 정보통신의 급속한 보급과 함께 전기설비의 대용량화로 인한 고조파 전류, 전압변동, 전계, 자계 등에 의한 전자기 교란 현상이 증가되는 추세이다.

2. 발생원인

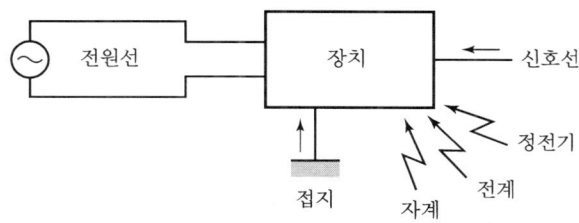

그림 3-49 ▶ 노이즈 발생원인

1) **전도적 장해요인**

   일반적으로 Noise라 함은 전도성 장해에 의한 Noise를 말하며 전도적 Noise에 대한 전반적인 내용을 설명함

   (1) **전원선** : 순시전압강하, 정전(순시정전), 고조파, 과도 현상 등

   ① 순시전압변동
   낙뢰, Surge, 단락사고, 지락사고 등의 외부적인 영향으로 인한 송전선의 차단 및 개폐 시에 수 Cycle 동안 전압이 대폭 저하하는 현상
   ② 고조파
   고조파에 의한 전압변동 및 고조파 공진회로 발생 시 장해 유발
   ③ 과도 현상
   낙뢰, 유도뢰, 개폐서지 에너지, 과도전압이 전기설비에 침입하여 전력계통에 악영향
   ④ 순시정전
   전력계통의 조작에 의한 순간적인 정전(0.5~수[Cycle])이 방전등 또는 전자기기에 악영향

⑤ 유도전압

통신선이 전력선이나 타 선로와 전자기적으로 결합하여 유도전압이 회로에 발생되어 악영향을 미침

(2) **신호선** : 전력선과의 전자기적 결합

(3) **접지선** : 대지전위 상승에 의한 역섬락

2) 방사적 장해요인

(1) **정전기** : 정전기의 축적과 방전에 의한 장해
(2) **전계** : 정전유도 현상에 의한 장해
(3) **자계** : 전자유도 현상에 의한 장해

3. Noise의 종류

1) 방사 Noise

전자파 형태로 공간을 전파해 나가는 성질이 있으며, 기기에 침입 시 장해를 발생시킨다.

2) 유도 Noise

(1) 전자유도 Noise

전선에 전류가 흐를 경우 자속이 발생하고 이 자속에 의해 타 전선에 유도전압이 발생하여 Noise가 발생됨

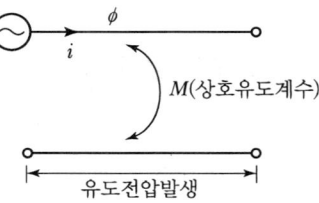

그림 3-50 ▶ 전자유도Noise

(2) 정전유도 Noise

근접하는 2전선 사이에 미소정전용량 C가 존재하며, 용량성리액턴스$(X_C) = \dfrac{1}{jwc}\,(w = 2\pi f)$ 식에서 f(주파수)가 증가 시 (X_C)이 감소되고 Noise 증가

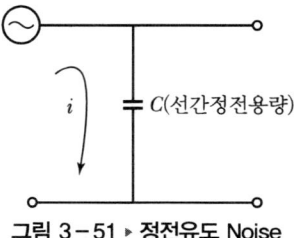

그림 3-51 ▶ 정전유도 Noise

3) 전도 Noise

전원선, 접지선 신호선과 같은 선로를 통해 전달됨

(1) Common Mode Noise(동상성분 Noise)

① 접지선과 전원선 간에 작용하는 Noise로 기기와 선로 상호 접지에 의해 발생
② 위험전압의 형태
③ 동일위상으로 Noise가 전달

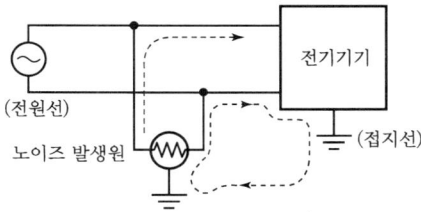

그림 3-52 ▸ Common Mode Noise

(2) Normal Mode Noise(차동성분 Noise)

① 전원선 간에 발생하는 Noise
② 배선의 Loop 자속의 결합에 의해 발생
③ 잡음전압의 형태임
④ 서로 다른 위상으로 Noise가 전달됨

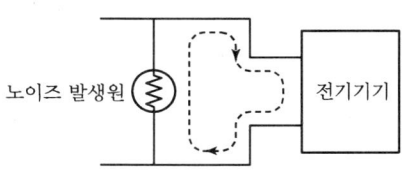

그림 3-53 ▸ Normal Mode Noise

4. 영향

1) Noise에 의한 전자기기, 누전차단기의 오동작, 부동작
2) Computer Data Error 발생
3) 계측장비의 오계측
4) 설비의 오동작, 손상 열화 발생
5) 설비의 가동 중단
6) 자동화 Program 손상
7) 제어 및 구동설비의 손상
8) 통신 및 전산 System 장해
9) 전기전자 설비의 상호 간섭에 의한 기능장해 발생

5. 대책

기본적으로 Noise의 기기 내부에서 발생을 방지, Noise의 침입 방지, Noise에 대한 기기의 내량 증가 등이 필요하며 개별 대책으로 케이블 쉴드, Noise Cut TR, L-C Filter 등이 있다.

1) 케이블 Shield화

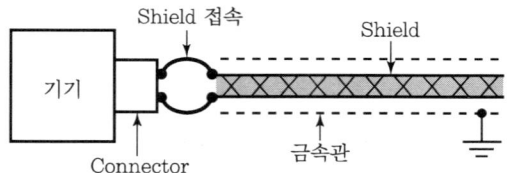

그림 3-54 ▶ 케이블 Shield화

(1) Shield 방법
① 금속관 시공 및 금속관 접지
② Shield 케이블 사용

(2) Shield 케이블 사용 시 주의사항
① Noise 발생원과의 접속 시 메탈 부분에 확실한 접속처리를 함
② Shield 재질 선정 및 처리
③ Shield가 필요한 배선경로 → 반드시 Shield화시킴

2) 노이즈 방지용 변압기

(1) Noise Cut TR

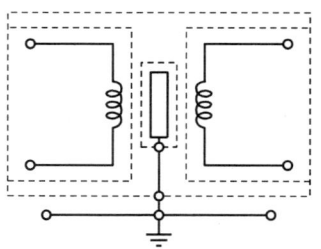

그림 3-55 ▶ Noise Cut Transformer

① 설치목적
  컴퓨터 및 컴퓨터 응용기기의 전원 Line Noise 대책으로 Common Mode Noise와 Normal Mode Noise에 큰 감쇄효과가 있어 사용됨

② 구조
  ㉠ 1, 2차 코일 간에 전자 차폐판 설치
  ㉡ 1, 2차 권선의 분리형 코일 배치
  ㉢ 코어와 코일 재질, 형상을 보완한 구조로 1, 2차단을 쉴드로 싸서 금속제로 절연한 후 전체를 금속케이스에 3중으로 둘러 씌움
  ㉣ 철심은 고주파에 대해 실효 투자율이 낮은 재질을 사용함

③ 효과
  ㉠ 1, 2차 권선의 분리형 코일 배치
    ⓐ 1, 2차 권선의 차폐구조 : Common Mode Noise 제거
    ⓑ 권선과 철심 사이 간격 대칭 : Normal Mode Noise 제거

ⓒ 금속제 Seperator : Common Mode Noise 제거
ⓒ 고주파에 대한 실효투자율이 낮은 재질 : Normal Mode Noise 제거
④ 적용
  ㉠ 전산센터 기기용
  ㉡ 특별히 Common Mode Noise가 문제가 되는 장소

(2) Shield TR

① 구조
   1차 코일과 2차 코일 사이에 정전용량 차폐판을 설치함
② 효과
   ㉠ Normal Mode Noise 효과

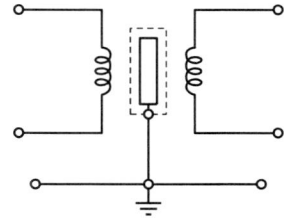

그림 3-56 ▶ Shield Transformer

   ⓐ Shield가 있어도 전자유도작용에 의해 2차측에 전자유도 현상이 발생됨
   ⓑ Normal Mode Noise는 통과됨
   ㉡ Common Mode Noise 효과
   ⓐ 저주파 Common Mode Noise는 제거됨
   ⓑ 고주파 Common Mode Noise 통과됨

(3) 절연변압기

① 구조 : 1, 2차 간 코일을 충분히 절연함
② 특징
   ㉠ 근방 낙뢰 또는 고조파 노이즈의 Normal Mode와 Common Mode Noise는 모두 통과
   ㉡ EMC 용도로 부적합함

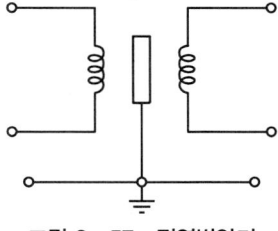

그림 3-57 ▶ 절연변압기

3) L-C Filter 채용

(1) 종류

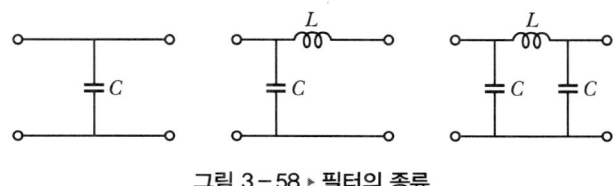

그림 3-58 ▶ 필터의 종류

(2) 특징

① 기존 기기 내의 L-C 필터 외 새로운 필터 채용 시 통상 직렬로 결선되며 전혀 다른 필터에 의한 Noise 방지대책이 크게 바뀜
② Signal은 통과시키고 Noise는 필터링함

(3) 적용

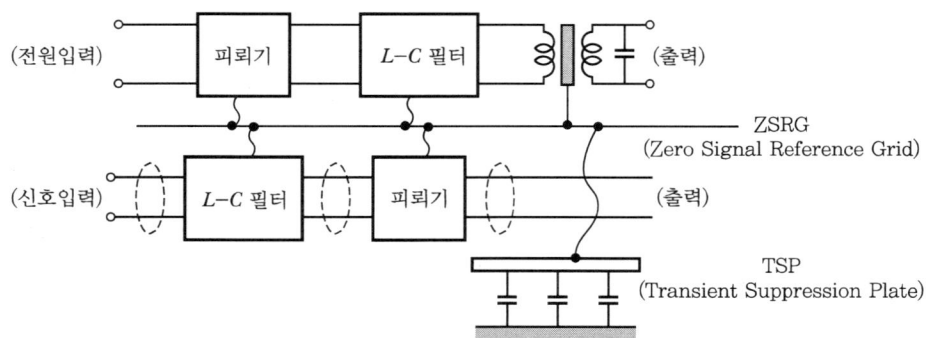

그림 3-59 ▶ 전도성 Noise 대책

4) 접지

① 기준점 접지   ② 전도성 Noise 접지
③ 방사성 Noise 접지   ④ 뇌서지 접지
⑤ 등전위본딩

5) 기타 대책

(1) 전원선에 대한 대책

신호선을 Twist Pair Cable을 사용함 → Normal Mode Noise 장해 방지 가능

그림 3-60 ▶ Twist Pair Cable

(2) Common Mode Choke 설치

막대 모양이나 고리 모양의 철심에 전원의 왕복 2선을 같은 방향 같은 권수로 감아 전류에 의한 자속을 서로 상쇄시킴

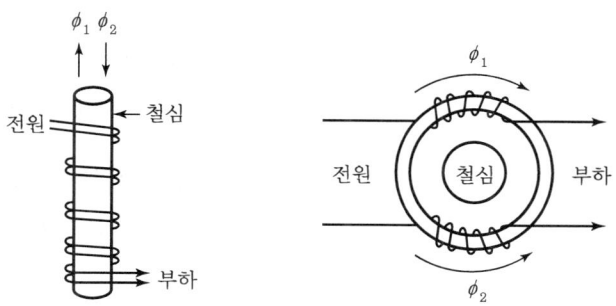

그림 3-61 ▸ Common Mode Choke

(3) 간선의 Noise 대책

① 회로 구성 : 정보기기용 간선과 별도 회로 구성
② 전선 굵기
  ㉠ 도체는 가급적 굵은 것 사용(Noise 내량 고려)
  ㉡ 케이블 사용 시 다심 케이블 사용
  ㉢ 버스덕트 사용 시 Low-Impedance형 사용
③ 배선공사
  ㉠ 금속관 배선 및 금속관 접지
  ㉡ 전력부하용 관로와 가능한 이격 시공함
  ㉢ 관로의 연결부위는 전기적으로 완전히 연결함

3.6.7 고조파 장해

1. 개요

1) **고조파 전류의 정의**

   전류파형에서 기본파 이외의 주파수를 가진 파형이 고조파이다. 즉, 60[Hz] 이외의 모든 주파수를 고조파라 하며 통상 50차수까지만 고조파라 하며 그 이상은 Noise로 구분된다.

2) 건축물의 대형화, 첨단화, 정보화에 따라 각종 정보처리장치 및 제어장치가 급증하면서 양질의 전원공급이 요구됨에 따라 각종 변환장치 및 무정전 전원공급장치에 의하여 고조파 전류가 증가되어 전원의 품질을 저하시키게 된다.

2. 고조파 전류의 발생과정 및 형태

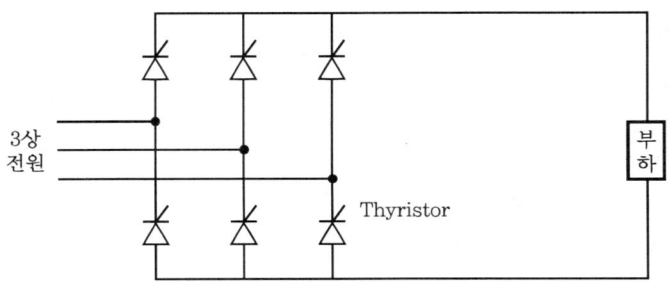

그림 3-62 ▶ 6펄스 변환장치의 정류기 회로

1) **부하전류가 고조파 전류일 때**

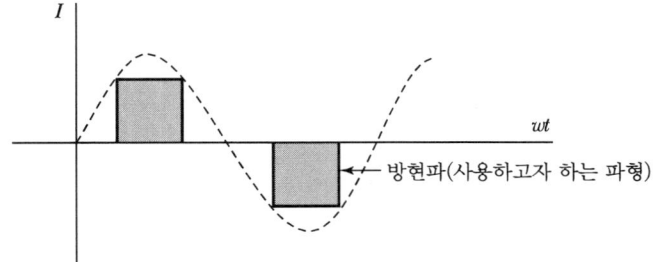

그림 3-63 ▶ 부하전류 파형

2) 전원측에 반환되는 파형

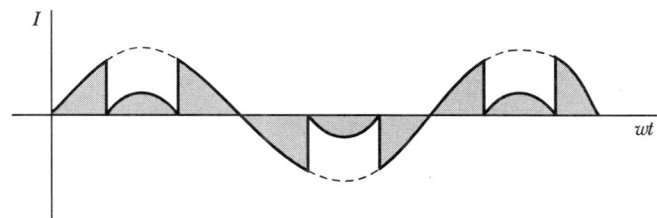

그림 3-64 ▶ 전원측 반환 파형

3) 고조파 전류 형태

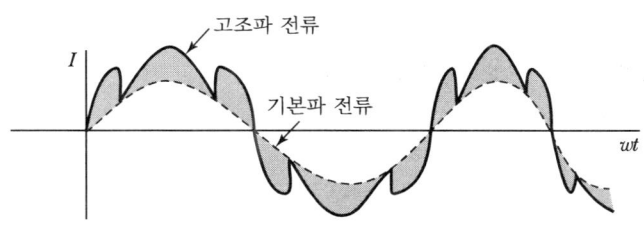

그림 3-65 ▶ 고조파 전류 파형

정현파 전류에 대해 부하전류(방현파)를 뺀 파형의 형태가 전원측의 정현파 전류와 합쳐져서 고조파 전류의 형태를 이룬다.

3. 고조파 전류(I_n) 계산

$$I_n = K_n \frac{I_1}{n}$$

$n = mp \pm 1$
$(m = 1, 2, 3 \cdots)$

여기서, K_n : 고조파 저감계수
I_1 : 기본파 전류[A]
n : 고조파 차수
p : 변환기의 펄스 출력

6펄스 출력 → (5, 7, 11, 13, 17, 19⋯)
12펄스 출력 → (11, 13, 23, 25, 35, 37⋯)

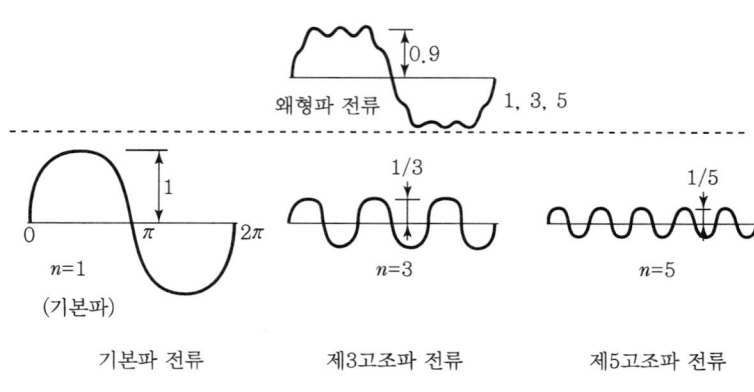

그림 3-66 ▶ 고조파 크기

4. 대칭좌표법에 의한 고조파 전류 구분

구분	정상분	역상분	영상분
벡터도	(la, lb, lc 회전)	(la, lb, lc 역회전)	la, lb, lc 동방향
고조파 차수	3n+1 : 4, 7, 10, 13…	3n−1 : 2, 5, 8, 11…	3n : 3, 6, 9, 12…

1) **정상분, 역상분 고조파** : 회전기에 영향을 미침
2) **영상분 고조파** : 주로 3상 4선식의 중성선 및 △(델타)권선 변압기에 영향을 미침

5. 고조파 전류의 발생원인

일반 건축전기설비의 주요 고조파 발생원인은 각종 전력전자소자(UPS, SCR, Inverter, 정류기, VVVF 등)의 사용이 증가하면서 크게 증가하게 되었다.

1) 변환장치

(1) 전력전자소자의 AC → DC → AC 변환 도중에 구형파의 잔향이 1차 전류에 유입됨으로써 고조파 전류가 발생됨

(2) 6펄스 변환장치

중첩각($\mu \neq 0$), 제어각($a \neq 0$)일 때, 즉 중첩각과 제어각이 커질수록 고조파 전류가 현저히 커짐

(3) 다펄스 변환장치

$I_n = K_n \dfrac{I_1}{n} (n = mp \pm 1)$에서 펄스 수($p$)가 증가할수록 고조파 전류는 현저하게 감소함

(4) 소자의 종류에 따라 고조파 전류의 발생이 달라짐

IGBT형이 SCR에 비해 고조파 전류가 적게 발생됨

2) 아크로(ARC), 전기로

(1) ARC의 끊김과 같은 극단적인 변동의 반복으로 고조파 전류가 발생함
(2) 공장 등 플랜트 설비에서 많이 발생
(3) 2선 단락, 3상 단락이 불평형하게 발생하기 때문에 제3고조파 성분이 영상분이 되지 않아 △결선을 해도 결선 내에서 흡수되지 못함

3) 회전기

(1) Slot 구조에 의해 발생되며 고차수 고조파 형태임
(2) Slot의 누설자속에 의해 고조파가 발생됨

4) 변압기

(1) 변압기 자화 시 히스테리시스 현상에 의해 발생됨
(2) 제3고조파가 주임
(3) △결선을 두어 제3고조파를 △결선 내에 순환시켜 열로써 소모함

5) 기타 사항

과도 현상, 형광등의 콘덴서 회로 등

6. 고조파의 영향

통신선 유도장해, 각종 기기의 장해, 고조파 공진 현상이 있으나 일반 건축물의 경우 기기에 미치는 영향이 중요하다.

1) 통신선 유도장해

(1) 정전유도장해와 전자유도장해의 형태가 통신선에 악영향을 미침

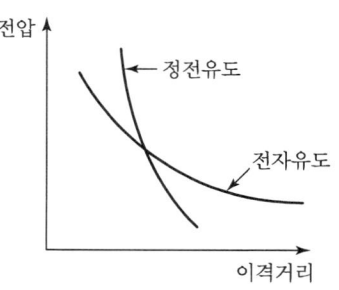

그림 3-67 ▶ 통신선 유도장해 비교

(2) 정전유도장해는 큰 영향을 미치지 못함

(3) 전자유도장해의 영향이 크며 광범위하게 나타남

(4) 정전유도장해는 이격으로 차폐 가능

(5) **전자유도는 고투자율의 재료로 씌움**
   ① 금속관 등에 수납
   ② 접지

2) 기기에 미치는 영향

(1) 콘덴서 및 직렬리액터

① 공진 현상 발생
   ㉠ 임피던스 분담에 의한 고조파 전류의 분류
     전력변환장치 등의 고조파 발생기기를 전류원으로 하고 전원측과 콘덴서 회로의 임피던스에 의해 전류원은 분류됨

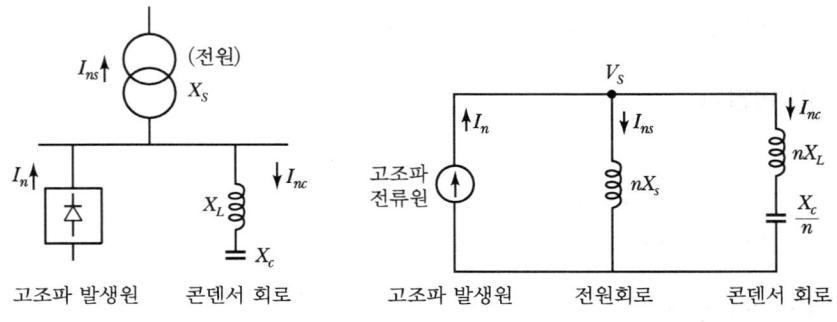

그림 3-68 ▶ 계통도   그림 3-69 ▶ 등가회로

ⓐ 전원측 전류(I_{ns}) = $\dfrac{nX_L - \dfrac{X_C}{n}}{nX_S + \left(nX_L - \dfrac{X_C}{n}\right)} I_n$

ⓑ 콘덴서 회로 전류(I_{nc}) = $\dfrac{nX_S}{nX_S + \left(nX_L - \dfrac{X_C}{n}\right)} I_n$

ⓛ 콘덴서 회로에 따른 고조파 전류의 분류

콘덴서 회로	콘덴서 회로의 리액턴스	전원의 상태
유도성	$nX_L - \dfrac{X_C}{n} > 0$	(발생원) (전원) (콘덴서 회로)
직렬공진	$nX_L - \dfrac{X_C}{n} = 0$	
용량성	$nX_L - \dfrac{X_C}{n} < 0$	
병렬공진	$nX_S + \left(nX_L - \dfrac{X_C}{n}\right) \fallingdotseq 0$	

ⓐ 유도성

 콘덴서 회로는 유도성 리액턴스가 되고 고조파 전류는 확대되지 않음

ⓑ 직렬공진
- 콘덴서 회로는 공진이 되고 n차 고조파 전류는 전부 콘덴서 회로에 유입되며 전원측으로는 유출되지 않음
- n차 고조파에 대해 Filter로 작용함

ⓒ 용량성
- 콘덴서 회로는 용량성으로 되어 고조파 전류가 전원측에 유입됨
- $nXs + \left(nX_L - \dfrac{X_C}{n}\right) < 0$가 되어 n차 고조파 전류가 확대되어 전원측에 고조파 왜곡이 확대됨($|I_{ns}| > I_n$)

ⓓ 병렬공진
- $nX_S + \left(nX_L - \dfrac{X_C}{n}\right) \fallingdotseq 0$ 인 경우 병렬공진이 되어 고조파 전류는 전원측 및 콘덴서측으로 이상 확대됨

- 수용가측에는 기기의 과열, 형광등과 같은 방전등의 수명 저하를 초래함

② 실효치 전류의 증대

제5고조파 전류가 L(유도성 회로) 및 C(용량성 회로)로 분류될 경우

㉠ 용량성 회로 $(X_C) = \dfrac{1}{wc} = \dfrac{1}{2\pi(5f)c}$ → 실효 전류 증가 → 부싱리드 및 내부 배선의 과열

㉡ 유도성 회로 $(X_L) = wL = 2\pi(5f)L$ → 실효치 전류 감소

③ 단자전압의 상승

㉠ 콘덴서 단자전압(V)

$$V = V_1\left[1 + \sum_{n=2}^{m} \frac{1}{n} \times \frac{I_n}{I_1}\right]$$

㉡ 콘덴서 내부소자, 리액터 내부 층간 및 대지 간 절연파괴 원인 제공

④ 실효용량(Q)의 증대

㉠ 실효용량(Q)

$$Q = Q_1\left[1 + \sum_{n=2}^{m} \frac{1}{n} \times \left(\frac{I_n}{I_1}\right)^2\right]$$

㉡ 유전체손 증가 및 내부소자의 온도 상승으로 콘덴서 열화 원인 제공

⑤ 손실이 증대됨

(2) 변압기

① 변압기 출력 감소

저감용량(Derating Power)[kVA] = Name plate kVA × THDF

THDF = Transformer Harmonics Derating Factor(변압기 고조파 저감계수)

$$\text{THDF} = \sqrt{\dfrac{P_{LL-R}(PU)}{P_{LL}(PU)}} \times 100[\%]$$

여기서, $P_{LL-R}(PU) : 1 + P_{EC-R}(PU)$

$P_{LL}(PU) : 1 + K-Factor \times P_{EC-R}(PU)$

P_{EC-R} : $Eddy\ current\ Loss$(와류손)

$K-Factor$: 비선형 부하들에 의한 고조파의 영향에 대해 변압기가 과열 없이 안정적으로 전력을 공급할 수 있는 능력

② 변압기 손실 증가

㉠ 변압기 동손(ε_c) 증가

ⓐ 부하전류의 증가율(K_P) = $\dfrac{I_e(\text{고조파 포함 실효치 전류})}{I_1(\text{기본파 전류 실효치})}$

ⓑ 동손증가율(ε_c) = $\dfrac{\text{고조파 유입 시의 동손}(w_c)}{\text{기본파 여자 시의 동손}(w_{c1})} \times 100$

ⓒ 영향 : 전력손실 증가, 온도 상승, 변압기 용량 감소

㉡ 변압기 철손(ε_i) 증가

ⓐ 철손 증가율(ε_i) = $\dfrac{\text{고조파 유입 시의 철손}(w_i)}{\text{기본파 여자 시의 철손}(w_{i1})} \times 100$

ⓑ 영향
- 히스테리시스 손실 및 와전류 손실이 증가함
- 권선 및 절연유 온도 상승, 용량 감소

③ 권선의 온도 상승 및 절연열화

ⓐ 온도 상승($\Delta\theta_0$) = $\Delta\theta_1 \times \left(\dfrac{I_e}{I_1}\right)^{1.6}$

여기서, θ_1 : 기본파 전류에 의한 온도 상승
I_e : 고조파 포함 등가전류[A]
I_1 : 기본파 전류[A]

ⓑ 권선의 절연열화
권선에서 발생한 발열이 절연체의 열화 원인이 됨

④ 변압기 이상 소음 발생
고조파 전류에 의한 전자기계력에 의해 변압기가 이상 진동 및 소음을 발생시킴

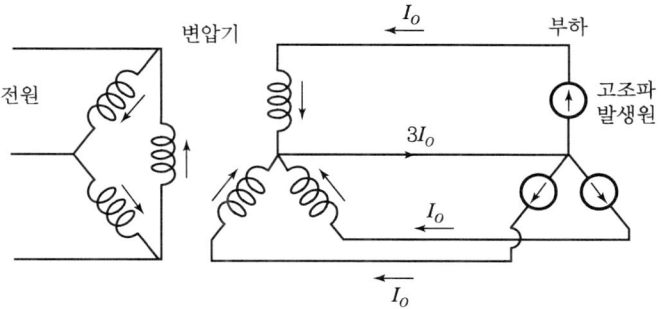

그림 3-70 ▶ **영상분 고조파 전류**

(3) 발전기

① 전압파형의 일그러짐

㉠ 발전기에 고조파 전류가 흐르면 전압파형이 일그러짐

㉡ 전압파형이 일그러지는 크기에 따라 발전기에 접속되어 있는 타 부하에 악영향을 미침(콘덴서의 이상 과열, 미터류의 오동작, 각종 Relay 오동작 등)

ⓒ 전압파형 왜형률의 간략식

$$V_{dis} = X\sqrt{\sum(nI_n)^2}$$

여기서, V_{dis} : 전압파형 왜형률[%]
X : 고조파 리액턴스[PU]
n : 고조파 차수
I_n : n차 고조파 전류[%]

ⓔ 일반적으로 왜형률은 10[%] 이내라면 문제가 없다고 하지만 이것을 초과하는 전압 일그러짐의 경우 저리액턴스의 규모가 큰 발전기 혹은 Active Filter 등의 대책이 필요함

② 발전기 권선 손실 증가 및 출력 저하

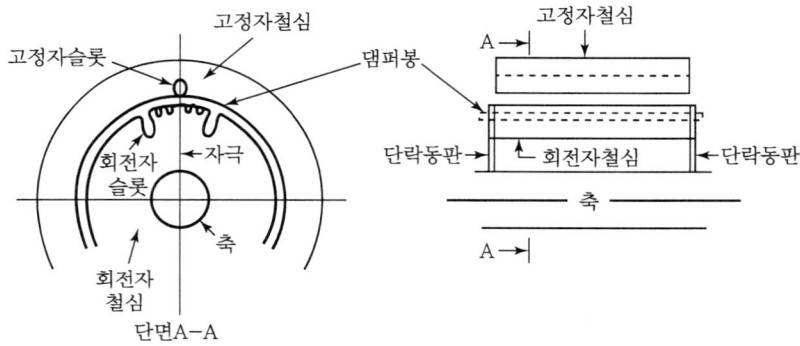

그림 3-71 ▶ 댐퍼권선의 구조

㉠ 댐퍼봉과 단락동판은 변류기의 2차측 권선 작용을 함. 따라서 발전기에 역상전류가 흐르면 역상회전자계의 자속이 댐퍼권선회로와 쇄교하여 댐퍼권선 등의 손실이 증가되고 출력을 저하시킴

㉡ 고조파 전류에 의한 등가역상전류(I_{2eq})

$$I_{2eq} = \sqrt{\sum\left(\sqrt[4]{\frac{V}{2}} \times I_V\right)^2}$$

여기서, I_{2eq} : 등가역상전류, V : 6의 배수, I_V : 고조파 전류

- 발전기 등가역상전류의 허용치
  - 100[MW] 이하의 돌극기 : 12[%],
    터빈발전기 : 8[%] 이하 → IEC 34-1/VDE 0530
  - 교류발전기의 경우 : 15[%] 이하 → JEM-1354

③ 역상전류가 15[%] 초과 시 정격출력이 불가능함
④ 발전기 AVR 계통의 Hunting 현상 유발

⑤ 토크 저하 및 맥동 발생
⑥ 효율 저하
⑦ 기기의 수명 저하

(4) 유도전동기

① 고정자 권선, 회전자 권선의 온도 상승
② 토크(Torque) 저감
③ 축계통의 비틀림 현상 발생
④ 전압파형의 왜곡
⑤ 출력 저하
⑥ 진동 및 잡음의 원인
⑦ 효율 및 역률 저하

(5) 케이블

① 케이블의 온도 상승
② 케이블 열화

(6) 배선용 차단기

① 전자식의 경우 정격전류 이하의 부하전류에 오동작
② 차단기의 종류별 고조파 영향이 다름(전자식 > 기계식)

(7) 계측기 : 오차범위가 변경됨

(8) 조명기기

① 수명에 악영향
② 소손 현상 발생
③ 고역률형의 경우 영향이 큼

(9) 위상제어기구 : 위상차로 오제어 발생

(10) 전송장치 및 통신기구 : 유도장해에 의한 잡음 및 화상의 일그러짐이 발생함

7. 고조파 대책

1) 변환장치의 다펄스화

(1) $I_n = K_n \dfrac{I_1}{n} (n = mp \pm 1)$에서 펄스수($p$)가 증가할수록 고조파 전류는 현저하게 감소함

(2) $K_n = 1$일 때($\mu=0$, $a=0$)인 경우 각 펄스별 고조파 전류의 관계

표 3-34 ▸ 고조파 전류

p(펄스)	I_1	I_5	I_7	I_{11}	I_{13}	I_{17}	I_{19}	I_{23}	I_{25}
6	100	20	14	9.1	7.7	5.9	5.3	4.3	4.0
12	100			9.1	7.7			4.3	4.0
24	100							4.3	4.0

2) PWM(Pulse Width Modulation) 방식

(1) PWM 소자법 이용
(2) 진폭을 세분화시켜 고조파 전류를 억제시킴

3) 리액터 설치

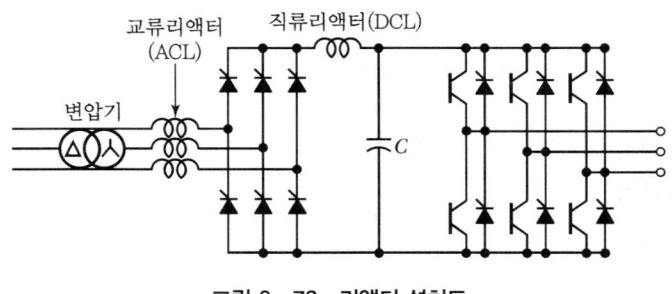

그림 3-72 ▸ 리액터 설치도

(1) AC – Reactor

① 고조파 발생부하 1차에 설치하여 전류(轉流)리액터를 크게 하여 고조파를 저감시킴
② 약 50[%] 저감효과가 있음

(2) DC – Reactor

① 고조파 발생 부하장치의 직류회로에 삽입하여 직류파형의 리플(Ripple)을 작게 하여 고조파를 저감시킴
② 고조파 발생량의 55[%] 저감

4) 계통의 분리

(1) 고조파를 발생시키는 부하는 별도 변압기로 구분하여 계통을 분리함

(2) 배전선의 분리 및 전용화

고조파 발생부하와 모선을 일반부하로부터 분리하여 전용화시킴

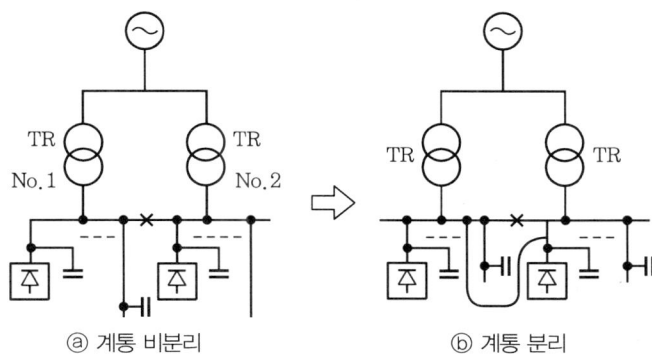

ⓐ 계통 비분리 ⓑ 계통 분리

그림 3-73 ▶ 계통 분리

5) 전원단의 단락용량의 증대

(1) 고조파 부하를 단락용량이 큰 계통(전원측 임피던스가 적은 곳)에 연결하면 고조파 전류가 저감됨

(2) 배전계통에서의 공진

① $n \cdot X_L = \dfrac{X_C}{n}$ 에 의해 공진차수$(n) = \sqrt{\dfrac{X_C}{X_L}} = \sqrt{\dfrac{전원단락용량}{콘덴서용량}}$

② 단락용량을 크게 하면 공진주파수(차수)가 상승하여 부하의 고조파 발생량은 역으로 비례하여 작아지고 반대로 콘덴서의 용량이 증가하면 공진주파수(차수)가 저하되어 저차에서 고조파 발생량이 증가함

③ 고조파 전류가 선로의 용량성 및 유도성 임피던스로 공진 현상이 발생되면 고조파 전류가 확대되어 계통의 설비에 과대한 전류가 흘러 과열, 소손의 사고원인이 됨

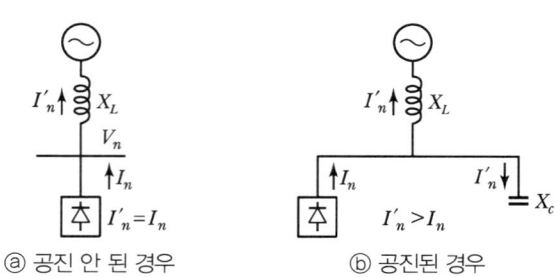

그림 3-74 ▶ 계통 공진회로도

6) 고조파 내량의 증가

(1) 변압기 및 케이블 : 150~250[%] 용량 증가

(2) 콘덴서용 리액터 : 13[%] 증가(제3고조파 억제)

7) 필터(Filter) 설치

(1) 수동필터(Passive Filter)

① 원리

수동필터는 L-C의 공진 현상을 이용한 것으로 n차(특정차수) 고조파에 대해 인버터 등에서 발생된 고조파를 흡수하여 고조파의 영향을 줄임

② 필터의 종류

㉠ 동조필터

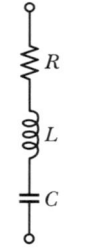

그림 3-75 ▶ 필터 구성

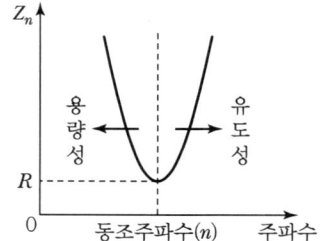

그림 3-76 ▶ 동조필터 임피던스 특성 곡선

- R, L, C 직렬회로로 구성되며 단일 고조파에 공진

- n차 고조파에 대한 임피던스 $(Z_n) = R + j\left(nX_L - \dfrac{1}{n}X_C\right)$

- 동조주파수 n에서 $L-C$ 공진 시 $\left(nX_L - \dfrac{1}{n}X_C\right) = 0$이 되고 $Z_n = R$(최소)가 됨

- 동조주파수 n보다 저주파수일 경우 : $nX_L < \dfrac{X_C}{n}$(용량성)

- 동조주파수 n보다 고주파수인 경우 : $nX_L > \dfrac{X_C}{n}$ (유도성)
- 어느 특정주파수에서만 저임피던스로 작용하여 고조파 전류를 흡수하는 효과를 가짐
- 직렬공진회로에서 첨예도 $Q_n = \dfrac{w_n L}{R}$ 에서 R이 작을수록 첨예도가 커서 필터 효과가 큼

ⓒ 고차수 필터(High Pass Filter)

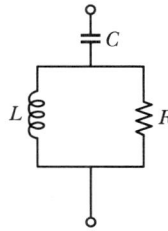

그림 3-77 ▶ 필터 구성

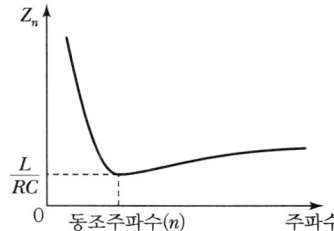

그림 3-78 ▶ 고차수 필터 임피던스 특성 곡선

- 고차수 필터는 넓은 주파수 범위에서 저저항이 되기 때문에 고조파 발생량이 적은 고차 고조파를 대상으로 고차 고조파 전체를 흡수하도록 구성함
- n차 고조파에 대한 임피던스$(Z_n) = \dfrac{1}{jw_n C} + \dfrac{1}{\dfrac{1}{R} + \dfrac{1}{jw_n L}}$
- 동조주파수 n에서 $L-C$ 공진 시 임피던스$(Z_n) = \dfrac{L}{RC}$
- High Pass Filter는 공진이 되면 임피던스가 0이 되는 특성 때문에 순저항 R을 삽입시켜 고조파 전류의 흐름을 제한함
- 병렬공진회로에서 첨예도$(Q_n) = \dfrac{R}{w_n L}$ 에서 R이 클수록 첨예도가 커서 필터 효과가 큼

(2) 능동필터(Active Filter)

① $L-C$ 공진원리에 의해 고조파를 제거하는 수동필터보다 인버터 응용기술을 이용하므로 고조파 제거 성능이 우수한 필터임

② 원리

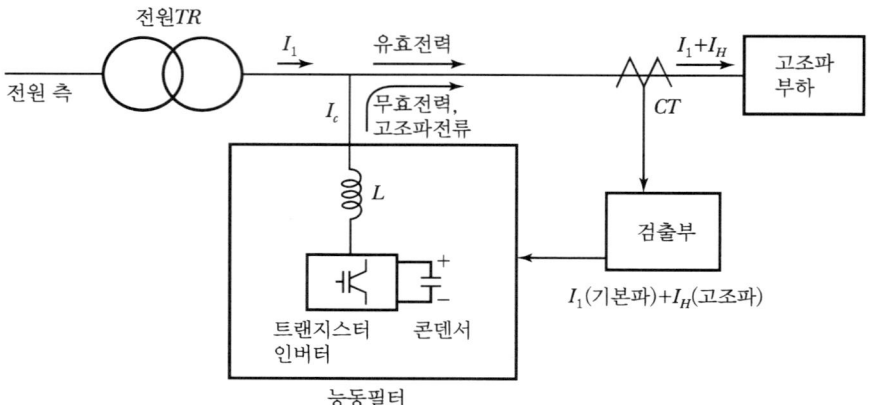

그림 3-79 ▸ 능동필터 회로

CT에서 기본파 전류(I_1)와 고조파 전류(I_H)를 검출하고 검출된 전류를 능동필터에 공급하면 능동필터에서 고조파와 역파형의 전류(I_C)를 계통에 공급하여 고조파 전류 (I_H)를 상쇄시킴

③ 파형 분석

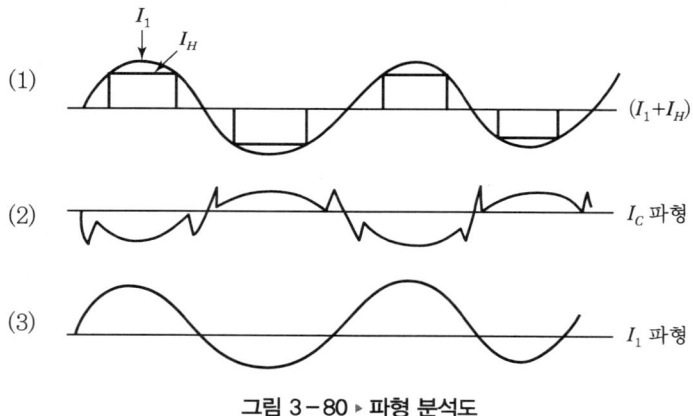

그림 3-80 ▸ 파형 분석도

④ 특징

　㉠ 장점
- 1대의 필터로 다차수의 고조파 억제(2~25차)
- 위상의 크기가 다르고 변화하는 고조파에도 대응이 됨
- 고조파 함유율이 높은 정류기 보상에서 효과적임
- 과대한 고조파에 대해 장치를 보호할 수 있음
- 고조파 보상 특성이 계통에 영향을 주지도 받지도 않음
- 고조파 제어 외 무효전력보상, 역률제어, 전압개선의 역할을 함

ⓛ 단점
    - 수동형(L-C)에 비해 손실이 크고 가격이 고가임
    - 소음이 큼
⑤ 설치 시 주의사항
  ㉠ CT 접속위치(I_H)의 잘못된 선정에 따라 능동필터 자체의 전류가 검출되지 않는 위치가 되지 않도록 할 것
  ㉡ 역률개선용 콘덴서를 CT 부하측에 접속 시 콘덴서 분류분이 고조파로 잘못 검출되면 제어가 불안정해짐
⑥ 능동필터와 L-C 필터의 비교

항목	능동필터	수동필터(L-C 필터)
고조파 보상 특성	다차수 억제(2~25차)	각 조파별 필터 설치
위상의 크기가 다르고 변동하는 고조파	효과적임	비효과적임
과대한 고조파 억제효과	효과적임	비효과적임
역률제어	가변제어 가능	고정적
전압변동 억제	있음	없음
손실	큼	작음
증설의 용이성	용이	조정이 필요함
가격	고가	저가

■ 고차수필터 공진 시 공진임피던스(Z_0) = $\dfrac{L}{RC}$ 증명

$Z_0 = \dfrac{1}{jw_n C} + \dfrac{1}{\dfrac{1}{R} + \dfrac{1}{jw_n L}}$ 에서

$Z_0 = -j\dfrac{1}{w_n C} + \dfrac{jw_n LR}{R + jw_n L} = -j\dfrac{1}{w_n C} + \dfrac{jw_n LR(R - jw_n L)}{R^2 + w_n^2 L^2}$

$= -j\dfrac{1}{w_n C} + \dfrac{(jw_n LR^2 + w_n^2 L^2 R)}{R^2 + w_n^2 L^2}$

실수항과 허수항을 구분하여 정리하면

$Z_0 = \dfrac{w_n^2 L^2 R}{R^2 + w_n^2 L^2} + j\left(\dfrac{w_n LR^2}{R^2 + w_n^2 L^2} - \dfrac{1}{w_n C}\right)$

여기서 공진 시 j항이 0이 되어야 하므로

$\dfrac{w_n LR^2}{R^2 + w_n^2 L^2} = \dfrac{1}{w_n C}$

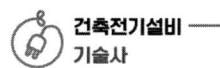

$$R^2 + w_n^2 L^2 = w_n^2 LCR^2 \quad \cdots\cdots\cdots ①$$

공진임피던스$(Z_0) = \dfrac{w_n^2 L^2 R}{R^2 + w_n^2 L^2} \quad \cdots\cdots ②$

식 ①을 ②에 대입하여 풀면

$$Z_0 = \dfrac{w_n^2 L^2 R}{w_n^2 LCR^2} = \dfrac{L}{RC}$$

3.6.7.1 중성선에 흐르는 제3고조파(3의 배수조파) 전류

1. 개요

1) 3의 배수조파 영상분 전류는 각상의 전류의 크기가 같고 위상이 동상이다.
2) 최근 건축물이 대형화, 첨단화됨에 따라 3의 배수조파 발생이 증가하고 있다.
3) 저압배전설비에서 3상 4선 방식의 채용으로 중성선 및 발전기, 변압기의 과열, 통신선 유도 장해 등의 문제가 발생된다.

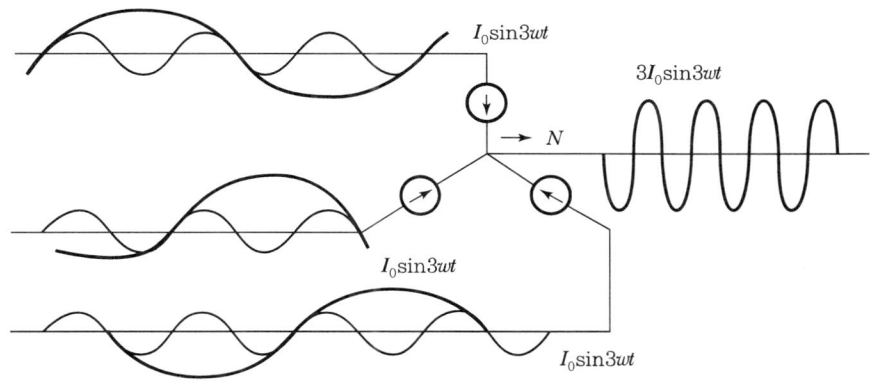

그림 3-81 ▶ 중성선에 흐르는 제3고조파 전류

2. 중성선에 3의 배수조파가 발생하는 이유

1) 각상 전류

$$\dot{I}_R = I_1 \sin wt + I_0 \sin 3(wt)$$

$$\dot{I}_S = I_1 \sin(wt - 120) + I_0 \sin 3(wt - 120)$$

$$\dot{I}_T = I_1 \sin(wt - 240) + I_0 \sin 3(wt - 240)$$

$$\dot{I}_R + \dot{I}_S + \dot{I}_T = 3I_0 \sin 3wt$$

2) 3의 배수조파의 형태

중성선에 흐르는 제3고조파 전류는 벡터 합이 아닌 스칼라 합이 되어 전류값은 3배가 되어 흐르게 된다.

3. 중성선에 흐르는 제3고조파(3의 배수조파) 전류의 영향

1) 과열 현상 및 출력 저하

(1) 변압기

① $\Delta - Y$ 결선에서 2차 부하에 의해 발생된 제3고조파 전류분이 Δ 로 순환됨
② Δ 결선에서 3고조파 전류가 순환 시 발열로 인한 변압기 권선의 절연 손상의 원인이 됨
③ 변압기 출력 저하

(2) 전선(중성선)

① 중성선에 $3I_0$가 흐름으로써 Joule 열이 증가함
② $R_{ac} = R_{dc}(1 + \lambda_p + \lambda_s)$에 의해 3고조파(180[HZ]) 특성으로 저항이 증가하여 케이블에 Joule 열이 증가함(λ_p : 근접효과계수, λ_s : 표피효과계수)

(3) 발전기

① 댐퍼권선의 발열 증가
② 발전기 출력 저하

2) 통신선 유도장해

(1) 중성선에 흐르는 고조파 전류($3I_0$)와 통신선과의 M 결합에 의한 전자유도 장해 현상 발생

(2) 전자유도전압(E_m)

$$E_m = -jwMl(3I_0)\,[\text{V}]$$

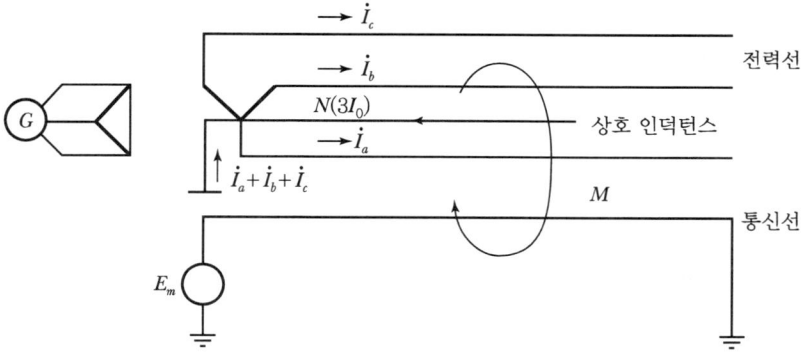

그림 3-82 ▶ 통신선 유도장해

3) 역률 저하

(1) 고조파 전압 전류가 무효전력이며 3차원적으로 고려해야 함

(2) 역률$(\cos\theta) = \dfrac{유효전력}{\sqrt{(유효전력)^2 + (무효전력)^2}}$

무효전력$(Q) = Q + Q_h$(고조파분)

피상전력$(s) = \sqrt{P^2 + Q^2 + Q_h^2}$

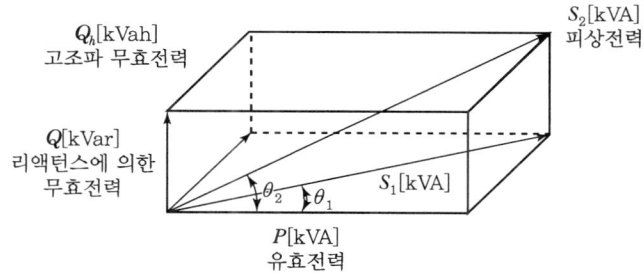

그림 3-83 ▶ **고조파 역률저하**

4) 손실 증가

(1) 변압기 동손, 철손 증가
(2) 케이블 발열 손실
(3) 발전기 권선 손실

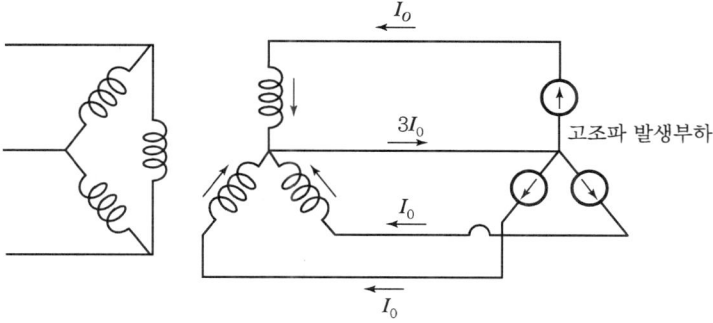

그림 3-84 ▶ **변압기회로의 영상고조파 전류**

5) 중성선 대지전위 상승

(1) 중성선에 3고조파 전류가 많이 흐르면 중성선과 대지 간의 전위차는 중성선 전류와 중성선 리액턴스의 3배의 곱 $V_{N-G} = I_N(R+j3X_L)$의 큰 전위차가 발생됨

(2) 정밀기기의 오동작, 기기손상의 원인이 됨

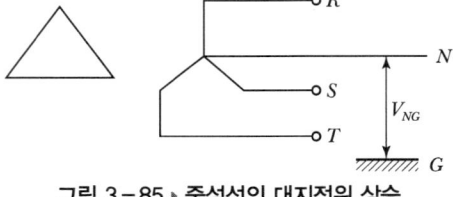

그림 3-85 ▶ 중성선의 대지전위 상승

6) 기타 장해

(1) ELB, ACB 오동작 (2) 보호계전기(OCGR) 오동작
(3) 제어장치의 오동작 (4) 계측기기 오동작

4. 중성선에 흐르는 제3고조파 전류대책

1) 지그재그 결선변압기 채용

(1) 철심에 2개의 권선을 서로 반대방향으로 지그재그(Zig-Zag) 결선구조로 하여 영상전류는 위상을 상호 반대로 하여 소멸시킴

(2) 2차측 각상 코일을 $\frac{1}{2}$로 나누어 타상에 연결하여 180° 위상차를 이용하여 영상분 전류(I_0)를 상쇄시키는 변압기

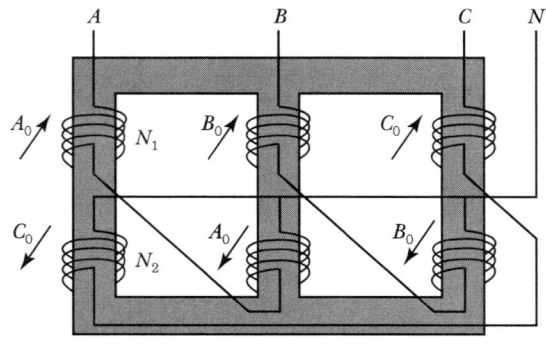

그림 3-86 ▶ Zig-Zag 결선도

2) ZED 설치

(1) 중성선 말단에 영상분 임피던스가 낮은 ZED를 설치하여 각상의 영상분 고조파 전류를 ZED를 통해 순환시키는 구조로서 3상 4선식의 중성선에 영상분을 제거시키고, 정상, 역상분 고조파만 흐르게 한다.

(2) 부하 불평형 개선효과도 있다.

(3) 설치 시 고려사항

① 가능한 한 부하 말단에 설치하며 영상회로를 짧게 구성함
② ZED 용량은 중성선 전류의 2배 정도로 함
③ ZED R, S, T상 및 중성선은 동일 배관에 포설함
④ ZED의 중성선은 각상 전류의 3배 용량으로 선정함

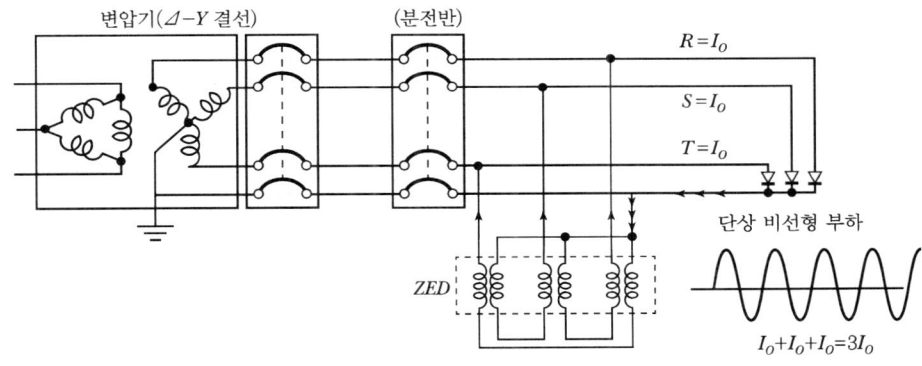

그림 3-87 ▶ ZED 회로도

3) 능동필터 설치

5. 결론

1) 영상분 고조파 전류 저감 시 변압기 출력 여유율 증가, 변압기, 케이블 과열 및 소손 방지, 역률개선, Noise에 의한 오동작 방지 등의 효과가 있다.

2) 상기의 효과 외에도 계통의 안정화, 기기 보호, 에너지 절감, 전력기기의 수명 연장, 전력품질의 신뢰성을 확보할 수 있을 것으로 판단된다.

3.6.7.2 고조파 관리기준

1. **개요**

   고조파란 상용주파 이외의 모든 주파수의 전압, 전류를 말하며 전력계통에서 전력품질 저하, 손실 발생, 효율 저하, 기기 수명 저하, 전력계통의 악영향을 발생시키므로 고조파 관리기준이 필요하다. 고조파 관리기준과 관련하여 국제기준과 국내기준으로 구분하여 설명한다.

2. **국제기준**

   1) **종합 고조파 왜형률(THD : Total Harmonic Distortion)**

      고조파 전압, 전류의 실효치와 기본파 전압, 전류의 실효치 비로 표현됨

      (1) 전압고조파 왜형률(V_{THD}) = $\dfrac{\sqrt{V_2^2 + V_3^2 + \cdots + V_n^2}}{V_1} \times 100\,[\%]$

      ① 기본파 전압 대비 고조파 전압이 얼마나 찌그러진 정도인지 평가
      ② 고조파 전압 규제치의 판단기준값

      (2) 전류고조파 왜형률(I_{THD}) = $\dfrac{\sqrt{I_2^2 + I_3^2 + \cdots + I_n^2}}{I_1} \times 100\,[\%]$

      여기서, $V_2, V_3, \cdots, V_n$: 각 차수별 고조파 전압의 실효치
      $I_2, I_3, \cdots, I_n$: 각 차수별 고조파 전류의 실효치
      V_1 : 기본파 전압의 실효치
      I_1 : 기본파 전류의 실효치

      (3) IEEE-st-519 기준 THD(배전계통에서의 고조파 전압 왜형률)

전압[kV]	종합 왜형률[%]	개별 고조파 왜형률[%]
69 이하	5.0	3.0
69~161 이하	2.5	1.5
161 초과	1.5	1.0

   2) **종합 수요 왜형률(TDD : Total Demand Distortion)**

      (1) TDD는 최대부하전류를 100[%]로 했을 때 고조파 전류가 몇 [%]인가를 나타내는 비를 말함

(2) 고조파 전류 규제치의 판단기준값

$$I_{TDD} = \frac{\sqrt{\sum_{n=2}^{\infty} I_n^2}}{I_L} \times 100[\%] = \frac{\sqrt{I_2^2 + I_3^2 + \cdots + I_\infty^2}}{I_L} \times 100[\%]$$

여기서, I_L : 평균 최대부하전류[A](이전 12개월 월간 최대부하전류의 평균으로 계산하거나 추정해서 사용)

I_n : 각 차수별 고조파 전류[A]

(3) 전압에서는 부하율에 따른 변화율이 작아 고조파 함유량에 큰 변화가 없으나 전류의 경우 부하량에 따라 고조파 함유량이 달라지는 문제점이 있어 전류에서는 THD를 사용하지 않고 최대부하전류 대비 고조파 함유량을 표시하는 TDD를 사용함

(4) 전력공급자 입장에서는 한 수용가의 THD가 중요한 것이 아니라 그 수용가의 총수요 전력에 비해 고조파가 얼마나 많이 발생시키는가가 더 중요함

3) 등가 방해전류(EDC : Equivalent Disturbing Current)

(1) 등가 방해전류란 전력계통에서 발생한 고조파 전류가 인접 통신선에 장해를 주는 고조파 전류의 한계를 말함

(2) 식 : $EDC = \sqrt{\sum_{n=1}^{\infty}(S_n^2 \times I_n^2)}$ [A]

여기서, S_n : 통신유도계수

I_n : 영상 고조파 전류

3. 국내기준

우리나라의 경우 고조파에 대한 기준은 자세히 명시하지 않았으며 한전 배전계통 고조파 관리기준 및 부분적으로 KS에 명시하고 있다.

1) 한전 배전계통 고조파 관리기준

구분 전압	가공선로만 있는 S / S에서 공급		지중선로가 있는 S / S에서 공급	
	전압 왜형률[%]	등가 방해전류[A]	전압 왜형률[%]	등가 방해전류[A]
66[kV] 이하	3	(−)	3	(−)
154[kV] 이상	1.5	(−)	1.5	3.8

(1) 배전계통 3[%], 송전계통 1.5[%]로 설정 운영 중임

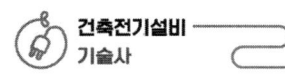

(2) 기준치가 국제기준(IEEE 5[%], IEC 6.5[%])보다 낮음

2) KS 기준 고조파 전류 허용한도

(1) 전자식 안정기(KSC 8100)

구분	전류 THD
저고조파 함유율	20[%] 이하
고고조파 함유율	30[%] 이하

(2) 무정전 전원장치(KSC 4310)

구분	전류 THD(무부하~100[%]부하)
UPS 입력	15[%] 이하
UPS 출력	5[%] 이하

4. 고조파 국제기준(IEC, IEEE) 비교

구분	IEC 61000-3-6	IEEE 519
전압 왜형률	• 적합성 레벨 : 8% • 계획레벨 : 특고압 6.5%, 송전 3%	• 69[kV] 이하 : 5% • 69~161[kV] : 2.5% • 161[kV] 이상 : 1.5%
기준제정	국가별 전문가(대표)로 구성된 워킹그룹에서 제정	전문가의 자발적 참여로 구성된 위원회에서 제정
기준효력	국가기준, 강제적으로 적용	이해, 교육자료로 활용
장·단점	• 기준의 이론적 배경이 명확하여 환경에 맞도록 변형 가능 • 고객은 계통에서 차지하고 있는 용량만큼 고조파 방출량을 나누어 가짐(공평함) • 기준 적용 및 계산과정 복잡	• 기준의 이론적 배경 불명확 • 기준의 간략화로 고객 간 불평등 존재(고객 계약전력이 클수록, 모선과 떨어져 있을수록 불리) • 기준 적용 및 계산과정 용이

5. 결론

1) 고조파 관리기준은 유럽에서 많이 적용되는 IEC 기준과 미국에서 적용되는 IEEE 기준이 있으며 기준이 이론적 배경이 명확한 IEC 기준으로 적용이 확대되고 있는 추세이다.

2) 국내의 경우(한전)도 IT 기술의 발달 및 국민 생활수준 향상에 따른 전기품질 고급화 요구에 부응하여 배전계통 고조파 관리기준이 제정되어 적용되고 있으며 IEC 규격을 반영하여 전기공급약관 등에 반영하여 실행 중이다.

3.6.7.3 전력계통에서 발생하는 고조파가 전기설비에 미치는 영향 및 저감대책

1. 고조파의 정의

1) 전류파형에서 기본파 이외의 주파수를 가진 파형이 고조파임
2) 즉, 60[Hz] 이외의 모든 주파수를 고조파라 하고 통상 50차수까지만 고조파라 하며, 그 이상은 Noise로 구분됨

2. 고조파가 전기설비에 미치는 영향

구분		영향
통신선		정전유도장해, 전자유도장해 발생
전기기기	콘덴서 및 리액터	공진 현상, 실효치 전류 증대, 단자전압 상승, 실효용량 증대, 손실 증대
	변압기	출력 감소, 손실 증가, 권선온도 상승 및 절연열화, 이상소음 발생
	발전기	전압파형왜곡, 발전기권선 손실 증가, 효율 및 출력 저하, AVR 계통의 헌팅 현상 발생, 토크 저하 및 맥동 발생, 수명 저하
	유도전동기	고정자 및 회전자권선의 온도 상승, 토크 저하, 출력 저하, 축계통비틀림 현상 발생, 진동 발생, 효율 저하
	케이블	발열 증가, 손실 및 열화, 수명 단축, 케이블 송전용량 감소
	조명기기	수명에 악영향, 소손 현상 발생

3. 저감대책

구분		대책
발생원측		(1) 변환장치의 다펄스화 (2) PWM 제어방식 채용 (3) 필터 설치(수동, 능동) : ① 수동필터　② 능동필터 (4) 리액터 설치(ACL, DCL) : ① AC-Reactor　② DC-Reactor
전력계통측		(1) 전원의 단락용량 증대 (2) 계통 분리
콘덴서측		(1) 직렬리액터 설치(5고조파 : 6[%], 3고조파(13[%]) (2) 콘덴서의 고조파 내량 증대
변압기측 대책		(1) K-Factor 변압기 적용 (2) 델타결선(△)변압기 채용 (3) 지그재그 결선변압기 채용 (4) 위상 조정 변압기(배전계통)
간선 대책		(1) 간선에 대한 고조파 내량을 증가 (2) 4심 5심 케이블의 고조파 전류저감계수 적용(KSC-IEC 60364 규정)
발전기측 대책		(1) 저리액턴스의 규모가 큰 발전기 채용 (2) 댐퍼봉 규격, 개수 및 단락동판의 두께 증대(역상 전류 내량 향상) (3) 실횻값 검출형 AVR 설치
전동기	유도기	(1) 공극 축소 (2) 공극자속의 균일화 (3) 권선의 고조파 내량 증가 (4) 자속밀도 저감
	직류기	(1) 탭변환형 사이리스터 레오너드 회로 구성 (2) 권선의 고조파 내량 증가

3.6.7.4 고조파 왜형률(THD)의 정의, 전류고조파 왜형률과 역률의 상관관계

1. 정의

1) 종합 고조파 왜형률(THD : Total Harmonic Distortion)

고조파 전압, 전류의 실효치와 기본파 전압, 전류의 실효치 비로 표현되며 고조파 발생 정도를 나타낸다.

2) 기본파 전압, 전류 대비 고조파 전압, 전류가 어느 정도 찌그러진 정도를 평가할 때 적용한다.

3) 관계식

(1) 전압고조파 왜형률(V_{THD}) = $\dfrac{\sqrt{V_2^2 + V_3^2 + \cdots + V_n^2}}{V_1} \times 100[\%]$

① 기본파 전압 대비 고조파 전압의 함유율
② 고조파 전압규제치의 판단기준치

(2) 전류고조파 왜형률(I_{THD}) = $\dfrac{\sqrt{I_2^2 + I_3^2 + \cdots + I_n^2}}{I_1} \times 100[\%]$

기본파 전류 대비 고조파 전류의 함유율
($V_2, V_3, \cdots, V_n$: 각 차수별 고조파 전압의 실효치,
$I_2, I_3, \cdots, I_n$: 각 차수별 고조파 전류의 실효치,
V_1 : 기본파 전압의 실효치, I_1 : 기본파 전류의 실효치)

2. 전류고조파 왜형률(I_{THD})과 역률의 상관관계

1) 고조파는 유효전력을 전달하지 못하며, 고조파 전류가 피상전력을 증가시킴

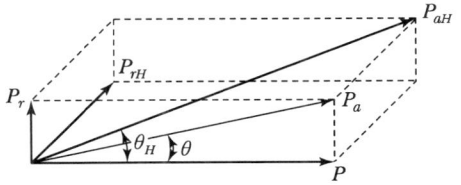

그림 3-88 ▸ 고조파와 역률의 관계도

2) 고조파 전류가 포함되면 피상전력이 증가되어 부하역률을 저하시킴

3) 고조파를 고려한 역률(H-PF)

$$(H-PF) = \frac{P[W]}{P_{aH}[VA-H]} = \frac{Vrms\, I_1 \cos\theta}{Vrms\, I}$$

$$= \frac{I_1 \cos\theta}{\sqrt{I_1^2 + I_2^2 + \cdots + I_n^2}} \quad \text{(양변에 } I_1 \text{을 나누고 정리하면)}$$

$$= \frac{\cos\theta}{\sqrt{1 + \left(\frac{\sqrt{\sum_{n=2}^{50} I_n^2}}{I_1}\right)^2}} = \frac{\cos\theta}{\sqrt{1 + (I_{THD})^2}}$$

4) 상기 식에서 선형부하의 역률각 θ는 고조파 부하로 인해 역률각 θ_H가 되며 고조파 전류가 많을수록 역률각은 커지게 되고 역률은 저하됨

3.6.8 유도장해

1. 개요

1) 정의

유도장해란 전력선이 통신선에 근접해 있을 경우 케이블 상호 간에 전기적인 결합에 의해 통신선에 전압 및 전류를 유도해서 장해를 일으키는 현상을 말한다.

2) 종류

(1) **정전유도** : 전력선과 통신선과의 상호 정전용량에 의해 발생함

(2) **전자유도** : 전력선과 통신선과의 상호 인덕턴스에 의해 발생함

(3) **고조파유도** : 양자의 영향에 의하지만 상용주파수보다는 고조파 유도에 의한 잡음 장해로 발생함
① 평상시 운전에는 정전유도장해가 문제
② 고장 시 전자유도장해가 문제

2. 정전유도

1) 발생원리

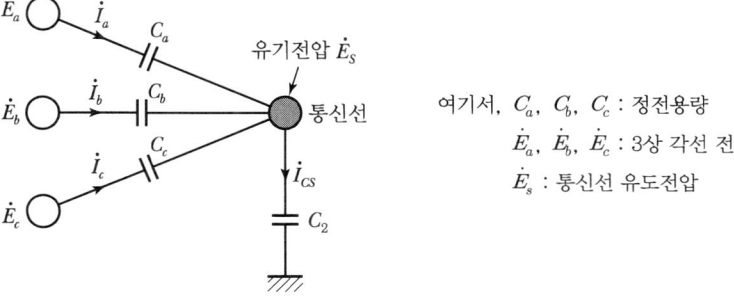

그림 3-89 ▶ 정전유도 현상

(1) 정전유도전압은 송전선로의 영상전압과 통신선과의 상호 정전용량의 불평형에 의해서 통신선에 정전적으로 유도되는 전압으로 평상시 및 고장 시에 발생됨

(2) 관계식

① $\dot{I}_{cs} = \dot{I}_a + \dot{I}_b + \dot{I}_c$

$$wC_a(\dot{E}_a - \dot{E}_s) + wC_b(\dot{E}_b - \dot{E}_s) + wC_c(\dot{E}_c - \dot{E}_s) = wC_2\dot{E}_s$$

$$\dot{E}_s = \frac{C_a\dot{E}_a + C_b\dot{E}_b + C_c\dot{E}_c}{C_a + C_b + C_c + C_2}$$

② 3상이 평형되어 있는 경우

$\dot{E}_a = \dot{E}$　　$\dot{E}_b = a^2\dot{E}$　　$\dot{E}_c = a\dot{E}$ 라 하면

$$\dot{E}_s = \frac{C_aE + C_b a^2 E + C_c aE}{C_a + C_b + C_c + C_2} = \frac{C_a + a^2 C_b + a C_c}{C_a + C_b + C_c + C_2} E$$

③ $|\dot{E}_s| = \dfrac{\sqrt{C_a(C_a - C_b) + C_b(C_b - C_c) + C_c(C_c - C_a)}}{C_a + C_b + C_c + C_2} \times \dfrac{V}{\sqrt{3}}$

$E = \dfrac{1}{\sqrt{3}} V (V : \text{선간전압})$

④ 완전 연가된 경우 $C_a = C_b = C_c$ 가 되므로 유도전압 $|\dot{E}_s| = 0$

(3) 특징

① 전력선 대지전압에 비례(선로 병행길이, 주파수와 무관)
② **평상시** : 통신선에 잡음 정도의 형태
③ 전자유도전압처럼 통신기기나 인명에 위협을 줄 정도로 크지 않음
④ 정전용량 평형 시 정전유도 발생되지 않음($C_a = C_b = C_c$)

3. 전자유도

전력선과 통신선 상호 간의 상호 인덕턴스(M)에 의해 통신선에 유기기전력이 발생하여 통신기기에 영향을 주는 장해 형태

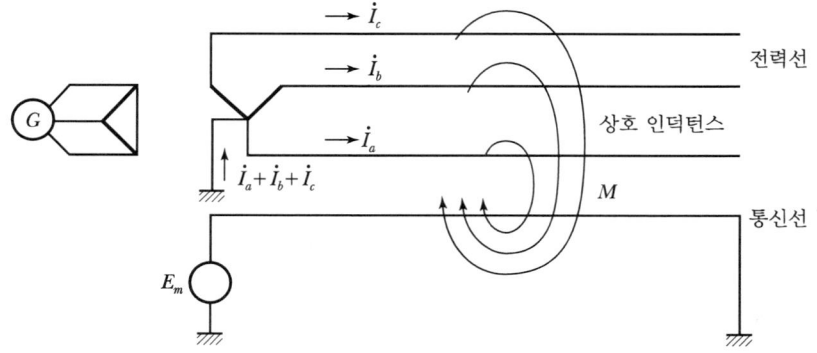

그림 3-90 ▶ 전자유도 현상

1) 발생 Mechanism

T/L에서 1선지락 고장 시 → 영상전류통전 → 통신선과 전자적 결합(M)에 의해 통신선에 유도전압, 전류 발생 → 통신선에 장해 발생

2) 통신선 유도 전자유도전압(E_m)

$$E_m = -jwMl(I_a + I_b + I_c) = -jwMl(3I_0)$$

여기서, l : 양선의 병행길이[km]
I_0 : 영상전류=지락전류=기유도전류
M : 전력선과 통신선과의 상호 인덕턴스[H/km]

3) 특징

(1) 평상시 전력선의 3상 평행으로 영상전류는 극히 작은 값으로 거의 유도장해가 없음
(2) 전력선 고장 시 상당히 큰 영상전류(I_0)가 통신선에 유도장해를 발생시킴
(3) 전자유도 전압의 제한값 → 650[V](송전선)

4) 전자유도장해의 영향

(1) 통화품질 저하
(2) 통신설비 절연파괴
(3) 통신종사자 감전위험

4. 유도장해 경감대책

1) 정전유도장해 대책

(1) 전력선 및 통신선에 적절한 차폐선 설치
(2) 통신선을 케이블화하여 외피 접지
(3) 전력선과 통신선의 이격거리 증대
(4) 송전선로의 완전한 연가 실시로 전력선과 통신선 사이의 상호 정전용량을 평형시킴

2) 전자유도장해 대책

구분	전력선측	통신선측
M 저감	• 차폐선 설치 • 전력선의 지중케이블화	• 차폐선 및 차폐선륜 사용 • 연피케이블 사용
병행거리(l) 저감	• 통신선과 병행거리 단축 • 통신선과 교차는 가급적 직각 설치	• 통신선에 중계코일 삽입하여 구간 분할 • 통신선의 루트 변경
영상전류 (I_0) 저감	• 중성점 접지 시 접지저항을 크게 함 • 고장 지속시간 단축	• 피뢰기 시설(유도전압 대지로 방전) • 송전선에 가설된 통신선을 OPGW(광케이블)화

5. 결론

1) 유도장해는 전력선과 통신선의 전기적 결합에 의해 발생되는 것으로 평상시 및 고장 시 잡음 형태의 정전유도장해에 비해 전자유도장해는 특히 중성점 직접접지계통에서 1선 지락고장 시 지락전류가 커서 특히 기기 및 인체에 위험 형태로 작용된다.

2) 국내의 지형 관계상 송전선과 통신선이 근접해서 건설될 경우가 많으므로 송전루트, 중성점 접지방식 등을 선정 시 전력선과 차폐선측을 구분하여 유도장해 부분을 검토해야 한다.

3.6.9 플리커(Flicker) 대책

1. 개요

Flicker란 부하 특성에 의한 전압동요 현상으로 조명의 깜박임, TV 영상의 일그러짐 현상을 유발시키는 것으로 일정 한도 초과 시 심한 불쾌감을 초래한다.

2. Flicker 발생원인

1) 임피던스 변동이 심한 설비의 운전 및 정지의 원인

(1) X선 장치
(2) 아크로
(3) 전기용접기
(4) 압연기

2) 부하전류의 단시간 주기적 변동

(1) 유도전동기(3상, 단상)의 기동 및 정지(건축물에서 플리커의 주 원인임)
(2) 공사용 전기용접기의 가동 및 정지
(3) 돌입전류와 같은 과도 현상
(4) 빈번한 개폐기의 투입 및 차단
(5) 컨버터 및 인버터의 스위칭 동작

3. Flicker 장해 현상(영향)

1) LED 조명의 플리커가 인체에 미치는 장해

(1) 신경계 질환
(2) 눈의 피로, 두통
(3) 시력 저하
(4) 시각적인 불쾌감

2) 전기설비에 미치는 영향

(1) TV 화면의 일그러짐
(2) 조명의 깜박임 및 소등
(3) 장비의 효율 저하 및 성능 저하
(4) 보호계전기시스템의 오동작
(5) 전동기 토크 저하, 시동정체(시동 장해)
(6) 전기품질 저하
(7) 정밀기기(컴퓨터, 전자기기)의 오동작
(8) UPS 동기 상실
(9) 정보통신기기의 오동작
(10) 장비의 성능 저하
(11) 기기의 수명 저하

4. 특성

1) 전압 Flicker

주파수의 성분에 따라 사람의 눈에 주는 깜박임의 정도가 달라지는데 지각하는 주파수는 수 [Hz]에서 10[Hz] 사이이고 10[Hz] 전후의 전압변동의 주파수에 대해 불쾌감이 가장 강하다(10[Hz]에서 가장 불쾌함).

2) 플리커 기준

(1) 전압플리커 기준

① 2.5[%] 초과 : Flicker에 대한 대책 강구
② 2.0~2.5[%] : 조건부 송전
③ 2.0[%] 이하 : 별도 대책이 불필요

(2) 한전 기본공급약관시행세칙(제26조)

표 3-35 ▶ 플리커 허용기준치

구분	허용기준치	비고
예측 계산 시	2.5[%] 이하	최대전압 변동률로 표시
실측 시	0.45[%V] 이하	ΔV_{10}으로 표시하며 1시간 평균치

3) 크기

(1) Flicker의 크기를 나타내는 척도 : ΔV_{10}을 사용함

(2) $\Delta V_{10} (\Delta V_{10} = 1[\%])$

교류전압 100[V]에서 99[V]까지 1초 동안 10회 변화한 것을 Flicker 1[%]라 함

(3) 같은 크기의 전압변동이라도 깜박임 감도가 변동주기에 따라 달라지므로 모두 10[Hz]로 환산한 전압변동을 Flicker의 기준으로 함. 이 환산을 위해 깜박임 시감도 곡선이 사용됨

(4) 전압변동을 주파수로 분석했을 때, F_n[Hz]의 전압변동이 ΔV_n이면

$$\Delta V_{10} = \sqrt{\sum_{n=1}^{m} (a_n \Delta V_n)^2}$$

여기서, a_n : 깜박임 시감도계수, ΔV_n : 변동주파수에 대한 전압변동의 크기

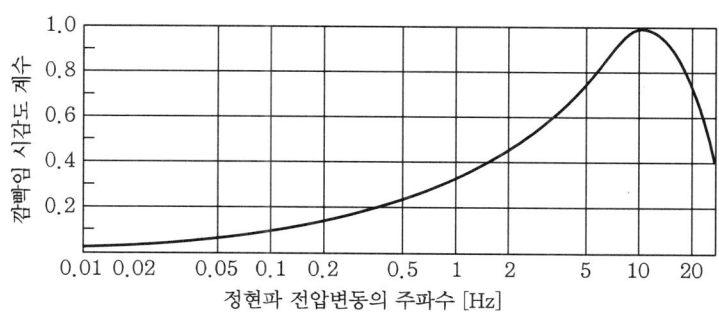

그림 3-91 ▶ 깜박임 시감도 곡선

5. Flicker 발생에 따른 대책 및 시공 시 고려사항

1) 플리커 대책은 $\triangle V = X_s \cdot \triangle Q$로 경감됨

구분	수용가측	전력공급자측
리액턴스 (X_S) 감소	• 스폿네트워크 방식 채용 • 계통 분리 및 전용 변압기 설치 • 케이블의 굵기 증가, 길이 단축	• 전용계통공급 및 전용변압기로 전력공급 • 3권선 보상변압기 설치 • 직렬콘덴서 설치
무효전력 ($\triangle Q$) 보상	• 정지형 무효전력 보상장치(SVC, SVG) 설치 • 병렬콘덴서 → APFCR(Automatic Power Factor Control Relay) • 능동필터 설치	• 동기 조상기 설치 • 정지형 무효전력 보상장치 설치(SVC, SVG)
전압($\triangle V$) 직접 조정	• ULTC, NLTC 설치 • 부스터 적용 • IVR(유도전압조정기) 설치	• ULTC(OLTC) 설치 • NLTC 설치

2) 시공 시 고려사항

(1) **대용량 유도전동기** : 리액터 기동기 설치

(2) **조명회로**

① 3상 4선 방식 채용 ② 전자식 안정기 사용
③ 직류점등 채용 ④ 잔광시간이 긴 형광등 사용
⑤ 단상회로에서 형광등의 위상을 변경시킴(콘덴서 또는 리액터 사용)

6. 설계 시 고려사항

1) Flicker는 시각에 직접적인 영향을 미치므로 발생부하를 분리 배치하여 조명환경의 쾌적성을 유지할 것
2) Flicker가 발생하면 광속 저하, 시력 감퇴, 작업능률 저하, 생산성 저하 등을 유발시키므로 발생부하를 면밀히 검토
3) 특히 병원설비에서 X-ray나 CT 촬영실은 단파 사용장소로 인간에 주는 여파가 크므로 적극 차폐하여 대처함(Shield Room 구성)
4) Flicker 발생기기로 인해 건물 전체 부하에 영향을 주어서는 안 됨

7. 결론

1) Flicker가 장시간 지속 시 장비의 성능 저하, 전기품질 저하로 인식되기 때문에 플리커의 기준치가 한전 기본공급약관세칙에 정해져 있다.
2) Flicker 방지 측면에서 수용가와 전력회사의 역할과 책임을 분담해야 할 것이다.

3.6.10 정전기 장해

1. 개요

1) 정전기 정의

두 물체가 마찰 시 마찰전기가 발생하고 각각의 물체에 양전기나 음전기만을 띠는 대전체로서 외부에 나타나는 전기적인 현상을 정전기라 한다.

2) 정전기 장해

정전기의 전하가 물체에 축적되었다가 방전되면서 발생되는 전자 Noise에 의해 컴퓨터, 자동제어기기, OA 기기 등의 전자회로에 영향을 주는 장해를 말한다.

2. 정전기의 발생원리 및 성질

1) 정전기의 발생원리

(1) 물체의 접촉으로 전기이중층 형성 → 분리 → 소멸의 3단계가 생기며 대전 현상은 3단계 과정이 연속적으로 일어날 때 발생함

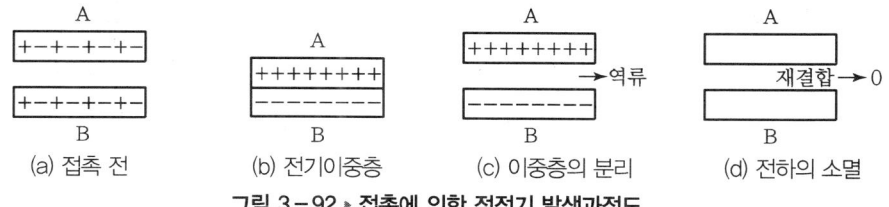

(a) 접촉 전   (b) 전기이중층   (c) 이중층의 분리   (d) 전하의 소멸

그림 3-92 ▶ 접촉에 의한 정전기 발생과정도

(2) 접촉 전 : 물체 내부의 (+) 및 (-) 전하량이 동일한 중성 상태임

(3) A, B 물체 접촉 시 접촉면을 통해 전하의 재분배로 전기이중층이 형성

(4) 전기이중층이 분리될 때 양전하, 음전하의 불균일한 상태에서 정전기가 발생

① 접촉전위 $\left(V = \dfrac{Q}{C}\right)$는 정전용량에 반비례하여 상승함

② 정전용량에 의한 역류가 발생됨

2) 정전유도 및 정전차폐

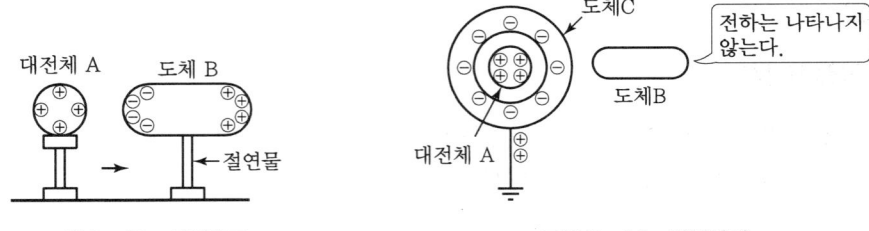

그림 3-93 ▶ 정전유도　　　　　　그림 3-94 ▶ 정전차폐

(1) 정전유도

절연된 비대전체에 대전체를 접근시키면 가까운 곳에는 반대극성의 전하가, 먼 곳은 같은 극성의 전하가 유도되는 현상

(2) 정전차폐

대전체 A를 접지한 도체 C로 둘러싸고 도체 B를 접근시키면 정전유도에 의한 영향이 외부에 나타나지 않아 도체 B가 대전되지 않는 현상

(3) 쿨롱의 법칙

① 2개의 전하 간에 작용하는 정전력 $F[N]$은 $Q_1[C]$, $Q_2[C]$의 곱에 비례하고 양 전하 간의 거리[m]의 제곱에 반비례함

② 관계식

$$F = \frac{Q_1 Q_2}{4\pi \varepsilon r^2} [N]$$

여기서, ε : 유전율

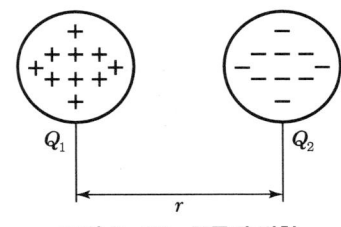

그림 3-95 ▶ 쿨롱의 법칙

(4) 전기량

정전용량 $C[F]$인 물체에 전하를 주면 물체에 전위가 생기는데 전기량 Q와 전위 V와의 사이에는 $Q = CV$이 성립

(5) 정전에너지

정전용량이 $C[F]$인 물체에 전압 $V[V]$가 가해져서 $Q[C]$의 전하가 축적되었을 때 축적되는 에너지

$$W = \frac{1}{2}QV = \frac{1}{2}CV^2 = \frac{1}{2}\frac{Q^2}{C} [J]$$

3. 정전기 발생원인

1) 마찰과 접촉 및 분리에 의한 발생

두 물체가 서로 마찰하거나 일정 시간 동안 붙어 있다가 갑자기 떨어지는 경우, 두 물체 간의 마찰열로 인해 원자 내의 전자들이 에너지를 얻어 불안정한 상태에서 안정된 상태로 되돌아가기 위하여 외부의 전자를 잡아당기거나 잉여의 전자를 버리려고 할 때 급작스런 전하 이동에 의해 발생한다.

2) 물체의 용량 변화에 의한 발생

(1) 주로 인체에 해당하는 것으로, 인체가 걷거나 앉고 일어서는 경우 지면과의 거리가 변화하기 때문에 대지 간의 용량의 변화로 정전기가 발생함
(2) 용량 변화에 의한 정전기 발생은 상대습도, 인체, 주위 환경에 따라 달라짐

3) 이미 대전된 물체에 의한 발생

위의 두 가지 원인에 의해 어떤 한 물체가 대전되었을 때, 또 다른 물체 가까이 접근하는 경우 대전되지 않았던 안정 상태의 물체가 인력에 의해 전하 불균형 상태가 되어 정전기가 발생한다.

4. 정전기의 대전

1) 정전기의 발생요인

(1) 물질의 특성

① 정전기의 발생은 접촉, 분리되는 두 물질의 상호작용에 의해 결정
② 대전서열이 가까운 위치에 있으면 정전기 발생량이 적음
③ 대전서열이 먼 위치에 있으면 정전기 발생량이 커짐

(2) 물질의 표면 상태

① 물질의 표면이 원활 → 정전기 발생이 적음
② 물질의 표면이 수분이나 기름 등에 오염 → 산화 부식에 의해 정전기 발생이 커짐

(3) 물질의 이력

① 최초 접촉, 분리 → 정전기 발생이 많음
② 이후 접촉, 분리 → 정전기 발생이 적음(감소)

(4) 접촉면적 및 압력

접촉면적이 클수록, 접촉압력이 증가할수록 정전기 발생량이 커짐

(5) 분리속도

분리속도가 빠를수록 정전기 발생량이 커지며, 전하의 완화시간이 길면 전하 분리에 주는 에너지도 커져 발생량이 증가함

2) 정전기 대전의 종류

(1) 마찰대전

고체, 액체류, 분체류의 경우 두 물질 사이의 마찰에 의한 접촉과 분리과정이 계속되면 이에 따른 기계적인 에너지에 의해 자유전자가 방출 흡입되어 정전기가 발생함

(2) 박리대전

① 서로 밀착되어 있는 물체가 떨어질 때 전하의 분리가 일어나 정전기가 발생하는 현상
② 접촉면적, 접촉면의 밀착력, 박리속도 등에 의해 발생량이 변화함
③ 마찰대전 < 박리대전

(3) 유동대전

액체류가 파이프 등 고체와 접촉하면 액체류와 고체와의 경계면에 전기이중층이 형성되어 이때 발생된 전하의 일부가 액체류와 함께 유동하기 때문에 정전기가 발생하는 현상으로 액체의 유동속도가 크게 영향을 미침

(4) 분출대전

분체류, 액체류, 기체류 등이 단면적이 작은 분출구를 통해 공기 중으로 분출될 때 분출 물질의 입자들 간의 상호 충돌 및 분출물질과 분출구와의 마찰에 의해 정전기가 발생되는 현상

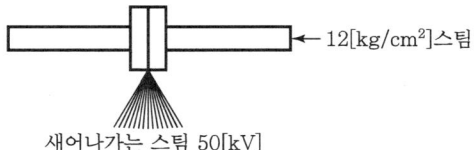

그림 3-96 ▶ 분출대전

(5) 충돌대전

분출류 등은 입자 상호 간이나 입자와 고체와의 충돌에 의해 빠른 접속, 분리가 행해짐으로써 정전기가 발생하는 현상

5. 정전기의 방전

1) 정전기의 방전

(1) 개념

전위차가 있는 2개의 대전체가 특정 거리에 접근하게 되면 등전위가 되기 위해 전하가 절연공간을 깨고 순간적으로 흘러 빛과 열을 발생하는 현상

(2) 영향을 주는 요소 : 대전체 간의 거리, 갭의 전도도, 전위차, 방전 갭의 기하학적 형상 등

2) 코로나 방전

(1) 기체 방전 형태
(2) 대전된 부도체와 가는 선상의 도체 또는 뾰족한 선단을 가진 도체 사이에서 발생되는 미약한 발광과 소리를 수반하는 방전 형태

그림 3-97 ▶ 코로나 방전

3) 스트리머 방전

대전량이 많은 부도체와 비교적 굴곡반경이 큰 선단을 가진 도체와의 사이에서 발생하며, 수지상의 발광과 펄스상의 파괴음을 수반하는 방전 형태

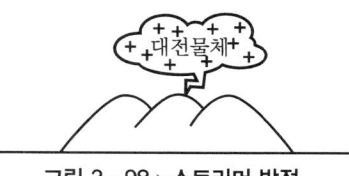

그림 3-98 ▶ 스트리머 방전

4) 불꽃방전

(1) 도체가 대전되었을 때 접지된 도체와의 사이에서 발생하는 강한 발광과 파괴음을 수반하는 방전 형태
(2) 방전에너지가 높아 재해나 장해의 원인이 됨

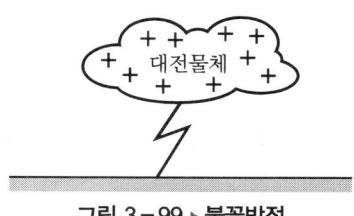

그림 3-99 ▶ 불꽃방전

5) 연면방전

(1) 대전이 큰 얇은 층상의 부도체를 박리할 때 또는 층상의 대전된 부도체의 뒷면에 밀접한 접지체가 있을 때 표면에 면한 복수의 수지상의 발광음을 수반하여 발생하는 방전 형태
(2) 고체 절연물 표면의 방전 형태
(3) 장해의 원인이 됨

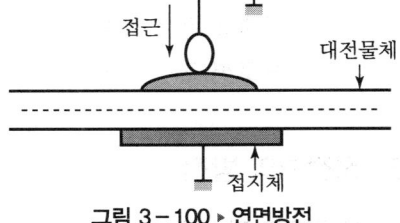

그림 3-100 ▶ 연면방전

6) 뇌상방전

공기 중에 뇌상으로 부유하는 대전입자의 규모가 커졌을 때 대전운에서 번개형의 발광을 수반하여 발생하는 방전 형태

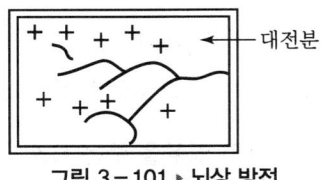

그림 3-101 ▶ 뇌상 방전

6. 정전기 장해

1) 전자부품의 정전파괴

직접적인 방전이나 주위 물체에 의한 방전에 의해 아래의 표 이상의 전압이 인가되면 파괴됨

표 3-36 ▶ 전자부품의 파괴전압

전자부품	파괴전압[V]	전자부품	파괴전압[V]	전자부품	파괴전압[V]
VMOS	30	MOS-FET	100	C-MOS	250
Bipolar	380	MOS-IC	150	ECR	500
SCR	680				

2) 방전에 의한 전자파 : 전자기기, 장치 등의 잡음, 오동작 발생

3) 발광 : 사진필름 등의 감광

4) 인체로부터의 방전에 의한 전격

(1) 인체의 대전전하량이 $2 \sim 3 \times 10^{-7}$[C] 이상이 되어 이 전하가 방전하는 경우 통증을 느낌
(2) 인체의 정전용량을 10[PF]라 하면 $V = \dfrac{Q}{C}$[V]에서 약 3[kV] 전압이 발생됨

표 3-37 ▶ 인체대전과 전격의 정도

인체대전 전위[kV]	전격의 정도	비고
1.0	전혀 느낌이 없음	가냘픈 방전음 발생 (감지전압)
3.0	가벼운 아픔을 느끼며 침으로 찔린 듯한 아픔을 느낌	
4.0	손가락이 가벼운 아픔을 느끼며 침으로 찌르는 듯한 아픔을 느낌	방전의 발광이 보임
6.0	손가락에 강한 아픔을 느끼게 되고 전격을 받은 후 팔이 무겁게 느껴짐	손가락 끝에서 방전 발생이 뻗침
12.0	강한 전격으로 손 전체를 강타 당한 듯한 느낌	

5) 화재 및 폭발

(1) 정전기에 의한 화재, 폭발은 정전기 방전이 발화원이 되어 가연성 물질(가연성 가스, 증기, 분진 및 공기, 산소와의 혼합물)이 연소를 개시, 화염이 전파됨으로써 발생됨

(2) 대전된 물체가 도체인 경우 방전 시 축적된 에너지는 일시에 모두 방출됨

7. 정전기 대책

1) 정전기 발생의 억제

(1) 습도 Control

① 실내의 습도를 60[%]로 유지하면 물체 표면에 수분에 의한 얇은 피막이 생기고 공기 중의 CO_2가 이에 용해되어 도전성이 생겨 정전기 축적을 방지함

② 상대습도
 ㉠ 65~90[%] → 정전기 전압 1.5[kV]
 ㉡ 1~20[%] → 정전기 전압 30[kV]

③ 가습방법
 ㉠ 물의 분무   ㉡ 습기 분무   ㉢ 증발법

(2) 공기이온화

① 대전전하에 다른 극성의 이온을 분산시켜 정전기를 중화시키는 방법

② 특징
 ㉠ 가격이 고가   ㉡ 역대전의 위험성

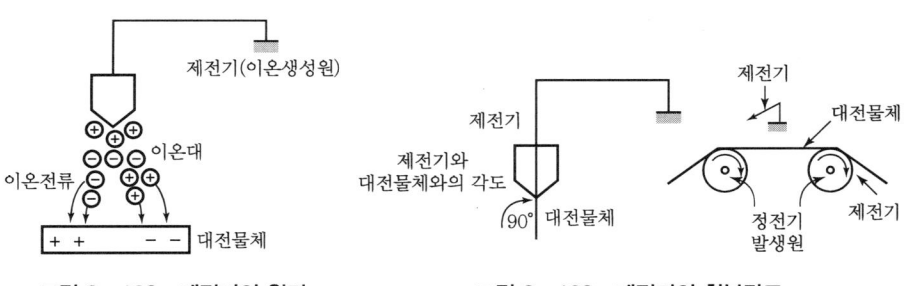

그림 3-102 ▶ 제전기의 원리   그림 3-103 ▶ 제전기의 취부각도

③ 제전기의 종류
  ㉠ 전압 인가식 제전기
    방전침에 7,000[V]의 전압을 인가하면 공기가 전리되어 코로나 방전을 일으켜 발생된 이온으로 대전체의 정전기를 중화시키는 방법
  ㉡ 자기 방전식 제전기
    스테인리스 5[μm], 카본 7[μm], 도전성 섬유 50[μm] 등에 의해 작은 코로나 방전을 일으켜 제전시킴(고전압 제전이 가능하나, 약간의 역대전이 남는 단점이 있음)
  ㉢ 이온식 제전기(방사선식 제전기)
    방사선 동위원소(플로토늄)의 전리작용에 의해 제전이 필요한 이온, α입자, β입자를 만드는 제전기

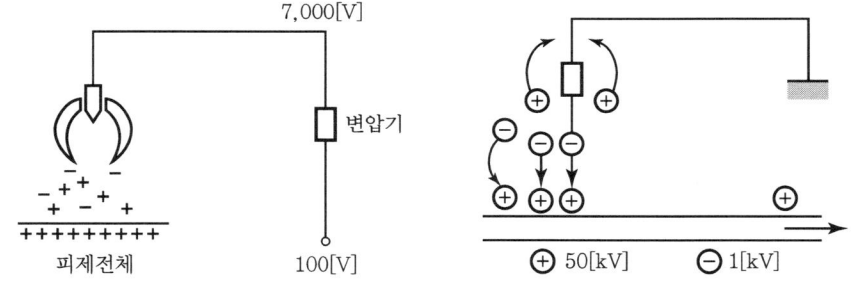

그림 3-104 ▶ 각종 제전기의 구성

2) 발생된 정전기의 신속한 방전

(1) 도체의 접지와 본딩

① 정전기 대전에 의한 누설전류는 수[μA] 정도이기 때문에 접지저항값이 10^6[Ω] 이하이면 충분함
② 금속체의 경우 접지가 불가능할 경우 본딩 처리만으로 가능

③ 고정설비에 대한 접지

접지용, 본딩용 도선은 용접, 납땜, 나사 등에 의하고 도료에 의한 접지저항 증가에 주의

④ 이동식 기계기구

가용성 접지도선을 사용, 이동이 수반되는 작업 시 하부에 도전성 매트 시공

(2) 인체의 대전 방지

정전작업복, 정전화, 손목스트리퍼 착용

(3) 도전성 타일 설치

① 제전스프레이, 대전방지제를 사용하여 흡수성 있는 액체를 표면에 분산시켜 표면 저항을 낮춤

② 전산실 등 고신뢰성이 요구되는 공간은 도전성 바닥을 접지함

(4) 엑세스 플로어의 정전기 누설방식

① 마찰재료는 도전성 타일 사용 → 저항치 $5 \times 10^5 \sim 2 \times 10^2$ 인 제품 선정

② 접지도선 → $10[\text{mm}^2]$

3.6.11 전자파 장해(EMI)

1. 개요

1) 전자파란 전계와 자계의 주기적인 변동을 통해 공간을 전파해 나가는 에너지파이다.
2) 전자파에는 EMC, EMI, EMS로 구분된다.
3) EMI(Electro Magnetic Interference)란 전자기 방해, 전자기 간섭 또는 전자파 장해라 하며 불필요한 전자파 신호 또는 전자파 잡음에 의해 희망하는 수신신호에 간섭을 일으켜 손상을 주는 현상을 말한다.

2. 전자파 구분

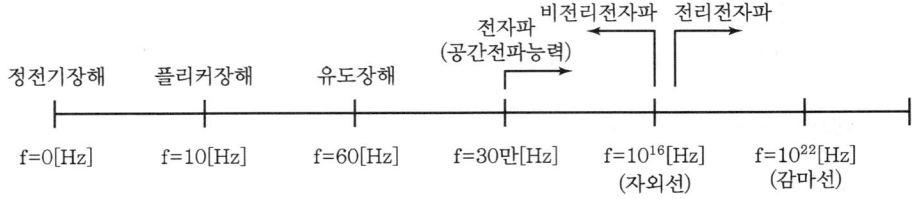

3. 맥스웰방정식에 의한 전자파 발생

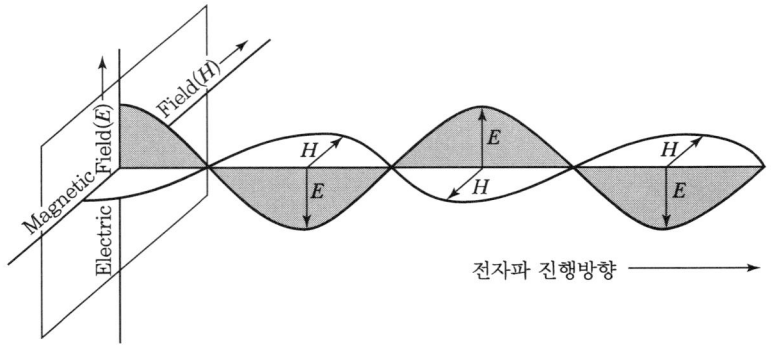

그림 3-105 ▶ 전자파의 진행 형태

1) 암페어 주회적분의 법칙

$$rot\,\dot{H} = \dot{J} + \frac{\partial \dot{D}}{\partial t} = \dot{J} + \varepsilon\frac{\partial \dot{E}}{\partial t}$$

(전계의 시간적 변동 → 자계의 회전을 만듦)

2) 페러데이 전자유도법칙

$$rot\, \dot{E} = -\frac{\partial \dot{B}}{\partial t} = -\mu\frac{\partial \dot{H}}{\partial t}$$

(자계의 시간적인 변동을 방해하는 방향으로 전계의 회전을 만듦)

3) 전계와 자계의 연속, 반복과정을 통해 전자파가 발생되어 공간을 전파해 나감

4. 발생원리

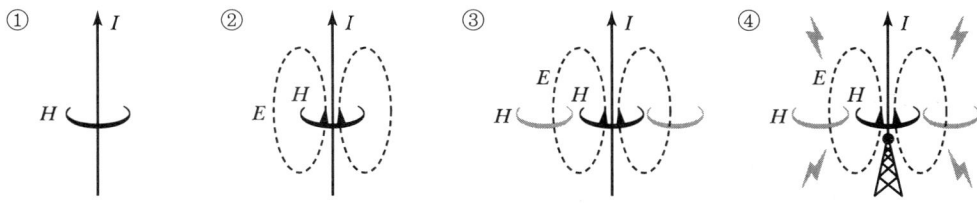

그림 3-106 ▶ 전자파 발생

1) 도선에 전류가 흐르면 자계가 발생
2) 자계가 발생하면 자계를 중심으로 전계가 형성됨
3) 형성된 전계가 시간에 따라 변하기 때문에 전계를 중심으로 다시 자계가 형성됨
4) 이 자계의 시간적 변화에 따라 다시 전계가 발생함
5) 이러한 전자파는 주파수가 300,000[Hz] 이상인 경우 전계와 자계가 직각방향을 이루면서 서로 다른 직각방향을 이루면서 먼 공간까지 빛의 속도로 전파됨

5. 전자파의 침입경로

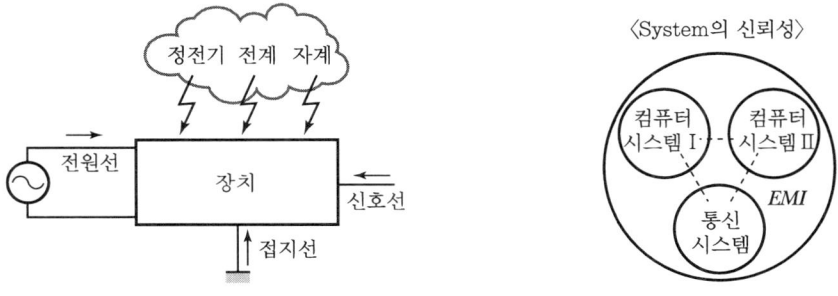

그림 3-107 ▶ EMI의 개념도

1) 전원선

    (1) 유도성 부하(전동기부하 등)가 접속된 전원 Line을 공용으로 하는 경우 유도성 부하 차단 시 발생되는 전자파 장해가 타 기기에 악영향을 미침
    (2) 전원의 스위칭 시 발생되는 Noise가 타 기기에 악영향을 미침

2) 정전용량결합(C결합)

    전원선과 신호선과의 정전적 결합에 의해 신호선에 연결된 기기에 전자파 장해 현상

3) 정전기

    물체에 축적된 전하가 방전할 경우 전자적 장해 현상을 초래함

4) 낙뢰에 의한 역섬락

    낙뢰에 의해 대지전압이 상승하고 타 접지 계통으로 역섬락이 발생 시 통신기기 오동작 또는 통신기기의 파손을 초래하는 장해

6. 전자파의 구분

1) EMC[Electro Magnetic Compatibility : 전자적 양립성(안전성)]

    (1) 주위의 환경 및 기기에 대해 전자파 장해를 일으키지 않고 주위의 전자파 환경에서도 안전하게 작동할 수 있는 장치의 능력
    (2) 전자파를 발생시키는 기기로부터의 전자파가 타 기기의 성능에 장해를 주지도 않고 동시에 타 기기로부터 나오는 전자파의 영향으로 정상 작동할 수 있는 능력의 전자파 내성에 적합한 능력

2) EMI(Electro Magnetic Interference : 전자파 장해)

    전자파를 발생시키는 장치에 의해 그 기기 또는 타 기기에 영향을 주는 장해

3) EMS(Electro Magnetic Susceptibility : 전자적 내성)

    일정한 전자파 장해가 발생되어도 전자기기가 정상적으로 작동할 수 있는 전자적 내성

7. 전자파 장해의 원인 및 영향

원인		영향
정전유도전압(C결합)	기기에 미치는 영향	전자계산기 오동작
전자유도전압(M결합)		OA기기 오동작
		전산프로그램 오동작
고조파		제어기기의 오동작
전파		수술실 등 ME기기 오동작
과도 현상	인체에 미치는 영향	암유발, 출산의 악영향 등
낙뢰에 의한 방전		열작용, 자극작용, 간접작용, 비열작용 등이 있음

1) 열작용

(1) 전자파 에너지가 신체조직을 가열함으로써 발생되는 것으로 조직세포의 온도를 순간적으로 상승시켜 인체 세포를 비정상적으로 만들거나 파괴시킴

(2) 통상 높은 주파수(100[kHz] 이상) 영역의 강한 전자파가 인체에 도달하는 경우임

2) 자극작용

(1) 신체 주위에 존재하는 전자장에 의해 인체 내 유도전류가 흐르는 경우 감각기 세포가 흥분하며 자극 감각이 생김

(2) 인체의 감각 세포기관의 자극작용으로 통상 10[kHz] 이하의 주파수의 경우 자극작용이 크게 작용함

(3) 100[kHz] 이상의 주파수에서는 세포막이 전기적으로 단락되어 통상적으로 자극이 일어나지 않음

3) 비열작용

(1) 미약한 전자장에 장시간 노출 시 근육 수축, 불수 현상 또는 세포나 분자에 가해지는 작용을 말함

(2) 종양세포 등의 억제기능을 가진 멜라토닌이란 호르몬의 분비 이상을 유발시킴

4) 간접작용

(1) 전자장이 1차로 물체를 대전시키고, 2차로 그 물체에 생체가 접촉되어 어떤 작용이 일어난 것이므로 간접작용이라 함

(2) 이 작용은 통상 1[kHz] 이하에서 현저하게 발생됨

8. 전자파 장해 방지대책

1) 차폐

(1) 전자계 차폐

① 장해원인이 고전압 저전류일 때 전계가 주체이고, 저전압 대전류일 때는 자계가 주체임
② 저주파 자계인 경우 : 고투자율 재료가 유효함
③ 고주파 자계인 경우 : 도전율이 높은 재료가 유효함

(2) 신호 주파수에 따른 차폐방법

① 주파수가 수십[kHz] : 알루미늄판 등의 간단한 칸막이판으로 감싼 구조
② 주파수가 수백[kHz]~수[MHz] : 회로 부분을 쉴드로 감싼 구조
③ 주파수가 수백[MHz] : 완전 밀폐된 쉴드판으로 감싼 구조

(3) 정전차폐

① 접지 혹은 이격으로도 차폐 가능
② 중간 물체에 의해 차폐 가능

(4) 전자차폐

① 금속관 금속덕트 등 강자성체 시공
② Fe 재질 케이블트레이 또는 버스덕트 사용
③ 투자율이 높은 재질의 재료 사용

2) 흡수

(1) 전자파 흡수재

① 전자파는 반사시키지 않고 내부에서 흡수하여 열에너지로 바꾸어 감쇄시킴
② 유효주파수대는 VHF~마이크로파대
③ 용도 : 전자파 암실용 건조물의 TV, 레이더 등에 사용

(2) 전자파 암실

전자파 차폐실의 내부에 전자파 흡수재를 장치하여 실내·외의 전자파 차폐뿐만 아니라 차폐실 내부의 발생 전자파가 벽면에서 반사되지 않고 흡수됨

3) 접지

(1) 정전기 방지용 접지를 실시함

(2) 접지저항 및 접지선은 저임피던스로 함

(3) 접지극의 접속은 확실히 함

4) 소자에 의한 방법

(1) Noise Cut TR

　　Normal Mode Noise와 Common Mode Noise를 제거함

(2) 필터

　　① 전원필터 : 전원선의 Noise 제거
　　② Low Pass 필터 : 전원주파수대는 통과시키고 고주파 Noise는 제거함

5) 와이어링에 대한 대책

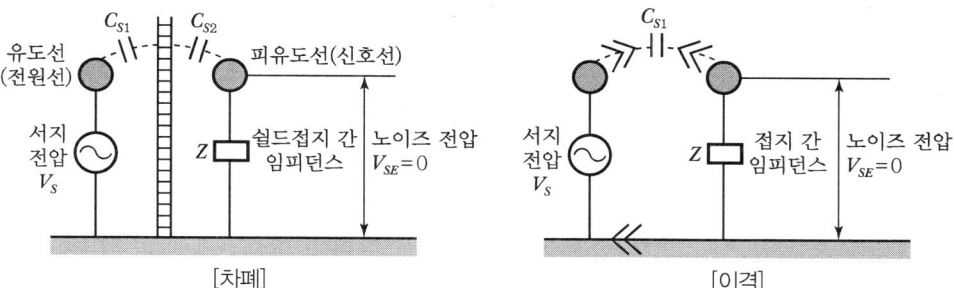

그림 3-108 ▶ 와이어링에 대한 전자파 방지대책

(1) 정전결합의 Noise 대책

　　① 선간을 이격함
　　② 선간의 유전율을 감소시킴
　　③ 도체의 직경과 평행의 도선길이를 감소시킴

(2) 전자결합의 Noise 대책

　　① 전력선은 왕복도체를 완전 밀착식의 배선처리
　　② 동력선은 전력선과 신호선을 최대한 이격함
　　③ 전자차폐를 위해 금속을 삽입
　　④ 동력선, 전력선과 신호선의 평행도선 구간을 짧게 하거나 직교시킴

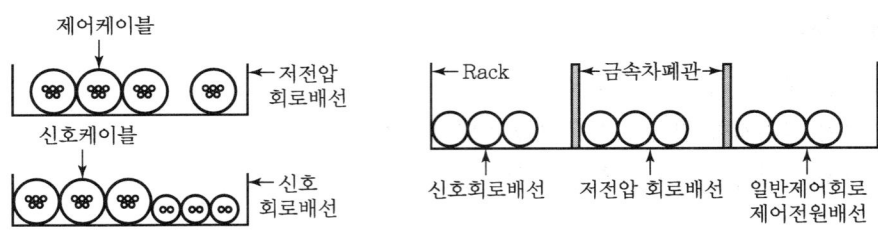

그림 3-109 ▶ 저압 케이블 수납에 의한 전자파 방지대책

9. 결론

1) 전자파는 고주파수일수록 전자계의 상호작용으로 공간을 빠른 속도로 전파하는 특성으로 인해 저주파수보다도 더 큰 장해가 발생될 수 있다.

2) WTO(세계보건기구)는 전자계의 인체 영향에 대해 국제권고기준과 다양한 이해 관계자와 Communication을 권장하고 있다.

3) 과학자는 지속적으로 전자계의 영향을 규명해 나가고 정책입안자 및 여론주도층은 전자계에 대한 올바른 이해를 가질 수 있도록 하는 노력이 필요할 것으로 판단된다.

3.6.11.1 맥스웰 방정식 정의와 미분·적분형 방정식

1. 정의

1) 맥스웰 방정식은 전계와 자기의 발생, 전기장과 자기장의 관계, 전하밀도와 전류밀도 형성을 나타내는 4개의 편미분방정식이다.
2) 전계와 자계가 시간적으로 그 크기와 위상이 변화하면서 전파해 나가는 전자파를 수식적으로 표현한 파동방정식을 맥스웰 방정식으로 유도할 수 있다.
3) 전기장·자기장의 가우스법칙, 패러데이 전자기유도법칙, 앙페르회로법칙을 맥스웰이 종합한 것이다.

2. 미분·적분형 방정식

구분	미분형	적분형
제1방정식 암페어 주회적분의 법칙	$\nabla \times H = J + \dfrac{\partial D}{\partial t}$ $= J + \varepsilon \dfrac{\partial E}{\partial t}$	$\oint_c H \cdot dl = \oint_S J \cdot ds + \dfrac{\partial}{\partial t}\oint_S D \cdot ds$
	• 전계의 시간적 변화에 자계의 회전을 만듦 • 폐곡선 둘레로의 자기장(H)의 회전량은 폐곡선을 관통하는 전류밀도(전도전류밀도)와 전속밀도(변위전류밀도)의 시간적 변화율의 합과 같음	
제2방정식 페러데이법칙	$\nabla \times E = -\dfrac{\partial B}{\partial t}$ $= -\mu \dfrac{\partial H}{\partial t}$	$\oint_c E \cdot dl = -\dfrac{\partial}{\partial t}\oint_S B \cdot ds$
	• 자계의 시간적 변화를 방해하는 방향으로 전계의 회전을 만듦 • 폐곡선 둘레로의 전기장(E)의 회전량은 폐곡선을 관통하는 자속밀도의 시간적 변화율과 같음	
제3방정식 전기장에 대한 가우스법칙	$\nabla \cdot D = \rho$	$\oint_s D \cdot ds = \oint_V \rho \cdot dV$
	• 폐곡면을 관통하는 전속밀도의 발산량은 전하밀도와 동일 • 고립된 전하는 존재함 • 전속밀도의 발산은 불연속적임	
제4방정식 자기장에 대한 가우스법칙	$\nabla \cdot B = 0$	$\oint_s B \cdot ds = 0$
	• 폐곡면을 관통하는 자속밀도의 발산량은 0임 • 고립된 자하는 존재하지 않음 • 자속밀도의 발산은 항상 0임	

3.6.12 전력품질의 저하원인과 고품질화 대책

1. 개요

1) 고품질화란 무정전의 전원이 정격전압, 정격주파수하에서 전로에 Noise 등의 장해 없이 부하에 공급되는 것을 말한다.
2) 최근 건축물이 대형화, 첨단화, 고층화됨에 따라 전력설비의 신뢰성 향상 및 고품질화가 요구되고 있다.

2. 전력품질의 저하원인

구분	전기사업자측	수용가측
전원품질 저하원인	① 주파수 변동 ② 차단기 동작 책무로 인한 재폐로 현상 ③ 사고정전 ④ 작업정전	① 순시전압강하 • 과부하운전 • 전동기 Plugging ② 무효전력변동에 의한 전압강하 ③ 플리커 : 단상전동기, 용접기 사용 ④ 고조파 : 전력변환장치에 의한 전압, 전류 왜곡(UPS, SMPS, 정류기 등) ⑤ 이상전압(차단기개폐, 낙뢰 등)

3. 전력품질 저하원인별 영향

구분	발생원인	영향 분석
정전	전력계통 고장 및 수용가 전력설비의 사고	공장의 생산 차질, 업무 마비 등
순시전압강하	수용가 부하변동, 전력계통의 고장	전자접촉기 개방, 가변속전동기 정지, 방전등 소등
전압변동	대용량 부하기동(아크로, 전기로 등)	플리커 발생, 생산품 불량 증가 등
고조파	전력변환장치, 아크로, 전기로 등	전기기기에 악영향, 통신선 유도장해, 기기 오동작 등
이상전압	유도뢰, 직격뢰, 차단기 개폐 시 등	전기기기의 손상, 개폐서지 영향

4. 전력품질의 기준

1) 전압변동 허용기준(한전기본공급약관 제23조)

(1) 110±6[V] 이내
(2) 220±13[V] 이내
(3) 380±38[V] 이내

2) 주파수 기준(전력계통 신뢰도 및 전기품질 유지기준)

(1) 상시 : 60±0.2[Hz]
(2) 비상시 : 60±2~2.5[Hz] (57.5~62[Hz])

3) 정전기준(한전 – 배전품 84303 – 1422 기준)

기준	한전기준
Instantaneous Interruption(순시정전)	1분 미만
Momentary Interuption(순간정전)	1~5분
Temporary Interruption(일시정전)	5분 이상

4) 고조파 기준(배전계통 고조파 관리기준)

구분 전압	가공선로만 있는 S/S에서 공급		지중선로가 있는 S/S에서 공급	
	전압왜형률[%]	등가방해전류[A]	전압왜형률[%]	등가방해전류[A]
66[kV] 이하	3	(−)	3	(−)
154[kV] 이상	1.5	(−)	1.5	3.8

5) 플리커 허용기준치(한전 기본공급약관세칙 26조)

구분	허용 기준치	비고
예측 계산 시	2.5[%] 이하	최대전압 변동률로 표시
실측 시	0.45[%V] 이하	$\triangle V 10$으로 표시하며 1시간 평균치임

6) 순시전압강하(IEEE 기준)

구분	지속시간	전압범위
Instantaneous Sag	0.5~30[cycle]	0.1~0.9[pu]
Momentary Sag	30[cycle]~3[sec]	
Temporary Sag	3[sec]~1[min]	

5. 고품질화 대책

1) 사전 검토사항

설계 및 기획단계에서 건축물 내 부하설비에 대해 부하의 중요도에 따라 전력공급 계획이 사전에 수립되어야 신뢰성 있는 전원공급을 경제적으로 구성할 수 있다.

표 3-38 ▶ 부하의 종류별 전원공급계획

부하 구분	부하의 종류	설비 구성		
		간선의 이중화	비상발전기	UPS
순간정전 불허	전산센터, 병원(수술실) 등	○	○	○
순간정전 허용	비상부하 중요부하	○	○	×
모선 점검 시 전력공급 부하	일반공조, 조명	○	×	×
정전 시 계속 운전 부하	비상부하	×	○	×

2) 건물의 외부 대책

(1) 전원인입

① 가공선 대비 지중인입 방식 검토
② 경제성 검토

(2) 수전방식 선정

① 루프수전, 본선 예비회선 수전, 평행 2회선 수전, 스폿네트워크 수전방식 등 채용
② 전기사업자의 공급 여부 및 수용가 경제성, 신뢰성, 정전허용시간 등을 검토

3) 건물의 내부 대책

(1) 수변전설비

① 모선의 이중화
  ㉠ 중요부하 등 전원공급의 신뢰성 확보
  ㉡ 모선 연락용 차단기 구성 → 정전 확대의 최소화
② 변전시스템
  ㉠ 충분한 변압기용량 및 계통 분리
  ㉡ 변압기 구성의 이중화

　　　　ⓒ 변압기 임피던스 고려
　　③ 보호장치 설치
　　　　㉠ 피뢰기, SA, SPD 설치 → 이상전압 방지
　　　　ⓒ 접지시스템 확보

(2) 비상전원 설비

　　① 비상발전기, UPS, 비상전원 수전설비의 확보
　　② 비상발전기
　　　　㉠ 소방법, 건축법 등 관련 법규정에 적합하고, 보안상 부하용량에 적합한 발전기 용량을 산정함
　　　　ⓒ 전원품질을 고려할 경우 가스터빈 검토
　　　　ⓒ 중요부하에 대해 발전기를 이중화 검토
　　③ UPS 설비
　　　　㉠ 부하용량에 적합한 UPS 용량을 확보함
　　　　ⓒ 고조파 등의 장해 방지용 장치를 검토

(3) 신뢰성 높은 기기 선정

　　① 몰드 변압기 선정
　　② BIL에 문제가 없는 경우 유입식보다는 안전성 측면에서 건식 Type의 기기 검토
　　③ 디지털 계전기 선정
　　④ 신뢰성 높은 폐쇄형 배전반 선정
　　⑤ 신뢰성 높은 감시제어설비 선정

(4) 고신뢰성 간선설비 구성

　　① 전압강하 및 허용전류, 단락 시 기계적 강도 등을 만족하는 간선설비 구성
　　② 사고 등에 대비한 간선 구성
　　　　㉠ 루프방식 간선계통
　　　　ⓒ Back-Up 간선계통
　　　　ⓒ 예비 본선 간선계통
　　③ 선로의 Noise 방지대책 검토
　　　　㉠ Noise 내량이 큰 케이블 사용
　　　　ⓒ 저임피던스 Bus-Bar
　　　　ⓒ 회로 분리 및 금속관 시공
　　　　㉣ 3심 케이블 사용

(5) 접지설비

① 고층 건축물 → 기준접지 System 적용
② Noise 등이 문제가 되는 건축물 → 잡음 방지용 접지 적용
③ 공용접지 및 등전위접지 적용

6. 설계 시 검토사항

1) 경제성 검토
2) UPS의 고조파 발생 방지대책
3) 사용장소 및 용도별, 종류별 전원공급계획 검토
4) 건축환경의 충분한 검토
5) 전력회사와의 충분한 사전협의

3.6.13 전력케이블의 절연열화 및 판정기준

1. 개요

1) 정의

열화란 사용 혹은 보관 중인 재료의 성능이 전기적, 열적, 생물학적, 화학적, 기계적 요인으로 성능이 저하되는 현상을 말한다.

2) CV 케이블의 경우 지중 매설 시 약 15년 정도 경과하면 열화 현상이 발생될 가능성이 있으며 외적으로 쉽게 예측할 수 없는 특징이 있다.

2. 열화의 원인과 형태

1) 열화의 원인

요인	원인	형태
전기적	운전전압, 과전압	전기Tree, 수Tree, 부분방전
열적	이상온도 상승, 열신축	고분자재료의 변화
화학적	화학물질, 물의 침투	고분자재료의 변화
기계적	기계적 압력, 인장, 충격	전기적 요인과 복합작용
생물학적	개미, 쥐 등의 잠식	절연체 피복 손상

2) 열화 형태

열화요인에 의해 단독 또는 복합 형태로 열화를 발생시키며 열화 형태는 부분방전, 전기트리, 수트리임

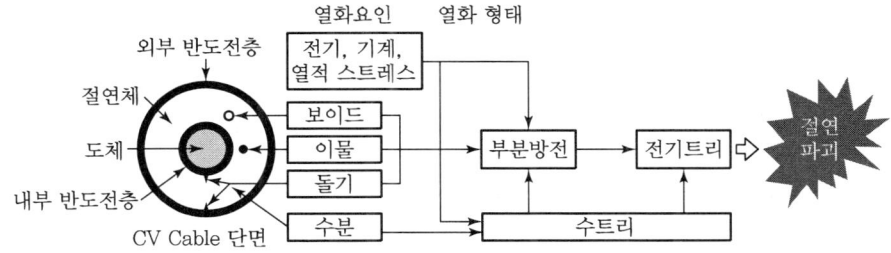

그림 3-110 ▶ CV 케이블의 절연열화 요인 및 열화 형태

3. 케이블 결함 및 열화의 형태

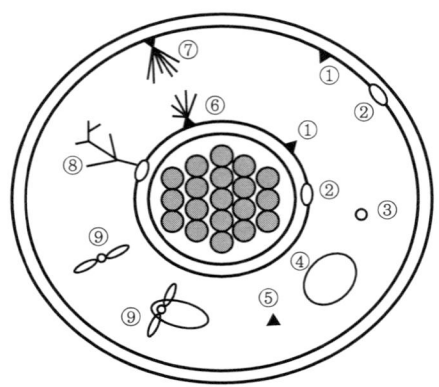

그림 3-111 ▶ 케이블 구조 및 트리 발생

① 내·외부 반도전층의 돌기
② 절연체와 반도전층 사이의 Air Gap(①과 ②의 결합 방지를 위해 평활성 반도전 재료의 개발)
③ Void
④ 수분(③과 ④의 결합 방지를 위해 건식 가교재 선정)
⑤ 이물질(Amber, Black Metal)
　이물질 침입 방지를 위해 Clean PE, Close System 압출 적용
⑥ 내부 반도전층에서 진전한 수트리
⑦ 외부 반도전층에서 진전한 수트리
⑧ 코로나 방전에 의한 전기트리
⑨ 보타이 트리

1) 전기적 열화

케이블 내 돌기, 이물질, Void 등에 의해 유전율(ε)이 변하는 경우 열화로 진전됨

(1) 수Tree

① 절연체 내의 이물질, 내·외부 도체의 부정(不整) 등으로 집중전계가 걸리고 물과 전계의 공존 상태에서의 장시간 집중전계로 인해 발생됨
② 전기트리보다 저전계에서 트리가 발생하는 것으로 건조하면 트리가 보이지 않고 없어지는 것이 전기트리와 큰 차이임
③ 수트리 발생원인
　㉠ 절연체의 가교공정은 폴리에틸렌에 DCP 고온가압 처리로 이루어짐
　㉡ 이 과정에서 큐밀알코올, 메탄, 물 등과 같은 가교부산물이 발생됨

ⓒ 이러한 부산물들은 가교 후 건조과정에서 제거되나, 절연체 내 미소공간을 생성함
ⓔ 사용 중인 케이블 절연체가 수분을 만나게 되면 절연체 계면에서 미소공간으로 수분이 침투하는 경로를 형성함
ⓕ 이 과정에서 XLPE 절연체의 수트리 발생의 원인이 됨

④ 수트리의 종류 및 특징

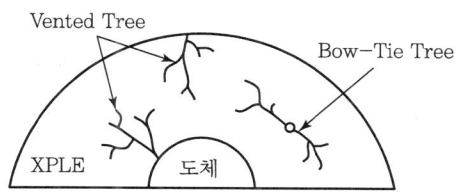

그림 3-112 ▶ 벤티드 트리와 보타이 트리

구분	벤티드 트리	보타이 트리
결함 형태	내부 및 외부 반도전층의 결함요소로 신장하는 형태	절연체의 이물질 및 보이드를 시작점으로 양쪽으로 신장하는 형태
특징	• 케이블 생산과정 중 오염, 불순물 등에 의한 산화로 인해 발생 • 절연체의 경계면에서 발생하여 절연체의 중심으로 성장 • 성장속도가 느림 • 지속적으로 성장함	• 절연체 내부에 생성된 나비 넥타이 모양의 트리임 • 서로 반대방향으로 성장함 • 0.5[mm]까지 성장함 • 가압 초반에 빠르게 성장하고 멈춤

⑤ 수트리 대책
  ㉠ 제조공정 개선 : 내·외부 반도체층의 3층 동시 압출방식 채용
  ㉡ 케이블의 건식공법 채용
  ㉢ 균일한 반도전층 제조
  ㉣ 케이블 내 물 침투 방지
  ㉤ 케이블 헤드 처리 시 물 침입을 방지함

(2) 부분방전

① 절연체의 Void나 절연체와 차폐층 간 또는 절연체와 도체 간의 공극에 의해 부분적인 방전이 발생되어 Tree로 발전함
② 제조공정 및 시공상의 외상 등으로 발생됨

(3) 전기Tree

① 절연체 내의 국부 고전계에 의한 부분적 방전으로 수지 형태상으로 진전해 가는 열화
② 절연체 내의 이물질, Void, 돌기 등에 의함

③ 수트리보다 고전계하에서 발생하며 진행속도가 빠름
④ 케이블 제조공정상 문제 등으로 트리 현상을 유발함
⑤ 현재 제조공정기술의 향상으로 CNCV – Cable에서 전기트리 발생이 억제되고 있는 추세임

2) 열적 열화

(1) 고분자재료가 전류에 의해 장시간 고온 특성을 통해 분자구조가 변형되어 열화로 발전해 가는 형태임
(2) 케이블 부설 환경에 영향을 받는 특징이 있음

3) 화학적 열화

(1) 기름 또는 화학물질이 절연체를 통과하거나, 이들 절연체와 화학적인 반응을 통해 케이블을 열화시키는 형태
(2) 케이블 부설 환경에 영향을 받는 특징이 있음

4) 생물학적 열화

개미나 쥐 등과 같은 소(小)동물 등이 케이블의 절연체, 외피 등을 손상시켜 케이블이 열화되는 형태

5) 기계적 열화

케이블이 포설된 환경에서 케이블에 가해지는 기계적인 압력, 신장, 충격 등의 원인으로 케이블이 변형되고 전기적인 원인과 복합 작용으로 열화가 진행되는 형태

4. 열화진단 방법

1) 정전 상태의 진단법

(1) 절연저항 측정법

① Megger를 이용하여 절연체와 시스와의 절연저항을 측정함(측정 1분 후의 값)
② 판정기준
  ㉠ 도체 ↔ 대지(본체 절연저항) : 500[MΩ] 미만 → 불량
  ㉡ 쉴드 ↔ 대지(방식층 절연저항) : 1000[MΩ] 미만 → 불량
③ 특징
  ㉠ 양부판정은 가능하나 정밀분석은 어려움
  ㉡ 가장 간단한 방법이나 전압에 한계가 있음

(2) 직류누설전류 시험법

① 절연내력시험기를 이용하여 Cable의 절연체에 시험전압 DC 30[kV]를 인가하여 검출되는 누설전류의 크기 및 시간 변화율을 측정함

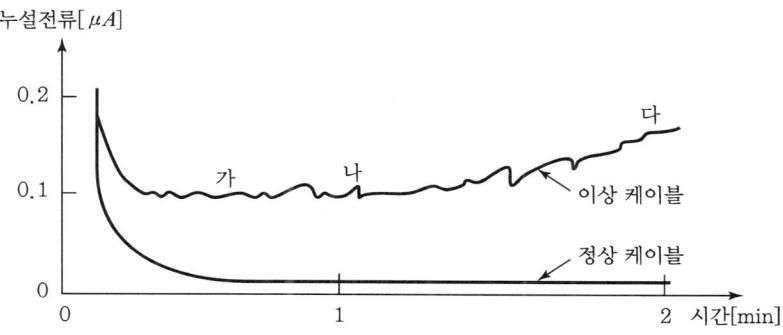

그림 3-113 ▶ 측정된 누설전류

㉠ 누설전류의 절대치가 큼
㉡ 킥 현상이 나타남
㉢ 전류가 증가하는 현상이 나타남

② 열화판정기준

항목	판정기준			비고
	양호	요주의	불량	
누설전류	10[μA/km] 이하	11~50[μA/km]	51[μA/km] 이상	22.9[kV] CNCV DC 30[kV] 인가
성극비	1 이상	-	1 미만	
선간불평형률	200[%] 미만	-	200[%] 이상	
절연저항	200[MΩ]	-	-	
킥 현상	-	-	있음	

㉠ 누설전류 : 전압인가시간의 최종 전류치

㉡ 절연저항 : 인가전압 / 누설전류

㉢ 성극비 = $\dfrac{\text{전압인가 후 1분 후 누설전류}}{\text{전압인가 후 안정시간 후의 누설전류(최종치)}}$

㉣ 선간불평형률 = $\dfrac{3\text{상 누설전류(최대}-\text{최소)}}{3\text{상 누설전류 평균치}} \times 100$

③ 특징

㉠ OF 케이블에는 잘 적용됨
㉡ 고분자 절연전력케이블에서는 시험과정에서 직류전계의 형성, 케이블의 절연체에 공간전하 축적으로 전기트리 등의 가능성이 있음

(3) 직류고전압 시험

① 절연체에 직류고전압을 인가하여 검출된 누설전류와 시간 변화 외 전류 – 전압 특성, 전류 – 온도 특성을 측정하여 열화 상태를 분석함

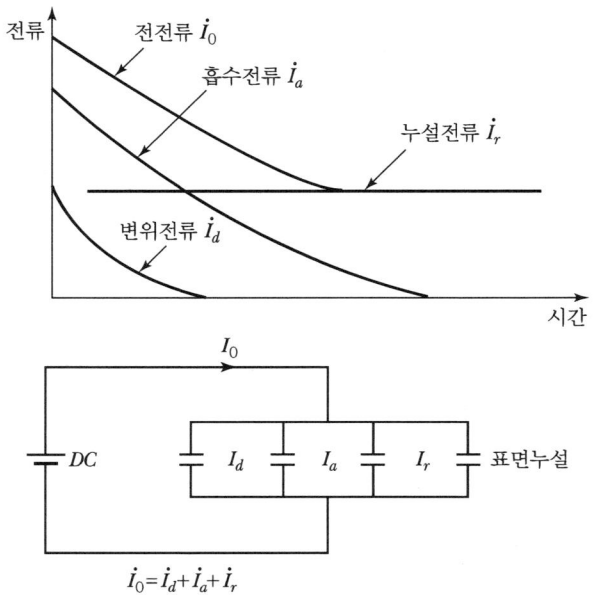

그림 3-114 ▶ **직류전압 인가 및 누설전류의 등가회로**

㉠ I_0 : 전전류, I_r : 누설전류, I_d : 변위전류, I_a : 흡수전류이며

$I_0 = I_r + I_d + I_a$

㉡ 변위전류 및 흡수전류

절연물 중의 원자, 분자의 분극이나 캐리어의 이동에 수반되어 공급전류에서 비교적 짧은 시간에 감쇄되는 전류성분임

㉢ 누설전류는 절연물의 내부 및 표면의 오손 등의 전기저항분에 의한 전류로서 시간의 경과에 대해 비교적 일정하게 연속되며 절연열화와 관계가 깊은 전류성분임

② 판정기준(누설전류)

㉠ $1[\mu A/km]$ 이하 → 양호

㉡ $10[\mu A/km]$ 이상 → 불량

③ 특징

㉠ 직류 고전압 발생이 용이함

㉡ 사용 중인 케이블의 수명에 악영향을 미치므로 2회 이상 사용이 금지됨

㉢ 국내의 경우 154[kV]까지 적용함

(4) 등온완화전류 시험법

① 측정원리

케이블 방전 시 완화전류의 크기를 시간대별로 분석하는 것으로 절연체의 열화 정도에 따라 시간대별 완화전류의 크기를 분석함

② 측정과정

DC 1[kV] 전압을 30분간 인가하여 충전한 후 5초간 방전하며 이후 30분간 측정하여 열화판정을 함

③ 열화판정기준

판정기준	양호	요주의	불량
열적 인자	2.0 미만	2.0~2.5	2.5 초과

④ 특징

㉠ PC-Software에 의한 완화전류 분석
㉡ 정밀측정이 가능함
㉢ 케이블의 교체시기를 알 수 있음

⑤ 적용

㉠ 제작 불량이나 열화 등 고장이 발생한 케이블
㉡ 설치 후 10~20년 정도 된 케이블

(5) 유전정접법(tan δ 법)

① 절연체에 상용주파수 교류전압을 인가하여 쉐링 브리지 회로에서 유전체의 손실각(tan δ)을 측정하여 열화를 판정하는 방법

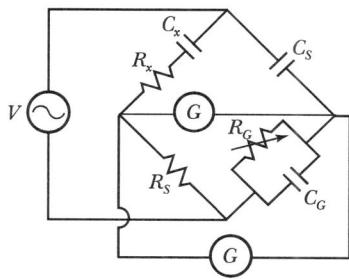

C_x : 케이블 절연체 직렬 정전용량
R_S : 표준저항 용량
C_G : 가변콘덴서 용량

그림 3-115 ▶ 쉐링 브리지

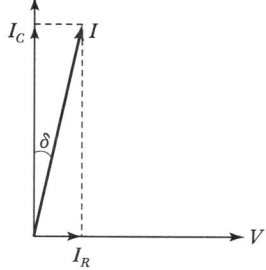

R_x : 케이블 절연체 직렬 저항
C_S : 표준콘덴서 용량
R_G : 가변저항

그림 3-116 ▶ 유전체 손실

② 측정방법

쉐링 브리지를 이용하여 R_G를 조정하여 C_G를 구함으로써 $\tan\delta$ 값을 측정함

③ 절연 상태가 양호한 경우

피측정기기는 완전한 콘덴서로 되어 전류가 전압보다 90° 앞섬

④ 절연물이 열화된 경우

㉠ 위상각은 90°보다 작아짐

㉡ 전류위상이 전압위상보다 86° 진상 → $\tan\delta = \tan 4° = 0.07$ → 7[%] 유전정접

⑤ 판정기준($\tan\delta$)

가 : 0.1[%] 이하 → 양호

나 : 0.1~5[%] → 주의

다 : 5[%] 이상 → 불량

⑥ 특징

㉠ 가장 정확한 시험방법임

㉡ 시험설비의 대형화로 이동에 문제점이 있음

㉢ 주로 케이블 제작사에서 적용함

(6) 부분방전 시험법

① 절연체에 상용주파 교류전압을 인가하여 이상 열화로부터 부분방전을 정량적으로 측정 분석하는 방법

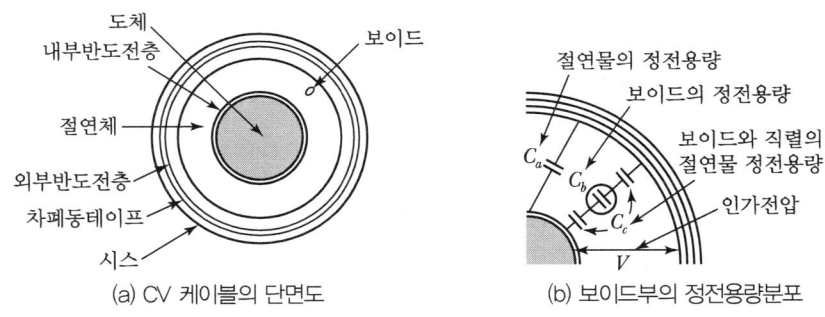

(a) CV 케이블의 단면도   (b) 보이드부의 정전용량분포

그림 3-117 ▶ 케이블의 정전용량분포

② 부분방전 발생 메커니즘

절연물의 정전용량을 C_a, 보이드의 정전용량을 C_b, 보이드에 직렬로 된 절연물의 정전용량을 C_c라 하면 보이드 C_b에 가해진 전압 ΔV는 절연물에 인가시킨 전압을 V라 하면

$$\Delta V = \frac{Q}{C_b} = \frac{1}{C_b} \times \frac{C_b C_c}{C_b + C_c} \times V = \frac{C_c}{C_b + C_c} \times V$$가 되며

고체 절연물은 3[kV/mm]로 낮으며 C_b와 C_c의 직렬회로에 고전압이 인가될 때 C_b의 보이드 부분에서 절연파괴가 일어나서 부분방전이 발생됨

③ 특징
- ㉠ 실제 케이블 절연체의 C_c와 ΔV는 구하기 어려운 값임
- ㉡ 일반적으로 교정기를 사용하여 방전전하를 구하는 방법을 많이 채용함
- ㉢ 대형 전원 설비가 필요함
- ㉣ 쉴드 Room 등에서 시험이 요구됨

(7) VLF 케이블 진단(Very Low Frequency)

① VLF의 개념
- ㉠ VLF란 Cable 진단 시험전압의 주파수 특성으로 통상 0.01~1[Hz]의 교류전원을 의미함
- ㉡ VLF Cable 진단은 저주파수 교류전압을 시험전압으로 채용하여 DC 전압의 결점인 공간전하 축적을 억제하여 고신뢰도 케이블 열화진단이 가능하게 한 방식
- ㉢ 하나의 전원으로 $\tan\delta$ 측정과 부분방전 측정, 내전압시험을 동시 해결 가능

② 공간전하(Space Charge)
- ㉠ 물체 내의 일정 영역에 공간적으로 정 또는 부로 대전되는 현상
- ㉡ DC 전압이 도체와 중성선에 인가되면 절연체 내 이물질(공극)에 반대극성의 전하가 집중되어 집중된 전계는 공극과 절연체의 계면에서 열화를 유발

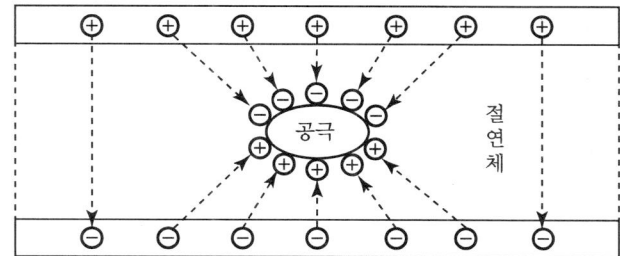

그림 3-118 ▶ 공극에 공간전하 축적과정

③ VLF 진단 종류
- ㉠ VLF PD(Partial Discharge) 진단
    - ⓐ 절연체에 VLF 교류전압을 인가하여 이상열화에서 발생하는 부분방전을 측정하여 열화 판정
    - ⓑ 노이즈 영향이 없고, 직류전원 대비 Cable 스트레스가 적음

ⓒ 상-대지 간 유효전압의 2배까지 전압을 인가하여 절연체 결함부분에서 부분 방전을 발생시킬 수 있음

ⓓ 절연체의 결함 위치와 심각한 정도를 검출하는 데 사용되는 진단기법

ⓛ VLF tan δ 진단

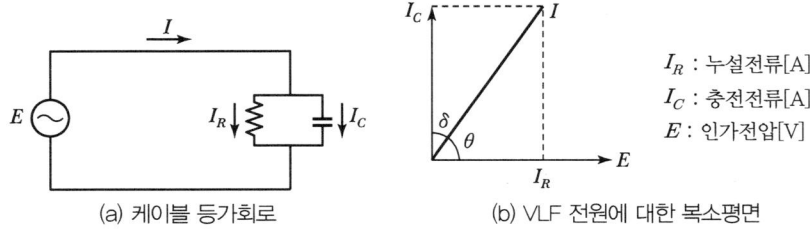

(a) 케이블 등가회로   (b) VLF 전원에 대한 복소평면

그림 3-119 ▸ tan δ **진단법**

ⓐ 절연체에 VLF 교류전압을 인가, 쉐링 브리지법에 의한 절연 상태 진단
- 정상 케이블
  I_c가 전압보다 위상이 90° 앞서는 진상전류 발생
- 수트리 케이블
  저항 R 성분에 I_R이 발생되어 전압과의 위상차가 I_R과 I_c의 벡터합에 따른 위상차가 발생함

ⓑ 기존의 tan δ 진단법에 비해 측정장비가 소형으로 이동 활용이 용이

ⓒ 수트리 유무 진단 용이(저주파수 특성)

2) 활선 상태의 진단법

(1) 직류성분법

피측정 고압케이블의 수트리 열화 상태를 활선진단으로 시험하는 방법으로 수트리 활선 진단장치를 이용하여 고압케이블의 수트리 열화에 의해 발생되는 직류성분 전류를 검출하여 케이블의 열화 정도를 분석하는 진단법

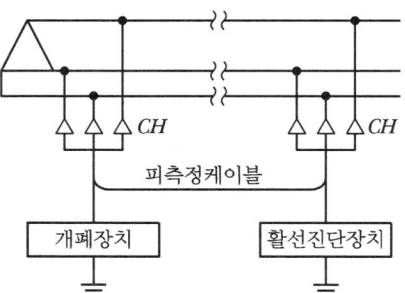

그림 3-120 ▸ **수트리 활선진단장치**

① 측정방법

도체에 부(−) 전압이 인가되면 전하의 공급이 많아져 전류가 흐르게 되고, 정(+) 전압이 인가되면 전하의 공급이 적어져 전류는 흐르지 않게 된다.

이와 같이 수트리는 교류전압에 대하여 정류작용을 하게 되어 $10^{-9} \sim 10^{-6}$[A] 정도의 미소 직류 성분이 Shield를 통해 대지로 흐르게 됨

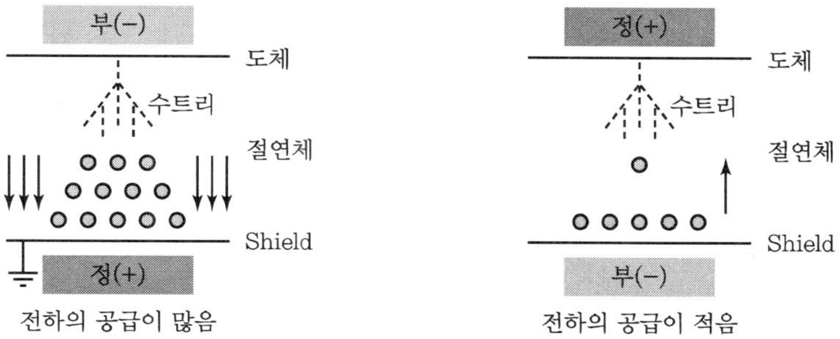

그림 3-121 ▶ 수트리의 정류작용 원리

㉠ 케이블의 충전전류 중에 수트리가 발생된 케이블의 경우 정류작용으로 직류 성분이 관측됨

㉡ 수트리가 발생된 케이블에 교류전압이 인가될 때[(−) → (+)로 인가 시]
  • 수트리 발생쪽이 부전하(−) 전위인 경우 수트리 선단 부분으로 많은 부전하가 공급 → 전류 흐름이 많아짐
  • 수트리 발생쪽이 양전하(+) 전위인 경우 수트리 선단 부분으로 적은 부전하가 공급 → 전류 흐름이 적어짐

② 판정기준

㉠ 양호 : 직류 성분이 0.5[nA] 이하, $\tan\delta$가 0.1[%] 이하

㉡ 불량 : 직류 성분이 30[nA] 이상, $\tan\delta$가 0.15[%] 이상

③ 특징

㉠ 측정용 전원이 불필요

㉡ 고압 충전부와 비접촉

㉢ 구조가 간단함(직류전압 중첩법 대비)

㉣ 열화 검출감도가 낮음

(2) 접지선 전류법

① 수트리가 발생하여 진전하고 있는 CV 케이블은 수트리 열화에 의하여 케이블의 정전 용량이 증가하며, 수트리 열화 시 접지선 전류가 증가하므로 이 전류로서 수트리 열화를 진단하는 방식임

② 장시간 소요 특징이 있음

(3) 직류전압 중첩법

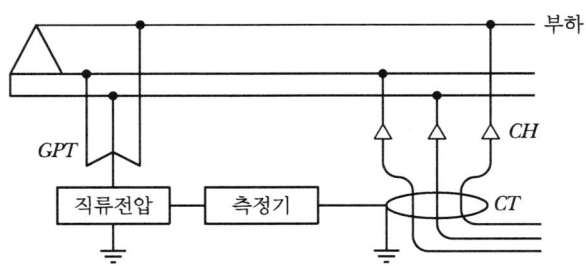

그림 3-122 ▶ 직류전압 중첩법

① 측정방법

GPT 중성점을 통해 직접 선로에 DC 50[V]의 전압을 중첩시키면 열화된 케이블의 경우 큰 직류 누설전류가 발생되어 열화판정이 가능함

② 판정기준

표 3-39 ▶ 22[kV] CV 케이블의 측정치에 대한 판정기준

측정대상	측정치	평가	케이블 조치
본체절연저항(R_i)	5,000[MΩ] 이상	양호	계속 사용
	5,000[MΩ] 미만 1,000[MΩ] 이상	輕 주의	주의하면서 계속 사용
	1,000[MΩ] 미만 100[MΩ] 이상	中 주의	부분적으로 교체 시작
	100[MΩ] 미만	重 주의	케이블 즉시 교체
방식층 절연저항 (R_s)	1,000[MΩ] 이상	양호	계속 사용
	1,000[MΩ] 미만	불량	불량 개소는 부분 수리 후 계속 사용

③ 특징

㉠ 절연저항 측정이 용이함

㉡ GPT에 높은 직류전압을 장시간 인가 시 영상전압이 발생하여 오동작의 원인을 제공함

④ 적용 : 비접지계통에서 적용

(4) 활선 tanδ법

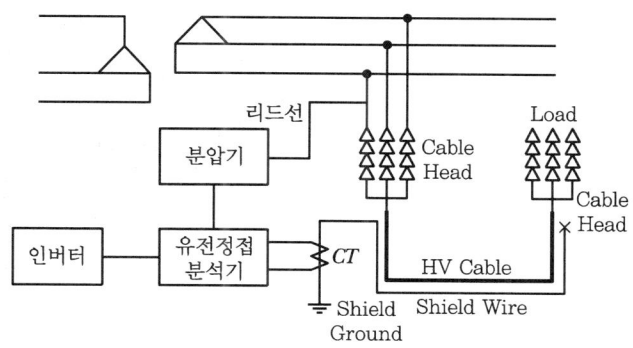

그림 3-123 ▸ 활선 tanδ 법

① 측정방법

고압 배전선으로부터 전압원은 분압기를 통해 검출하고 전류원은 CT를 이용하여 접지선에 흐르는 전류를 측정하여 그 위상에 의해 tanδ를 구하여 그 수치의 크기로서 열화 정도를 분석하는 방법

② 판정기준

㉠ 0.5[%] 이하 → 양호

㉡ 0.5~5[%] → 주의

㉢ 5[%] 이상 → 불량

③ 특징

㉠ 미주(迷走)전류 등 외부의 영향을 받지 않음

㉡ 국부적인 열화 검출이 가능

㉢ 고압선을 직접 연결해야 하므로 위험성이 내포됨

㉣ 안전사고의 위험성으로 인해 현장 적용이 어려운 진단법 중의 하나임

㉤ 현장 적용 시 고압 접촉 부위에 감전 주의가 필요한 진단법

(5) 저주파 중첩법

직류전압 중첩법의 문제점을 보완하기 위하여 교류 저전압인 20[V], 저주파수 7.5[Hz]인 저주파 전압을 케이블에 인가하여 케이블 접지선에 흐르는 저주파 전류를 검출하여 절연저항치로 환산하여 케이블의 열화 상태를 판정하는 진단법

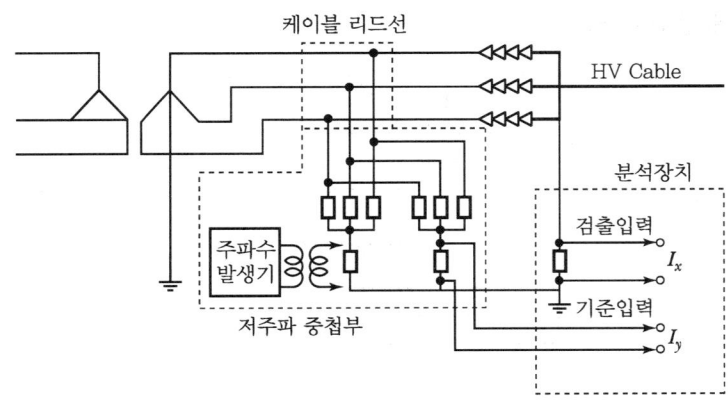

그림 3-124 ▶ 저주파 중첩법

① 판단기준 (6.6[kV] 케이블)
  ㉠ 400[MΩ] 이하 : 즉시 교체
  ㉡ 1,000[MΩ] 이하 : 1년 후 재측정
  ㉢ 1,000[MΩ] 이상 : 정기 절연 진단

② 특징
  ㉠ 현재 국내에는 미적용 중
  ㉡ 상용화까지 장시간 소요 예상
  ㉢ 진단법으로는 이상적이나 저주파 발생부의 대형화로 이동 측정이 어려움

(6) 맥동 전류 검출법

고압 케이블에 교류전압을 인가한 상태에서 수트리 열화 부위의 정전용량이 변화하기 때문에 발생하는 주파수를 맥동으로서 관측하는 방법임

5. 열화대책

1) 케이블 제작 공법을 건식공법으로 하고 절연층을 균질성 있게 제작함
2) 도체와 절연층 사이의 경계면을 매끄럽게 제작함
3) 케이블에 물이 침투되지 않도록 Compound 처리함
4) 절연체에 Voltage Stabilizer 등의 첨가로 전계의 집중을 방지함
5) 케이블 단말처리 철저
6) 케이블 포설 시 기계적 Stress에 유의
7) 케이블의 반도전층의 균일한 배치
8) 케이블 열화 진단법을 통해 사고를 미연에 방지함

3.6.13.1 XLPE 절연케이블의 VLF(Very Low Frequency) 열화진단법

1. 개요

1) 국내 배전계통에서 사용되고 있는 CNCV계열 케이블은 1980년대 중반부터 사용되기 시작하여 고장률이 증가되고 있는 추세이다.
2) XLPE 절연케이블은 30~40년 정도의 설계수명을 가지고 있으나 사용환경에 따라 수명이 단축되며 침수가 잦은 지역에서는 약 15년 전후부터 고장이 발생하고 있다.
3) VLF의 개념, 공극에 공간전하 축적과정, VLF 진단의 종류, 열화판정기준, VLF $\tan\delta$ 진단법의 특성 순으로 설명한다.

2. VLF의 개념

1) VLF란 Cable 진단 시험전압의 주파수 특성으로 통상 0.01~1[Hz]의 교류전원을 의미한다.
2) VLF Cable 진단은 저주파수 교류전압을 시험전압으로 채용하여 DC 전압의 결점인 공간전하 축적을 억제하여 고신뢰도 케이블 열화진단이 가능하게 한 방식이다.
3) 하나의 전원으로 $\tan\delta$ 측정과 부분방전 측정, 내전압시험이 동시 해결 가능하다.

3. 공간전하(Space Charge)

1) 물체 내의 일정 영역에 공간적으로 정 또는 부로 대전되는 현상
2) DC 전압이 도체와 중성선에 인가되면 절연체 내 이물질(공극)에 반대극성의 전하가 집중되어 집중된 전계는 공극과 절연체의 계면에서 열화를 유발

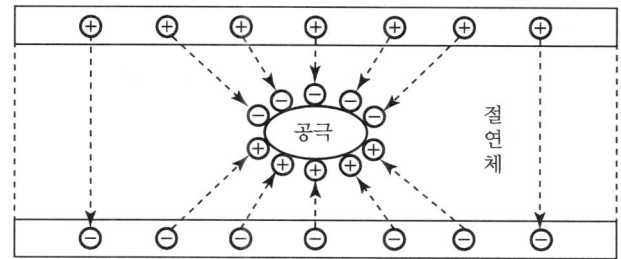

그림 3-125 ▶ 공극에 공간전하 축적과정

4. VLF 진단 종류

1) VLF PD(Partial Discharge) 진단

(1) 절연체에 VLF 교류전압(0.1[Hz] 정현파)을 인가하여 이상열화에서 발생하는 부분방전을 측정하여 열화 판정

(2) 노이즈 영향이 없고, 직류전원 대비 Cable 스트레스가 적음

(3) 상-대지 간 유효전압의 2배까지 전압을 인가하여 절연체 결함부분에서 부분방전을 발생시킬 수 있음

(4) 절연체의 결함 위치와 심각한 정도를 검출하는 데 사용되는 진단기법임

2) VLF tanδ 진단

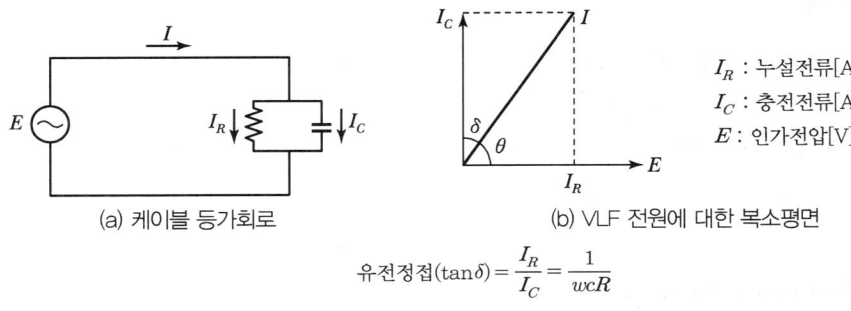

(a) 케이블 등가회로 (b) VLF 전원에 대한 복소평면

I_R : 누설전류[A]
I_C : 충전전류[A]
E : 인가전압[V]

$$유전정접(\tan\delta) = \frac{I_R}{I_C} = \frac{1}{wcR}$$

그림 3-126 ▸ tanδ 진단방법

(1) 절연체에 VLF 교류전압을 인가, 쉐링 브리지법에 의한 절연 상태 진단

① 정상 케이블

　　I_c가 전압보다 위상이 90° 앞서는 진상전류 발생

② 수트리 케이블

　　저항 R 성분에 I_R이 발생되어 전압과의 위상차가 I_R과 I_c의 벡터합에 따른 위상차가 발생함

(2) 기존의 tanδ 진단법에 비해 측정장비가 소형으로 이동 활용이 용이

(3) 수트리 유무, 진단 용이(저주파수 특성)

5. VLF tanδ법에 의한 열화 판정기준

1) 한전 지중케이블에 대한 tanδ 판정기준

시험전압 : 3개 전압($0.5U_0 - 1.0U_0 - 1.5U_0$), 시험전압의 파형 : 0.1[Hz], sin파			
$\tan\delta(1.0U_0)$	$\Delta\tan\delta(1.5U_0 - 0.5U_0)$	판정	조치사항
1.0×10^{-3} 이하	0.5×10^{-3} 이하	정상	4년 주기 진단
$1.0 \sim 2.0 \times 10^{-3}$	$0.5 \sim 1.0 \times 10^{-3}$	요주의	비수밀형 : 절연보강 수밀형 : 진단주기 2년
2.0×10^{-3} 이상	$1.0 \sim 2.0 \times 10^{-3}$	불량	교체

2) IEEE VLF tanδ 판정기준

(U_0 : 상전압)

$2.0U_0$에서 측정한 $\tan\delta$	차이 값 ($2U_0 \sim U_0$에서의 $\tan\delta$)	판정
1.2×10^{-3} 이하	0.6×10^{-3} 이하	양호
1.2×10^{-3} 이상	0.6×10^{-3} 이상	열화됨
2.2×10^{-3} 이상	1.0×10^{-3} 이상	심하게 열화됨

6. VLF tanδ 진단법의 특성

1) 시험전압을 낮춰도 열화 판정이 가능함
2) 새로운 열화 판정기준으로 U_0에서 VLF tanδ 값이 2.0×10^{-3} 이상일 때 케이블을 불량으로 판정하고 교체가 필요함

7. 결론

1) VLF tanδ법은 종전에 문제시되는 DC 시험의 대체방안으로 사용될 수 있는 시험법이며 가장 큰 장점은 오래되거나 보수된 Cable에 대해 절연체의 분극 문제 없이 시험할 수 있다는 것임
2) 2011년부터 현재 한전에서는 전력케이블 열화진단 전문인력을 구성하여 VLF(Very Low Frequency) 진단법으로 전력케이블의 열화를 진단하고 있음

3.6.13.2 유전체의 트리잉(Treeing)과 트래킹(Tracking) 현상 비교

1. 트리잉(Treeing)

1) 발생원인

절연체 내 이물질, 보이드 등이 존재하고 그 부분에 집중전계가 형성될 때 절연파괴 이전에 나무(트리) 형태로 절연파괴가 진전되어 가는 과정을 말한다.

2) 발생 형태

(1) **전기트리** : 이물질 등에 국부 고전계가 인가 시 부분방전에 의해 전기트리로 발생
(2) **수트리** : 일반적으로 저전계에서 물과 전계의 공존 시 발생됨

3) 대책

(1) 케이블 제조 시 첨가제(전압안정제)를 넣은 절연체 개량
(2) 케이블 제조 공법의 개선(습식공법 → 건식공법)
(3) 사용상 장시간 물에 노출되는 것을 방지하거나 유전체에 기계적인 압력 등 손상을 방지함

2. 트래킹(Tracking)

1) 발생원인

(1) 절연체 표면에 전압이 인가될 때 절연체 표면에 먼지, 분진 등이 존재할 때 발수성의 절연재료가 친수성으로 변하면서 누설전류가 흐르게 됨
(2) 누설전류로 인한 발열, 미소불꽃방전이 반복되면 고분자 절연재료가 탄화도전로로 발생되는 과정을 말함

2) 발생 메커니즘

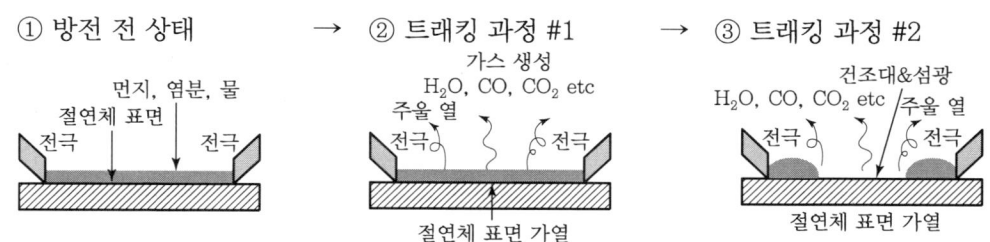

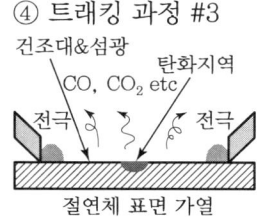 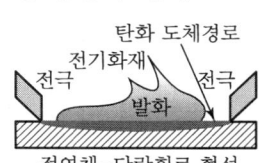

그림 3-127 ▶ 트래킹 메커니즘

3) **발생형태** : 탄화도전로(Track) 형태로 발생

4) **영향**

   (1) 케이블의 절연파괴 및 수명 단축
   (2) 단락사고 및 지락사고
   (3) 감전 발생 및 화재 발생

5) **방지대책** : 절연체 표면에 먼지, 분진 등을 제거함

3. 트리잉(Treeing)과 트래킹(Tracking) 비교

구분	트리잉(Treeing)	트래킹(Tracking)
발생 장소	절연체 내부	절연체 표면
발생 형태	트리 형태로 절연파괴 이전에 발생	탄화도전로 형태로 절연파괴 이전에 발생
발생원인	절연체 내부 이물질, 보이드 등	절연체 표면의 먼지, 분진 등

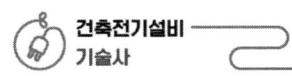

SECTION 07 | 보호

3.7.1 저압회로 단락보호

1. 개요

1) 부하설비 등이 증가하여 단락사고 발생 시 단락점 전단의 차단기에서 단락사고에 대한 보호가 이루어져야 한다. 특히 저압회로에서는 경제적인 설계를 목적으로 단락보호에 대한 Cascade 보호방식이 적용된다.

2) 단락보호장치

   (1) ACB   (2) MCCB   (3) 한류퓨즈(FUSE)

3) 단락보호 협조

   (1) Cascade 방식
   (2) 선택차단방식
   (3) 전용량(완전)차단방식
   (4) 계통분리방식 등

2. 저압회로 보호의 특징

1) 사고전류가 큼
2) 임피던스 효과가 큼
3) Arc 고장 시 전류가 극심하게 감소
4) 기술적 조건을 고려한 경제성 검토
5) 예상되는 사고별 총손실과 설비투자 금액과의 비교 검토 후 적정 보호기 선택

3. 단락보호장치

1) ACB(공기차단기 : Air Circuit Breaker)

   (1) **원리** : 접촉자의 Arc를 공기 중에서 자연소호에 의해 차단시킴

   (2) **보호기능** : 단락, 과부하, 결상(계전기 별도), 지락

(3) 특징

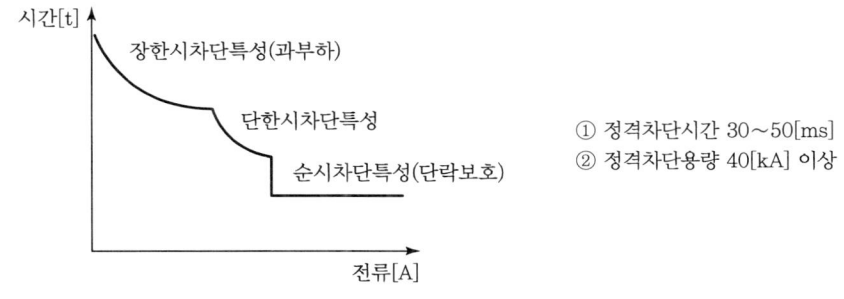

그림 3-128 ▸ ACB 동작특성도

① 접촉자의 손질, 소모품 등의 교환에 의한 성능개선 가능
② 절연물 내에 일체화가 되지 않아 점검이 간단함
③ 예방보존이 가능하여 중요 전로에 적용함
④ 자동제어가 가능함

(4) 기준값

① 정격차단전류

$\frac{1}{2}$[cycle] 동안의 단락전류로 프레임 크기를 결정함

② 정격투입전류

기계적 강도를 규정하는 조건

③ 온도 특성

주위 온도 25[℃]

(5) Trip 장치의 종류 및 특성

① 순시 Trip 장치

주 회로에 직렬로 접속되어 직류 과전류 Trip Coil에 의해 동작하는 전자식 Trip 장치로 동작시간은 0.03~0.05초, 순시 Trip 특성은 정격전류의 0.8~16배에 동작

② 단한시 및 장한시 Trip 장치

한시 특성을 갖게 하기 위한 기구로 장한시 특성은 정격전류의 80~160[%], 단한시 특성은 정격전류의 2~12배에 동작

(6) 적용

① 대전류회로 차단기   ② 저압간선 차단기

2) 배선용 차단기(MCCB : Molded Case Circuit Breaker)

(1) 원리

기계식의 경우 바이메탈의 열팽창 계수에 따른 휨 특성을 이용함

(2) 보호기능

단락, 과부하보호

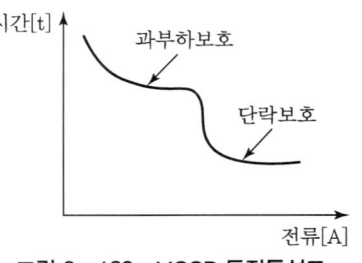

그림 3-129 ▶ MCCB 동작특성도

(3) 차단용량 선정

1회의 동작책무(O-2분-CO)로써 선정됨

(4) 과부하트립장치

열동식(바이메탈), 전자식(Oil Dash Pot)으로 구분됨

(5) 동작 특성

통상 주위 온도는 25[℃]를 기준으로 함(온도 상승 → 동작전류 및 동작시간 감소)

(6) 전동기보호용

MCCB + EOCR(THR) + 전자접촉기

3) 한류퓨즈(FUSE)

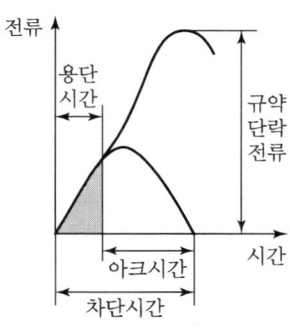

그림 3-130 ▶ 퓨즈의 한류 작용

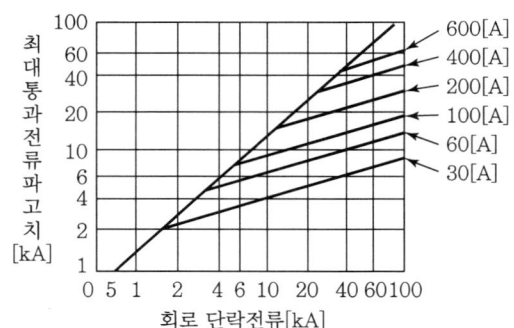

그림 3-131 ▶ 단락전류의 최대 통과전류

(1) 원리(한류형)

높은 아크저항을 발생시켜 단락전류를 강제로 한류시켜 전압 0점에서 차단함

(2) 구분

① 한류형과 비한류형
② 한류형 : 일반 공장, Plant 설비

(3) 선정 시 고려사항

① 과부하전류, 여자돌입전류에 퓨즈 소자가 변질되지 않을 것
② 전류가 정격전류로 감소 시 퓨즈 본래의 동작 특성을 유지할 것
③ 특성의 조정이 불가능함
④ 결상의 가능성
⑤ 과전압 발생의 위험성
⑥ 재투입의 불가
⑦ 차단시간이 매우 빠름

4) 전자개폐기(MS)

(1) 차단원리

THR 혹은 EOCR에 의해 과열, 과부하전류가 검출되면 전자개폐기의 Magnetic Contactor를 개로하여 회로를 차단함

(2) 종류

① 가역식   ② 지연석방형
③ 대칭형   ④ 단상전용

(3) 특징

① 소형, 가격이 저렴함
② 절연계급이 낮음
③ **차단 횟수** : 500,000회
④ 부하개폐 제어용
⑤ 후비보호로 MCCB, Fuse와 협조
⑥ 빈번한 개폐 시 접점 보호를 위해 직근 상위의 것 사용

(4) 차단 성능

단락 시 배선용 차단기나 한류퓨즈로 보호함

4. 단락보호협조

1) 캐스케이드(Cascading) 차단방식

분기차단기(MCCB) 설치점에서 추정단락전류가 분기차단기 차단용량을 넘을 경우 주회로 차단기(MCCB)로 후비 보호하는 방식

(1) 적용 사유

저압계통의 경우 단락전류가 10[kA] 이상인 경우 경제성을 목적으로 캐스케이드 방식을 적용함

(2) 차단협조 조건

① 하위단보다 상위단 차단기의 차단용량[kA]이 클 것
② 하위단보다 상위단 차단기의 차단시간이 빠를 것(동등 이상)

(3) 차단협조

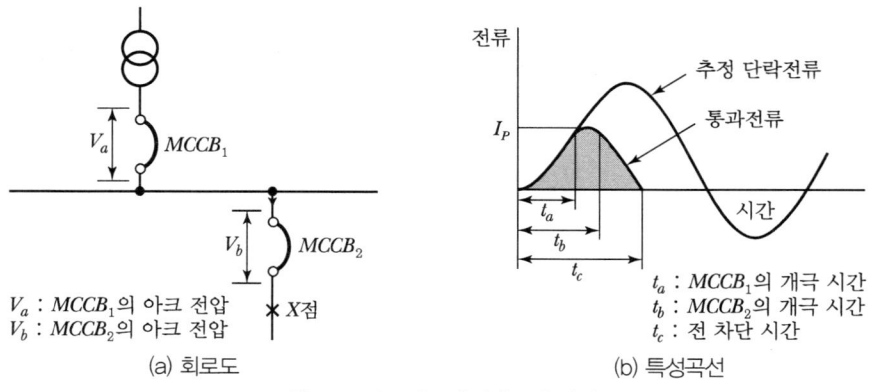

V_a : $MCCB_1$의 아크 전압
V_b : $MCCB_2$의 아크 전압

(a) 회로도

t_a : $MCCB_1$의 개극 시간
t_b : $MCCB_2$의 개극 시간
t_c : 전 차단 시간

(b) 특성곡선

그림 3-132 ▶ 캐스케이딩 보호방식

① X점에서 단락 고장 발생 시 추정 단락전류가 $MCCB_2$의 차단용량을 초과할 경우 $MCCB_1$의 차단기로 차단함
② $MCCB_1$의 차단기를 한류형으로 사용하여 큰 단락전류를 한류함으로써 $MCCB_1$, $MCCB_2$를 동시에 차단함
③ $MCCB_1$의 한류값이 클수록 $MCCB_2$의 차단용량은 적어도 되므로 경제적인 설계가 가능함

(4) 차단협조가 되기 위한 $MCCB_2$의 조건

① 통과에너지($I^2 \cdot t$)가 $MCCB_2$의 허용범위 내일 것

② 통과전류파고치(I_P)는 MCCB$_2$의 허용범위 내일 것
③ 아크에너지(E_2)가 MCCB$_2$의 허용범위 내일 것

(5) 적용 시 주의사항

① MCCB – MCCB 간 캐스케이드 보호가 가능
② ACB – MCCB 간 캐스케이드 보호가 원칙적으로 불가(일반적)하나, 비교적 소용량 ACB와 대용량 MCCB 간에 아크시간의 중합부분이 커지게 선정할 수 있는 경우에 한해 후비보호가 가능함

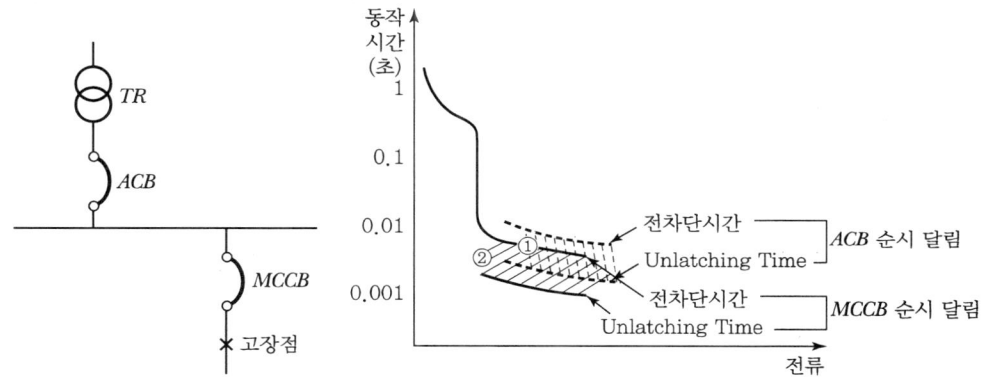

그림 3–133 ▸ ACB – MCCB 회로도

그림 3–134 ▸ ACB – MCCB의 협조곡선

2) 선택차단방식

고장회로에 직접 관계되는 보호장치만 동작하고 다른 건전한 회로는 그대로 급전이 계속되게 하는 방식

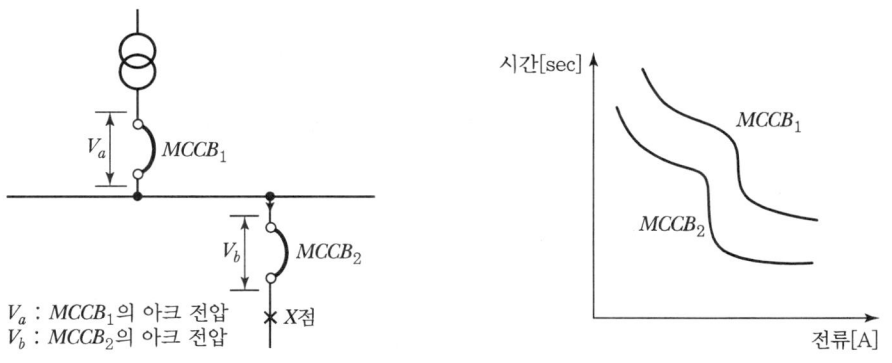

그림 3–135 ▸ 선택차단방식

그림 3–136 ▸ 선택차단협조

(1) 차단협조

① 고장점 X에 대해 부하측 차단기의 차단용량에 의해 차단이 가능케 함
② 하위단 차단기 $MCCB_2$의 차단용량이 고장전류(단락전류)를 차단할 수 있음

(2) 선택차단조건

① 분기회로 차단기의 전차단시간은 단한시 트립핑 장치부 주회로 차단기의 복귀시간보다 짧을 것
② 분기회로의 순시 트립핑 전류는 주회로의 전자트립핑 전류보다 작을 것
③ 주회로 차단기의 설치점에서의 단락전류는 주회로 차단기의 정격단시간 전류를 넘지 않을 것

(3) 특징

① 경제성에서 Cascading 방식보다 불리함
② 사고구간만 선택적으로 회로 분리
③ 순시트립하는 경우 부하측 보호기기와 차단협조 검토

3) 전용량 차단방식

(1) 차단 특성

모든 보호장치는 그 설치회로에 흐르는 추정단락전류 이상의 차단용량을 지닌 보호장치로 구성하는 방식

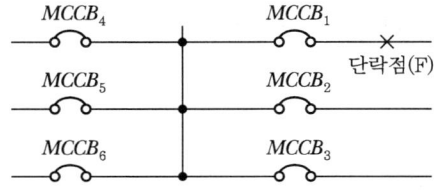

그림 3-137 ▸ 전용량 차단방식

(2) 특징

① 단락전류에 대한 신뢰성이 높음
② 경제성이 나쁨

4) 계통분리방식

(1) 2뱅크 이상의 계통에서 배전선 사고 시에 계통을 분리하여 단락전류를 억제하는 방식

(2) 유의사항

계통 전체의 단락 강도와 기계적 강도를 검토해야 함

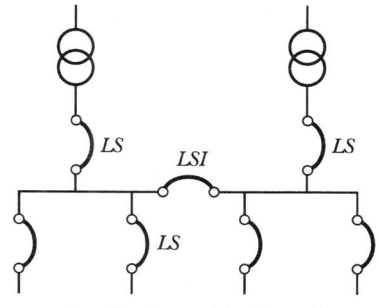

그림 3-138 ▶ 계통분리방식

5. 보호기 선정의 원칙

1) 위험한 과전류에 대한 보호

2) 분기회로마다 보호 – 사고의 선택성을 높이고 정전범위를 국한

3) 부하의 과도전류로 오동작하지 않을 것

　① 전동기 과도전류　　　　　　② 조명기구의 과도전류

4) 보호기기의 온도 특성을 고려

5) 직렬 보호기 간의 보호협조

6) 후비보호의 구비

6. 과부하보호 및 단락보호의 조정

1) 과부하보호의 조정

대상	조정범위
배전선	총 부하전류의 110~125[%]
전동기	기동전류를 고려하고 정격전류의 120~160[%]
발전기	전부하전류의 125~250[%]
변압기	정격전류의 150~250[%]
저항부하	과도 현상 등을 고려하여 정격전류의 150~200[%]

2) 단락보호의 조정

(1) 조정의 문제점

① 정전 방지 목적 → Trip Setting치를 단락전류에 조정
② 장치보호 목적 → 가급적 Setting치를 낮게 조정
③ 대전류회로 → 장비보호가 희생됨

(2) 조정방법

① 주차단기 : 후비보호를 감안하여 정한시와 순시 특성을 고려함
② 단한시 특성 : 배전선의 후비보호를 목표로 6배 전후로 조정함
③ 순시 특성 : 대형 배선용 차단기는 10배, 기중 차단기는 12배로 조정

7. 적용 시 고려사항

1) 계통 각 점의 단락전류를 계산하여 충분한 차단용량의 차단기를 선정함
2) 보호기의 각종 특징 및 제약조건을 고려하여 적용함
3) 경제성을 고려하여 설계하며 기능을 저해하지 않는 범위 내에서 고려할 것

3.7.2 저압회로 지락보호

1. 개요

최근 건축물이 대형화, 첨단화, 고층화됨에 따라 전기설비 규모가 대용량화되면서 종래에 사용하던 전압을 승압하여 400[V]급 저압배전방식을 채택하며 저압회로의 지락, 단락사고는 파급범위가 확대되고 특히 지락사고는 인체에 위험한 영향을 미치게 되었다.
이에 대한 지락의 보호가 법적(KEC 211.2.4)으로 의무화되면서 지락사고에 대한 보호가 중요시되고 있다.

1) 보호목적

지락전류로 인한 인체감전 방지, 화재 방지, 전로기기의 손상 방지를 목적으로 함

2) 지락전류의 크기 : 수[mA]~수[kA]

3) 보호방법

(1) 보호접지방식   (2) 누전검출방식
(3) 누전경보방식   (4) 절연변압기방식
(5) 과전류차단방식

2. 지락전류 특징

1) 저압회로의 지락사고 발생은 단락사고의 전류보다 작으나 이로 인한 2차적 장해 유발

2) 지락전류의 크기는 회로의 영상 임피던스 접지방식의 구성에 따라 다름

3) 보호대상에 따른 지락전류

보호대상	지락전류
감전 방지	수[mA] 이상
화재 방지	100[mA] 이상
아크에 의한 설비기기의 손상	수[A]

3. 지락사고의 검출

1) 영상전류 검출방법

비접지계통	ZCT 이용방법
접지계통	① Y결선 잔류회로 방식 ② 3차 영상분로방식 ③ 중성점 접지선에 변류기 사용방식 ④ ZCT 이용방법

2) 영상전압 검출방법

접지계통 및 비접지계통	① 중성점 접지 변압기(NGT) 방식 ② 중성점 저항 방식 ③ 결합 콘덴서 방식 ④ GPT(단상, 3상) 이용 ⑤ 단상 PT 3대 이용 → Open - Δ회로 구성 ⑥ 보조 변압기(PT) 이용

4. 지락보호방식

1) 보호접지방식

감전 방지를 주목적으로 하며 기계기구의 외함, 배선용 금속관 등을 저저항으로 접지함으로써 전로에 지락 발생 시 접촉전압을 허용값 이하로 억제하는 방식이다.

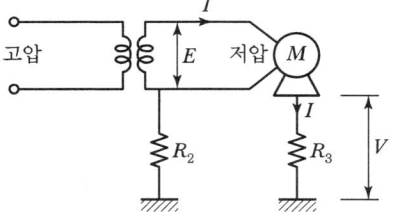

여기서, E : 전압전로 사용전압
V : 지락점의 대지전압[V]
R_2 : 변압기 2차측 접지저항[Ω]
R_3 : 보호접지저항[Ω]의 최댓값

그림 3-139 ▶ 보호접지방식

$$E = I(R_2 + R_3) \quad \cdots\cdots\cdots ①$$

$$V = \frac{R_3}{R_2 + R_3} E \quad \cdots\cdots\cdots ②$$

$$R_3 = \frac{V \cdot R_2}{E - V} \quad \cdots\cdots\cdots ③$$

표 3-40 ▶ 보호접지의 종류별 접지저항

종류	허용접촉전압[V]	접지저항[Ω]
1급 보호접지	25	$R_3 \leq \dfrac{25R_2}{E-25}$
2급 보호접지	50	$R_3 \leq \dfrac{50R_2}{E-50}$
3급 보호접지	제한 없음	$R_3 \leq 100$

2) 누전경보방식

(1) 지락 발생 시 회로를 차단하는 것이 적당하지 않는 회로의 보호 및 화재경보에 많이 사용함

(2) 구분

전류동작형(많이 사용)과 전압동작형이 있음

3) 절연변압기 방식

(1) 절연변압기를 사용하여 보호 대상 전로를 비접지식으로 하여 접촉전압을 억제하는 방식

(2) 절연변압기의 2차측 전로는 비접지방식으로 하여 지락사고 시 지락전류의 귀로를 없애줌

4) 누전검출방식(누전차단방식)

(1) 전류동작형

① 구성

ZCT, 차단기부, 트립코일, 릴레이 등

② 검출방식

지락 발생 → ZCT 2차에 영상 전압이 유기됨 → 유기전압을 증폭시킴 → 증폭된 전압은 싸이리스터를 구동 → 싸이리스터와 직렬로 연결된 전자장치를 여자 → 트립

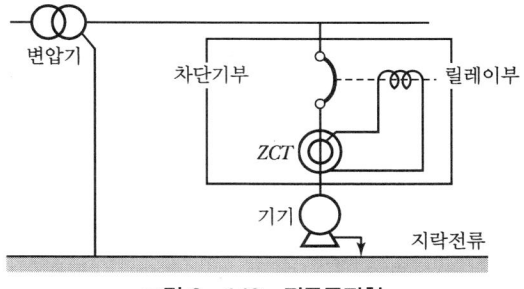

그림 3-140 ▶ 전류동작형

(2) 전압동작형

① 구성
차단기부 트립코일, 검출용 접지선 등

② 검출방식
누전 발생 시 금속제 외함에 발생하는 대지전압을 트립코일이 검출하여 차단기를 트립시키는 방식

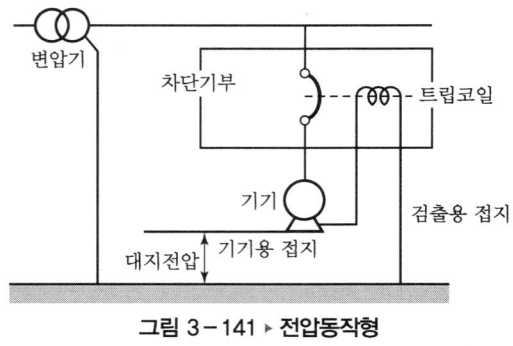

그림 3-141 ▶ 전압동작형

5) 과전류 차단방식

(1) 전로의 손상 방지를 목적으로 함
(2) 발·변전소 등의 소내회로에 적용
(3) 단락 및 과전류보호기에 의해 지락보호를 실시함
(4) 보호기가 동작하기 전에 충분한 지락전류의 검출이 필요 → 접지전용선의 설치

6) 실계통의 지락차단장치 적용

(1) 접지콘덴서를 이용한 ELB 사용

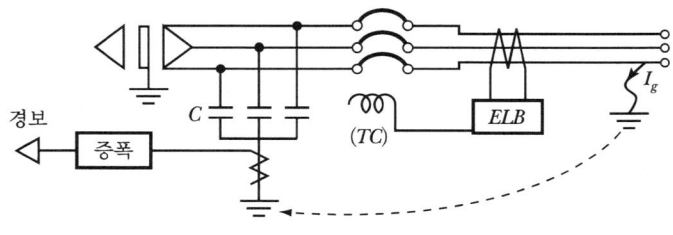

그림 3-142 ▶ 접지콘덴서 + ELB

① 비접지계통에서 지락 시 지락전류 검출이 어려우므로 접지용 콘덴서를 이용하여 지락전류를 검출함
② 접지용 콘덴서는 반드시 ELB 전단에 설치함

(2) GPT 이용방법

① GPT + OVGR 이용방식

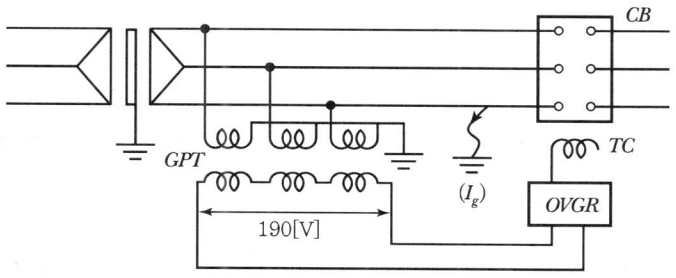

그림 3-143 ▶ GPT + OVGR 이용방식

② ZCT + SGR + GPT + OVGR 이용방식

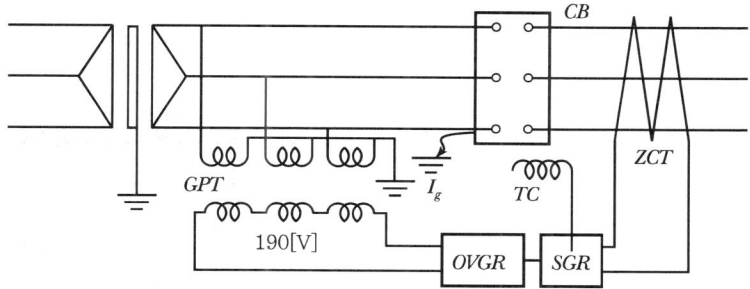

그림 3-144 ▶ ZCT + SGR + GPT + OVGR 이용방식

3.7.3 저압회로의 저압차단기(보호기)

1. **개요**

    1) **목적**

    AC 1,000[V] 이하(KEC 기준) 이하의 저압전로에서 고장전류(단락, 지락), 과부하, 과열, 누설전류에 의한 전로보호 및 감전보호용으로 저압차단기가 사용된다.

    2) **종류**

    (1) ACB (2) MCCB (3) ELB
    (4) MS (5) FUSE (6) 2E, 3E, 4E 계전기

2. **저압회로의 보호 개념**

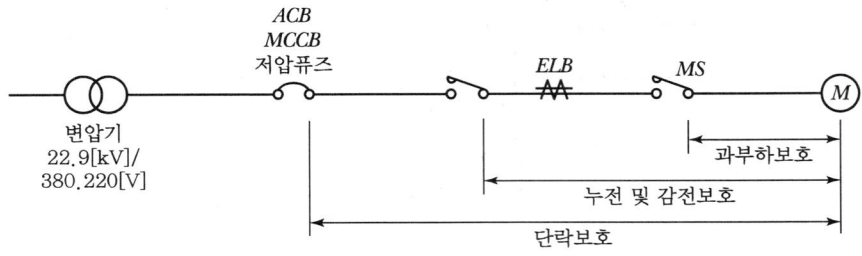

그림 3-145 ▸ 저압회로의 보호 개념도

3. **배선용 차단기(MCCB : Molded Case Circuit Breaker)**

    1) **개념**

    (1) 미국 NEMA에서 MCCB(Molded Case Circuit Breaker)라 명명하였는데 교류 600[V] 이하 직류 250[V] 이하의 저압 옥내전로의 보호에 사용하는 Molded Case의 차단기로 미국에서 발달, 보급된 차단기임

    (2) KS 규격

    KS에서는 배선용 차단기로 규정하고 있으며 개폐기구, 트립장치 등을 절연물의 용기 내에 일체로 조립한 것으로 규정 상태의 전로를 수동 또는 전기 조작에 의해 개폐할 수 있고 과부하 및 단락의 경우 자동적으로 전로를 차단하는 기구임

2) 종류

(1) 용도에 따른 분류

① 배선보호용
- ㉠ 저압배선의 주간선에서 분기회로까지 적용
- ㉡ 케이블의 정격허용전류, 단락전류보다 작을 것
- ㉢ 정격차단전류의 범위 → 2.5~125[kA]
- ㉣ 정격허용전류 : 30~800[A](한류형 → 1,200[A])

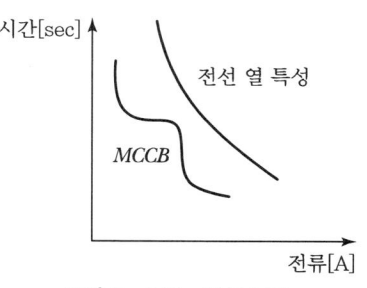

그림 3-146 ▶ 배선 보호

② 전동기 보호용
- ㉠ 전동기 정격전류의 일정치 이상 초과 시 동작하도록 MCCB의 정격전류를 정정함
- ㉡ 전류 조정이 필요한 경우 전자식 MCCB가 적합함
- ㉢ 과전류 Trip 특성
  - 시동 시
    전동기의 전부하전류의 600[%], 시동시간 2~30[sec]의 전동기 보호가 가능
  - 정상 운전 시
    정격전류의 120[%], 200[%] 특성을 동시에 만족할 것

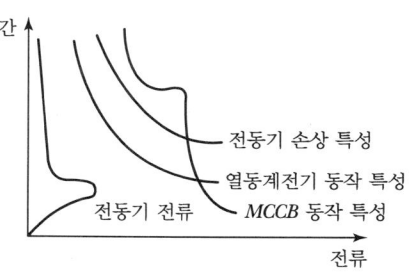

그림 3-147 ▶ 전동기 보호

③ 변압기 보호
변압기 여자돌입전류의 최대치가 MCCB 순시 Trip 전류범위 이내가 되도록 MCCB 선정

(2) 차단방식에 따른 분류

① 한류형(L형)
- ㉠ 사고전류 통과 시 고정자와 가동접촉자 간의 전자 반발력을 이용함
- ㉡ 정격전류는 적어도 큰 차단능력을 보유함
- ㉢ 380[V], 440[V] 등에 적용 시 효과가 큼
- ㉣ 후비보호에 적합함

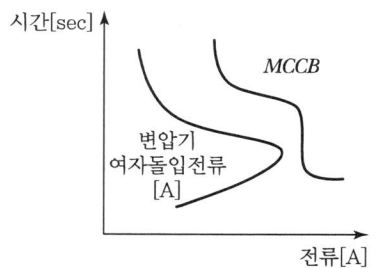

그림 3-148 ▶ 변압기 보호

② 비한류형
- ㉠ 동일 용량 대비 한류형에 비해 차단능력[kA]이 적음
- ㉡ 종류 : 표준형(S), 고차단형(H), 경제형(E)

(3) 과전류 Trip 방식에 따른 분류

① 장한시 Trip 특성
- ㉠ MCCB의 장한시 Trip 특성은 전선의 열 특성을 바탕으로 결정됨
- ㉡ 최소시한은 Motor의 시동전류를 고려하여 결정

② 단한시 Trip 특성
장한시 Trip을 넘는 과전류에 비해 2~5[cycle] 정도의 시간이 지연된 후 행하는 Trip

③ 순시트립 특성

(4) 동작 방식에 따른 분류

① 열동전자식(열동식+전자석 장치)
- ㉠ 시연동작을 하는 바이메탈과 순시동작을 하는 전자석 장치로 구성됨
- ㉡ 바이메탈과 히터의 전류에 따른 발열을 이용한 것으로 적은 전류치는 제작이 곤란함

② 전자식(電子式)
- ㉠ CT 2차 전류의 연산에 의해 동작하며 전류 조정이 가능함
  - 소전류 → 장한시 동작
  - 대전류 → 단한시 동작
  - 단락전류 → 순시 동작
- ㉡ 일정한 기자력을 얻기 위해 코일의 권수가 증가하면 되므로 임의의 정격전류 제작이 가능함

3) 특징

(1) 각 극을 동시 차단하므로 결상의 우려가 없음
(2) 트립 후 재투입 및 반복 사용이 가능함
(3) 개폐기구 및 트립장치 등이 절연물 내 내장되어 안전하게 사용할 수 있음
(4) 과부하 및 단락에 대한 보호 특성이 있음
(5) 전자개폐기(MS)와 같은 부속장치를 이용하여 자동제어가 가능함
(6) 접점의 개폐속도가 일정하고 빠름
(7) 예비품이 불필요함

4) 암페어프레임, 트립자유, 회복전압, 개극시간, 투입시간

(1) 암페어프레임(AF : Ampere Frame)

① 같은 형명으로 제작할 수 있는 최대정격전류를 의미하며, 배선용 차단기의 제품 크기를 좌우함
② 한국산업규격(KS)에서 정의하는 AF는 정격전압, 절연성능, 차단용량 등 차단기의 주요한 기능을 동일한 크기에서 구현 가능한 최대 정격전류값을 AF라 정의함
③ 예를 들어 100AF 제품은 정격전류(AT)가 여러 가지이지만 외형의 크기로는 100A가 최대 정격전류치임(AT : Ampere Trip은 배선용 차단기의 전류트립 기준치로 정격전류를 말함)

(2) 트립자유

(투입 상태에서) 핸들이 ON 위치에 고정되어 있어도 사고 발생의 경우 차단기는 트립됨

(3) 회복전압

차단 직후 양단자 간 또는 차단점 간에 나타나는 상용주파전압

(4) 개극시간

폐로의 상태에 있는 차단기의 트립코일이 여자된 순간부터 아크 접촉자가 개리하기 시작할 때까지의 시간

(5) 투입시간

개로의 상태에 있는 차단기의 전기 투입 조작 장치가 여자된 순간부터 아크접촉자가 접촉할 때까지의 시간

4. 정지형 보호계전기(2E, 3E, 4E)

1) 2E 계전기 : 과부하, 결상보호용
2) 3E 계전기 : 과부하, 결상, 역상보호용
3) 4E 계전기 : 과부하, 결상, 역상, 누전보호기능이 추가됨

5. 누전차단기(ELB : Earth Leakage Breaker)

1) 목적

AC 1,000[V] 이하의 저압회로에서 누전으로 인한 인체의 감전사고 및 전기화재, 아크로 인한 기기 손상을 방지하기 위한 목적으로 설치하는 차단기로 누전으로 인한 재해가 예상되는 전로에는 필수적으로 누전차단기를 설치해야 함

2) 누전차단기의 시설 대상(KEC 211.2.4)

(1) 금속제 외함을 가지는 사용전압이 50[V]를 초과하는 저압의 기계기구로서 사람이 쉽게 접촉할 우려가 있는 곳. 다만 다음의 곳은 적용되지 않음
  ① 기계기구를 발전소·변전소·개폐소 또는 이에 준하는 곳에 시설하는 경우
  ② 기계기구를 건조한 곳에 시설하는 경우
  ③ 대지전압이 150[V] 이하인 기계기구를 물기가 있는 곳 이외의 곳에 시설하는 경우
  ④ 이중 절연구조의 기계기구를 시설하는 경우
  ⑤ 그 전로의 전원측에 절연변압기(2차 전압이 300[V] 이하)를 시설하고 또한 그 절연변압기의 부하측의 전로를 비접지한 경우
  ⑥ 기계기구가 고무·합성수지, 기타 절연물로 피복된 경우
  ⑦ 기계기구가 유도전동기의 2차측 전로에 접속되는 것일 경우
  ⑧ 기계기구가 전기울타리용 전원장치, 단선식 전기철도귀선 등 전로의 일부를 대지로부터 절연하지 않고 전기 사용이 부득이한 경우 및 전기욕기, 전해조 등 대지로부터 절연하는 것이 기술상 곤란한 경우
(2) 주택의 인입구 등 이 규정에서 누전차단기 설치를 요구하는 전로
(3) 특고압전로, 고압전로 또는 저압전로와 변압기에 의하여 결합되는 사용전압 400[V] 초과의 저압전로 또는 발전기에서 공급하는 사용전압 400[V] 초과의 저압전로
(4) 다음의 전로에는 전로 자동복구 기능을 갖는 누전차단기를 시설할 수 있다.
  ① 독립된 무인 통신중계소·기지국
  ② 관련법령에 의해 일반인의 출입을 금지 또는 제한하는 곳
  ③ 옥외의 장소에 무인으로 운전하는 통신중계기 또는 단위기기 전용회로

3) 필요성

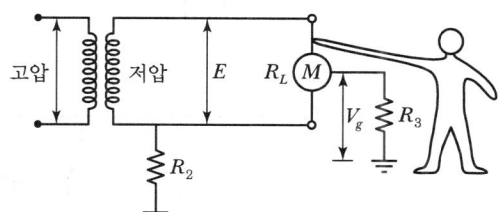

R_2 : 변압기 2차측 접지저항[Ω]
R_3 : 기기외함 접지저항[Ω]
R_L : 전로의 저항[Ω]
E : 2차 전압[V]
V_g : 지락사고점의 대지 전압[V]

그림 3-149 ▶ 누전차단기 필요성

(1) 인체 혼촉전압[V]

$$V = \frac{R_3}{R_2 + R_3} E (V_g = V)$$

(2) 감전전압의 크기

① 안전한계전압이 30[V](산업안전보건법 기준)이고 변압기 2차 사용전압이 300[V]인 경우

② 감전전압[V'] $= \frac{R_3}{R_2 + R_3} E$ 에서, $30 = \frac{R_3}{R_2 + R_3} \times 300$

$10R_3 = R_2 + R_3, \quad 9R_3 = R_2, \quad R_3 = \frac{1}{9} R_2$

③ 일반적으로 $R_3 > R_2$ 임

④ $R_3 = \frac{1}{9} R_2$ 값을 시공 시 얻기도 어렵고 유지하기도 어려움

⑤ 접지 외 별도의 2차적인 안전대책이 필요하며 인체보호용 고속도 고감도형 누전차단기를 설치해야 함

4) 종류

(1) 동작별 분류

① 전류동작형
㉠ 구성
ZCT, 차단기부, 트립코일, 릴레이 등
㉡ 검출방식
지락 발생 → ZCT 2차에 영상전

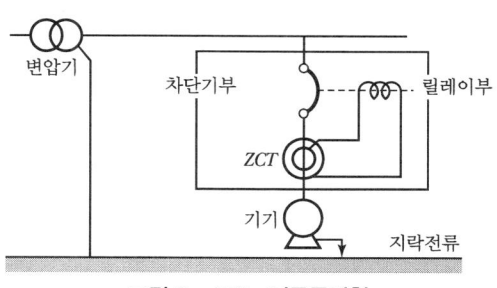

그림 3-150 ▶ 전류동작형

압이 유기됨 → 유기전압을 증폭시킴 → 증폭된 전압은 싸이리스터를 구동 → 싸이리스터와 직렬로 연결된 전자장치를 여자 → 트립

② 전압동작형
　㉠ 구성
　　차단기부 트립코일, 검출용 접지선 등
　㉡ 검출방식
　　누전 발생 시 금속제 외함에 발생하는 대지전압을 트립코일이 검출하여 차단기를 트립시키는 방식

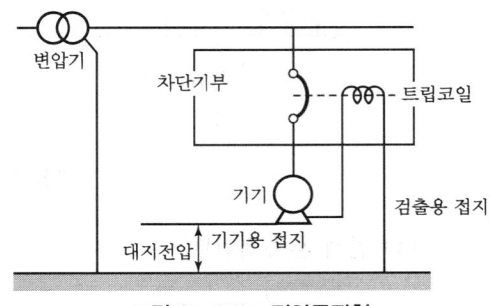

그림 3-151 ▸ 전압동작형

(2) 사용 용도별 분류

① 지락보호용
　주택용 분전반, 전기온수기, 자동판매기, 에어컨 등의 기기
② 범용
　지락, 과부하, 단락용으로 광범위하게 사용
③ 전기설비의 안전대책용
　㉠ 과전류보호 : 단락보호, 과부하보호
　㉡ 지락보호 : 감전 방지, 누전화재 방지, 아크지락 대책

(3) 정격 감도전류별 분류

구분		정격감도전류[mA]	동작시간(정격감도전류)
고감도형	고속도형	5, 10, 15, 30	0.1초 이내 동작
	시지연형		0.1 초과 2초 이내 동작
	반한시형		0.2 초과 1초 이내 동작
중감도형	고속도형	50, 100, 200	0.1초 이내 동작
	시지연형	300, 500, 1,000	0.1~2초 이내 동작

5) 구성장치

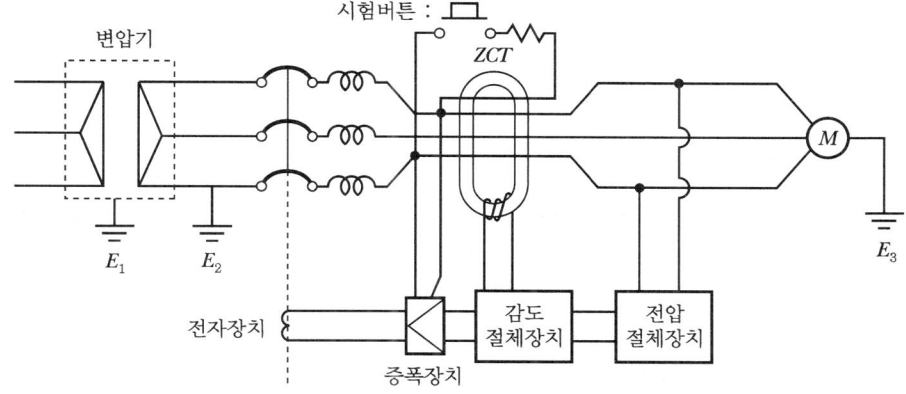

그림 3-152 ▶ 누전차단기 구성

① 소호장치 : 전류 차단 시 발생하는 아크를 소호하는 장치
② 과전류 트립장치 : 선로에 과전류가 발생 시 이를 검출, 트립시키는 장치
③ 개폐기구 : ON-OFF 레버
④ 누전 트립장치 : ZCT를 내장하여 미소 전류를 검출하여 누전 시 트립시키는 장치
⑤ Test Button : 누전차단기의 누전에 의한 차단 특성을 확인, 점검하여 사고를 미연에 방지할 수 있는 장치

6) 선정 시 고려사항

(1) 인입구에 설치하는 누전차단기는 전류동작형으로 충격파 부동작형일 것

(2) 조작용 Button, 시험 Button에는 Trip Free 기능이 있을 것

(3) 감전 방지용의 경우 고속도 고감도형일 것

(4) 목적에 따른 적용

　① 보호협조 : 고감도 시지연형
　② 오동작 방지 : 고감도 반한시형
　③ 감전보호용 : 고속도 고감도형(30[mA], 30[ms])

7) 설치 시 고려사항

(1) 분기회로마다 설치
(2) 고조파 부하 및 장거리 지중배선 적용 시 대지정전용량에 의한 오동작 검토

(3) 당해 전로의 부하전류 이상의 정격전류 용량을 선정할 것
(4) 오·부동작 결선 방지

원인	현상
① 전원측, 부하측의 역접속은 불가 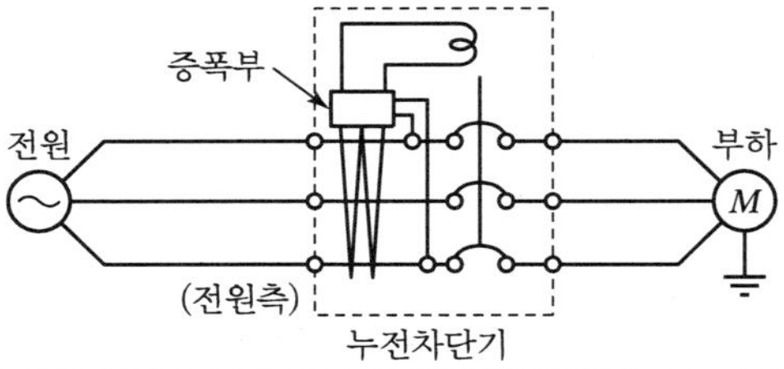	역접속을 하게 되면 ELB가 트립되어도 증폭부에 전압이 걸린 상태로 유지되므로 내부에 싸이리스터가 OFF 되지 않고 계속 트립신호가 나오므로 트립코일이 소손됨
② 병렬회로에의 적용은 불가 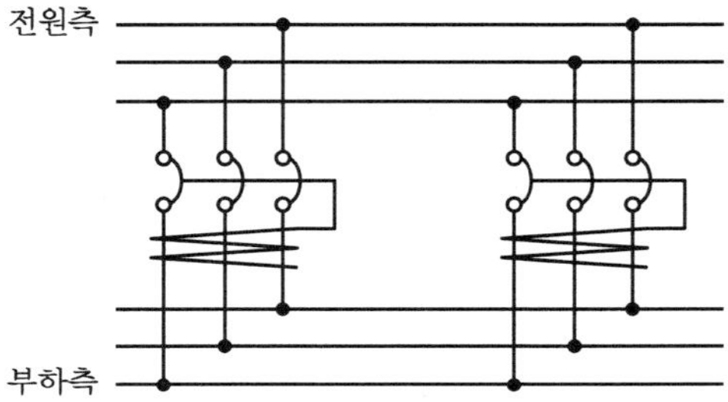	단순한 병렬회로에서 1대의 ELB를 투입한 후 두 번째의 ELB를 투입하면 트립됨
③ 3상 4선회로에 3극용을 사용 시 부하단에 중성선과의 사이에 부하를 연결하는 것은 불가 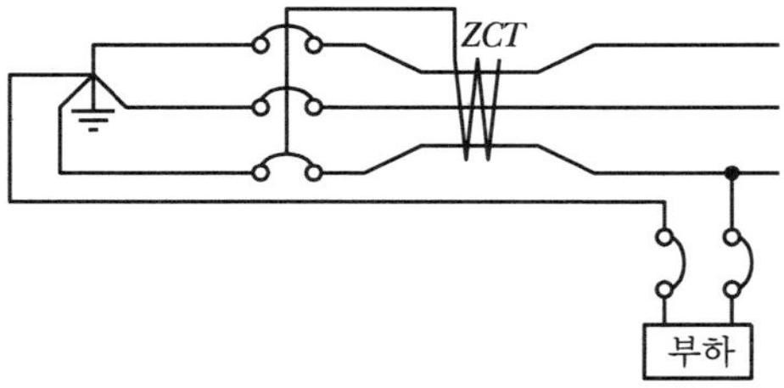	단상부하의 전류가 ZCT를 통하지 않은 중성선을 통하여 흐르기 때문에 지락전류로 검출하여 ELB가 트립됨
④ ELB에 공통 접지선을 접속하는 것은 불가 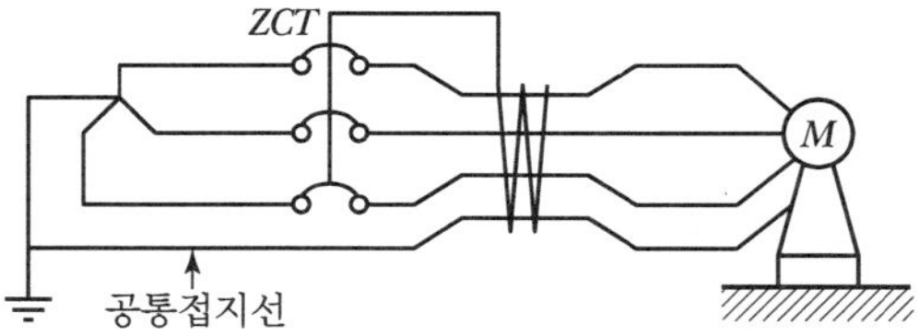	전동기부하 M에 누전이 발생하여도 누전전류가 ELB에 접속된 공통접지선을 통하여 흐르게 되며 이는 ZCT에서 검출되지 않으므로 ELB는 동작하지 않게 됨

원인	현상
⑤ ELB의 부하측에서 중성선 접지를 취하는 것은 불가	접지점을 통하여 부하전류의 일부가 I'_c와 같이 대지를 통하여 분류할 수 있으므로 ELB가 오동작을 일으킬 수 있으며, 한편 부하 M에서 누전이 발생하여도 부동작할 수 있음

8) 누전차단기 오동작 원인

원인	내용	
누전차단기	• 누전차단기 불량	• 부적당한 감도전류
회로	• 서지에 의한 것 • 유도에 의한 것 • 부적합한 접지에 의한 것 • 캐리어폰에 의한 것	• 순환전류에 의한 것 • 오결선에 의한 것 • 환경(진동, 충격)에 의한 것 • 과부하, 단락에 의한 것

9) 오동작 방지대책

(1) 누전차단기 불량

① 원인

누전차단기의 ZCT 특성이나 자기 쉴드(Shield) 효과가 나쁜 경우 잔류전류의 영향으로 오동작의 우려가 있음

② 대책 : 신뢰성 있는 제품으로 교환

(2) 부적당한 감도전류

① 원인

1대의 누전차단기에 부하기기나 배전선의 대지 정전용량의 증가, 전기로나 히터(Heater) 등에서 고온 시에 절연저항의 저하로 누설전류 증가 시 누전차단기 감도전류 이상 시 오동작함

② 대책 : 각각의 분기회로에 누전차단기 설치

(3) 서지(Surge)에 의한 것

구분	유도뢰(誘導雷) 서지	개폐 서지
원인	유도뢰의 배전선로 침입으로 인함	유도성 부하기기를 개폐할 시 대지 정전용량을 통해 누설전류 발생
영향	① 인입구용 ELB 등에서는 이 영향을 받기 쉬움 ② ELB 전자회로 오동작 및 전자부품 고장	정격 부동작 전류치를 초과 시 누전차단기 오동작
대책	① KSC 4613에 따라 뇌임펄스 부동작 시험 ② 서지흡수 소자를 전자회로부에 사용	① ZCT 2차 회로에 필터회로를 구성 ② ELB 전용 IC 보호를 위한 서지 바이패스(Surge Bypass)가 구성 ③ 차단기(개폐기) 접점 간에 콘덴서, 저항기 등 아크 경감 장치 설치

(4) 순환전류에 의한 것

① 원인

부하측이 병렬결합된 회로에서 그림과 같이 A상이 11[A]와 10[A]로 분류하여 흐를 경우 그 차 1[A]의 전류가 병렬회로를 순환되며 이로 인해 누전차단기는 지락전류로 검출하여 오동작됨

② 대책 : 누전차단기는 병렬 사용 금지

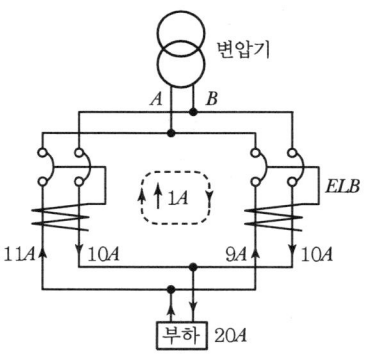

그림 3-153 ▶ 병렬회로

(5) 유도에 의한 것

① 원인

㉠ 상기 병렬회로에서는 ZCT의 1차 권선이 루프를 형성하고 있으므로 순환전류뿐만 아니라 주변의 대전류 모선의 자장에 의하여 유도전류가 발생하기 쉬움

㉡ 이러한 유도전류는 순환전류와 같은 경로로 흐르게 되므로 누전차단기의 오동작을 일으키기 쉬움

② 대책 : 대전류 인근에 누전차단기 설치 회피

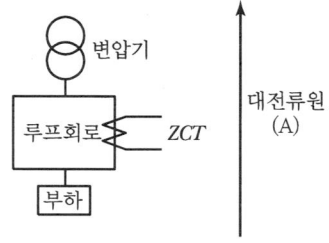

그림 3-154 ▶ 루프안테나

(6) 오결선에 의한 것

(7) **부적합한 접지에 의한 것**

　① 원인

　　전자회로를 사용하는 부하(NC 공작기 등) 등에서 노이즈 방지를 위해 라인필터(Line Filter)를 사용하는 경우 필터의 접지를 통해 상시 누설전류가 흘러 누전차단기가 오동작을 하게 됨

　② 대책

　　㉠ 전원부에 절연변압기를 설치함

　　㉡ 피뢰용 어레스트(LA) 접지는 누전차단기 전원측에 설치함

(8) **진동, 충격, 고온에 의한 것**

　① 원인

　　누전차단기의 전자회로의 특성상 진동, 충격, 고온에 오동작할 수 있음

　② 대책

　　진동, 충격, 고온 장소 회피

(9) **캐리어폰에 의한 것**

　① 원인

　　㉠ 전력선을 이용하여 통화할 수 있는 캐리어폰이 설치되어 있는 전로에 ELB를 설치하면 오동작하게 됨

　　㉡ 캐리어폰 장치에서 나오는 고주파 신호(통상 50~400[kHz])를 ELB가 지락전류로 검출하게 되기 때문에 오동작하게 되는 것임

　② 대책

　　고주파 신호의 크기를 상시 누설전류로 고려하여 ELB의 감도전류를 선정하여야 함

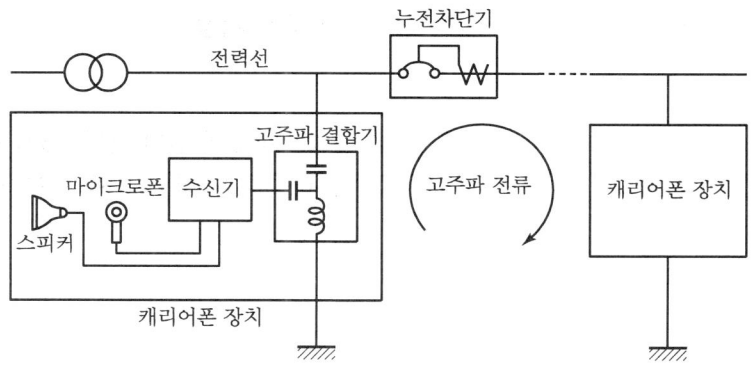

그림 3-155 ▸ 캐리어폰 장치

10) 누전차단기 시설방법

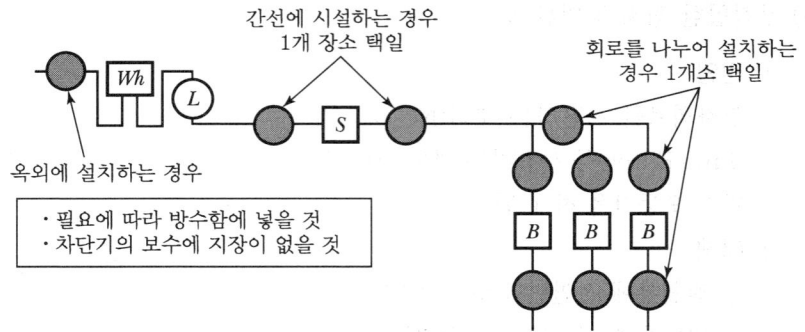

그림 3-156 ▶ 누전차단기 설치장소

(1) 누전차단기는 배전반 또는 분전반 내에 설치를 원칙으로 함

(2) 정격전류용량은 해당 전로의 부하전류값 이상의 전류값을 선정

(3) 정격감도전류는 정상 상태에서 불필요하게 오동작하지 않을 것

(4) 전류동작형에 사용되는 ZCT를 옥외전로에 설치 시 방수형 ZCT를 사용하거나 또는 방수함에 넣어 시설할 것

(5) 설치 제외 장소

① 온도가 높은 장소　　　② 습기가 많은 장소
③ 물기가 많은 장소　　　④ 진동이 많은 장소
⑤ 점검이 어려운 장소

11) 누전차단기에 뇌임펄스 전압에 대한 부동작 시험

(1) 부동작 시험을 하는 이유

누전차단기의 회로가 전자식으로 구성되어 있어 침입 서지, 개폐 서지, Noise에 의한 오동작을 방지하기 위해 일정한 전압파형을 일정한 시간 동안 인가하여 부동작 여부를 확인함

(2) 시험전압

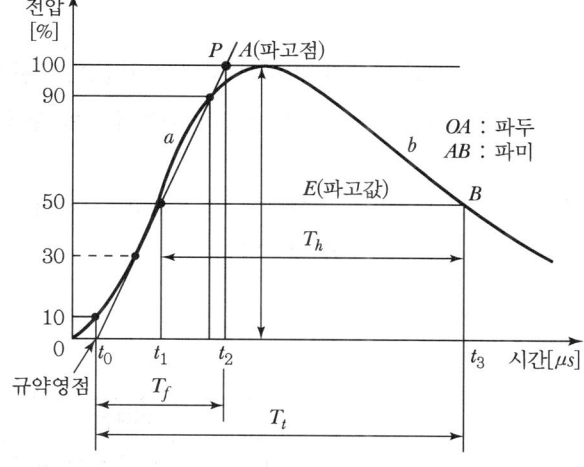

그림 3-157 ▸ 시험전압

(3) 시험방법

상기의 전압으로 1분에 각각 3회씩 정, 부의 전압을 폐로 상태에서 두 단자 사이와 충전부와 외함 사이에 인가하여 시험함

(4) 예외사항

정격감도전류가 10[mA] 이하에서 뇌임펄스 부동작 성능을 갖고 있지 않는 누전차단기는 시험을 적용하지 않음

3.7.3.1 저압차단기의 용도별 적용(산업용과 주택용)

1. 개요

1) 종전의 저압차단기의 KS표준은 산업용과 주택용의 구분이 없었지만 2009년 12월부터 약 2년의 유예기간을 거쳐 새롭게 개정된 KS표준은 산업용과 주택용으로 용도를 구분하여 2012년부터 시행되고 있다.
2) 이는 WTO/TBT 협정 이행에 따른 IEC 표준의 부합화 및 감전사고, 전기화재예방, 전기설비 시장개방 등에 대한 필요성 등의 이유로 인한 것이다.

2. 용도별 구분의 적용

산업용	주택용
전기설비의 사용에 관해 지식이 있는 사람 (숙련자, 기능자)이 유지하는 전기설비	전기설비의 사용에 관해 지식이 없는 사람(일반인)이 사용하는 전기설비

※ IEC 표준상의 "숙련자", "기능자", "일반인"의 정의

1) 숙련자(Skilled Person)

   전기에 의해 발생하는 위험 방지를 위해 교육을 받고 경험을 쌓은 사람

2) 기능자(Instructed Person)

   전기에 의해 발생하는 위험 방지를 위해 숙련자에 의해 지도 및 감독을 받고 있는 사람

3) 일반인(Ordinary, Uninstructed, Unskilled Person)

   숙련자도 기능자도 아닌 사람

3. 저압차단기 용도 구분 적용

IEC 표준에 따라 차단기의 적용범위 및 사용장소를 산업용과 주택용으로 구분하고 있고 KS표준을 사용장소별로 구분하면 다음과 같다.

표 3-41 ▶ 사용장소별 제품 표준

사용장소	주택 등	아파트, 오피스 등	산업설비 (공장, 변전소 등)
125[A] 초과		KS C 8321 KS C 4613	KS C 8321 KS C 4613
125[A] 이하	KS C 8332 KS C 4621	KS C 8332 KS C 4621 KS C 8321* KS C 4613*	KS C 8321 KS C 4613

* 산업용에 준한 제품을 오피스 등의 일반인이 접근하는 장소에 사용하는 경우, 안전성을 배려할 필요가 있다. 즉, 아파트 등의 내부 세대 내 분전반 등은 주택에 준한 제품표준을 적용할 필요가 있다.

4. 주택용, 산업용 배선용 차단기 적용범위, 동작시간 및 동작 특성

항목	주택용(KS C 8332)	산업용(KS C 8321)
적용범위	① 정격전압 : 교류 380[V] 이하 ② 정격전류 : 125[A] 이하 ③ 정격 단락차단용량 : 25[kA] 이하	① 정격전압 : 교류 1,000[V] 이하 ② 정격전류 : 2,000[A] 이하 ③ 정격단락차단용량 : 200[kA] 이하

동작시간 및
동작 특성
	* 과전류 트립
	① 정격전류의 1.13배에서 부동작
	② 정격전류의 1.45배에서 동작
	  • 63[A] 이하인 경우, 1시간 이내
	  • 63[A] 초과인 경우, 2시간 이내
	③ 정격전류의 2.55배에서
	  • 32[A] 이하 → 1초 초과 60초 이내 동작
	  • 32[A] 초과 → 1초 초과 120초 이내 동작
	* 순시트립
	① 순시트립 범위의 하한에서 0.1초 이내 비트립
	② 순시트립 범위의 상한에서 0.1초 이내 트립
		* 과전류 트립
		① 정격전류의 1.05배에서 부동작
		② 정격전류의 1.3배에서 동작
		  • 63[A] 이하인 경우, 1시간 이내
		  • 63[A] 초과인 경우, 2시간 이내
		* 순시트립
		① 트립전류 설정값의 80[%]에서 0.2초 이내 비트립
		② 트립전류 설정값의 120[%]에서 0.2초 이내 트립

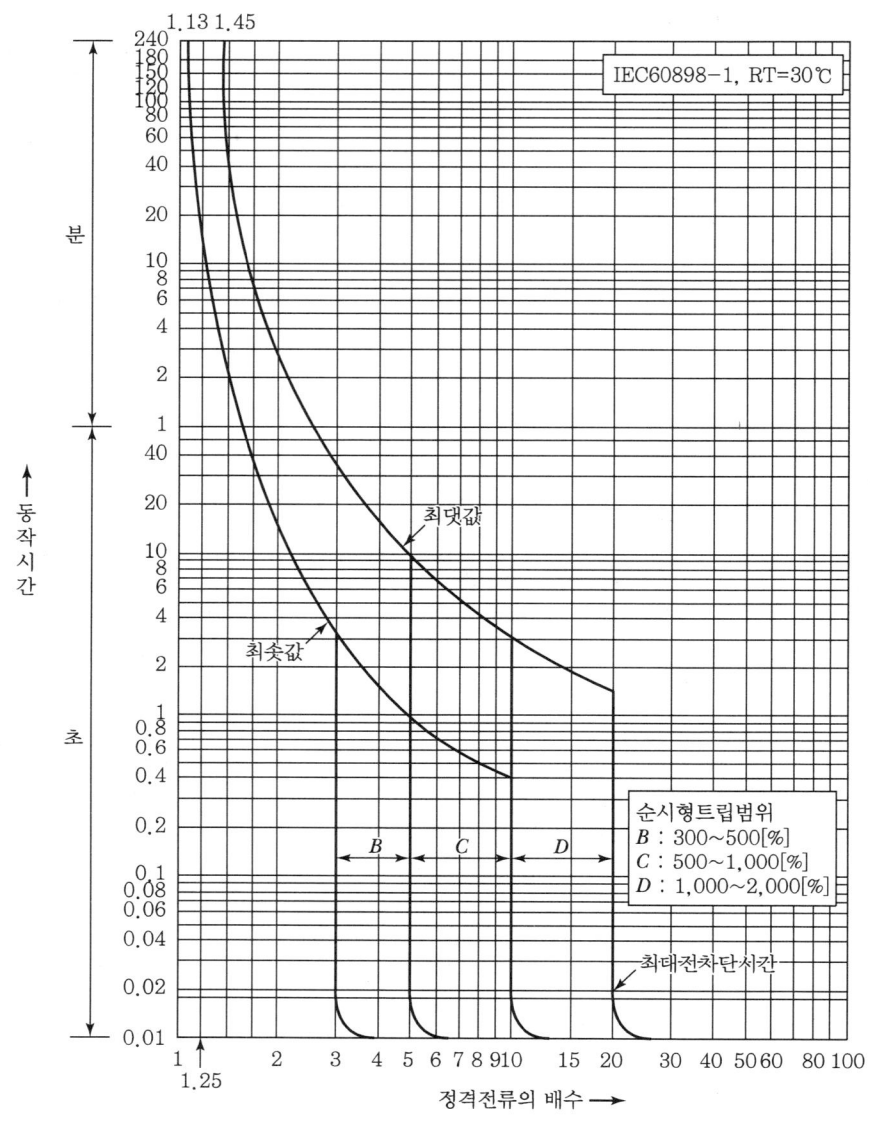

그림 3-158 ▶ 주택용 배선용차단기 동작특성곡선

표 3-42 ▶ 과전류트립 동작시간 및 특성(주택용 배선차단기)

정격전류의 구분	시간	정격전류의 배수(모든 극에 통전)	
		부동작 전류	동작 전류
63[A] 이하	60분	1.13배	1.45배
63[A] 초과	120분	1.13배	1.45배

표 3-43 ▶ 순시트립에 따른 구분(주택용 배선차단기)

형	순시트립 범위
B	$3I_n$ 초과~$5I_n$ 이하
C	$5I_n$ 초과~$10I_n$ 이하
D	$10I_n$ 초과~$20I_n$ 이하

[비고]
1. B, C, D는 순시트립전류에 따른 차단기 분류
2. I_n : 차단기 정격전류

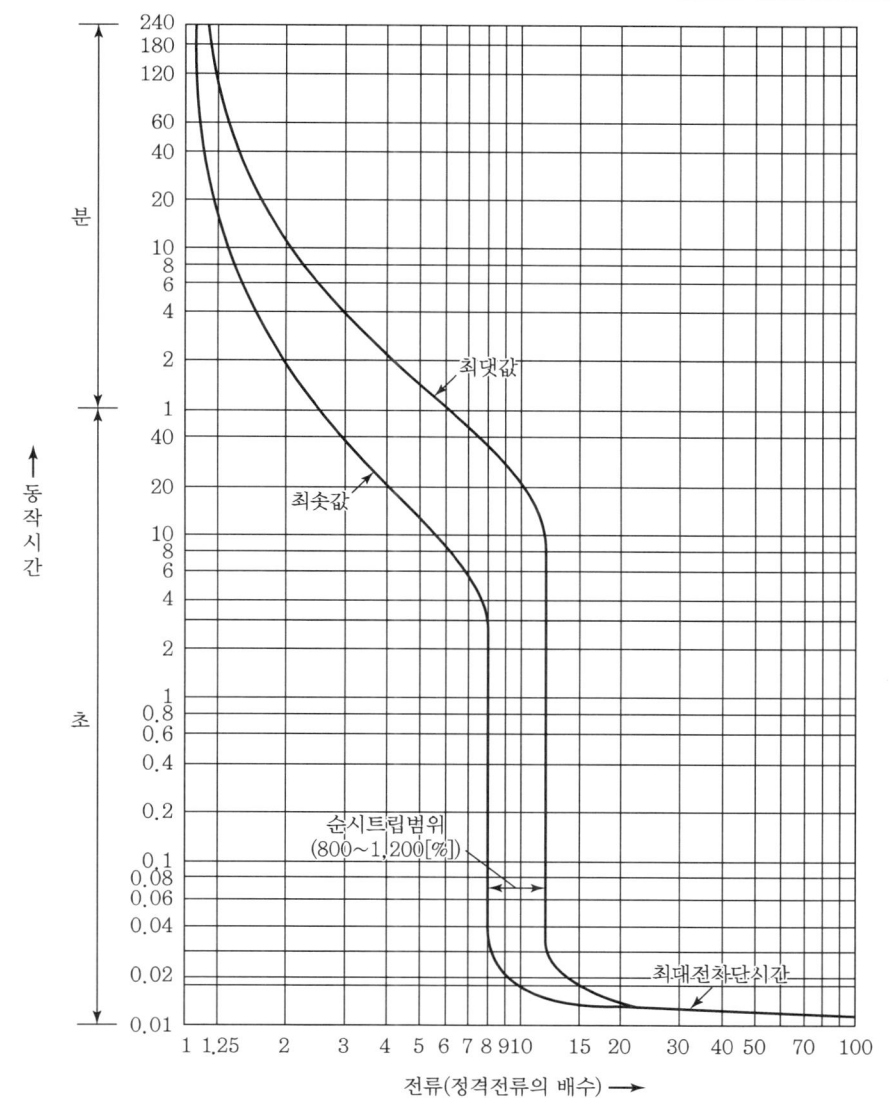

그림 3-159 ▶ 산업용 배선용차단기(메타솔) 동작특성곡선(500~800[A])

표 3-44 ▶ 과전류트립 동작시간 및 특성(산업용 배선차단기)

정격전류의 구분	시간	정격전류의 배수(모든 극에 통전)	
		부동작 전류	동작 전류
63[A] 이하	60분	1.05배	1.3배
63[A] 초과	120분	1.05배	1.3배

3.7.3.2. 보호장치의 종류 및 특성(KEC 212.3)

1. 보호장치의 종류

1) 과부하전류와 단락전류 겸용 보호장치

(1) 과부하전류 및 단락전류 모두를 보호하는 장치는 그 보호장치 설치점에서 예상 단락전류를 포함한 모든 과전류를 차단, 투입할 수 있는 능력이 있을 것

(2) 종류 및 특성

① 과부하 및 단락전류 차단기능 내장 회로차단기(예 : MCCB, ACB)
② 퓨즈와 조합된 차단기
  ㉠ 퓨즈 : 단락보호용
  ㉡ 회로차단기(배선용 차단기) : 반한시 특성의 과부하 보호용
③ 퓨즈 : gG 특성의 퓨즈를 사용할 수 있음

2) 과부하전류 전용 보호장치

(1) 과부하전류 전용 보호장치는 과부하전류에 대한 보호의 요구사항을 충족할 것

(2) **차단용량** : 그 설치점에서의 예상 단락전류값 미만으로 할 수 있음

(3) 특성

① 반한시형 보호장치로 과부하전류의 크기에 반비례하여 동작시간이 짧음
② 설치점의 고장전류에 대한 차단 및 투입능력을 요구하지 않음

(4) 종류

① 과부하 차단기능을 가진 회로차단기
② ACB, 산업용 배선차단기, 주택용 배선차단기 등

3) 단락전류 전용 보호장치

(1) 단락전류 전용 보호장치는 과부하보호를 별도의 보호장치에 의하거나, 과부하전류에 대한 보호에서 과부하보호장치의 생략이 허용되는 경우에 설치할 수 있다.

(2) 이 보호장치는 예상 단락전류를 차단할 수 있어야 하며, 차단기인 경우에는 이 단락전류를 투입할 수 있는 능력이 있을 것

(3) 종류

① 단락고장전류 차단 기능을 가진 회로차단기(ACB, MCCB, MCB)
② gM, aM형 타입의 퓨즈

2. 보호장치의 특성(KEC 212.3.4)

1) 과전류보호장치는 KS C 또는 KS C IEC 관련 표준(배선차단기, 누전차단기, 퓨즈 등의 표준)의 동작 특성에 적합할 것
2) 과전류차단기로 저압전로에 사용하는 범용의 퓨즈는 아래 [표 3-45]에 적합한 것일 것

표 3-45 ▶ 퓨즈(gG)의 용단 특성

정격전류의 구분	시간	정격전류의 배수	
		불용단전류	용단전류
4[A] 이하	60분	1.5배	2.1배
4[A] 초과 16[A] 미만	60분	1.5배	1.9배
16[A] 이상 63[A] 이하	60분	1.25배	1.6배
63[A] 초과 160[A] 이하	120분	1.25배	1.6배
160[A] 초과 400[A] 이하	180분	1.25배	1.6배
400[A] 초과	240분	1.25배	1.6배

3) 과전류차단기로 저압전로에 사용하는 산업용 배선차단기는 [표 3-46]에, 주택용 배선차단기는 [표 3-47] 및 [표 3-48]에 적합할 것. 다만, 일반인이 접촉할 우려가 있는 장소에는 주택용 배선차단기를 시설할 것

표 3-46 ▶ 과전류트립 동작시간 및 특성(산업용 배선차단기)

정격전류의 구분	시간	정격전류의 배수(모든 극에 통전)	
		부동작 전류	동작 전류
63[A] 이하	60분	1.05배	1.3배
63[A] 초과	120분	1.05배	1.3배

표 3-47 ▶ 순시트립에 따른 구분(주택용 배선차단기)

형	순시트립범위
B	$3I_n$ 초과~$5I_n$ 이하
C	$5I_n$ 초과~$10I_n$ 이하
D	$10I_n$ 초과~$20I_n$ 이하

[비고]
1. B, C, D : 순시트립전류에 따른 차단기 분류
2. I_n : 차단기 정격전류

표 3-48 ▶ 과전류트립 동작시간 및 특성(주택용 배선차단기)

정격전류의 구분	시간	정격전류의 배수(모든 극에 통전)	
		부동작 전류	동작 전류
63[A] 이하	60분	1.13배	1.45배
63[A] 초과	120분	1.13배	1.45배

3.7.3.3. 과부하전류에 대한 보호(KEC 212.4)

1. 도체와 과부하 보호장치 사이의 협조(KEC 212.4.1)

과부하에 대해 케이블(전선)을 보호하는 장치의 동작 특성 충족조건

$$I_B \leq I_n \leq I_Z \quad \cdots\cdots\cdots\cdots\cdots ①$$

$$I_2 \leq 1.45 \times I_Z \quad \cdots\cdots\cdots\cdots\cdots ②$$

여기서, I_B : 회로의 설계전류
I_Z : 케이블의 허용전류
I_n : 보호장치의 정격전류
I_2 : 보호장치가 규약시간 이내에 유효하게 동작하는 것을 보장하는 전류

1) 조정할 수 있게 설계 및 제작된 보호장치의 경우, 정격전류 I_n은 사용 현장에 적합하게 조정된 전류의 설정값임
2) 보호장치의 유효한 동작을 보장하는 전류 I_2는 제조자로부터 제공되거나 제품 표준에 제시되어야 함
3) 식 ②에 따른 보호는 조건에 따라서는 보호가 불확실한 경우가 발생할 수 있다. 이러한 경우에는 식 ②에 따라 선정된 케이블보다 단면적이 큰 케이블을 선정함
4) I_B는 선도체를 흐르는 설계전류이거나, 함유율이 높은 영상분 고조파(특히 3고조파)가 지속적으로 흐르는 경우 중성선에 흐르는 전류임

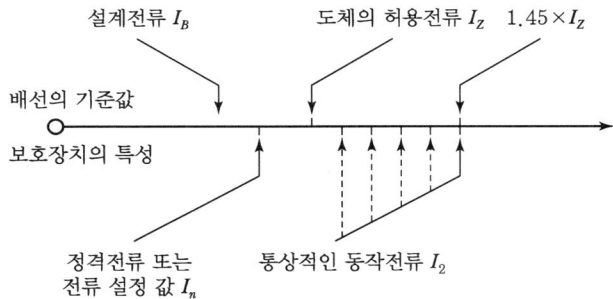

그림 3-160 ▶ 과부하보호 설계 조건도

2. 과부하보호장치의 설치 위치

1) 설치 위치

과부하보호장치는 전로 중 도체의 단면적, 특성, 설치방법, 구성의 변경으로 도체의 허용전류 값이 줄어드는 곳(분기점)에 설치해야 함

2) 설치 위치의 예외

분기점(O)과 분기회로 과부하보호장치(P_2) 설치점 사이의 배선 부분에 다른 분기회로나 콘센트가 접속되어 있지 않고 다음의 조건에 적합한 경우

(1) 전원측 보호장치(P_1)에 의해 분기회로(S_2)가 단락보호되는 경우 분기회로 보호장치(P_2)는 거리에 제한 없이 설치할 수 있음

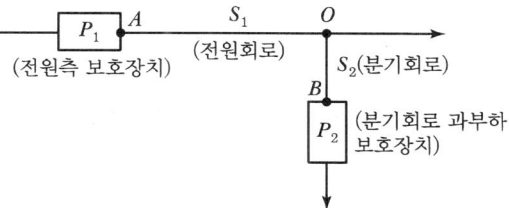

그림 3-161 ▶ 분기회로(S_2)의 분기점(O)에 설치되지 않은 분기회로 과부하보호장치(P_2)

(2) 단락의 위험과 화재 및 인체의 위험성이 최소화되도록 시설된 경우 분기회로 과부하보호장치(P_2)는 분기점으로부터 3[m]까지 이동하여 설치할 수 있음

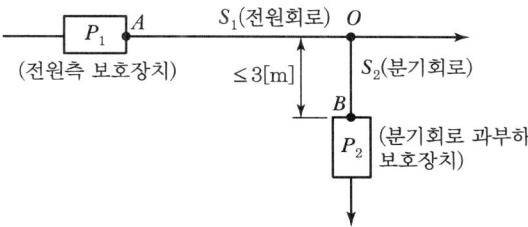

그림 3-162 ▶ 분기회로(S_2)의 분기점(O)에서 3[m] 이내에 설치된 과부하보호장치(P_2)

3. 과부하보호장치의 생략

화재 또는 폭발위험성이 있는 장소에 설치되는 설비 또는 특수설비 및 특수장소의 요구사항들을 별도로 규정하는 경우 외, 다음의 경우 과부하보호장치를 생략할 수 있다.

1) 일반적인 경우

(1) 분기회로 S_2가 P_1에 의해 과부하보호되는 경우
(2) 단락전류에 대한 보호에 따라 단락보호가 되고 있으며, 분기점 이후의 분기회로에 다른 분기회로 및 콘센트가 접속되지 않은 분기회로 중, 부하에 설치된 과부하보호장치가 유효하게 동작하여 과부하전류가 분기회로에 전달되지 않도록 조치한 경우
(3) 분기회로 S_4가 통신, 제어, 신호 및 이와 유사한 회로인 경우

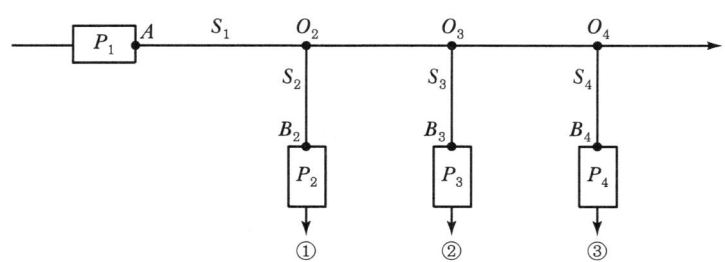

P_2, P_3, P_4는 분기회로 S_2, S_3, S_4에 대한 과부하보호장치임

그림 3-163 ▶ 과부하보호장치가 생략될 수 있는 경우

2) 안전상의 이유로 과부하보호장치의 생략이 고려되는 경우

(1) 회전기기의 여자회로
(2) 전류변성기의 2차 회로
(3) 소방설비의 전원회로
(4) 안전설비(주거침입경보장치, 가스누출경보장치) 등의 전원회로

3) IT 계통의 과부하보호장치

(1) 분기회로 S_2가 이중 절연, 강화절연의 보호방법을 갖추고 있고 Class II 기기로 구성되어 있을 경우
(2) 분기회로 S_3이 2차 고장 발생 시 즉시 동작하는 누전차단기(RCD)로 보호될 경우
(3) 고장 경보를 알리는 절연감시장치를 구비한 경우

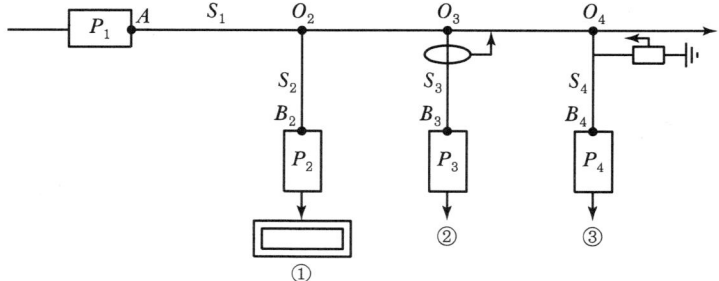

P_2, P_3, P_4는 분기회로 S_2, S_3, S_4에 대한 과부하보호장치임

그림 3-164 ▶ IT 계통에서 과부하 보호장치가 생략될 수 있는 경우

3.7.3.4 단락보호장치

1. **단락보호장치의 설치 위치**

   1) 단락전류 보호장치는 분기점(O)에 설치해야 함

   2) **분기회로 분기점(O)에서 3[m] 지점까지 이동하여 시설할 수 있는 경우**

   (1) 분기점(O)과 분기회로 단락보호장치(P_2) 설치점 사이에 분기회로 및 콘센트가 없는 경우
   (2) 단락, 화재 및 인체에 대한 위험이 최소화될 경우

   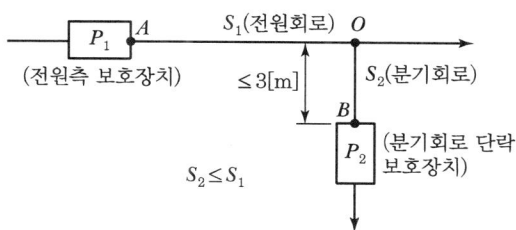

   그림 3-165 ▸ 분기회로 단락보호장치(P_2)의 제한된 위치 변경

   3) **분기회로 분기점(O)에서 거리제한 없이 시설할 수 있는 경우**

   분기점(O)과 분기회로 단락보호장치(P_2) 사이 도체가 전원측 보호장치(P_1)에 의해 단락 보호되는 경우

   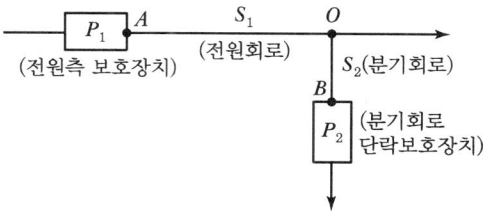

   그림 3-166 ▸ 분기회로 단락보호장치(P_2)의 설치 위치

2. **단락보호장치의 생략**

   배선의 단락위험이 최소화될 수 있는 방법과 가연성 물질 근처에 설치하지 않는 조건이 충족되면 다음의 경우 단락보호장치를 생략할 수 있음

   1) 발전기, 변압기, 정류기, 축전지와 보호장치가 설치된 제어반을 연결하는 도체

2) 전원차단이 설비의 운전에 위험을 초래하는 회로

  (1) 회전기기의 여자회로

  (2) 변류기 2차 회로

  (3) 소방기구의 전원회로

  (4) 주거침입장치, 가스누출경보장치 등의 전원회로

3) 특정 측정회로

3.7.3.5. KEC 기준의 저압전로 중의 전동기 보호용 과전류보호장치의 시설

1. 전동기용 과부하 보호장치의 정격전류 선정방법

전동기는 전전압 기동 시 정격전류의 6~8배 정도의 기동전류가 회로에 흐르므로 이 기동전류에 보호장치가 오동작이 방지되고, 전동기 기동 특성을 고려하여 전동기 보호용 MCCB의 정격전류값이 선정될 것이다.

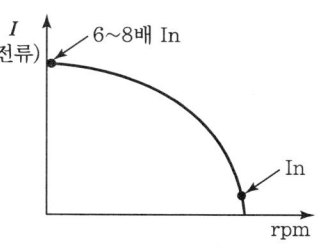

그림 3-167 ▸ 전동기 전전압 기동 특성

1) 보호장치의 정격전류 선정에 영향을 미치는 요소 고려사항

   (1) 전동기 정격전류(I_m)
   (2) 전동기의 전전압 기동배율(β)
   (3) 전동기의 전전압 기동시간(t_m)

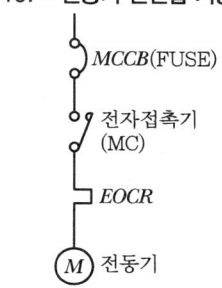

그림 3-168 ▸ 전동기보호계통도

2) 보호장치의 정격전류 선정

   (1) 보호장치의 최소동작시간 설정(t_b)

   ① 전동기 전전압 기동시간(t_m) + (t_m) × 50~100[%]의 범위에서 가산함
   ② 가산시간은 5초를 초과하지 않을 것

   (2) 보호장치의 동작배율(δ) 선정

   [그림 3-169]에서 과부하보호장치의 제조사가 공시한 동작특성곡선에서 최소동작시간(t_b)과 특성곡선의 교점에 해당하는 동작전류가 보호장치의 규약동작배율이 됨

   (3) 과부하보호장치의 정격전류(I_n) 계산식 : $I_n \geq \dfrac{I_m \times \beta}{\delta}[A]$

   (4) 계산값보다 큰 표준 정격전류의 보호장치를 선정함

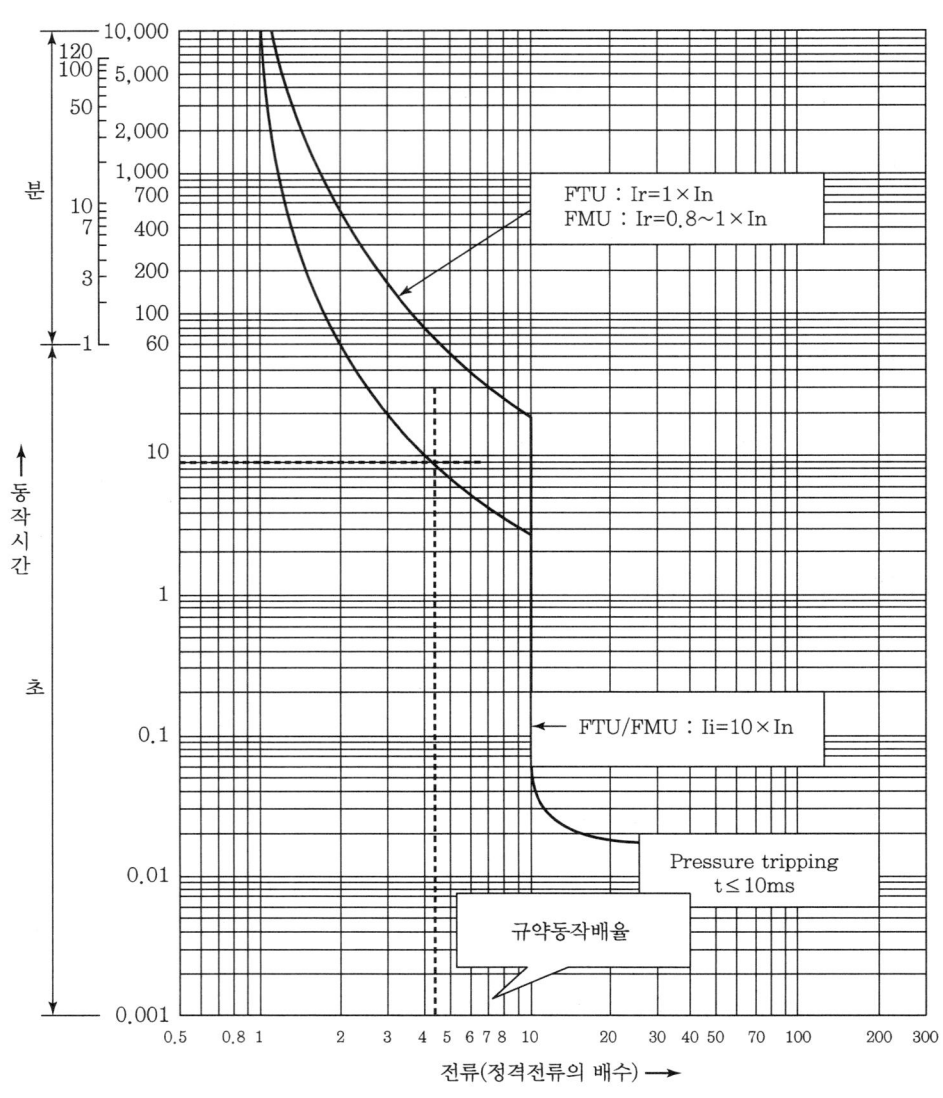

그림 3-169 ▶ 과부하보호장치의 동작특성곡선

2. 전동기회로의 단락보호 차단기 선정방법

전동기회로에서 단락보호 차단기의 정격전류 및 동작전류의 설정값은 회로 내에서 발생하는 단락고장에 대해서는 반드시 동작하여야 하고, 기동 시 돌입전류에 의하여 동작하지 않도록 설정한다.

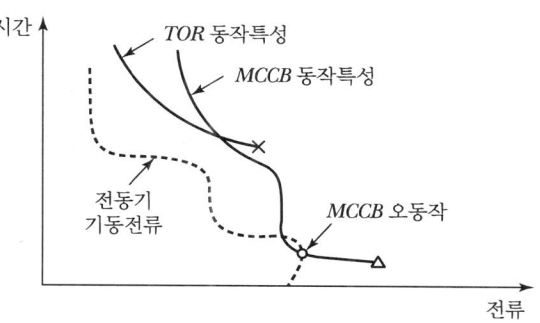

그림 3-170 ▶ 보호장치의 동작특성곡선

1) 단락보호장치의 정격전류(또는 설정값) 선정 시 영향을 미치는 요소

(1) 전동기의 기동전류(I_{ms}) → 돌입전류의 배율(k)을 고려함

(2) 돌입전류의 크기

　① 전동기 기동전류의 1.3~1.5배 범위임

　② Y-Δ 기동방식이 개방방식(Open Circuit Transition)인 경우 → 돌입전류의 크기는 전압계수에 비례하므로 전압계수($\lambda=1.577$)를 고려함

2) 단락보호용 보호장치의 선정

(1) 단락보호장치의 순시동작 설정값

[그림 3-171]와 같이 전동기의 기동 시 돌입전류에 의하여 동작되지 않도록 설계여유를 주어 설정값을 결정함

(2) 단락보호용 보호장치의 정격전류(I_n)

$$I_n \geq \frac{I_{ms} \times k}{\delta} \times a \,[\text{A}] \; (I_n \text{은 계산값보다 큰 표준의 정격을 선정})$$

여기서, I_{ms} : 전동기의 기동전류[A]
　　　　k : 돌입전류의 배율
　　　　δ : 보호장치의 순시차단배율
　　　　a : 설계여유계수($a=1.25$)

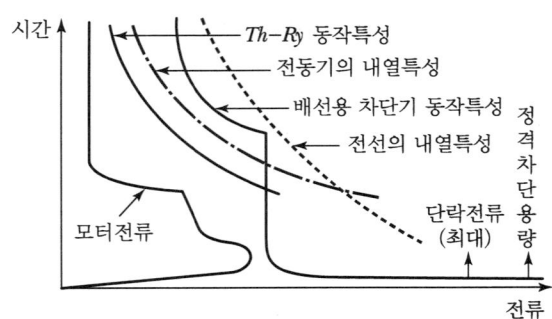

그림 3-171 ▶ 배선용차단기 사용 시 보호협조 특성곡선

SECTION 08 | 배전선로 일반사항

3.8.1 전력케이블(고압 CV)의 차폐층 설치원리, 접지 형태에 따른 현상, 차폐층의 역할, 차폐층 접지방법

1. 개요

1) 차폐층은 전력손실 경감 및 인체 감전위험을 방지하기 위해 설치되며, 고압 케이블에서는 동 Tape가 주로 사용된다.

2) **차폐 구분**

   (1) **고압 차폐도체** : 동 Tape
   (2) **특고압 차폐도체** : 동심중성선

2. 차폐층의 원리

1) 동 Tape와 같은 차폐층을 갖는 고압 케이블에 교류전류가 흐르면 도체로부터 전자유도작용에 의해 차폐층에 전압이 유기됨
2) 이 전압에 의해 와전류가 흘러 케이블의 손실 및 감전을 유발시킴
3) 차폐층의 접지를 통해 유기전압을 억제시켜 케이블의 손실 및 감전을 방지함

3. 차폐층의 역할

1) **내전압 성능의 향상** : 절연체에만 균일 전압을 유기시킴
2) **트래킹 현상 방지** : 부분방전 또는 충전전류에 의한 트래킹 현상 방지
3) 통신선으로 유도장해 방지
4) 전력손실 경감
5) 인체 감전 보호
6) 고장전류의 귀로
7) 대기 중 습기의 절연체로의 혼입 방지

4. 차폐층 유기전압

1) 접지 형태에 따른 차폐층 유기전압

(1) 차폐층 접지

① 도체와 대지 간의 전압을 인가 시 차폐층 유기전압은 거의 0 전위가 되어 와전류 발생이 방지됨
② 차폐층과 대지 간의 유기전압이 경감됨 (시스 유기전압 경감)

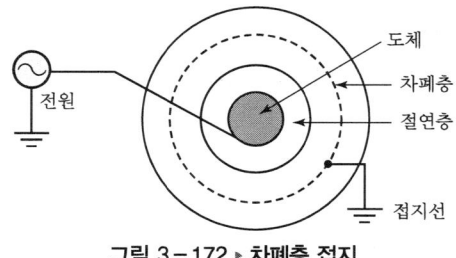

그림 3-172 ▶ **차폐층 접지**

(2) 차폐층 비접지

① 인가전압 V가 도체에 가해지면 정전용량 C_1, C_2에 의해 전압이 V_1, V_2로 분압되며 그 크기는 정전용량의 크기와 반비례함

(차폐층 전압 $V_2 = \dfrac{C_1}{C_1 + C_2} V$)

② 일반적으로 $C_1 \gg C_2$의 관계에 의해 차폐층 ↔ 대지 간 유기전압 V_2는 거의 인가전압에 가까움
③ 이러한 이유로 비접지, 접속 불량, 단선의 경우 차폐층의 유기전압이 높아 위험한 형태가 됨

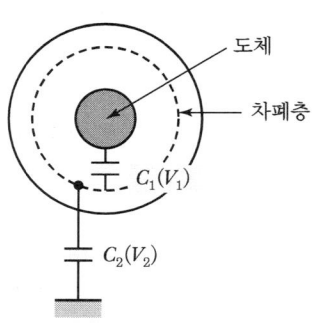

C_1 : 도체 ↔ 차폐층 간 정전용량
C_2 : 차폐층 ↔ 대지 간 정전용량

그림 3-173 ▶ **차폐층 비접지**

2) 시스(Sheath) 유기전압(E_s)의 크기

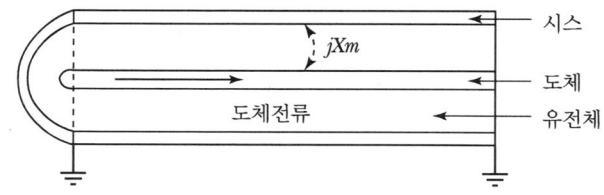

그림 3-174 ▶ **케이블 시스 유기전압**

(1) $E_s = jX_{mi} \cdot I_i$ [V/km]

여기서, I_i : 도체전류
X_{mi} : 도체와 Sheath 간 상호 리액턴스[Ω/km]

(2) 배치 상태, 상호 이격거리 등에 따라 변동됨

3) 시스 유기전압에 영향을 미치는 요인

차폐층과 대지 간의 전압인 시스 유기전압의 기본식
$E_s = jwLI = \sum jX_{mi} \cdot I_i\,[\text{V/km}]$에 의해 다음과 같은 관계가 성립함

(1) **전류** : 도체에 흐르는 전류가 클수록 유기전압이 큼
(2) **케이블의 굵기 및 길이** : 장거리 선로에서 유기전압이 큼
(3) **주파수** : 주파수가 높을수록 유기전압이 커짐

5. 통신선 유도장해 경감

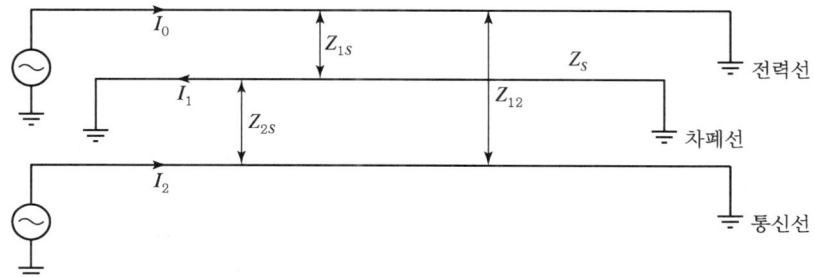

Z_{12} : 전력선과 통신선 간의 상호 임피던스
Z_{1S} : 전력선과 차폐선 간의 상호 임피던스
Z_{2S} : 통신선과 차폐선 간의 상호 임피던스
Z_S : 차폐선의 자기 임피던스

그림 3-175 ▶ **통신선 차폐효과**

1) 차폐선 양단이 완전히 접지된 경우 통신선에 유도되는 전압(V)식

$$V = -Z_{12}I_0 + Z_{2S}I_1 = -Z_{12}I_0 + Z_{2S}\frac{Z_{1S}\,I_0}{Z_S}$$

$$= -Z_{12}I_0\left(1 - \frac{Z_{1S}\,Z_{2S}}{Z_S\,Z_{12}}\right)$$

여기서, I_0 : 전력선의 영상전류[A]
I_1 : 차폐선의 유도전류[A]

2) 차폐선 차폐계수(λ)

$\lambda = \left|1 - \dfrac{Z_{1S}\,Z_{2S}}{Z_S\,Z_{12}}\right|$ Z_S를 저감시킬수록 차폐 효과가 커짐

6. 시스(Sheath) 유기전압 저감대책

1) Cable의 적정한 간격별 전기적 절연
2) Cable의 연가
3) Cable의 적절한 배열(정삼각 배열)
4) Sheath 접지 실시

7. 차폐층 접지방식

1) 편단접지

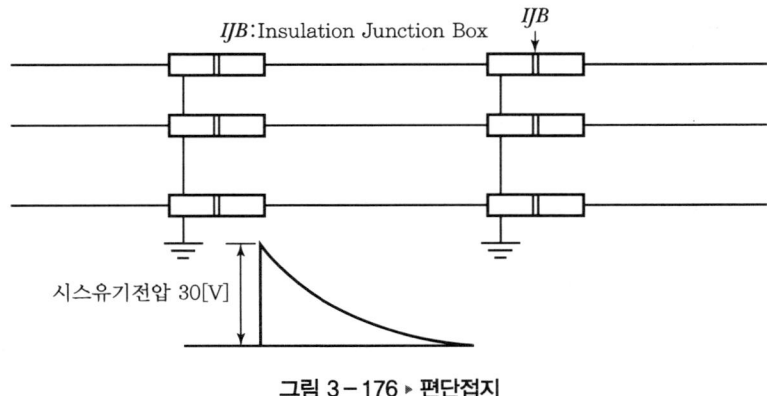

그림 3-176 ▶ 편단접지

(1) 접지 형태

단심 케이블에서 금속시스의 유기전압을 저하시키기 위한 접지방식 중의 하나로 금속시스의 한쪽만 접지하고 다른 쪽은 개방해 두는 접지방식임

(2) 특징

① 접지된 쪽의 유기전압은 낮음(접지되지 않은 쪽은 유기전압이 높음)
② 순환전류가 없어 회로손이 0임
③ Surge 침입 시 비접지단에 이상전압이 발생됨

(3) 적용

발·변전소 인출용 선로와 같이 케이블로 긍장이 짧은 경우 적용함

2) 양단접지

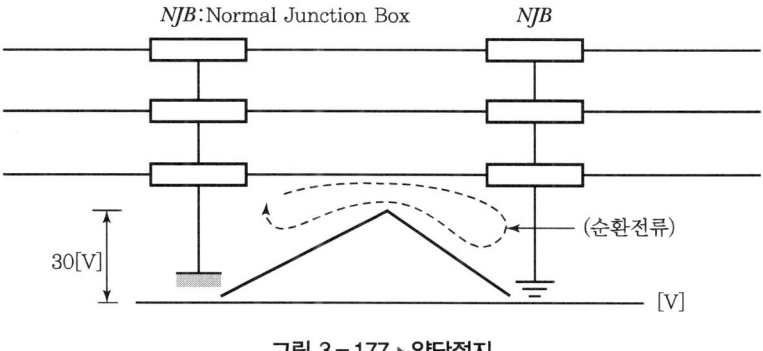

그림 3-177 ▶ 양단접지

(1) 접지 형태

케이블의 차폐층 양쪽을 접지하는 방식으로 차폐층의 접지는 거의 0[V]가 됨

(2) 특징

시스 유기전압은 크게 저하되나 순환전류로 전력손실, 송전용량 감소가 발생됨

(3) 적용

① 장거리 해저 케이블 등과 같이 시스 전압 저감방식을 적용하지 못하는 경우
② 허용전류 면에서 충분한 여유가 있고, 시스회로손이 문제가 없는 곳에 제한적으로 적용함

3) 크로스본딩(Cross Bonding) 방식

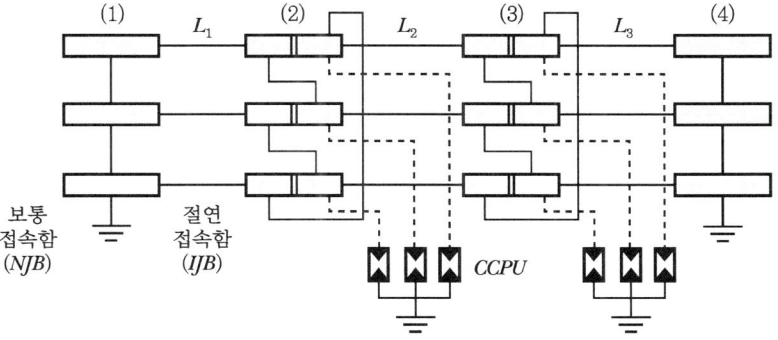

* CCPU(Cable Covering Protection Unit)
  지중송전선로에 뇌서지, 단락, 접지 등으로 인해 금속 Sheath에 유기된 이상전압을 안전하게 방전시켜 방식층을 보호할 목적으로 사용하며 CCPU는 저항기, 방전갭 또는 소형 피뢰기를 내장하고 있음

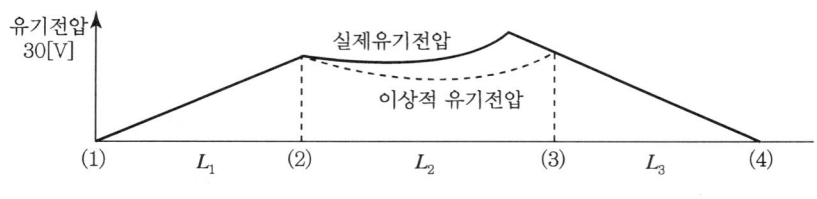

그림 3-178 ▶ Cross Bonding 방식

(1) 접지 형태

본드선으로 3상을 연가한 후 접지하는 방식

(2) 특징

① 대규모 선로에 적합한 방식
② 경제성 및 보수성이 우수함
③ 시스 연가 길이에 따라 유기전압이 달라짐
　㉠ 시스의 연가 길이가 동일한 경우($L_1 = L_2 = L_3$) → 이상적인 유기전압이 발생
　㉡ 시스의 연가 길이가 동일하지 않은 경우($L_1 \neq L_2 \neq L_3$) → 실제 유기전압이 발생

(3) 적용

선로 긍장이 길어 편단 접지의 적용이 어려운 경우 적용함

8. 결론

차폐층을 비접지로 할 경우 시스 유기전압은 거의 인가전압만큼 발생되며, 전력손실, 송전용량 감소, 감전의 위험문제가 발생되므로 적절한 접지방식의 채용 및 단심 케이블의 경우 연가, 정삼각 배치 등으로 시스 유기전압을 억제해야 하며, 특히 선로길이가 길어 편단접지로 접지효과가 없을 때 크로스본딩 방식을 채택할 때 시스의 연가 길이가 평행이 되도록 하여 불평형 전류가 발생되지 않도록 해야 할 것으로 판단한다.

3.8.2 케이블의 각종 손실과 전위경도

1. 개요

전력 케이블에 통전전류가 흐르면 Joule 열에 의한 저항손, 유전체손, 연피손 등이 발생되며 인가전압에 따라 전위경도는 달라지며 절연체의 절연내력이 충분히 커서 케이블의 안전 사용이 가능하도록 해야 한다.

2. 각종 손실

1) 저항손(W_l)

(1) 정의

케이블에 전류 I가 흐를 경우 케이블의 도체저항(R)에 의해 발생하는 손실로서 케이블 손실의 주체가 됨

(2) 수식

$$W_l = I^2 R \,[\text{W/m}] = I^2 \rho \frac{l}{A} = \frac{1}{58} \times \frac{100}{C} \times \frac{I^2 l}{A}$$

① C : 도전율[%] : 연동선(CU) → 100[%], AL → 61[%]
② l : 도체의 길이[m]
③ A : 전선의 단면적[mm²]

(3) 저감대책

① 전선의 단면적 증가
② 도전율이 우수한 도체 사용
③ 길이(l) 축소

2) 유전체손(W_d)

(1) 정의 : 유전체(절연물)에 교류전압을 인가하였을 때 발생하는 손실

(2) 측정방법

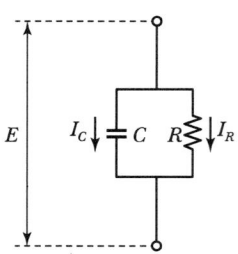 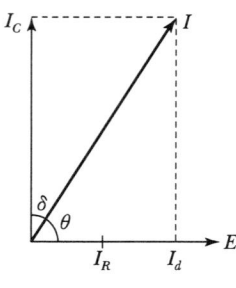

I_R : 누설전류[A]
I_C : 충전전류[A]
I_d : 쌍극자전유전류[A]
E : 인가전압[V]

그림 3-179 ▶ 유전체손

① I_c는 충전전류로서 무효전류에 해당되므로 손실로 보지 않음
② I_R ≒ 손실전류이므로 이를 통한 이론적 계산
  ㉠ 단심 케이블의 경우

$$유전체손(W_{d1}) = E\,I_R = E\,I_c\tan\delta = E\dfrac{E}{\dfrac{1}{wc}}\tan\delta$$

$$wcE^2\tan\delta = 2\pi fcE^2\tan\delta\ [\text{W/m}]$$

  ㉡ 3심 케이블의 경우

$$유전체손(W_{d3}) = 3wc\left(\dfrac{V}{\sqrt{3}}\right)^2\tan\delta = wcV^2\tan\delta\ [\text{W/m}]$$

(3) 특징

① 유전체손(W_d) $\propto f$(주파수)와의 관계에 따라 고조파 부하의 경우 유전체손이 증가함
② 유전체손은 전압(V) 및 온도(tanδ)에 따라 달라짐
③ 사선 및 활선 상태에서 유전체의 tanδ값을 통해 열화 측정이 가능함

(4) 저감대책

① 유전율이 적은 절연체 사용
② tanδ값이 적은 케이블 사용
③ 직류 송전방식 채용

3) 연피손

(1) 정의

동 Tape, 연피, 알루미늄피와 같은 도전성 외피를 갖는 케이블에서 교류전류(I)에 의한 전자유도 작용에 따른 연피 유기전압에 의한 와전류가 발생시키는 손실을 말한다.

(2) 증가원인

① 연피저항이 적을 때
② 전류, 주파수가 클 때
③ 1회선인 경우 각상 단심 케이블 이격거리가 클 때

(3) 영향

① 전력손실 증가   ② 송전용량 감소

(4) 저감대책

① 단심 케이블 근접 시공한 삼각형 배열 시공
② 단심 케이블의 연가
③ 케이블의 접지방식 채용
  ㉠ 짧은 구간(300[m] 이하) → 편단접지
  ㉡ 장거리 → Cross Bonding 접지

3. 전위경도(Potential Gradient)

1) **정의** : 전계 중의 전위곡선의 구배를 나타낸 것

2) 전위경도$(G) = \dfrac{\Delta V}{\Delta l} = \tan\theta$

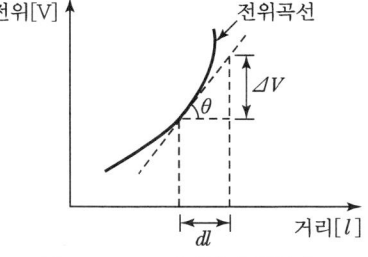

그림 3-180 ▶ 케이블의 전위경도

3) **케이블의 절연내력**

   절연지의 두께에 의해 정해지나 그 평균 전위경도는 심선과 연피와의 사이에 인가된 전압을 절연층의 두께로 나눈 값으로 정해짐

4) 전위경도의 최대점은 도체의 표면에서 나타남

5) 단심 케이블(차폐 케이블)의 경우 케이블 중심에서 $x[\text{m}]$ 떨어진 점에서의 전계의 세기 E_x는

   $E_x = \dfrac{E}{x \ln \dfrac{R}{r}}$ 이며, 임의의 A동심원의 반경은 r, B동심원의 반경은 R이고 중심에서 $x[\text{m}]$ 떨어짐

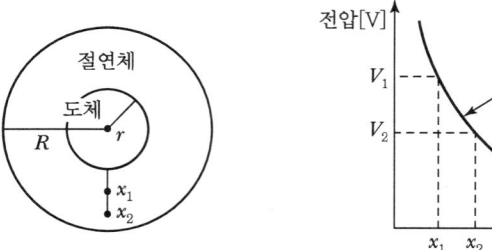

그림 3-181 ▶ 케이블의 전위경도

6) E_x가 최대가 되는 곳은 $x=r$인 점으로

$$E_{\max} = \frac{E}{r \ln \frac{R}{r}}$$

7) 케이블의 절연내력 > $E_{\max}$가 되게 하여 충분히 안전성을 보장할 수 있게 함

8) 절연지의 파괴전압은 실횻값으로 200~300[kV/m]이며 통상 $E_{\max}$는 40~50[kV/m]로 안전함

3.8.3 Cable의 단절연(Graded Insulation)

1. 정의
케이블 절연체의 절연을 유전율이 다른 재질로 단계적으로 절연하는 것을 말한다.

2. 무한원통에서의 전계의 세기

1) 무한원통의 중심에서 $r[\text{m}]$ 떨어진 P점의 전계의 세기

$$E = \frac{Q}{2\pi\varepsilon r}[\text{V/m}]$$

2) 무한원통을 Cable 도체로 취급하면 도체 표면이 전계가 가장 크며, 절연파괴가 일어나기 쉬움

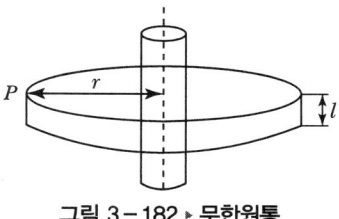

그림 3 – 182 ▶ 무한원통

3. 케이블의 단절연이 가능한 사유

1) 동심케이블 절연층의 전계의 세기(E)는 내부도체에 가까울수록 커지므로 케이블 전체로서는 절연내력은 저하됨
2) 이를 방지하기 위해 절연층을 여러 단으로 나누어 도체에 가까울수록 유전율(ε)이 큰 절연물을 사용하여 전위경도를 균일하게 할 수 있음
3) $D = \varepsilon E$이고, $E = \dfrac{D}{\varepsilon}$이므로 ε가 커지면 전계 E는 줄어듦
4) 단절연을 통해 케이블 절연내력을 보강할 수 있음

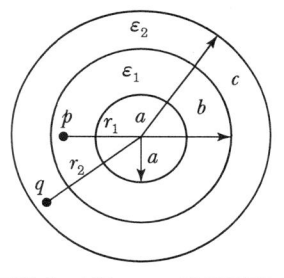

그림 3 – 183 ▶ p, q점 전위경도

4. Cable의 단절연 방법

1) 도체와 가까울수록 유전율이 큰 유전체로 절연
2) 반경이 증가하면서 유전율이 낮은 유전체로 단계적으로 저감 절연
3) 중심부일수록 $\varepsilon_1 > \varepsilon_2 > \varepsilon_3$

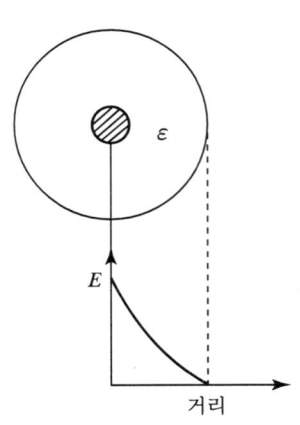

그림 3-184 ▶ 케이블 일반절연

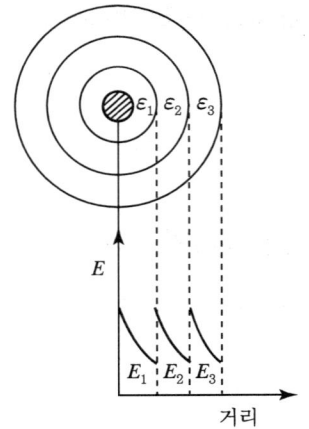

그림 3-185 ▶ 케이블 단절연

5. 효과

1) 케이블의 절연 협조 가능

2) Cable 단절연을 통해 Cable 절연비용 절감

3.8.4 유전율

1. 정의

절연체에 극성이 바뀌는 교류전압을 인가 시 절연체의 원자 분자에 분극 현상이 발생되며 이러한 분극 현상에 의해 어느 정도의 전하를 유도하는가를 유전율이라고 한다.

2. 유전율의 표현(ε)

$\varepsilon = \varepsilon_0\, \varepsilon_R\,[\text{F/m}]$

ε_0 : 진공에서의 유전율 → $8.85 \times 10^{-12}[\text{F/m}]$

ε_R : 비유전율(Relative Permittivity)

전극 내 어떤 절연체를 삽입 시 진공 대비 어느 정도 더 많은 정전에너지를 저장할 수 있는가의 비율로서 케이블, 변압기 등의 절연체의 절연능력을 나타내는 척도이다.

표 3-49 ▶ 비유전율표

유전체	비유전율(ε_R)	유전체	비유전율(ε_R)
진공	1	폴리에틸렌	2.2~2.4
공기	1.00059	고무	2~3
절연지	1.2~2.5	염화비닐	5~9
절연유	2.2~2.4	실리콘유	2.58

3. 적용

1) 쿨롱의 법칙

$$F = \frac{1}{4\pi\varepsilon} \times \frac{Q_1 Q_2}{r^2}$$

여기서, $Q_1,\ Q_2$: 전하량[C]
r : 반지름
F : 힘

2) 콘덴서의 용량 $C[\text{F}]$

$$C = \varepsilon \frac{A}{l}$$

여기서, A : 극판의 면적
l : 극판 간의 간격
ε : 유전율

3.8.5 표피효과(Skin Effect)

1. 정의

전선에 AC전류가 흐를 경우 전선의 중심부로 갈수록 리액턴스가 커져 전류의 흐름이 어렵고 표면으로 갈수록 전류의 밀도가 증가하는 현상을 말한다.

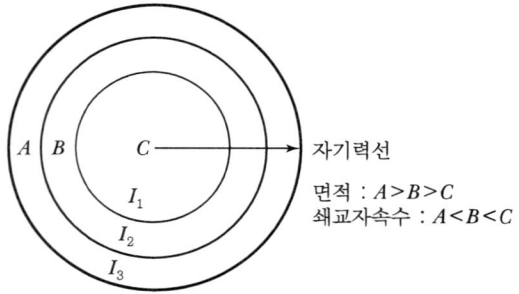

그림 3-186 ▶ 자속 및 자기력선분포

2. 내용 설명

1) AC 전류에 의한 리액턴스 증가

   (1) 전선의 중심부 전류와 쇄교하는 자속수가 가장 크므로 리액턴스가 가장 큼
   (2) 전류밀도의 분포는 $I_1 < I_2 < I_3$가 됨
   (3) AC의 경우 전선의 유효면적은 감소되고 저항값은 직류보다 증대됨

2) 교류저항(R_{AC})과 직류저항(R_{DC})의 비(ϕ)

   (1) 식

   $$\frac{R_{AC}}{R_{DC}} = \phi(m, r)$$

   여기서, r : 반지름

   $$m = 2\pi \sqrt{\frac{2f\mu}{\rho}} = 2\pi \sqrt{2f\mu K}$$

   여기서, μ : 투자율, ρ : 고유저항
   K : 도전율, f : 주파수

   $$R_{AC} = \phi(m, r) R_{DC} = \phi(m, r) \rho \frac{l}{s} \quad \cdots\cdots\cdots ①$$

   (2) 식 ①에 의해 직류저항 대비 교류저항 증가(표피효과에 영향을 주는 요인)

   ① 전선이 굵을수록 표피효과는 증가함
   ② 도전율, 투자율, 주파수가 증가할수록 표피효과는 증가함
   ③ 온도에는 반비례함

3. 대책

1) 케이블의 경우 연선 사용

2) 대전류의 경우 부스바 사용

3) 가공송전선일 경우 복도체 사용

    (1) 154[kV] → 2도체
    (2) 345[kV] → 4도체

4) 다도체 사용

5) 직류 송전방식 채용

4. 실계통에서의 적용

$250[mm^2]$ 이상 케이블의 경우 근접효과와 표피효과를 검토한다.

3.8.6 근접효과

1. 정의
표피효과의 일종으로 표피효과는 도체 1본의 개념이나 근접효과는 도체 2본 이상이 근접 배치된 경우 각 도체에 흐르는 전류의 크기, 방향, 주파수에 따라 각 도체의 단면에 흐르는 전류밀도 분포가 변하는 현상을 말한다.

2. 근접효과에 영향을 주는 요인
1) 주파수의 크기가 클수록 영향이 큼
2) 2개 이상의 도체를 근접 배치할수록 영향이 큼
3) 전류의 방향(동방향, 이방향)

3. 영향
1) 각 전선의 자계는 다른 전선의 전류흐름에 악영향
2) 전선의 전류밀도를 변화시킴
3) 도선의 온도 상승, 저항 증가
4) 자화손 증가

4. 고주파 전류의 방향에 의한 전류밀도 분포

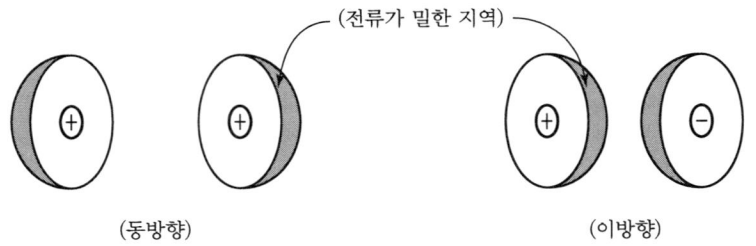

그림 3-187 ▶ **전류밀도 분포**

1) 전류방향이 동방향 → 전류밀도가 밀한 지역이 반대쪽에 형성
2) 전류방향이 이방향 → 전류밀도가 밀한 지역이 근접하여 형성

5. 근접효과 대책
1) 이격 및 차폐 시공
2) 연선 및 ACSR 사용

3.8.7 동심중성선 CNCV

1. 사용목적

국내의 경우 22.9[kV-Y] 다중접지계통 방식으로 지락 시 지락전류가 크며 이 지락전류를 충분히 흘려보내어 케이블의 소손 및 손상을 방지하기 위해 CV 케이블에 동심 형태의 중성선을 추가하여 사용하게 한다.

2. CNCV-W(수밀형)

1) 구조적 특징

   부풀음 테이프 및 수밀층이 있음

2) 적용

   배전선로, 수전회로 인입용으로 사용

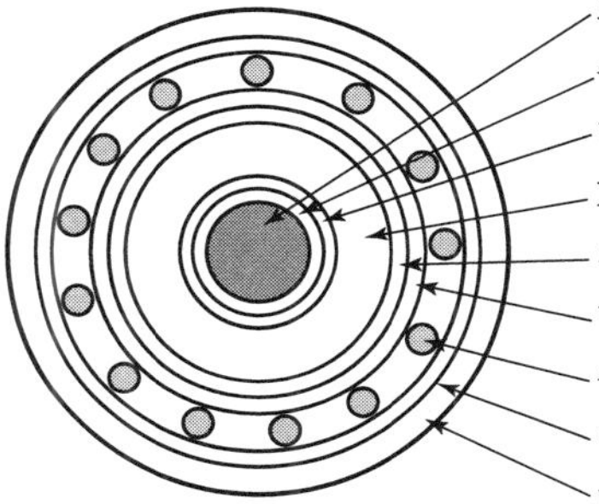

3) 구성요소

   (1) 수밀층

   도체 틈 사이로 물의 침투를 방지함

   (2) 내부반도전층

   ① 도체와 절연층 간의 간극 형성 방지로 부분방전을 방지시킴
   ② 도체면의 전하 분포를 고르게 하여 절연체의 절연내력을 향상시킴

   (3) XLPE 절연층

   도체의 전계강도에 대한 절연을 유지시킴

   (4) 외부반도전층

   절연층과 중성선 사이의 전계를 일정하게 유지시키며, 절연체의 절연내력을 향상시킴

   (5) 부풀음 테이프

   수분과 접촉 시 수분을 흡습하여 부풀어 올라 물의 침입을 방지함

그림 3-188 ▶ CNCV-W

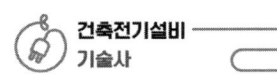

- (6) 중성선

    ① 고장전류를 흘릴 수 있으며 차폐층 유도전압을 억제시킴

    ② 중성선의 단면적은 도체 단면적의 $\frac{1}{3}$ 정도임

- (7) 외피

    PVC / PE를 사용하며 내약품, 내화학, 방수, 기계적 강도에 대한 내력, 난연성의 특성으로 케이블을 보호하는 역할을 함

4) CNCV 구분

- (1) CNCV(동심중성선 차수형 전력케이블)

- (2) CNCV – W(동심중성선 수밀형 전력케이블)

    ① 구조 : CNCV 케이블의 도체 부위에 수밀층이 추가

    ② 적용 : 지중전선로에 적용

- (3) TR – CNCV – W(동심중성선 수밀형 트리억제형 전력케이블)

    ① 구조 : CNCV – W 케이블에 수트리 방지용 가교 폴리에틸렌으로 콤파운드한 형태

    ② 적용 : 지중전선로의 직매식 또는 배전선로에 적용

- (4) FR – CNCO – W(동심중성선 수밀형 무독성 난연 전력케이블)

    ① 구조 : CNCV – W 케이블에 난연성을 추가

    ② 적용 : 방화구획 관통, 비상전원 수전회로 등에 적용

3. CVCN(동심중성선 일반형 전력케이블)

1) 부풀음 테이프 또는 수밀층이 없는 형태
2) 현재 잘 사용이 안 됨

4. CNCV – W와 CVCN 케이블의 특징 비교

구분	CNCV – W	CVCN
케이블헤드 수분 침입	×	○
수트리 열화	×	○
옥외 수전용	가능	불가

3.8.8 동상다수조 케이블

1. 개요

건축물의 규모가 대형화되고 부하설비 용량이 증가됨에 따라 케이블이 다수조로 포설되면서 전선 상호 간의 인덕턴스, 자체 선로정수의 변화 등의 원인으로 선로에 불평형이 발생하게 된다.

2. 동상다수조 케이블의 불평형 원인

저항보다 인덕턴스에 의해 불평형 원인이 크며, 동상 내 상배열의 부적당, 선심 상호 간 거리가 일정치 않는 경우 불평형이 발생된다.

1) 전선 배치에 따른 인덕턴스 변화

(1) 전선 평행 배치 시 작용 인덕턴스[mH/km]

$$L = 0.05 + 0.4605\log_{10}\frac{D}{r} \, [\text{mH/km}]$$

D(케이블 이격거리)에 따라 인덕턴스 $[L]$가 변화하게 됨

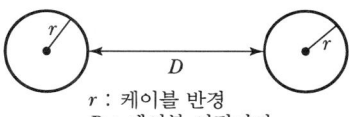

r : 케이블 반경
D : 케이블 이격거리

그림 3-189 ▶ 평행 배치 시 인덕턴스

(2) 전선 삼각 배치 시 작용 인덕턴스[mH/km]

$$L = 0.05 + 0.4605\log_{10}\frac{D}{r} \, [\text{mH/km}]$$

$$D = \sqrt[3]{D_{ab} D_{bc} D_{ca}}$$

① 정삼각형 배치 시 : $D_{ab} = D_{bc} = D_{ca} = D$

② 정삼각형 배치가 아닐 경우 :

$D_{ab} \neq D_{bc} \neq D_{ca} \neq D$

D(케이블 이격거리)에 따라 인덕턴스$[L]$가 케이블마다 심하게 변화됨

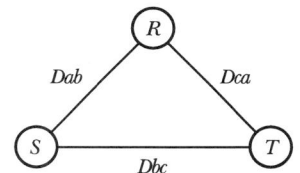

D : 케이블 등가 선간거리

그림 3-190 ▶ 삼각 배치 시 인덕턴스

2) 케이블 각 상 배열 잘못 및 선심 상호 간 거리가 다른 경우

3) 케이블 주위 전위 및 자속의 영향

4) 케이블의 길이 차이

5) 케이블의 종류 및 굵기가 다른 경우

표 3-50 ▸ 동상다수조 케이블 배치 시 불평형률

케이블 배치	동상 내 불평형률[%]
Ⓝ ⓐ ⓑ ⓒ ⓐ' ⓑ' ⓒ' Ⓝ'	약 10[%]
Ⓝ ⓐ ⓑ ⓒ Ⓝ' ⓒ' ⓑ' ⓐ' Ⓝ ⓐ ⓑ ⓒ ⓒ' ⓑ' ⓐ' Ⓝ'	0[%]

3. 영향

1) 역률 저하 및 전압강하 증가
2) 전류의 흐름에 방해 작용 증가
3) 케이블의 발열 및 손실 증가
4) 케이블의 수명 저하
5) 케이블의 이용률 저하
6) 불평형전류가 30[%] 이상인 경우 계전기 오동작 가능

4. 대책

1) 케이블의 균등한 상 배치
2) 선심 상호 간 동일 거리 유지
3) 각 상의 전선길이 일치
4) 동일 굵기 전선 사용
5) 케이블의 연가
6) 장거리 배전선로의 경우 3심 케이블 배치

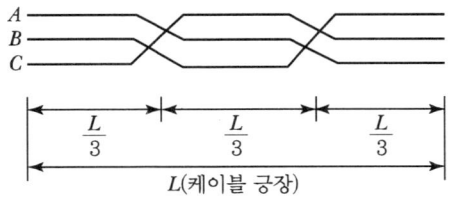

그림 3-191 ▸ 케이블 연가

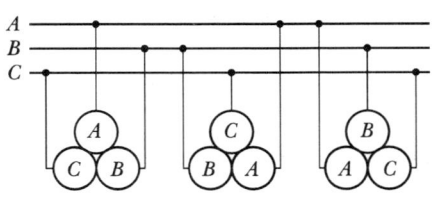

그림 3-192 ▸ 케이블 3각 배치

3.8.9 중성선 굵기

1. 개요

국내의 경우 Home Office 개념 및 업무용 B/D와 공장 등에서 비선형 부하기기의 급증으로 중성선에 누출되는 전류가 급증함으로써 중성선의 발열, OA기기의 손상, 변압기 소손과 같은 문제가 발생하고 있으며 이와 관련한 중성선 전류의 발생, 중성선 기능, 굵기 선정 방법, 굵기 선정 시 고려사항 등에 대해 설명한다.

2. 중성선 전류(I_N)의 발생

1) 평행 부하 상태(비선형 부하 포함)

 (1) 선형 부하 : $I_N = 0$ (2) 비선형 부하 : $I_N \neq 0$

2) 불평형 부하 상태(비선형 부하 포함)

 (1) 선형 부하 : $I_N \neq 0$ (2) 비선형부하 : $I_N \neq 0$

3. 중성선 전류의 문제점

1) 중성선 과열 소손
2) 열화에 의한 변압기 수명 단축 및 정격 감소
3) 기기 오동작
4) 부하의 전압 왜형률 증가
5) 역률 악화
6) 표피효과로 인한 전선의 유효 단면적 저감

4. 중성선의 기능

1) 기준 전위점 형성   2) 상전압 공급($1\phi 3W$, $3\phi 4W$)

3) 접지

 (1) 가공지선과 공통 접지 시 불평형 전류를 억제시킴
 (2) 지락사고 시 건전상의 전위 상승을 억제시킴
 (3) 지락전류의 검출이 용이함
 (4) 보호계전기 동작이 용이함

5. 중성선 굵기 산정방법(선정 시 고려사항)

1) 불평형 전류 및 3고조파 전류를 안전하게 통전시킬 수 있는 굵기 산정

(1) 중성선에 흐르는 전류 이상의 전선 사이즈 고려

(2) 장래 증설 및 제 3고조파 전류 이상의 전선 사이즈 고려

2) 중성선의 단면적(KEC 231.3.2)

(1) 중성선의 단면적이 최소한 선도체의 단면적 이상인 경우

① 2선식 단상 회로
② 선도체의 단면적이 구리선 16[mm²], 알루미늄선 25[mm²] 이하인 다상 회로
③ 제3고조파 및 제3고조파의 홀수 배수의 고조파 전류가 흐를 가능성이 높고, 전류 종합고조파왜형률이 15~33[%]인 3상 회로

(2) 제3고조파 및 제3고조파 홀수 배수의 전류 종합고조파왜형률이 33[%]를 초과하는 경우, 아래와 같이 중성선의 단면적을 증가시켜야 함

구분	단면적
다심 케이블	• 선도체와 중성선의 단면적과 같아야 함 • 단면적은 선도체의 $1.45 \times I_B$(회로 설계전류)를 흘릴 수 있는 중성선일 것
단심 케이블	• 선도체의 단면적이 중성선 단면적보다 작을 수도 있음 • 계산방법 　－선 : I_B(회로 설계전류) 　－중성선 : 선도체의 $1.45 I_B$와 동등 이상의 전류

(3) 다상 회로에서 중성선의 단면적을 선도체 단면적보다 작게 해도 되는 경우는 각 선도체 단면적이 구리선 16[mm²] 또는 알루미늄선 25[mm²]를 초과하는 경우 다음 조건을 모두 충족할 경우임

① 통상적인 사용 시에 상(Phase)과 제3고조파 전류 간에 회로 부하가 균형을 이루고 있고, 제3고조파 홀수 배수 전류가 선도체 전류의 15[%]를 넘지 않음
② 중성선은 중성선 보호에 따라 과전류 보호됨
③ 중성선의 단면적은 구리선 16[mm²], 알루미늄선 25[mm²] 이상

6. 중성선 전류 저감대책

1) 부하 평형 배치　　　　　　　　　2) ZED(ZHF) 설치

7. 결론

최근 정보화 사회로 인한 비선형 부하의 증가 및 부하 불평형에 의한 중성선 표피효과로 중성선 굵기의 저감효과 및 3의 배수 고조파로 인한 중성선 과열, OA 기기 소손 등의 문제가 발생되고 있는 바 이 부분에 대한 설계, 계획 시 부하의 평행 유지 및 ZED(ZHF) 등의 설치 등이 사전에 검토되어야 할 것이다.

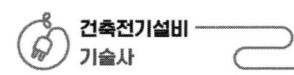

3.8.10 충전전류의 영향 및 대책

1. 개요

충전전류란 선로의 정전용량에 의해 전압에 비해 위상이 90° 앞선 진상전류가 선로에 충전되어 흐르는 전류로서 무부하 선로에서 선로의 길이가 긴 경우 충전전류가 클 때 페란티 현상 및 차단기 개폐서지 증가 등의 악영향이 발생된다.

2. 충전전류의 개념(발생원인)

선로와 대지 간에 대지전압이 가해지면 정전용량(c)이 발생되고 이 정전용량을 통해 흐르는 전류가 충전전류이며 이 전류는 대지전압보다 90° 앞선 진상전류이며 이 충전전류의 크기는 다음과 같다.

1) 3상 1회선 충전전류(I_c)

$$I_c = 2\pi f c_n \frac{V}{\sqrt{3}} \ [\text{A}/\text{km}]$$

여기서, f : 주파수
c_n : 정전용량$[\mu\text{F}/\text{km}]$
V : 선간전압[V]

2) 3상 1회선 작용정전용량을 c_n라 하면 $c_n = \dfrac{0.02413}{\log_{10}\dfrac{D}{r}}$ 적용 시

$$I_c = 2\pi f \frac{0.02413}{\log_{10}\dfrac{D}{r}} \frac{V}{\sqrt{3}} \ [\text{A}/\text{km}]$$

3. 충전전류에 영향을 미치는 요인

1) 주파수(f)

주파수가 증가 시 충전전류는 증가함

2) 등가선간거리(D)

(1) 가공선로의 경우 D를 적용하며 D값이 커 충전전류는 작아짐

(2) 지중케이블의 경우 D 대신 절연반지름을 사용하기 때문에 작용정전용량이 증가하여 충전전류가 가공대비 약 30배 정도 큼

3) 도체의 반지름(r)

반지름이 커질수록 충전전류(I_c)가 커짐

4) 선간전압

전압이 커질수록 충전전류(I_c)가 커짐

4. 충전전류에 의한 영향

1) 페란티 현상 발생

야간 경부하 시 콘덴서가 투입된 채로 운전될 경우 정전용량에 의한 충전전류로 전압 상승이 발생되며 수전단 전압이 송전단 전압보다 높게 되는 페란티 현상이 발생된다.

(a) 지상부하 벡터도   (b) 진상부하 벡터도

그림 3-193 ▶ 진상부하, 지상부하 Vector도

여기서, E_S : 송전단전압[V]
E_r : 수전단전압[V]
I_c : 충전전류
IR, I_cR : 저항 전압강하
IX, I_cX : 리액턴스 전압강하

2) 발전기 및 전동기 자기여자 현상 발생

(1) 발전기 자기여자 현상

① 원인
   ㉠ 장거리 송전선로의 무부하 충전전류(I_c)
   ㉡ 콘덴서 과보상

② 현상
발전기 주자극의 잔류자기로 인하여 oa만큼의 유기기전력에 의해 부하로 전전류 ab가 흐르고 다시 기전력은 bc만큼 증가되며 계속하여 전압이 증가하여 m점까지 전압이 증가하는 현상

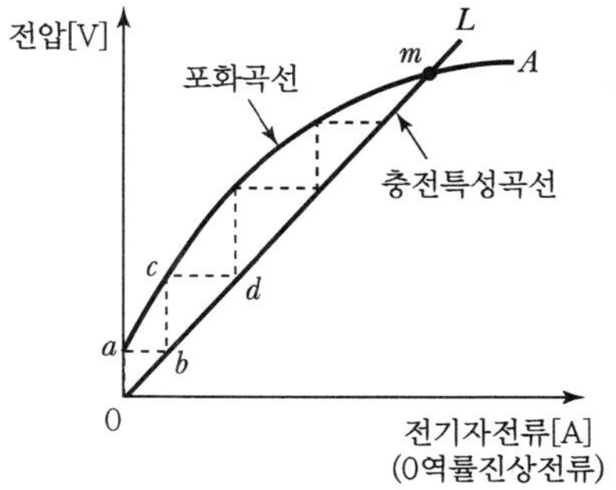

그림 3-194 ▶ 발전기 자기여자 현상

(2) 유도전동기 자기여자 현상

① 정의

콘덴서 용량이 전동기 자기용량보다 클 경우 CB 개방 시 전동기 및 콘덴서 단자전압이 즉시 0이 되지 않고 이상 상승하거나 장시간 감쇄하지 않는 현상

② 영향

㉠ 전동기 소손 가능성　　　　㉡ 콘덴서 소손 가능성

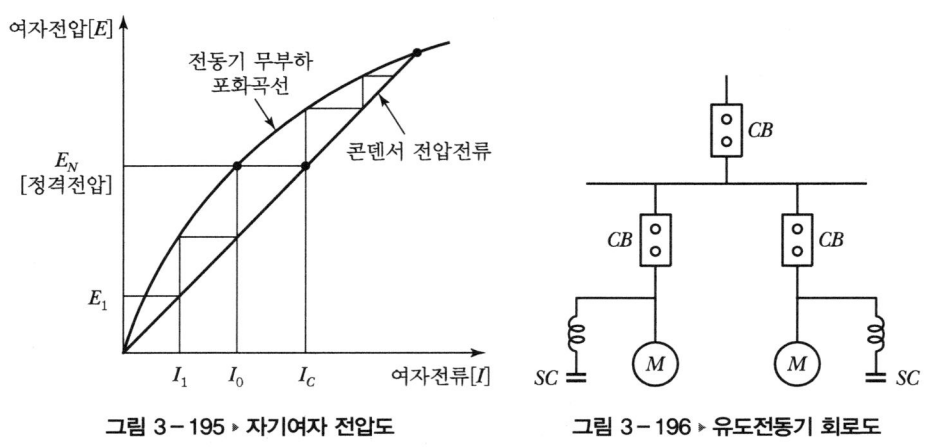

그림 3-195 ▶ 자기여자 전압도　　　그림 3-196 ▶ 유도전동기 회로도

3) 개폐서지 증가

진상회로의 경우 일반교류회로 대비 회로 최고전압의 약 3배의 전압이 서지로 발생된다.

4) 지중케이블의 장거리 송전 제한

지중케이블의 경우 가공선로에 비해 정전용량(C)이 매우 커서 일정거리 이상 시 정상적인 송전이 제한된다.

5. 충전전류 대책

1) 야간 경부하 시 콘덴서 차단
2) 수전단 분로 리액터 투입
3) 동기조상기 저여자 운전(지상운전)
4) 동기발전기 저여자 운전(진상운전)
5) 콘덴서 용량 < 전동기 여자용량 = 전동기 정격 출력의 25~50[%] 정도

6. 결론

충전전류에 의한 영향 및 문제점은 주로 야간 경부하 시 장거리 송전선로나 콘덴서 과충전에 의해 발생되므로 이러한 상황의 충전전류에 대한 대책으로 콘덴서 차단, 수전단 분로리액터 투입 등의 방법을 Case by Case로 적용해야 할 것이다.

3.8.11 전력케이블에 전기적 고장이 발생한 경우 고장점 탐지법

1. 개요

전력케이블(지중케이블)에 사고가 발생한 경우 고장 개소의 유형에 따라 다음과 같은 고장점 탐지법이 적용된다.

1) 고장 종류별 적용

표 3-51 ▶ 고장점 측정법

고장형태		고장점 측정법
지락사고 및 단락사고	절연저항 : 3[kΩ] 이하	저압 Murray Loop법
	절연저항 : 3[kΩ] 초과	고압 Murray Loop법
	3심 단락으로 병행회선이 없는 경우	• Pulse Radar법 • 보조선 설치 후 Murray Loop
단선사고		• 정전용량법 • Pulse Radar법
단선사고, 지락사고		Pulse Radar법

2. Murray Loop법

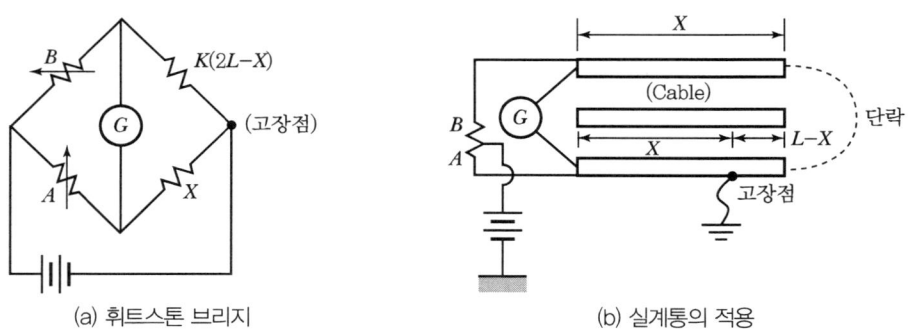

(a) 휘트스톤 브리지　　　　　(b) 실계통의 적용

그림 3-197 ▶ Murray Loop법 고장 탐지

1) 동작원리

(1) 휘트스톤 브리지 원리를 이용하여 가변저항 A, B를 조정하여 검류계(G)가 0이 될 때의 가변저항을 측정하여 고장점의 거리를 측정함

(2) 고장점 계산식

$$A\{L+(L-X)\}=BX, \quad 2AL-AX=BX$$

고장점 거리$(X)=\dfrac{2AL}{A+B}$

2) 장단점

(1) 장점

① 측정의 정확도가 높고 오차가 1[%] 정도 이하임
② 케이블 사고의 적용범위가 넓고 사용실적이 가장 많음

(2) 단점

① 단선 고장 시 적용이 불가
② 지락저항이 높고 사고점이 방전하는 경우 측정이 곤란함
③ 3상 동시 지락과 같은 경우 건전상이 없어 측정이 곤란함

3. Pulse Radar법

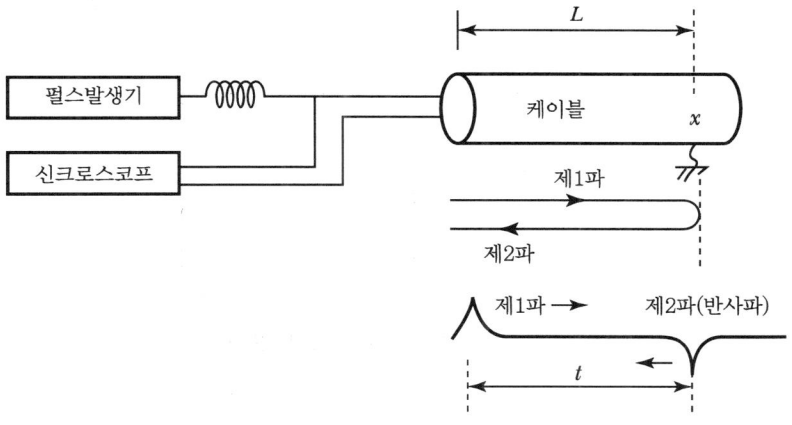

그림 3-198 ▶ Pulse Radar법

1) 원리

Pulse 발생기로 Pulse를 케이블에 전파시키면 처음파가 고장점에서 반사되어 제2파가 되어 고장점을 돌아오는 시간을 측정하여 거리를 계산한다.

L(고장점까지의 거리)$=\dfrac{Vt}{2}$

여기서, V : 케이블 내의 Pulse 전파속도, t : 1파, 2파의 시간차

$$V = \frac{C}{\sqrt{\varepsilon}} [\text{m/s}]$$

여기서, C : 광속(3×10^8[m/s]) (PE계 → ε : 2.3)

2) 장단점

(1) 장점

① 지락, 단락, 단선 어느 곳이나 적용 가능
② 3선 동시 고장점 측정에 적합
③ 케이블 전장의 길이가 불분명 시에도 측정 가능

(2) 단점

① 측정 정도가 나쁨
② 측정기 조작, 특히 Pulse 판독에 숙련이 필요함

4. 정전용량법

1) 원리

건전상의 정전용량과 사고상의 정전용량을 비교하여 고장점을 산출함

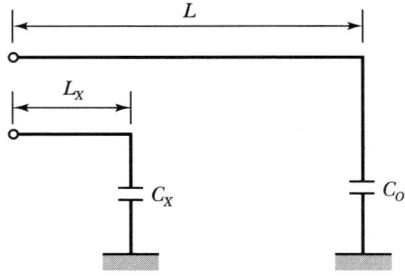

그림 3-199 ▶ 정전용량법

$$L_X = L(\text{선로긍장}) \times \frac{C_X}{C_O}$$

여기서, C_X : 고장상의 사고점까지의 정전용량 측정치
C_O : 건전상의 정전용량 측정치

2) 특징

(1) 단선 고장 시 간단한 측정법
(2) 측정 정도는 높음
(3) 케이블 개개의 정전용량이 불균일 시 오차 발생 가능성

5. 수색(탐색)코일법

1) 원리

지락고장의 경우 케이블의 한쪽에 500[Hz] 전후의 단속전류를 흘려 지상에서 만들어지는 자계를 수색(탐색)코일과 수화기로 탐지하는 방법으로 수색코일이 접지점을 지나가면 그곳으로부터는 교류가 흐르지 않으므로 급격히 소리가 들리지 않거나 낮아지므로 이것에 의하여 접지점을 알아낼 수 있다.

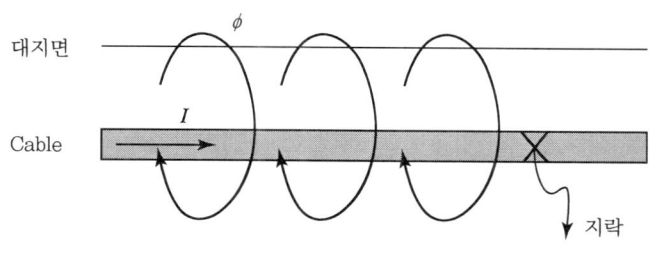

그림 3-200 ▶ 탐색코일법

2) 특징

접지 고장이나 단락 고장인 경우 활용한다.

6. 음향측정법

1) 원리

고장 케이블에 고전압의 펄스를 케이블에 전송 후 고장점에서 방전되는 방전음을 측정하는 방법이다.

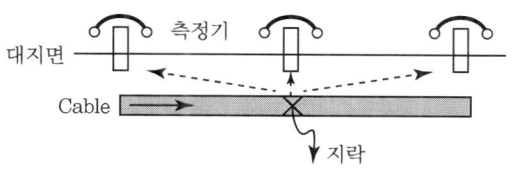

그림 3-201 ▶ 음향측정법

2) 특징

(1) 고장점에 가까울수록 방전음이 커짐
(2) 정확한 판정이 곤란함

7. 결론

고장 형태에 따라 상기와 같은 고장점 탐지법이 있으나 고장의 유형이 명확하지 않고 고장점의 측정오차가 클 수 있기 때문에 한 가지 방법보다는 여러 방법을 적용한 후 종합적인 고장점을 판단하는 것이 적합할 것으로 판단한다.

3.8.12 코로나 방전(Corona Discharge)

1. **코로나 방전**

   1) 전선에 고전압 인가 시 전선 표면의 전위경도가 주변 공기의 파열극한 전위경도 이상이 되면 공기의 절연이 국부적으로 파괴되며 낮은 소리와 엷은 빛을 내는 부분방전으로, 전력손실 및 여러 가지 장해를 초래하는 현상을 코로나 방전이라 한다.

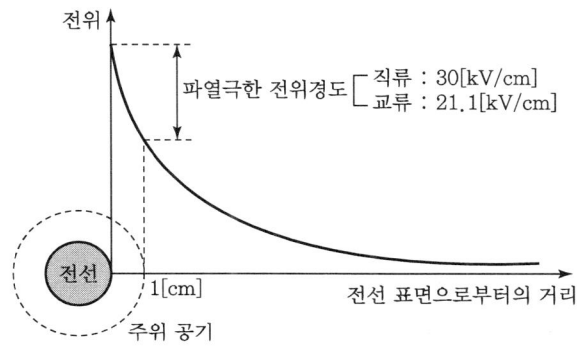

그림 3-202 ▸ 전위경도

   2) 코로나 임계전압

   (1) 개념

   코로나는 전선의 형태, 전선 간 간격 등에 의해 발생되며, 코로나가 발생하기 시작하는 시점의 대지전압을 코로나 임계전압이라 함

   (2) 식 : $E_o = 24.3\, m_o\, m_1\, \delta\, d\, log_{10} \dfrac{D}{r} [kV]$

   3) 계통의 대지전압이 코로나 임계전압보다 높을 때 코로나가 발생됨

   4) 코로나 발생은 전압의 크기 외에도 전선의 형태, 전선 간의 간격 등에 영향을 받음

2. **코로나 특성**

   1) 코로나 방전은 불꽃 방전 일보 직전의 국부적인 방전 현상임
   2) 코로나 방전 소리가 발생
   3) 안개가 많이 낀 날이면 코로나 방전이 심해져서 야간에 전선이 청백색으로 빛남

3. 코로나 장해

1) 코로나 손실(Corona Loss) 발생

(1) 코로나가 발생하면 전력손실 및 송전효율을 저하시킴

(2) F.W. Peek의 손실 실험식(3상 3선식 3각형 배치)

$$P = \frac{241}{\delta}(f+25)\sqrt{\frac{d}{2D}}(E-E_o)^2 \times 10^{-5} [\text{kW/km/Line}]$$

여기서, E : 전선의 대지 전위[kV], E_o : 코로나 임계전압[kV]
d : 전선의 지름[cm], D : 등가선 간 거리[cm], δ : 상대공기 밀도

(3) $E > E_o$ 일 경우 코로나 발생

2) 통신선에 유도장해 발생

(1) 코로나에 의한 고조파 전류 중 제3고조파 성분이 중성점 전류로 나타나고 중성점 직접 접지방식의 송전선로에서 부근의 통신선에 유도장해를 일으킴

(2) $E_m = -jWM\ell 3I_o$ [kV], $W = 2\pi f$ 에서 f 가 $3f$ 로 증가 시 E_m 증가

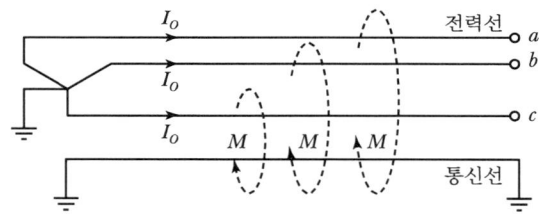

그림 3-203 ▶ 통신선 유도장해

3) 전선의 부식 촉진

(1) 코로나에 의한 화학작용으로 지지점 등에서 부식이 발생

(2) 코로나에 의한 오존(O_3) 및 산화질소(NO)가 공기 중의 수분과 화합하여 초산이 되어 전선과 바인드선을 부식시킴

4) 코로나 잡음

(1) 코로나 방전 시(전위경도가 30[kV/cm] 초과 시) 교류전압의 반파마다 간헐적 고조파 펄스를 발생시킴

(2) 이 고조파가 선로에 따라 전파되어 인근 라디오, TV 수신 장해, 반송통신설비에 잡음 장해를 줌

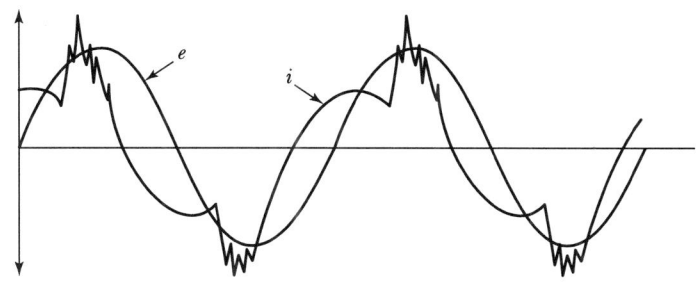

그림 3-204 ▶ 코로나 방전 예

5) 오존(O_3) 발생으로 환경오염 유발
6) 전선의 코로나 진동 유발
7) 가청 코로나 소음 발생

4. 코로나 방지대책

1) 굵은 전선의 채용

(1) 임계전압 상승($E_o = 24.3 m_o m_1 \delta d \log_{10} \dfrac{D}{r}$ [kV])

① 전체적으로 굵은 전선 사용 시 E_0 값이 상승함
② 고전압 송전에 있어 전선량 절약을 고려해야 함

(2) ACSR이 경동연선에 비해서 가볍고 굵어서 코로나 방지면에 우수함

2) 다도체의 사용

등가반경($r' > r$)이 증가되어 임계전압이 상승하여 코로나 발생이 감소됨

3) 아킹혼, 아킹링 채용

애자의 전위분포 개선, 지지점 코로나 발생 억제

4) 가선금구 개량으로 국부적인 전계집중 방지

5) 전선 표면의 가공도 향상

전선의 표면 계수 m_o은 매끄러울수록 임계전압이 상승함

6) 애자의 세정 및 오염 제거

5. 결론

코로나 발생 시 상기와 같은 전력손실 및 송전효율 저하 등의 문제가 발생되므로 굵은 도체 선정, 다도체 선정 등으로 코로나 발생이 방지되도록 설계단계에서부터 코로나 방지대책이 수립되어야 할 것이다.

CHAPTER 04

부하설비

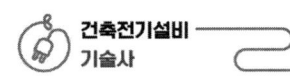

SECTION 01 | 조명설비

4.1.1 총론

1. 조명

1) 정의

빛을 비추어서 밝게 하는 것으로 자연광(주광 또는 태양광)과 인공광원으로 구분된다.

2) 구분

(1) 자연광원

인류는 태양광이라는 자연광원에 순응하여 왔으며 태양광은 약 75[%]의 직사광과 25[%]의 천공광으로 구분됨

(2) 인공광원

문명의 발달과 더불어 백열광에서부터 최근 고효율 LED 광원까지 지속적으로 발전해 오고 있음

2. 빛

1) 정의

전자파로 전달되는 에너지의 일부분으로 물체가 색깔을 띠는 것은 이러한 빛의 반사와 흡수 때문임

2) 구분

적외선, 가시광선, 자외선, X선, γ선 등으로 구분되며 그중에서 눈에 보이는 부분이 가시광선임

표 4-1 ▶ 빛의 구분

	0.006	10	380	760	3,000	[단위 : nm]
r선	X선	자외선	가시광선	적외선	헤르쯔파	라디오전파

전자파단위 → $nm = m\mu = 10^{-9}m$, $A^0 = 10^{-10}m$

(1) 가시광선

분광분포가 380~760[nm]로 사람의 눈에 보이는 파장대역이며 통상 무지개색으로 보임

(2) 자외선

분광분포가 380~10[nm]로 화학, 살균 및 형광작용을 함

(3) 적외선

분광분포가 760~3,000[nm]로 온열효과를 가지고 있음

3) 빛의 속도

(1) 빛의 이동

공간(거의 진공과 유사)을 입자와 파동의 형태로 이동

(2) 진공에서의 빛의 속도 $C[\text{m/s}] = \lambda \cdot f = 3 \times 10^8 [\text{m/s}]$이나 대기 중에서는 완전진공이 아니므로 약간의 차이가 있을 수 있음

4) Spectrum 분석

(1) 연속 Spectrum

광원으로부터 방사되는 빛이 연속적인 것으로 태양광 전구 등이 포함됨

(2) 선 Spectrum

광원으로부터 방사되는 빛이 선의 형태로 되는 것으로 수은등, 네온사인, 나트륨 등의 방전등 계열임

(3) 밴드 Spectrum

다수의 광선이 모여서 띠 형태를 이루는 것으로 형광등 등이 포함됨

3. 시각

1) 구조

(1) **수정체** : 렌즈작용
(2) **모양체** : 두께 조절작용으로 영상을 망막에 띄우는 역할을 함
(3) **홍체** : 눈에 입사되는 빛의 양을 조절함
(4) **망막** : 망막에는 시세포가 분포되어 있으며 시세포에는 간상체(rod)와 추상체가 있으며 추상체는 밝음과 색감을 인지하는 반면 간상체는 0.03[lux] 이하의 어두운 곳에서 단지 밝고 어두움만 인지함

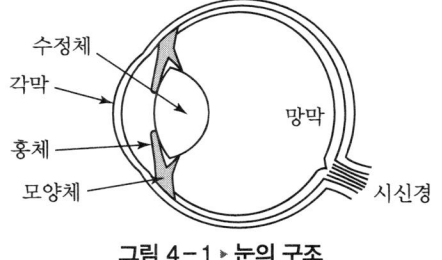

그림 4-1 ▶ 눈의 구조

2) 시감도(luminous Efficiency)

(1) 시감도(K_λ)

① 육안에서 빛을 인지하는 전자파의 파장범위는 가시광선 영역인 380~760[nm]이며 이 범위 내에서 밝음의 분포를 다르게 인지하게 됨

② 방사에너지에 의한 밝음의 느낌은 파장과 개인에 따라 다르나 많은 사람들에게 각 파장의 분광분포가 같은 밝음을 느끼게 하는 데 필요한 에너지양의 역수로 그 정도를 표시한 것이 시감도임

③ 식 : $K_\lambda = \dfrac{광속(F_\lambda)}{방사속(\phi_\lambda)}$ [lm/W]

④ 내용 설명

   ⊙ 방사에너지에 의한 밝음의 느낌은 파장과 개인에 따라 다르기 때문에 국제적인 약속으로 표준적 시감도를 정함

   ⓒ 육안에서 빛을 인지하는 전자파의 파장범위는 가시광선 영역인 380~760[nm]임

   ⓒ 이 범위 내에서 밝음의 분포를 다르게 인지하게 됨

   ⓔ 최대시감도 : 명순응 시 555[nm]에서 최대시감도는 680[lm/w]이며 황색을 가장 잘 인지함

   ⓜ 시감도라 함은 통상 명순응 시의 시감도를 의미함

(2) 비시감도(V_λ)

① 개념

명순응된 눈에서 555[nm]에서 최대시감도는 680[lm/w]이며 이때를 기준의 1.0으로 보았을 때 이 파장 대비 타 파장의 시감도비를 비시감도라 함

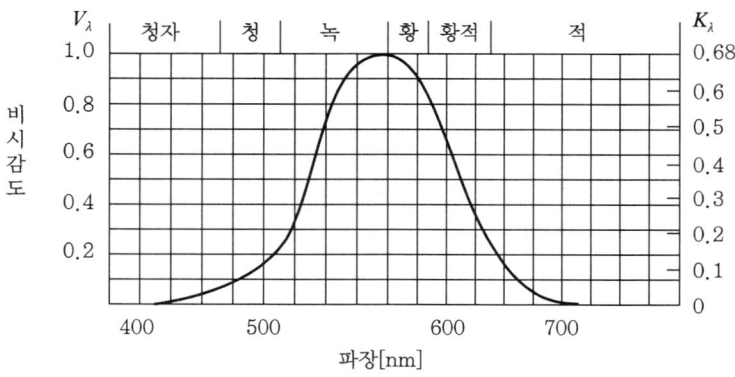

그림 4-2 ▶ 비시감도 곡선

② 식 : $V_\lambda = \dfrac{\text{다른 파장의 시감도}}{\text{최대시감도}(680[\text{lm}])}$

③ 국제조명위원회(CIE) 비시감도 Data

파장[nm]	비시감도[V_λ]	시감도[K_λ]	파장[nm]	비시감도[V_λ]	시감도[K_λ]
380	0.0000	0.00	580	0.8700	592.00
400	0.0004	0.27	600	0.6310	429.40
420	0.0040	2.70	620	0.3810	259.30
440	0.0230	15.70	640	0.1750	119.10
460	0.0600	40.80	660	0.0610	41.50
480	0.1390	94.60	680	0.0170	11.60
500	0.3230	219.80	700	0.0041	2.80
520	0.7100	484.20	720	0.0011	0.71
540	0.9540	649.20	740	0.0003	0.17
555	1.0000	680.50	760	0.0001	0.04
560	0.9950	677.10	780	0.0000	0.01

3) 순응

(1) 정의

눈에 들어오는 빛이 적거나 전혀 없는 경우 눈의 감광도는 대단히 높아지나 반대로 눈에 들어오는 빛이 많으면 감광도는 떨어지는 현상을 말함

(2) 순응이 발생되는 이유

대체로 망막 중의 광화학과정 때문임

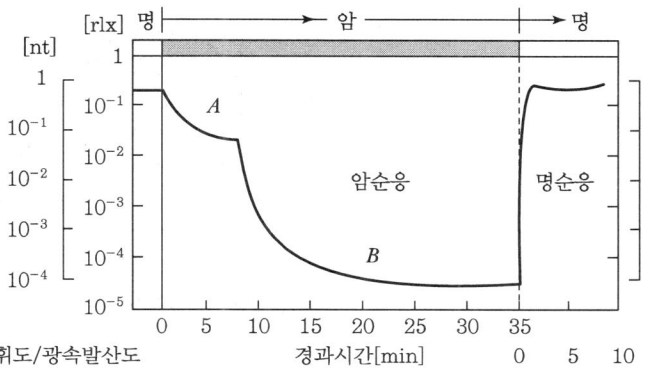

그림 4-3 ▶ 명순응과 암순응

(3) 종류

① 명순응(최대시감도 : 555[nm])
　㉠ 어두운 환경에서 밝은 환경으로 나왔을 때의 순응이며 소요시간은 약 1~2분임
　㉡ 적용 : 주간 터널 출구, 야간 터널 입구, 영화관 출구
② 암순응(최대시감도 : 510[nm])
　㉠ 밝은 환경에서 어두운 환경으로 나왔을 때의 순응이며 소요시간은 약 30분 정도가 됨
　㉡ 적용 : 주간 터널 입구, 야간 터널 출구, 영화관 입장
③ 색순응
　㉠ 어떤 조명광이나 물체를 오래 보면 그 색에 순응되어 색의 지각이 약해지는 현상
　㉡ 색순응은 조명광 변화에 대해 처음 1분간은 재빨리 작용하고 점점 느린 변화가 되어 거의 30분 정도면 색순응이 완료됨

(4) 퍼킨제 효과(Purkinje – Effect)

① 개념
　밝은 조명 환경하에서는 적색이나 청색은 같은 밝음으로 보이나 어두운 환경하에서는 적색은 더욱 어둡게 청색은 더 밝게 보이는 현상을 말함
　명순응된 눈의 최대비시감도는 555[nm]이나 암순응된 눈의 최대비시감도는 510[nm]로 되기 때문임
② 퍼킨제 작용과 시세포와의 관계
　어두운 환경하에서 간상체가 동작하여 밝고 어두움을 인지하게 되는데 이때 녹색광을 가장 잘 인지하여 유도등에 녹색을 사용하게 됨(기타 응용 : 간판, 이정표 등)

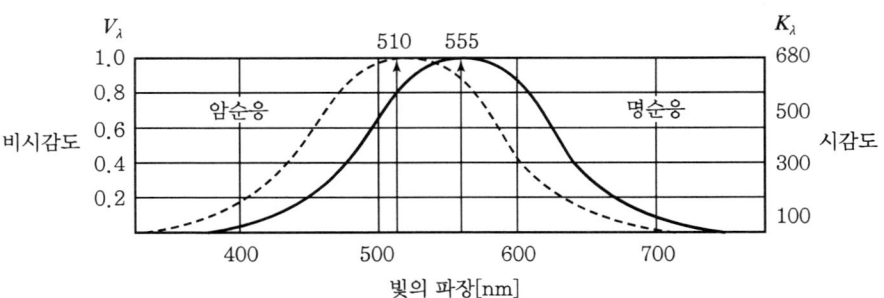

그림 4-4 ▶ 퍼킨제 효과

4. 기타 용어

1) 연색성(Color Rendition)

(1) 개념

빛의 분광 특성이 색의 보임에 미치는 효과를 말하며 동일한 색에 대해서도 조명하는 빛에 따라 다르게 보이는 현상을 말함

(2) 내용 설명

연색성이 광원마다 다른 것은 그 광원의 분광분포곡선이 다르기 때문이며 태양광의 분광분포곡선에 가까운 광원일수록 연색성 지수는 높아지며 연색평가 수 100은 그 광원의 연색성이 기준 광원과 동일함을 의미하며 연색평가 수를 CIE 평가법으로 구분하면 다음과 같음

연색성그룹	연색평가 수(R_a)	광원색의 느낌	적용
1	$R_a \geq 85$	서늘하다	제지, 인쇄공업
		중간	점포, 병원
		따뜻하다	주택, 호텔, 레스토랑
2	$70 \leq R_a < 85$	서늘하다	사무소, 학교, 백화점 등(고온지대)
		중간	사무소, 학교, 백화점 등(온난지대)
		따뜻하다	사무소, 학교, 백화점 등(한랭지대)
3	$R_a < 70$	-	연색성이 중요하지 않는 장소
s(특수)	특정한 물체에 대한 연색성	-	특별한 용도

(3) 광원별 연색성(CRI : Color Rendering Index)

항목	연색성이 좋은 광원	연색성이 나쁜 광원
1	백열구(100)	수은램프(25)
2	할로겐(100)	고압나트륨(30)
3	메탈할라이드(80~90)	

(4) 연색성이 물체에 미치는 영향의 예

구분	내용 설명
상품 구매 시	색상 구분은 연색성이 낮은 광원(방전등 계열)으로 할 경우 상품 구매에 대한 클레임 발생 및 쾌적한 관람 분위기에 악영향을 제공함
꽃, 식물의 공원 관람 시	연색성이 낮은 광원으로 조명 시 주간의 태양광 환경에서의 색상(고연색성 : $R_a = 100$)과의 차이로 관람 분위기에 악영향을 제공함
TV 중계 시	연색성이 낮을 경우 불쾌한 시각을 제공하므로 TV 중계의 선명도 향상을 위해 고연색성으로 함
실내 조명 시	연색성이 낮을 경우 물체를 보는 심리적 불쾌감을 제공할 수 있어 연색성이 높은 광원을 선정함

(5) 조명설계 적용

① 색채를 정확히 판단하기 위한 장소

램프의 색온도가 4,000~6,500[K] 범위이고 연색평가 수 R_a를 85 이상의 것을 적용하여 조도가 1,000[lx] 이상 되게 함

② 시각적인 쾌적성을 중시하는 장소

색온도가 2,700[K]이고 연색평가 수 R_a를 85 정도 이상의 것을 적용함

(6) 평가방법

① 스펙트럼 밴드법

오차가 많고 불충분한 특성으로 거의 사용되지 않음

② 시험색법

가장 많이 사용되며, 연색성을 수치로 나타낸 것이 연색평가 수라 하며 평균 연색평가 수(R_a)와 특수 연색평가 수로 구분됨

㉠ 평균 연색평가 수(R_a)

ⓐ 8가지 시험색을 시료광원으로 조명했을 때와 시료광원과 같은 색온도의 표준광원으로 조명했을 때의 색도 변화를 CIE-UCS 색도 좌표에서 평균하여 구함

ⓑ No.1~No.8까지의 시험색은 명도지수 60이고 채도가 낮고 광원의 종류에 따라 명도지수가 조금밖에 변하지 않는 색이 각 색상에 선정되어 있음

㉡ 특수 연색평가 수($R_9 \sim R_{15}$)

ⓐ 일상생활에서 많이 나타나는 7가지 색에 대하여 시료광원과 표준광원으로 조명하였을 때 색도 차이를 계산한 것임

ⓑ 특수 연색평가 수의 시험색은 $R_9 \sim R_{15}$까지 9 : 적색, 10 : 황색, 11 : 녹색, 12 : 청색, 13 : 서양인 피부색과 비슷한 색깔, 14 : 나뭇잎의 녹색, 15 : 평

균적인 일본 여성(한국인) 피부색의 분광반사율을 가진 색깔 이상임(일본에서 추가된 시험색)

※ 광원의 연색성 평가는 원칙적으로 평균 연색평가 수(R_a) 및 특수 연색평가 수($R_9 \sim R_{15}$)에 의해 평가됨

2) 색온도(Color Temperature)

(1) 개념

흑체에 온도를 가했을 경우 발산하는 광색은 적색 → 황색 → 청록색을 거쳐 백색광으로 변해간다. 이때 흑체의 어떤 온도에서의 광색이 광원의 광색과 일치할 때 그 흑체의 온도를 그 광원의 색온도라 하며 단위는 [K]로 표시됨

(2) 광원의 색온도

표 4-2 ▶ 광원의 색온도

광원	색온도[K]	광원	색온도[K]
푸른 하늘(오전 9시)	12,000	할로겐(500[W])	3,060
구름 낀 하늘	7,000	형광램프(백색)	4,500
백열전구(60[W])	2,800	형광램프(주광색)	6,500

(3) 색온도와 조도와의 관계

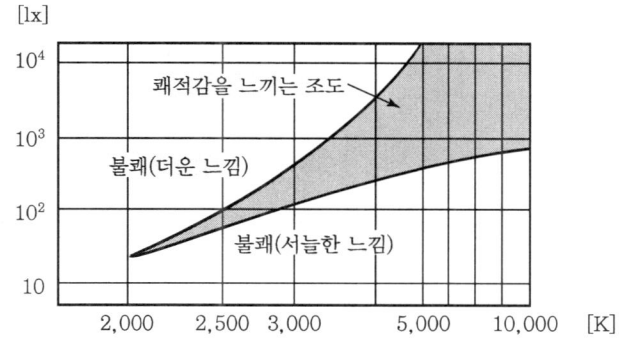

그림 4-5 ▶ 조도와 색온도

(4) 조도와 색온도에 대한 일반적인 느낌

① 조도와 색온도가 같이 높고 같이 낮으면 쾌적한 느낌
② 조도가 낮고 색온도가 높으면 서늘한 느낌
③ 조도가 높고 색온도가 낮으면 덥고 따뜻한 느낌

5. 명시론

1) 개요

실제적인 조명은 빛의 발생(광원), 빛의 제어(조명기구, 조명방식), 빛과 조명의 특성(명시론)으로 연결되며 빛의 발생과 제어는 물리학에 속하며 광원은 계속 발전되고 있다.

명시론은 인간과 조명과의 관계를 다루는 부분으로 인간의 시각, 생리, 명시, 심리의 관계를 이해하고 활용해야만 그 기능을 발휘할 수 있는 분야이다.

명시론의 주요 항목은 다음과 같다.

(1) 물체의 보임   (2) 눈부심
(3) 밝음의 분포   (4) 편한 시각의 평가

2) 물체의 보임(조명의 4요소)

(1) 밝음

충분한 빛이 있어야 물체가 잘 보이며 조도 확보의 이유가 여기에 있음(예 암실)

(2) 크기

충분한 빛이 있어도 물체가 너무 작으면 보이지 않으므로 볼 수 있을 정도로 커야 함(예 박테리아)

(3) 대비

보려는 물체와 그 배경 사이의 밝음의 차가 없으면 보이지 않으므로 밝음의 차가 있어야 함(예 흰 눈 위의 백묵)

(4) 시간

탄환이 눈에 보이는 시간이 없을 정도로 빨라 보이지 않으므로 시각이 감지할 시간이 필요함(예 탄환)

3) 눈부심(Glare)

(1) 개념

시야 내 어떤 휘도로 인해 불쾌, 고통, 눈의 피로, 일시적인 시력 감퇴를 초래하는 현상

(2) 원인

① 고휘도 광원   ② 시선에 노출된 광원
③ 순응의 결핍   ④ 반사 및 투과면

⑤ 눈에 입사하는 광속의 과다 ⑥ 눈부심을 주는 광원을 오랫동안 주시
⑦ 물체와 그 주위 사이의 고휘도 대비

(3) 영향

① 작업능률의 저하 ② 부상 및 재해의 원인
③ 피로, 권태 촉진 ④ 경제적 손실

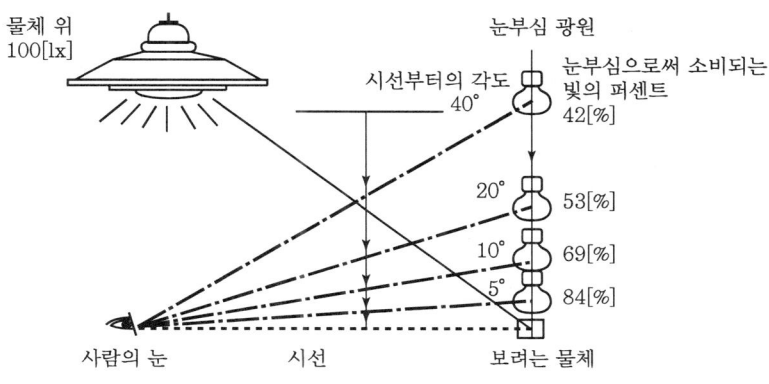

그림 4-6 ▸ 눈부심에 의한 빛의 손실

(4) 종류

① 감능글레어(불능글레어)

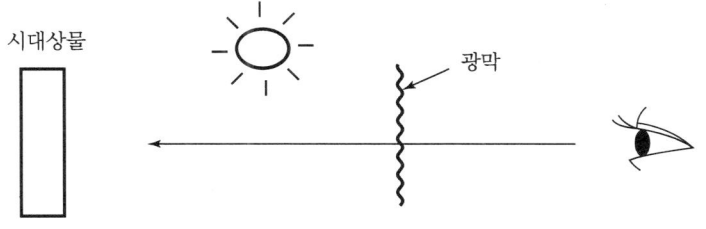

그림 4-7 ▸ 감능글레어

㉠ 정의

보려는 대상물 주위에 고휘도 광원이 존재 시 망막 앞에 어떤 휘도를 갖는 광막(커튼) 현상에 의해 눈이 보는 대상물의 식별능력이 저하되는 현상

㉡ 원인

광막의 휘도가 망막에 겹쳐 망막의 감도가 물리적으로 저하되기 때문

② 불쾌글레어

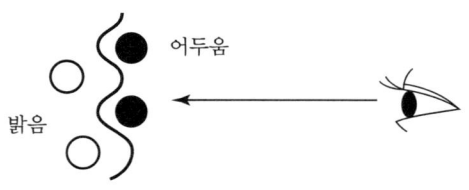

그림 4-8 ▶ 불쾌글레어

㉠ 정의

눈부심으로 인하여 심리적으로 불쾌한 느낌을 들게 하는 글레어

㉡ 원인

눈부심의 원인인 눈에 입사하는 광속의 과다, 눈부심을 주는 광원을 오랫동안 주시, 물체와 그 주위 사이의 고휘도 대비 등에 의함

㉢ 현휘시간(T)과 자극조도(E)와의 관계식

$T = 0.0389E^{0.96}$

③ 직시글레어

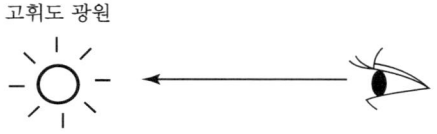

그림 4-9 ▶ 직시글레어

㉠ 정의

매우 높은 휘도가 시야 중심에 들어간 경우의 글레어로, 불쾌글레어와 상호관계를 갖는 글레어

㉡ 원인

고휘도 광원을 직시하였을 경우 나타나는 현상

㉢ 고휘도 광원을 직시할 때 발생되는 잔상지속시간(D_t)

$D_t = 1.8\log(L \times t) + K$

여기서, L : 고휘도 광원의 휘도[cd/m²]

t : 고휘도 광원의 직시시간[sec]

K : 고휘도 광원의 배경에 의해 정해지는 정수

④ 반사글레어

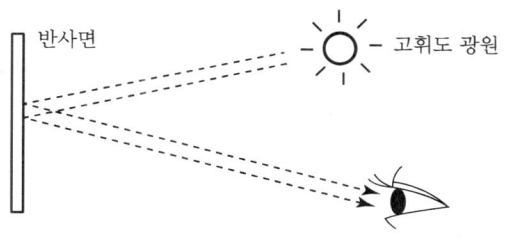

그림 4-10 ▶ 반사글레어

    ㉠ 정의
        고휘도 광원의 빛이 물체의 표면에서 반사하여 눈에 입사할 경우 발생하는 글레어
    ㉡ 원인
        반사면이 평평하고 광택이 있는 경우나 정반사율이 높은 면일수록 반사글레어가 큼

(5) 글레어존(Glare Zone)

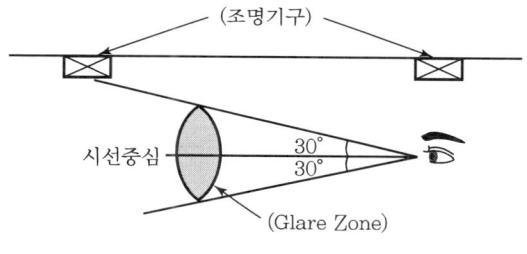

그림 4-11 ▶ Glare Zone

① 정의
    시선을 중심으로 상, 하 30°의 범위 내에서 물체의 보임을 강하게 방해하는 영역
② 주변 밝기와의 관계
    시야의 중심부와 주변부의 경우 동일한 밝음 혹은 주변부가 중심부보다 약간 어두운 정도에서 가장 강한 시력을 얻음

(6) 글레어 한계치

눈부심을 일으키는 휘도의 한계는 주위의 밝음에 따라 다르며 대체로
① 항상 시야 내에 있는 광원의 경우 → $0.2[cd/cm^2]$ 이하
② 때때로 시야 내에 들어오는 광원의 경우 → $0.5[cd/cm^2]$ 이하
③ 형광등의 휘도 → $0.4[cd/cm^2]$ 이하로서 광원이 잠시 동안 시야 내에 있는 경우에는 문제가 없으나 항시 시야 내에 있으면 안 될 휘도임

(7) 글레어 평가

① UGR(Unified Glare Rating)
   ㉠ CIE(국제조명위원회)에서 불쾌글레어 평가법의 국제표준화를 목적으로 기술위원회(TC 3-13)를 발족하여 UGR을 제정함
   ㉡ 글레어 평가식

   $$UGR = 8\log\left[\frac{0.25}{L_b} \cdot \sum \frac{L^2 \omega}{P^2}\right]$$

   여기서, L_b : 배경휘도(cd/m^2)
   　　　　L : 관측자 눈의 방향으로의 각 조명기구의 발광면 휘도(cd/m^2)
   　　　　ω : 각 조명기구의 발광면(휘도면)과 관측자의 눈이 이루는 입체각(sr)
   　　　　P : 각 조명기구에 대한 구스(Guth)의 위치 지수(시선으로부터의 변위)

   ㉢ UGR 평가기준

UGR	평가기준
28	참을 수 없음
22	불쾌함
16	허용할 수 있음
10	간신히 느낌

   ㉣ UGR 적용
   　ⓐ 실용적인 범위는 10에서 20임(대부분 조명시스템은 이 범위 내의 값을 가짐)
   　ⓑ 높은 값은 심한 글레어를 가짐
   　ⓒ 낮은 값은 불쾌글레어가 없음
   　ⓓ UGR 값이 10 이하의 조명시스템은 불쾌감을 일으키지 않음

② VCP(Visual Comfort Probability)법
   ㉠ 북미 조명학회의 권장법으로, 관찰자가 특정한 조명 System에서 불쾌감을 느끼지 않을 확률로 평가하는 방법임
   ㉡ 조명시설 전체의 Glare 평가에 적합한 방법
   ㉢ 평가 Flow
   　불쾌한 Glare를 느끼기 시작하는 광원의 휘도를 바탕으로 해서
   　ⓐ 다수의 광원에 대한 불쾌Glare 지수 M의 값으로 바꿔 놓음
   　ⓑ M의 값에서 불쾌Glare의 정도를 나타내는 DGR(Discomfort Glare Rating)을 구함
   　ⓒ DGR 값에서 불쾌하지 않다고 판단하는 사람의 비율, 즉 VCP로 평가함

㉣ VCP 추천값
　　ⓐ 일반사무실 : 70 이상
　　ⓑ 컴퓨터 사용 사무실 : 80 이상
③ GI(Glare Index)법
　㉠ 영국 조명학회가 정한 방법임
　㉡ 조명시설의 조건에 따라 글레어 인덱스를 구하는 방법으로 글레어의 정도를 예측하는 것이며, 보통 글레어 인덱스가 22 이하이면 됨
　㉢ 조명시설의 불쾌글레어의 정도를 나타내는 식에서 구한 Glare Index 값과 Glare 정도로 평가함

글레어 인덱스 $GI = 10\log[0.24\sum \dfrac{L_s^{1.6} \cdot w^{0.8}}{L_a} \cdot \dfrac{1}{P^{1.6}}]$

여기서, L_s : 광원의 휘도[cd/m²]
　　　　L_a : 배경휘도[cd/m²](광원 이외의 배경휘도)
　　　　w : 광원의 크기가 관찰자의 눈과 이루는 입체각
　　　　P : 각 광원의 위치에 의한 지수

표 4-3 ▶ 글레어 인덱스

글레어 인덱스	감각적인 글레어 정도
28	심한 불쾌감을 느끼기 시작
22	불쾌감을 느끼기 시작
16	신경이 쓰이기 시작
10	느끼기 시작

표 4-4 ▶ 글레어 인덱스의 추정 한계값

장소	GI 한계값
공장(거친 작업장)	28
사무실, 상점, 전화교환실, 공장(보통작업장)	25
공장(정밀작업장)	22
일반사무실, 은행, 회의실, 병원, 약국, 학교, 연구실, 공장(초정밀작업장)	19
도면설계실, 대합실, 접수실, 일반교실, 연구실, 도서실	16
병실	13
수술실, 재봉실	10

(8) 글레어 방지대책

① 조명기구에 의한 방법
- ㉠ 보호각 조정
- ㉡ 눈부심 방지 기구 사용(아크릴루버)
- ㉢ 배광기구 사용

② 조명방식에 의한 방법
- ㉠ 반간접 조명과 간접 조명방식 채용
- ㉡ 건축화 조명 적용 : 광천장, 루우버 조명, 코오니스, 코오브, 밸런스 조명
- ㉢ 등기구 높이를 조절(상향 설치로 고휘도 광원의 시야 내 입사 회피)

③ 광원에 의한 방법 : 휘도가 낮은 광원 채용

4) 밝음의 분포

(1) 개념

시야 내가 고르게 밝으면 시력이 좋아지고 가장 예민한 시력을 얻을 수 있어 눈부심이 발생하지 않으나 밝음의 분포가 고르지 못할 경우 눈부심, 피로, 권태가 발생함

(2) 관련이론

① 정지 물체에 대한 광속발산도(Logan 교수이론)
- ㉠ 자연계 내의 광속발산도비는 10 : 1 이내
- ㉡ 인공조명에서의 광속발산도비는 100~1,000 : 1(시각 피로의 원인)

② 움직이는 물체에 대한 광속발산도(Moon 교수이론)

실내 전반 광속발산도와 보려는 물체의 광속발산도비는 최대 3배 이하, 최소 $\frac{1}{3}$ 배 이상이 허용된다는 이론임(광원에 적용하기에는 무리임)

(3) 광속발산도 한계(미국 조명학회 규정)

표 4-5 ▶ 광속발산도 한계

작업내용	광속발산도	
	사무실, 학교	공장
작업면과 그 주위	3 : 1	5 : 1
작업면과 떨어진 면	10 : 1	20 : 1
조명기기와 그 주위	20 : 1	50 : 1
통로 부분	40 : 1	80 : 1

5) 편한 시각의 평가

편하고 안락한 시각에 대한 평가는 심리, 생리적으로만 할 수 있으며 평가이유는 조명 Scope 및 적절한 조명설계를 하기 위함이며 그 평가항목은 다음과 같다.

표 4-6 ▶ 편한 시각의 평가

평가대상	내용 설명	조도 증가 시
시력	작은 점을 분별할 수 있는 능력	증가
대비감도 (Contrast Sensitivity)	휘도의 차이를 분별할 수 있는 능력이 대비감도이며 어떤 사람이 분별할 수 있는 최소의 휘도 차이가 5[%]이고 시각, 생리적으로 편안한 한계 이내에 있어야 함	증가
긴장(Tenseness)	불충분한 조명하에서 물체를 보기가 곤란할 때 피로와 긴장을 느낌	감소
눈을 깜박이는 도수	눈을 깜박이는 도수는 무의식적인 반사이며 눈을 깜박이는 도수는 시 작업의 종류에 따라 다르나 독서 시 1분에 약 40회가량	감소
심장고동 (Heart Rate)	심장박동 횟수를 측정	증가
안구근육의 수축	실험치에 의하면 1,000(lx)에서 1시간 독서한 후가 10(lx) 아래에서 1시간 독서한 후보다 근육 수축의 피로가 $\frac{1}{3}$로 감소됨	감소

6. 측광량과 단위

1) 방사속(Radient Flux) [ϕ]

전자파 또는 광자의 형태로 전달되는 에너지를 총칭하여 방사라 하고, 단위시간에 어떤 면을 통과하는 방사에너지의 묶음을 방사속이라 하며 단위는 W[Watt]이다.

2) 광속(Luminous Flux) [F]

방사속 중에서 사람의 눈에 빛의 느낌을 주는 것으로 분광분포곡선상에서 가시광 범위의 방사속만을 의미하며 단위는 루멘[Lumen : lm]이다.

3) 광량(Quantity of Light) [Q]

광속의 시간적 적분으로 광원의 전 수명 중에 방사한 빛의 총량으로 광량 $Q = \int_0^t F \cdot dt$ [lm · h]이며 박물관 내 주요 소장품 전시조명 설계 시 중요하다.

4) 광도(Luminous Intensity) [I]

(1) 광원으로부터 발산되는 단위 입체각 속의 광속수를 말함

$$I = \frac{dF(발산광속)}{dw(단위입체각)}$$

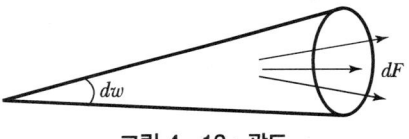

그림 4-12 ▶ 광도

(2) 모든 방향으로 광속이 발산되고 있는 점광원에서 단위 입체각(w) 내에 있는 광속수(F)가 균등할 때

광도$(I) = \dfrac{F}{w}$

(3) 이때 점광원으로부터 모든 방향으로 균등하게 광속이 발산될 경우 평균 구면광도 $I = \dfrac{F}{4\pi}$ 로 표현

(4) 단위는 Candela[cd]

5) 휘도(Luminance) [L]

(1) 개념

광원을 보았을 때 그 면의 밝음이 휘도이며 휘도가 높을 경우 눈부심을 초래하며 그 방향에서의 광도에 대해 그 방향에서의 투영면적으로 나눈 식으로 표현됨

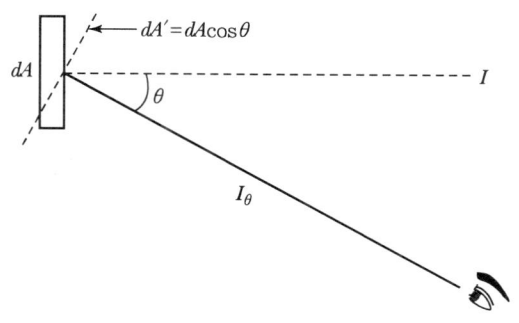

그림 4-13 ▸ 휘도

광도 I에 대해 θ방향의 광도를 I_θ라 하고 θ방향의 휘도를 L_θ, θ 방향의 투영면적을 $dA\cos\theta$라 하면

θ 방향의 휘도 $L_\theta = \dfrac{I_\theta}{dA\cos\theta}\,[\mathrm{cd/m^2}]$

(2) 특징

① 휘도는 눈으로부터 광원까지의 거리에는 무관
② 물체를 식별하는 것은 면의 휘도 차에 의한 것이며 휘도가 균등하면 모두 평판임

(3) 광원의 휘도계수

표 4-7 ▸ 광원의 휘도계수

광원	휘도[cd/cm²]	광원	휘도[cd/cm²]
태양(대기 외)	224,000	전구 100[W]	600
초고압수은등	50	형광등(주광)	0.35
탄소아크등	16,000	눈부심을 느끼는 한계	0.5

(4) 단위

① Stilb[cd/cm²] → [sb]
② nit[cd/m²] → [nt]

6) 조도(Illumination) [E]

(1) 개념

어떤 광원에 의해 비추어진 면의 밝음의 정도를 나타내는 것으로서 단위면적에 입사하는 광속수로 표현됨

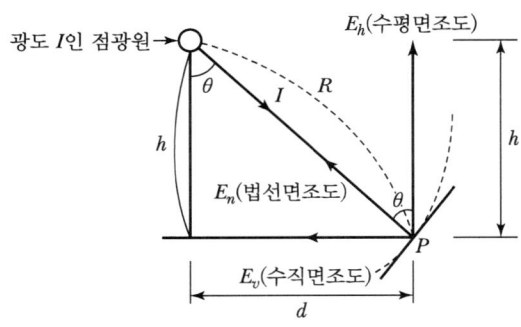

그림 4-14 ▸ 조도 구분

(2) 종류

① 법선조도(E_n) = $\dfrac{I}{R^2}$ [lux]

② 수평면조도(E_h) = $E_n \cos\theta = \dfrac{I}{R^2}\cos\theta = \dfrac{I}{h^2}\cos^3\theta = \dfrac{I}{d^2}\sin^2\theta\cos\theta$

③ 수직면조도(E_v) = $E_n \sin\theta = \dfrac{I}{R^2}\sin\theta = \dfrac{I}{h^2}\cos^2\theta\sin\theta = \dfrac{I}{d^2}\sin^3\theta$

(3) 각종 법칙

① 역자승의 법칙

광도 I의 균등 점광원을 반지름 R인 구의 중심에 놓았을 경우 모든 점의

조도(E) = $\dfrac{F}{A} = \dfrac{4\pi I}{4\pi R^2} = \dfrac{I}{R^2}$ [lx]

② 입사각 여현의 법칙

어떤 면 위의 임의의 한 점의 조도는 광원의 광도 및 $\cos\theta$에 비례하고 거리의 제곱에 반비례하는 것으로 입사각 θ의 여현에 비례하는 법칙

(4) 조도계수

표 4-8 ▸ 조도계수

장소	조도[lx]
직사일광(대지 위-여름)	100,000
몹시 흐린 날(여름)	10,000~20,000
만월	0.2

(5) 조도 측정 시 확인사항(KS C 7612)

① 전원의 상태 및 점등 상태
② 광원의 형식 및 크기, 필요에 따라 초점등 이후의 점등 연시간
③ 조명기구의 상태
④ 광원의 조명기구에의 부착 상태 및 점등 상태
⑤ 환경조건

(6) 조도 측정 시 주의사항(KS C 7612)

① 측정 개시 전 원칙적으로 전구는 5분간, 방전등은 30분간 점등시켜 놓을 것
② 전원전압을 측정할 경우에는 가급적 조명기구에서 가까운 위치에서 측정할 것
③ 조도계 수광부의 측정 기준면을 조도를 측정하려고 하는 면에 가급적 일치시킬 것
④ 측정자의 그림자나 복장에 의한 반사가 측정에 영향을 주지 않도록 주의할 것
⑤ 측정대상 이외의 외광 영향 등이 있을 경우에는 필요에 따라 그 영향을 제외할 것
⑥ 많은 점의 조도 측정을 할 경우, 특정의 측정점을 정하고, 일정한 측정시간 간격마다 특정한 측정점의 조도 측정을 하고 조도 측정 중의 광원 출력 변동 등을 파악할 것

(7) 조도 측정 후 기록

① 측정 년, 월, 일, 시간
② 측정자, 입회자
③ **측정 환경 기록** : 일기, 기온, 풍속, 습도
④ 측정장소의 도면, 내부마감, 조명기구 배열
⑤ 조명기구의 형식, 램프 안정기 종류
⑥ 사용조도계의 종류, 계기번호, 측정 Range
⑦ 측정법
⑧ 측정높이, 법선조도, 수직면조도, 수평면조도
⑨ 조명기구의 측정 시까지 사용시간
⑩ 측정 시 전원 특성

(8) 평균 조도 측정방법

종류		내용
1점법		• 조도균제도가 좋은 장소에서 1점을 수회 측정하는 방법 • E_0(평균조도) $= E_i$
4점법		• 조도균제도가 완만한 장소에서 4점을 수회 반복 측정하는 방법 • E_0(평균조도) $= \frac{1}{4}\sum E_i$
5점법		• 조도균제도가 나쁜 장소에서 5점을 수회 측정하는 방법 • E_0(평균조도) $= \frac{1}{12}(\sum E_i + 8E_g)$

(9) 조도 측정 위치(KS C 7612)

특별히 지정이 없는 경우	실내에 책상, 작업대 등의 작업대상이 있을 경우
• 마루 위 : 80±5[cm] 이하 • 거실 : 바닥 위 40±5[cm] 이하 • 복도, 옥외인 경우 : 바닥면 15[cm] 이하	그 윗면 또는 윗면에서 5[cm] 이내

7) 균제도

(1) 개념

① 책상, 작업면 등과 주변과의 밝기의 고른 정도가 조도 균제도임
② 균제도 범위가 1이면 완전균질하며 1 : 3을 넘지 않아야 함

(2) 구분

① 균제도(U_1) $= \dfrac{최소조도}{평균조도}$ ② 균제도(U_2) $= \dfrac{최소조도}{최대조도}$

(3) 균제도 측정 위치

① 일반적인 장소(서서 작업하는 장소) : 바닥 위 85±5[cm]
② 앉아서 작업하는 공간 : 바닥 위 45±5[cm]
③ 복도, 옥외 : 바닥면 또는 지면 15[cm] 이하

(4) 균제도 평가 및 범위

① 균제도 값(U_1, U_2)이 1이면 조도 분포가 완전히 균일하며 그 값이 작아질수록 고르지 못함

② 균제도의 허용범위

⊙ 일반적으로 $U_1 \geq 0.3$ 또는 $U_2 \geq 0.15$ 값 중에 하나만 적용함

⊙ 방의 용도에 따라 적정한 값을 선정함

⊙ 사무실의 경우 U_1이 0.7 이상 되는 것이 바람직함

(5) 적용

① 미술관 조명 균제도

$\dfrac{최소조도}{평균조도}$는 $\dfrac{3}{4}$ 이상으로 하여 전시물에 얼룩이 지지 않게 해야 함

② 수영장 조명 균제도

$\dfrac{최소조도}{최대조도}$를 $\dfrac{1}{3}$ 이상 하는 것이 바람직함

8) 광속발산도(luminous Emittance) [M]

(1) 개념

어느 면의 단위면적으로 발산되는 광속, 즉 발산광속의 밀도가 광속발산도이며 물체가 보이는 것은 그 물체로부터 방사한 광속이 눈에 입사하기 때문이며 밝음의 크기는 눈방향으로 방사되는 광속밀도에 따라 다름

(2) 단위

① Radlux : rlx

② Apostilb : Asb

(3) 종류

① 반사광속발산도$(M\rho) = \rho \times \dfrac{F}{A} = \rho E$

② 투과광속발산도$(M\tau) = \tau \times \dfrac{F}{A} = \tau E$

(4) 휘도와의 관계

맑은 하늘과 같이 어느 방향에서 보아도 휘도가 동일한 표면을 완전확산면(Perfect Diffusion Surface)이라 하면 완전확산면에서 휘도 L[cd/m^2]와 광속발산도 M[lm/m^2] 와의 관계는
$M = \pi \cdot L [\text{rlx}]$

① 가정
  ㉠ 투과율이 1인 완전확산성 원형 글로브 광원
  ㉡ 완전 원형 광원으로 필라멘트가 구의 중심에 배치
② 풀이
  ㉠ 글로부 내면의 조도(E)
  $$= \frac{4\pi I}{4\pi r^2} = \frac{I}{r^2}$$
  ㉡ 글로부 외면의 광속발산도(M)
  $$= E = \frac{I}{r^2}$$
  ㉢ 글로부 외면의 휘도(L) $= \frac{I}{A} = \frac{I}{\pi r^2}$
  에 의해 $M = \pi \cdot L[\text{rlx}]$이 유도됨

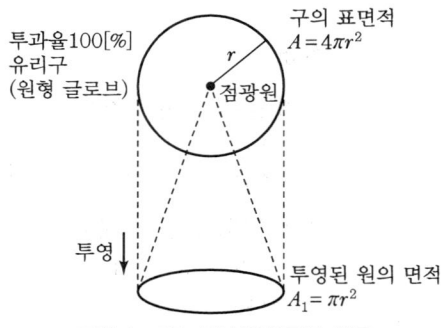

그림 4-15 ▶ 광속발산도와 휘도

9) 발광효율(luminous Efficiency) [ε]

방사속에 대한 광속의 비율이며 $\varepsilon = \frac{F}{\phi}[\text{lm/W}]$

10) 전등효율(Lamp Efficiency) [η]

전등의 전 소비에너지에 대한 전광속의 비를 말하며 전등의 전방사속에 대한 램프 내부의 전도 대류 등에 의한 손실을 고려한 것으로 $\eta = \frac{F}{P}[\text{lm/W}]$로 일반적으로 $\varepsilon > \eta$의 식이 성립함

11) 측광량의 상호관계

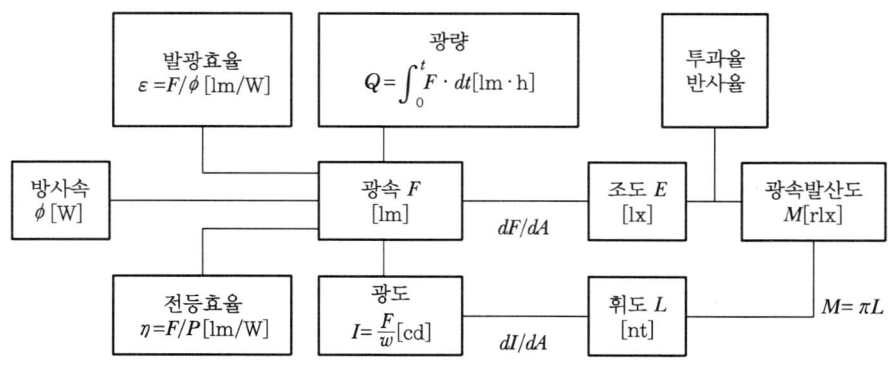

그림 4-16 ▶ 측광량 상호관계

4.1.2 전등

1. 광원의 분류

광원은 자연광원(태양광)과 인공광원으로 분류되며 인공광원은 온도방사와 루미네센스 발광으로 분류된다.

표 4-9 ▶ 광원의 발광원리

발광원리			광원	
온도방사	백열발광		백열구, 할로겐, 특수전구	
	연소발광		섬광전구	
루미네센스 발광	방전발광	저압방전램프	형광램프, 저나트륨램프	
		고압방전램프	고압수은램프	수은램프
				형광수은램프
				메탈할라이드
			고압나트륨램프	
		초고압방전램프	크세논램프, 초고압수은램프	
	전계발광		EL램프, 발광다이오드, LED, OLED	
	유도방사발광		레이저	

2. 온도방사이론

모든 물체는 온도를 높이면 방사가 일어나는데 이 방사 Spectrum은 연속적이며 Spectrum의 에너지 분포 모양은 온도에 따라 결정된다.

1) 흑체(Black Body)

온도방사이론의 기준 물체로서 흑체이론이 적용되며 흑체란 흑체에 투사된 방사를 전부 흡수하고 반사도 투과도 하지 않는 가상적인 물체(실제는 회색체)

2) 관련법칙

(1) 스테판 볼츠만의 법칙(Stefan Boltzman Law)

① 온도 $T[°K]$의 흑체의 단위 표면적으로부터 단위시간에 방사되는 전방사에너지(S)는 그 절대온도 T의 4승에 비례함

② 관계식

$S = \sigma T^4 [\text{W/cm}^2]$

여기서, σ(스테판 볼츠만 상수)$=5.68\times10^{-8}[W\cdot m^{-2}\cdot deg^{-4}]$
T : 절대온도(°K)

이 식을 통해 백열전구의 필라멘트 온도를 용융 부근까지 높여야 하는 이유이며 필라멘트 온도 상승 시 증발이 빨라져 흑화 현상에 의한 광속 저감 및 수명이 단축됨

(2) 윈의 변위법칙(Wien's Displacement Law)

① 흑체에서 최대분광방사가 일어나는 파장 λ_m은 온도(T)에 반비례하는 법칙으로 온도 증가 시 λ_m은 짧아짐

② 관계식

$\lambda_m\cdot T=2.876\times10^6[nm\cdot deg]$

일반적으로 최대시감도일 때의 파장 555[nm]에서 최대분광방사가 발생되기 위해서는 $T=\dfrac{2.876\times10^6}{555}=5,182[°K]$가 되며 백열전구의 온도를 높이면 파장이 짧아지는 반면 휘도가 높아져서 눈부심과 관계되므로 필라멘트의 온도를 제어해야 함

(3) 프랭크의 방사법칙(Planck's Radiation Law)

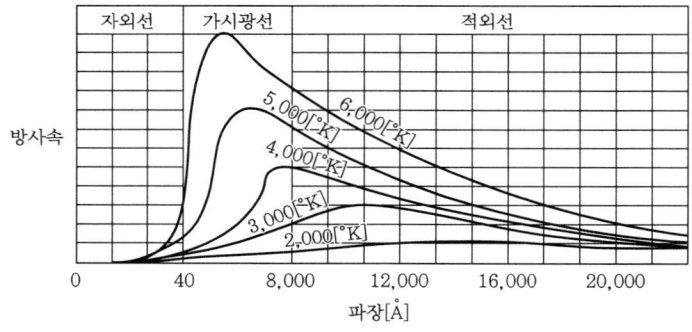

그림 4-17 ▶ 흑체의 분광방사곡선

① 흑체의 온도방사에서 그의 분광방사가 온도와 더불어 변화함을 표시한 법칙으로 파장 λ의 분광방사속의 발산도 S_λ는 온도 T(°K)에서

$S_\lambda=C_1\cdot\lambda^{-5}\left(e^{\frac{c_2}{\lambda T}}-1\right)^{-1}[W\cdot m^{-2}\cdot nm^{-1}]$

$C_1=3.714\times10^{20}[W\cdot m^{-2}\cdot nm^4]$

$C_2=1.438\times10^{-2}[m\cdot deg]$

② 절대온도(T) 상승 시 분광방사속이 증가되며 연색성이 개선됨
③ 할로겐의 경우 백열전구보다 색온도를 높여서 연색성을 개선시킴

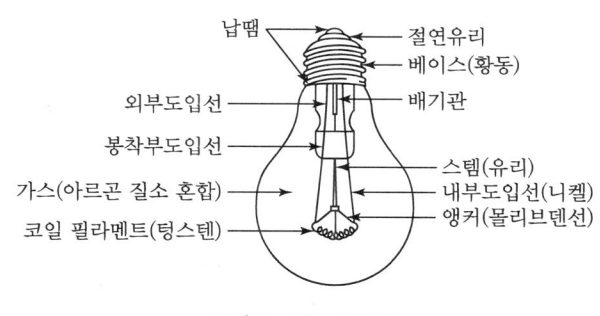

그림 4-18 ▸ 백열등

3) 광원의 종류

(1) 백열등

① 구조
  ㉠ 유리구 : 소다석회유리, 붕규산유리
  ㉡ 베이스 : 황동, 알루미늄
  ㉢ 앵커 : 몰리브덴선, 텅스텐
  ㉣ 도입선 : 내부도입선 → 동, 외부도입선 → 동
  ㉤ 필라멘트 : 텅스텐(코일필라멘트, 2중 코일필라멘트)
  ㉥ 봉입가스 : 아르곤, 아르곤+질소
  ㉦ 게터 : 유리구 내 미량의 잔존 공기에 의한 산화 방지

표 4-10 ▸ 진공전구와 가스전구 비교

진공전구	적린(P)과 불화소다(NaF)를 에틸알코올에 녹여 니트로셀룰로오스를 아밀아세테이트로 녹인 것과 혼합하여 사용함
가스전구	질화바륨[$Ba(N_3)_2$]에 카올린($Al_2O_3 \cdot 2SiO_3 \cdot 2H_2O$)을 혼합하여 물에 탄 것을 사용함

② 텅스텐 전구의 특성
  ㉠ 에너지 특성
    전구에 입력되는 에너지 대비 가시에너지 및 유리구로부터 외부로 방출되는 전방사에너지로 표현됨
  ㉡ 유리구 및 소켓의 온도(최고온도기준)
    일반전구(371℃ 이하), 스포트라이트전구(475℃ 이하)
  ㉢ 전압 특성
    전압이 변화하면 필라멘트의 온도가 변화하고 따라서 저항이 변화하고 전류, 전력, 광속 및 수명이 변화하게 됨

$$\frac{l}{L} = \left(\frac{F}{f}\right)^a = \left(\frac{E}{e}\right)^b = \left(\frac{V}{v}\right)^d = \left(\frac{I}{i}\right)^u$$

여기서, L, l : 수명, E, e : 효율, F, f : 광속
V, v : 전압, I, i : 전류
(대문자 : 정상치, 소문자 : 변동치)

표 4-11 ▶ 텅스텐 전구의 지수값

전구 \ 지수	a	b	d	u	z
진공전구	3.85	7.0	13.5	23.31	8.36
가스전구	3.86	7.1	14.1	24.1	7.36

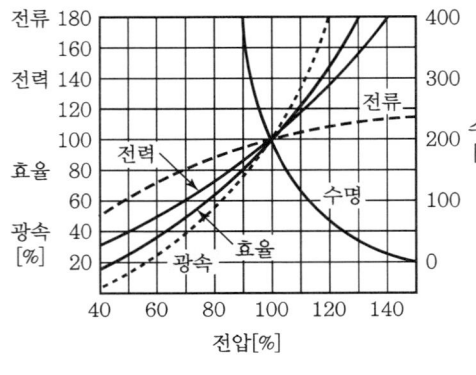

그림 4-19 ▶ 가스전구의 전압 특성

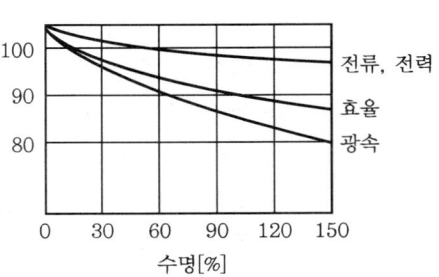

그림 4-20 ▶ 램프의 동정 특성

ㄹ 동정 특성

점등시간과 더불어 광속, 전류, 전력, 효율 등이 변화하는 상태를 말하며, 가스전구에서는 필라멘트의 변형, 봉입가스의 순도와 성분, 유리구의 크기 등이, 진공전구에서는 제조조건 등이 전구의 품질에 영향을 미침

ㅁ 수명

필라멘트가 단선될 때까지의 시간이 점등시간이며 수명을 좌우하는 요소는 전구효율, 필라멘트의 성질과 모양, 봉입가스의 성분과 순도, 봉입압력 등임

전압 상승 시 수명은 급격히 단축되며 수식적으로 $Ln^a = \beta$의 관계가 있음

[L : 수명, n : 효율, a : 수명지수(보통 : 6.8~7.2), β : 수명정수]

ㅂ 주위 온도 영향

진공전구는 200[℃]까지 수명에 영향이 없고 가스전구는 100[℃]에서 40[%] 정도 수명 감소

ㅅ 점멸의 영향

점멸 횟수가 많아지면 수명이 짧아짐

③ 특징

장점	단점
연색성이 좋고 따스한 분위기 연출	효율이 낮음
조광을 연속적으로 할 수 있음	수명이 짧음
점광원에 가깝고 빛의 집광이 용이	열선 방사가 많음
광속 저하가 적음	
점등이 간단함	

④ 전구의 종류별 특성

종류 \ 특성	특성
텅스텐 전구	• 6~12[%] 가시광선, 나머지는 적외선 및 열로 방출 • 온도와 효율은 비례하나 수명과는 반비례 • 효율 증대를 위해 2중 코일필라멘트를 사용
투광기용 전구	• 투광기와 조립하여 사용함 • 광원을 적게 하고 반사경의 초점에 일치시키도록 광중심거리의 범위를 좁게 함
영상용 전구	• 소형 영화 등에 사용 • 색온도는 3,000~3,200[°K], 수명은 25~50시간
적외선 전구	• 적외선에 의한 가열 전조등으로 응용 • 색온도는 2,400~2,500[°K], 수명은 5,000시간
의료용 전구	• 수술용과 치료용으로 구분 • 수술등은 무영등 기구와 조합

(2) 할로겐 전구

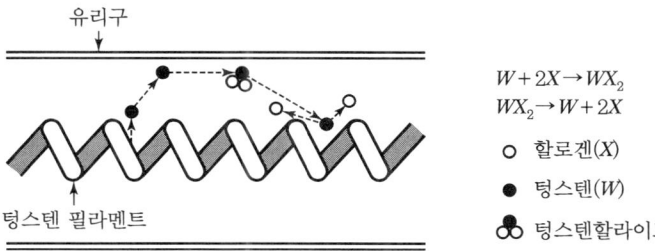

그림 4-21 ▶ 할로겐 재생 Cycle

① 원리

할로겐 전구 내 할로겐 물질을 봉입하여 할로겐 재생 Cycle의 원리를 적용한 광원으로 할로겐은 낮은 온도에서 텅스텐과 결합하고 높은 온도에서 텅스텐과 분해되는 성질이 있어 점등 중 필라멘트에서 증발된 텅스텐은 관벽에서 할로겐과 결합하여 할로겐화 텅스텐이 되며 2,000[°K] 이상의 필라멘트 근처에서 텅스텐은 필라멘트로, 할로겐은 관벽으로 확산된다. 이와 같은 Cycle에 의해 필라멘트의 증발이 억제되며 광속 및 수명이 길어진다.

② 구조
  ㉠ 유리구 : 석영 및 경질유리
  ㉡ 유리구 내 금속물질 : 텅스텐과 몰리브덴
  ㉢ 할로겐 Gas : Cl_2, I_2, Br_2, CH_2Cl_2, CH_2Br_2

③ 특징
  ㉠ 전압변동 특성
    • 전압 증가 시 광속은 급속히 증가하나 수명은 감소됨
    • 변동수명(l') = $L\left(\dfrac{V}{v}\right)^{13.1}$
      여기서, V : 정격전압, L : 정격수명, v : 변동전압
  ㉡ 분광분포 특성
    • 가시광선 영역에서 방사에너지 변화가 선형적임
    • 적외선 방사가 많아 가정용 히터, 복사기 열원으로 사용함
  ㉢ 일반적인 특징
    • 초소형 경량
    • 수명이 백열전구의 2배 이상
    • 배광제어가 용이
    • 연색성이 높음
    • 동정곡선이 완만하여 수명 및 광속 변화가 거의 없음
    • 단위광속이 큼
    • 별도의 점등장치가 없음
    • 정확한 Beam을 가지고 있음
    • 온도 및 휘도가 높음

④ 종류

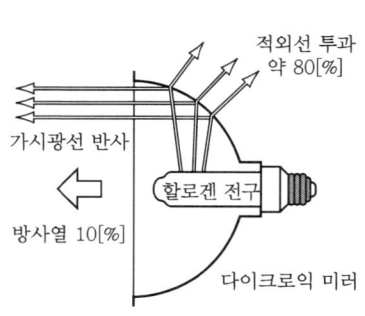

그림 4-22 ▶ 다이크로익 미러부

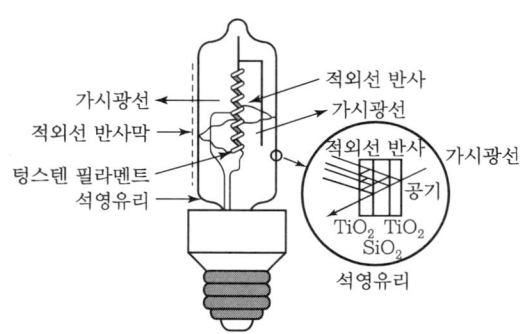

그림 4-23 ▶ 적외선 반사막

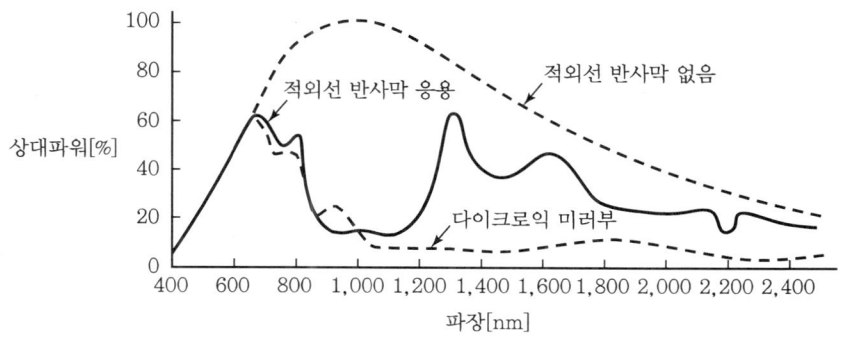

그림 4-24 ▶ 할로겐 전구의 분광분포

 ㉠ 적외선 반사막 할로겐 전구
  ⓐ 석영유리 표면에 적외선 반사막으로 일반적으로 TiO_2(고굴절률)/SiO_2(저굴절률)이 사용됨(내열성이 우수한 TaO_5/SiO_2 막을 저압화학증착법 적용)
  ⓑ 필라멘트로부터 발산된 가시광은 투과시키고 적외선은 반사시켜 필라멘트로 되돌려주어 필라멘트의 가열에너지로 사용하여 15~40[%] 정도의 효율 향상 및 30~40[%]의 열복사를 차단함
 ㉡ 다이크로익 미러부 할로겐 전구
  ⓐ 적외선 반사막과 다이크로익 미러부를 가진 램프로 적외선을 약 90[%] 정도 경감시킴
  ⓑ 반사면에 $TiO_2(ZnS)$/MgF_2와 같은 유전체로 다층막을 형성하여 가시광은 반사되고 적외선은 약 80[%]가 반사막 후면으로 방출되어 열복사를 저감시킴
  ⓒ 적용 장소
   박물관, 미술관, 상점 등의 전시용 조명과 전시품의 Spot용으로 적용함

⑤ 적용
 ㉠ 옥외투광 조명   ㉡ 고천장 조명
 ㉢ 광학용   ㉣ 비행기 활주로
 ㉤ 복사기 및 히터   ㉥ 백화점, 박물관 등의 Spot
 ㉦ 연색성이 중요시되는 경관조명 및 전시조명

⑥ 제원 특성

용량[W]	효율[lm/w]	수명[h]	색온도[K]	연색성[Ra]
50~1,500	20~22	2,000~3,000	3,000	100

(3) 백열전구와 할로겐 전구의 비교

종류	백열전구	할로겐 전구
용량[W]	2~1,000	50~1,500
효율[lm/W]	7~22	20~22
수명[h]	1,000~1,500	2,000~3,000
연색성[Ra]	100	100
점등장치	불필요	불필요
장점	① 집중된 빛의 Beam을 얻기 쉬움 ② 간단한 장치로 조광이 가능 ③ 연색성이 좋고, 조명대상의 질감을 풍부하게 할 수 있음	① 백열전구보다 작은 Bulb로 다량의 빛을 얻을 수 있음 ② 먼 곳의 조명대상물을 조명할 수 있음 ③ 수명시간 중에 다량의 발광 효율을 얻을 수 있음
단점	① 발광효율이 낮아서 넓은 장소 전체에 전반 조명 시 부적합 ② 수명이 짧음 ③ 발열이 많아 냉난방에 불리	① 휘도가 높아 눈부심을 유발 ② 가격이 일반전구에 비해 고가
광질 및 특색	① 고휘도이나 배광제어가 용이 ② 열방사가 많고 적색광이 많음 ③ 점등에 이르는 순응성이 빠름	① 고휘도이고 배광제어가 용이 ② 흑화가 거의 발생치 않음
용도	① 비교적 좁은 장소의 전반 조명, 악센트 조명, 분위기 조명에 적합 ② 대형의 것은 고천장, 각종 투광조명에 적합	① 장관형은 고천장이나 경기장, 광장 등의 투광조명에 적합 ② 단관형은 영사기용에 적합

3. 방전등이론

1) 루미네센스(Luminescence)

(1) 온도방사 이외의 발광을 루미네센스라 하며 일명 냉광이라고도 하며, 이 발광원리는 외부에서 어떤 자극이 필요하며 자극의 종류에 따라서 여러 가지 루미네센스로 분류됨

(2) 발광계속시간에 따라 인광과 형광으로 구분되며 형광은 자극이 작용하고 있는 동안만 발광하고 인광은 자극이 제거된 후에도 계속 어느 정도 발광을 계속하는 것임(10^{-8}[sec]를 경계로 하여 이 시간보다 짧은 것은 형광, 긴 것은 인광으로 구분함)

(3) 루미네센스 종류

종류	내용	적용
전기루미네센스	① 기체 또는 금속증기 내의 방전발광 ② 대전입자 상호 간 또는 원자, 분자 등의 충돌에 기인함	네온관, 수은등
방사루미네센스	① 어떤 화합물이 자외선, 광선, X선 등의 방사를 받아 그 파장보다 긴 파장을 방사하는 발광 ② 형광등의 경우 자외선으로 형광체를 발광시켜 가시광선으로 변환하여 효율 및 광색을 개선함 ③ 방사루미네센스는 스토크 법칙이 적용됨	형광등, 야광 도료
열루미네센스	① 임의 물체에 열을 가할 때 동일 온도의 흑체보다 강한 방사를 발광 ② 산화아연을 가열 시 심한 청색을 발산함	가스맨틀등
음극루미네센스	음극선이 물체에 충돌 시 생기는 발광	브라운관, 음극선 오실로그래프
초루미네센스	알칼리금속류 등 휘발하기 쉬운 원소 및 그 염류를 가스불꽃에 삽입 시 금속증기가 발광	스펙트럼 분석, 발염아크등
화학루미네센스	① 황린이 산화할 때 발광하는 것으로 ② 화학반응에 의해 직접 생기는 발광	화학반응
전계루미네센스	전계에 의해 고체가 발광	발광다이오드, EL
생물루미네센스	개똥벌레, 발광어류, 야광충 등의 발광	
마찰루미네센스	물질을 기계적으로 마찰 시 발광	

2) 점등원리

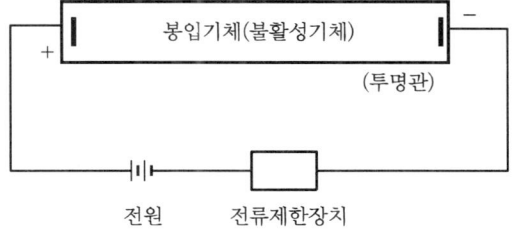

그림 4-25 ▶ 방전등의 점등 구조

(1) 점등원리

관내에 기체 또는 금속증기를 봉입하고 그 양단 전극에 전압을 인가하면 음극에서 전자 방출이 발생되며 전계전자 방출에 이은 열전자 방출과정을 통해 봉입기체와의 충돌에 의한 방전 현상으로 관 내부의 자유전자로 인한 절연파괴 및 방전로 형성과 함께 공진,

여기, 전리 현상을 통해 발광 현상이 발생됨

(2) 음극 현상

① 전계전자방출
  ㉠ 음극에 관전압 인가 시 전계에 의해 전자가 방출되는 현상
  ㉡ 쇼트키 효과
    전계 인가 시 전위장벽(일함수)을 감소시켜 전자방출을 용이하게 하는 효과

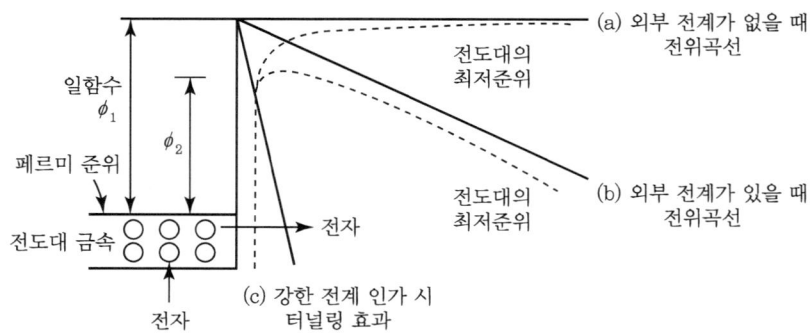

그림 4-26 ▸ 쇼트키 효과

- 방출전류가 포화된 후에도 음극 표면에 정전계가 있는 경우 일함수는 적어지고 전자방출은 증가시키는 효과가 발생함
- 열전자가 방출하고 있는 상태에서 전기장이 인가되면 열전자 방출을 높이는 효과가 발생됨

② 열전자 방출
  ㉠ 음극재료가 고온이 되면 전극 표면 및 표면 근처의 전자가 열운동에 의해 튀어나 오는 현상으로 고온으로 될 경우 전자 방출은 증가하게 됨
  ㉡ 덧슈만의 방정식
    전자가 음극 표면으로부터 튀어나오려면 음극 표면의 경계력을 이겨내는 포화 전류에 관한 이론으로 덧슈만의 방정식이 적용됨

    덧슈만의 방정식 $j = aT^2 e^{\frac{-b}{T}}$
      여기서, J : 포화 시 방출전류밀도[A/cm^2]
              b : 정수(점등조건)
              a : 정수(금속면에서 약 0.6)
              T : 절대온도[°K]

(3) 여기, 전리, 공진전압 및 발광(발광원리)

① 원자로부터의 방사, 흡수

기저 상태에서 더 높은 궤도로 이동 시 에너지 공급이 필요하고 반대로 높은 에너지 준위에서 저에너지 준위로 이동 시 에너지를 방사하며 이 과정에서 빛을 방사함

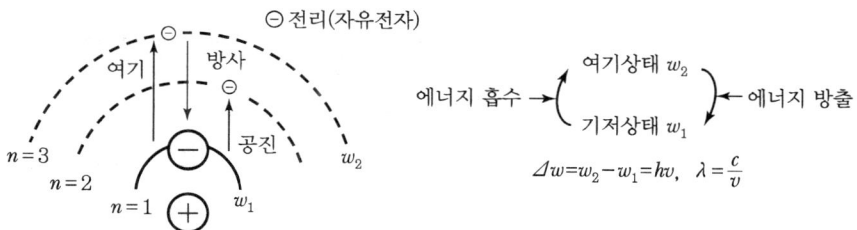

그림 4-27 ▶ 원자의 에너지 흡수, 방사

㉠ 전자의 안정궤도 이행 시 에너지 차(흡수 또는 방사) : $\Delta W = W_2 - W_1$

㉡ 전자가 제2궤도에서 제1궤도로 복귀 시 방사 진동수(ν)

$$\nu = \frac{W_2 - W_1}{h}[s^{-1}] = \frac{\Delta W}{h}[s^{-1}]$$

㉢ 파장 $\lambda = \frac{c}{\nu} = \frac{hc}{W_2 - W_1}[m]$

여기서, h : 플랑크상수, c : 광속도

② 공진, 여기, 전리전압

㉠ 여기상태(Excited State)

수소원자의 예를 들어 전자가 제1궤도의 기저상태 이외의 안정궤도에 있는 상태를 여기상태라 함

㉡ 공진전압(Resonance Voltage)

전자를 기저상태에서 제1여기상태로 올리는 데 필요한 최소에너지에 상당하는 전압

㉢ 여기전압(Excitation Voltage)

전자를 기저상태에서 제2여기상태 이상으로 올리는 데 필요한 최소에너지에 상당하는 전압

㉣ 전리전압(Ionization Voltage)

전자를 원자로부터 완전히 분리시키는 데 필요한 에너지에 상당하는 전압

(4) 수소스펙트럼

높은 에너지 준위로부터 내부의 낮은 에너지 준위의 궤도로 전자가 복귀 시 방사를 하며 수소원자의 경우 $n=1$로 복귀 시 발산하는 방사는 리맨선(자외선), $n=2$로 복귀 시 방사는 발머선(가시광선), $n=3$으로 복귀 시 파센선(적외선), $n=4$로 복귀 시 브래킷선(적외선)을 방사함

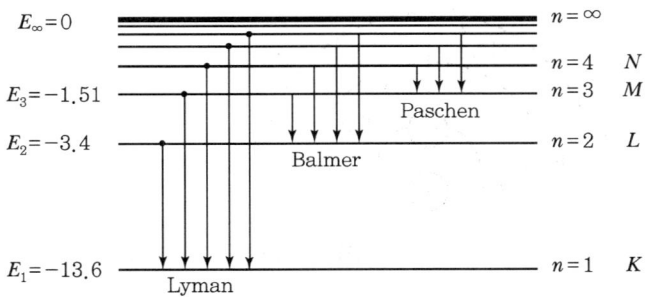

그림 4-28 ▶ 핵외전자의 에너지 준위도

(5) 비탄성충돌

여기나 전리가 일어나는 데 필요한 에너지를 외부에서 공급하는 형태에 따라 다음과 같이 분류한다.

① **제1종 충돌**
  외부 운동에너지에 의해 중성원자, 분자, 전자, 이온 등과의 충돌에 의해 여기, 전리가 되어 다른 모양의 에너지로 변하였을 경우를 말함

② **제2종 충돌**
  전자나 분자가 여기상태에 있을 경우 충돌을 하면 운동에너지에 여기에너지가 주어져서 다른 모양의 에너지로 변하는 경우를 말함

3) 방전 현상

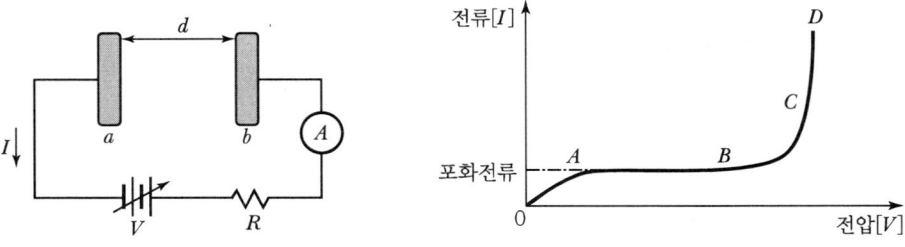

그림 4-29 ▶ 방전개시전압

(1) 방전개시

① O-A 단계

전류가 전압에 비례하는 단계로 전극에서 발생된 전자의 이동 및 봉입 기체와의 공진, 여기 정도의 단계로 Normal State에 해당

② A-B 단계

A-B 단계 전압으로 가속된 전하는 중성입자와 충돌 시 새로운 전하를 발생시키지 못해 전하의 증가가 없고 단지 포화된 전류상태가 유지되는 구간으로 공급원으로부터 주어진 이온은 전부 운반됨

③ B-C-D 단계(방전 및 자속방전 개시)

㉠ V_B 이상의 전압을 인가 시 전류가 급격하게 증가하는데 이 같은 전류의 증가는 기체 중의 전자의 충돌에 의해 원자를 전리하는 데 충분한 에너지를 갖게 되었음을 의미함

㉡ B-C 구간 : 중성분자 전리 구간

㉢ O-C 구간 : 비자속방전 구간

㉣ C-D 구간 : 자속방전 구간

(2) 자속방전이론

① 정의

외부 자극에 의한 전자방출이 중지되어도 스스로 일어나는 방전 현상으로 방전등은 대부분 자속방전상태임

② 내용

기체 중에 서로 대치하고 있는 2개의 평행판 전극에 직류전압을 인가하고 음극에 자외선을 쬐면 매초 n_0개의 전자가 방출되고 이 전자가 양극으로 향하는 사이에 전계에 의해 차차 에너지가 증가하여 기체의 전리전압 이상이 되면 충돌에 의하여 기체원자를 전리하여 새로운 양이온과 자유전자를 한 쌍 만든다. 전자가 전계의 방향으로 1[m] 이동하는 사이 a개의 기체원자를 전리한다고 하고 음극으로부터 x[m]의 거리의 평면을 매초 통과하는 전자수를 n개라 하면 거리 dx에 대해 n의 증가를 dn이라 하면 $dn = n\,a\,dx$

적분하면 $n = n_o e^{ax}$ (n_o : 초기전자)

전극의 간격을 d[m]라 하면 양극에 도달되는 전자의 수 n_d는 $n_d = n_o\, e^{ad}$가 되며 1개의 초전자가 양극에 도달할 때는 $\dfrac{n_d}{n_o}$가 되며 증가는 $\dfrac{n_d}{n_o} - 1$이 되는데, 이는 초전자 1개가 만드는 양이온수와 같다.

이 양이온이 음극에 도달할 때 1개당 평균 γ개의 2가전자가 튀어나오게 된다면 $\gamma\left(\dfrac{n_d}{n_o} - 1\right) = 1$가 되며 음극에서 자외선 쪼임을 중지하여도 방전은 지속되는데 이를 자속방전이라 하며, 자속방전의 개시조건은 $\gamma(e^{ad} - 1) \geq 1$이 된다.
이를 다시 쓰면 (a : 전자의 충돌전리계수)

$$ad \geq \log\left[\dfrac{1}{\gamma} + 1\right] \quad \cdots\cdots\cdots\cdots\cdots ①$$

(3) 파센의 법칙

① 정의

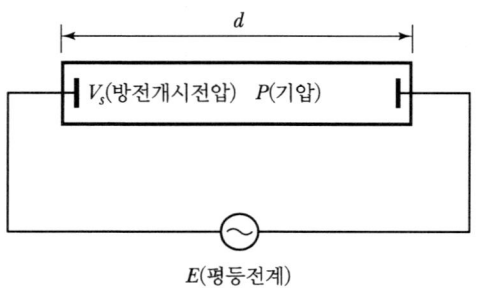

그림 4-30 ▶ 평등전계에서의 방전개시전압

㉠ 평등전계에서 방전개시에 필요한 전압(V_s)은 전극 간의 거리(d)와 방전관의 내부 기압(P)에 비례한다는 법칙

㉡ 단일기체에서 적용되는 법칙(혼합기체에서는 잘 적용되지 않음)

② 관계식

온도가 일정한 조건에서 아래 식을 만족함

$$V_s = \dfrac{BPd}{\log\left(\dfrac{APd}{\log\left(\dfrac{1}{\gamma}+1\right)}\right)} = k \cdot P \cdot d\,[\text{V}]$$

여기서, k : 상수, P : 기압, d : 전극 간 거리
A, B : 기체 종류에 따른 상수, γ : 2가전자수

③ 적용

㉠ 방전등 영역

ⓐ 점등 시

온도와 압력이 낮은 상태에서 전압 인가와 동시에 온도와 압력이 증가하면서 점등이 시작됨

ⓑ 재점등 시

방전등 소등 시 $V_S = k\,P\,d$에 의해 증기압이 높아 V_S가 매우 높은 값이므로 재점등 시 압력이 저하되어야 점등되므로 압력이 저하되어야 하는 일정 시간이 필요함(KS 기준 재점등시간 : 10분 이내)

ⓒ 차단기 영역

극간의 압력을 내려서 진공도를 높임으로써, 절연내력을 높여 절연파괴 전압을 높여 절연을 확보함

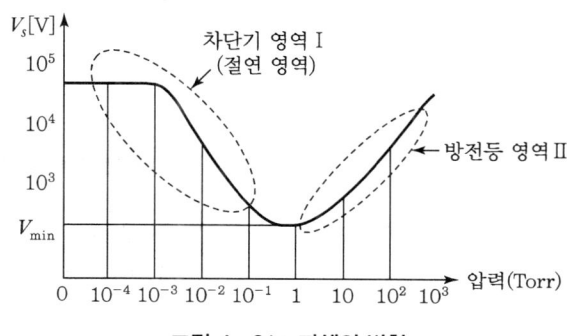

그림 4-31 ▶ 파센의 법칙

(4) 페닝 효과(Penning Effect)

① 개념

네온에 미량의 아르곤(0.002[%])을 삽입시킨 혼합기체의 방전개시전압은 순네온 가스의 방전개시전압보다 매우 낮아진다. 이것은 네온의 준안정전압이 아르곤의 전리전압보다도 약간 높으므로 네온의 준안정원자가 아르곤 원자를 극히 효율적으로 전리시키는 효과가 있다.

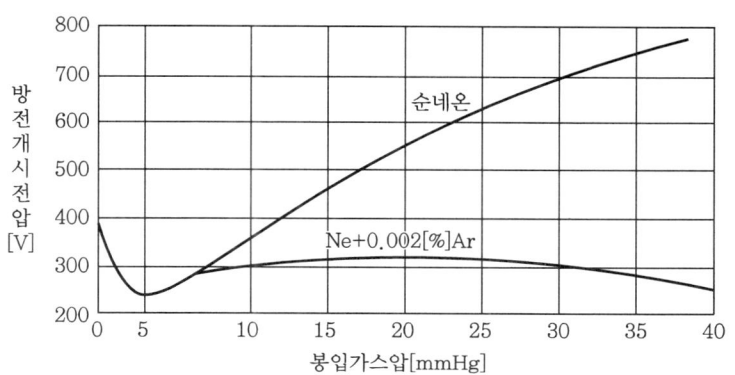

그림 4-32 ▶ 페닝의 효과

② 각종 기체의 여기전압, 전리전압

기체	Ne	Ar	Hg
여기전압(eV)	16.6	11.5	5.0
전리전압(eV)	21.5	15.7	10.4

③ 적용 법칙 : 비탄성 제2종 충돌 현상

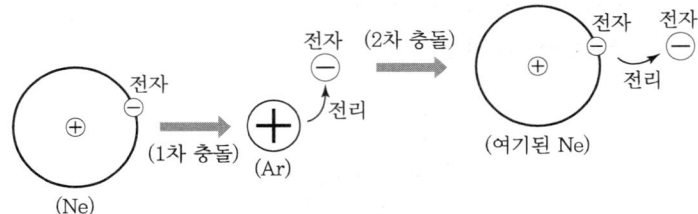

그림 4-33 ▶ 비탄성충돌 개념도

㉠ 1차 충돌 : 네온(Ne)이 아르곤(Ar)과 충돌 → 아르곤(Ar)이 전리
㉡ 2차 충돌 : 전리된 아르곤(Ar) 전자와 여기상태의 네온(Ne)과 충돌 → 네온(Ne) 전리

④ 실계통의 적용
수은증기압이 온도에 따라 변함으로써 방전개시전압도 온도에 따라 변화되는 문제가 있으며 형광램프에 아르곤 가스를 수 [mmHg] 넣게 되는 이유가 됨

▣ 파센의 법칙 식 유도

1) 평등전계에서 방전개시전압(기동전압)을 V_S, 전계의 세기를 $E\left(\dfrac{V}{m}\right)$, 전극 간의 거리를 d라 할 때 $E=\dfrac{V_S}{d}[\text{V/m}]$가 됨

2) 전자의 충돌전리계수 a와 전계의 세기 E, 압력 P의 관계식은

$$\dfrac{a}{P}=Ae^{-\frac{B}{E/P}} \quad \cdots\cdots\cdots ①$$

(A, B : 봉입가스 종류에 따른 상수)

3) 자속방전관계식 : $ad \geq \log\left(\dfrac{1}{r}+1\right)$ ······ ②

4) 식 ①과 ②를 정리하면

$$a=APe^{-\frac{B}{E/P}} \quad \cdots\cdots\cdots ①'$$

$$a \geq \dfrac{1}{d}\log\left(\dfrac{1}{r}+1\right) \quad \cdots\cdots\cdots ②'$$

따라서 식 ①'과 ②'는 동일하므로

$APe^{-\frac{B}{E/P}} = \dfrac{1}{d}\log\left(\dfrac{1}{r}+1\right)$ 이 된다. ········ (전계식 $E=\dfrac{V_S}{d}$를 적용하면)

$e^{-\frac{BPd}{V_S}} = \dfrac{1}{APd}\log\left(\dfrac{1}{r}+1\right)$ ········ (양변에 e^{-} 값을 없애 주기 위해 양변에 -1승을 각각 곱함)

$e\left[-\dfrac{BPd}{V_S}\right]^{-1} = \left[\dfrac{1}{APd}\log\left(\dfrac{1}{r}+1\right)\right]^{-1}$

$e^{\frac{BPd}{V_S}} = \dfrac{APd}{\log\left(\dfrac{1}{r}+1\right)}$ ········ (지수 e를 없애 주기 위해 양변에 $\log$를 적용)

$\log_e e^{\frac{BPd}{V_S}} = \log_e\left(\dfrac{APd}{\log\left(\dfrac{1}{r}+1\right)}\right)$

$\dfrac{BPd}{V_S} = \log_e\dfrac{APd}{\log\left(\dfrac{1}{r}+1\right)}$ ········ (구하는 V_S를 위해 양변에 역수를 적용)

$\dfrac{V_S}{BPd} = \dfrac{1}{\log_e\left(\dfrac{APd}{\log\left(\dfrac{1}{r}+1\right)}\right)}$

$V_S = \dfrac{BPd}{\log_e\left(\dfrac{APd}{\log\left(\dfrac{1}{r}+1\right)}\right)}$ ········ (P, d를 제외한 나머지 식을 K라 하면)

$V_S = KPd \left(K = \dfrac{B}{\log_e\left(\dfrac{APd}{\log\left(\dfrac{1}{r}+1\right)}\right)}\right)$

즉, 방전개전압(기동전압)은 압력(P)과 전극 간격(d)의 곱에 비례함

4) 방전 특성

방전관 내의 기압과 전류의 상태에 따라 방전 형식이 글로우방전(Glow Discharge)과 아크방전(Arc Discharge) 형태로 구분되며 아크방전은 최종 방전 형식이다.

(1) Glow Discharge

타운젠트 방전 이후의 방전 형태로 음극강하(Cathode Fall)의 강한 전계에 의해 가속된 양이온이 음극에 충돌함으로써 음극으로부터 전자가 방출되며 이 방출전자는 양극의 강한 전계에 가속되고 이때 봉입기체의 원자, 분자와 충돌하여 전리 현상이 발생되며 이때 발생한 양이온에 의한 음극에서의 전자방출을 글로우방전이라 함

(2) Arc Discharge

① 글로우방전 이후 방전전류가 증가하여 양이온의 운동에너지에 의한 충격으로 음극이 가열되면 음극으로부터 열전자 방출이 이루어져 음극에서의 전압은 떨어져서 기체의 전리전압 정도까지 되는 방전 현상을 말함

② 방전 이행과정

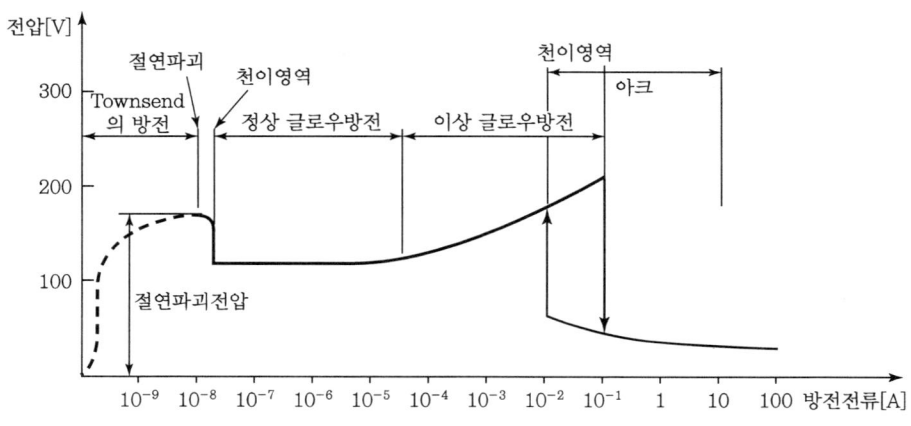

그림 4-34 ▶ 방전 이행과정

③ Glow 방전과 Arc 방전 비교

표 4-12 ▶ Glow 방전과 Arc 방전

구분	Glow 방전	Arc 방전
전압	고전압	저전압
전류	저전류	대전류
기압	저압	고압
원리	전계전자 방출	열전자 방출

구분	Glow 방전	Arc 방전
광원 (음극관)	글로우방전등 (Fe, Cu, Al 등의 금속냉음극), 냉음극형형광등, 네온등, 네온전구	아크방전등 (산화물 피복텅스텐, Ni, Hg) HID등(고압 Na등 외)

4. 조광기

1) 조광기는 램프의 밝기를 조정시키는 장치로 제어방법에 따라 가변임피던스를 직렬로 연결하여 전류를 제어하는 전류제어방식, 단권변압기를 이용하여 전압을 제어하는 방식, 트라이액으로 위상을 제어하는 방식으로 구분됨

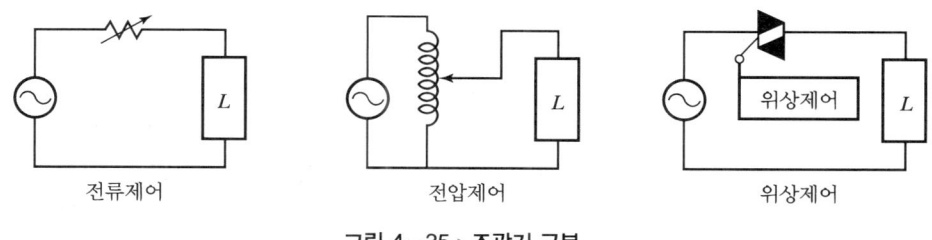

그림 4-35 ▶ 조광기 구분

(2) 위상제어방식

① 원리

양 방향 싸이리스터의 게이트를 Turn On, Turn Off 시킴으로써 원하는 위상각까지 전류를 제한하는 방식으로 아래 그림에 검은 부분은 전류가 흐르지 않는 부분임

② 위상각 제어회로

Chopper 회로를 이용하여 위상을 제어하는 방식으로 일명 도통각 제어방식이라고도 함

③ 특징

㉠ 할로겐 램프를 제어할 경우 할로겐 재생 Cycle 상태가 저하되어 수명이 단축되며, 전류가 도통되지 않는 시간이 있으므로 빛의 어른거림이 증가되고 전류파형이 왜형파로 되어 고조파가 발생하는 등의 단점이 있음

㉡ 밝기를 0~100[%]까지 연속제어가 가능함

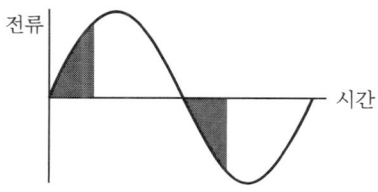

그림 4-36 ▶ 위상각 제어방식

5. 방전등의 종류

1) LED(Light Emitting Diode)

발광다이오드라는 반도체소자의 전계발광 원리를 이용한 것으로 전기에너지를 직접 빛에너지로 변환시켜 주는 고체 발광소자로 백색을 포함한 전 영역의 가시광선의 광색을 구현하는 저전력 소모 및 장수명 친환경성을 갖는 최신 광원이며 발광에 사용되는 재료는 일반적으로 갈륨(Ga)의 화합물이 이용되며 특히 조명에서는 백색 LED가 적용된다.

(1) 원리

① 전압 인가 전
  ㉠ P형 반도체의 정공은 P-N 접합부로 이동
  ㉡ N형 반도체의 전자는 P-N 접합부로 이동
  ㉢ P-N 접합부에는 확산된 전자, 정공에 의해 역전압이 발생됨

② P-N 접합부에 역전압을 상쇄시킬 순방향전압을 인가하면
  ㉠ 전자는 N형 반도체에서 P형 반도체 영역으로 이동하여 전도대의 가장 낮은 곳인 P-N 접합부로 모임
  ㉡ 정공은 P형 반도체에서 N형 반도체 영역으로 이동하여 P-N 접합부로 모임
  ㉢ P-N 접합부에서 전도대의 전자는 가전자대의 정공으로 떨어지면서 그 에너지 차만큼 빛을 발광함
  ㉣ 이 빛은 전자가 가지고 있는 에너지가 빛으로 변화되는 것뿐이므로 냉광이며, 전도대와 가전자대의 에너지 차이에 해당하는 좁은 파장영역의 빛이 발생됨

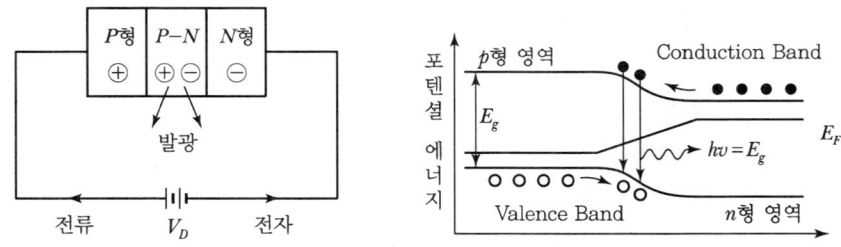

그림 4-37 ▶ LED 구성장치

(2) 구성 및 재료

① 구성장치
  PC보드, LED Chip, Anode, Gold Wire

② 재료

P형 반도체(3가-Al, Ga, In)와 N형 반도체(5가-N, P, As)의 구성물질에 따라 GaP(갈륨과 인의 화합물), GaAsp(갈륨, 비소, 인의 화합물), GaAlAs(갈륨, 알루미늄, 비소의 화합물) 등이 실용화 상태임

③ 직접 천이형 반도체와 간접 천이형 반도체

㉠ 직접 천이형 반도체
- Ⅲ~Ⅴ 화합물이 적용됨
- 전도대의 전자가 가전자대의 정공과 결합 시 에너지를 방출하는 데 이 에너지를 전부 발광하므로 LED 재료로서 좋음
- 최근 고휘도 LED 구현을 위해 직접 천이형 반도체가 필수적임

㉡ 간접 천이형 반도체
- 일반 반도체인 게르마늄(Ge) 및 실리콘(Si)이 적용됨
- 에너지 변환 시 열과 진동으로 수평천이가 포함되어 효율이 좋은 발광천이가 되지 않아 LED 재료로서 부적당함

표 4-13 ▸ 직접 천이형과 간접 천이형의 비교

구분	직접 천이형 반도체	간접 천이형 반도체
재료	3-5족, 2-6족의 화합물 반도체	Ge, Si + 불순물
천이 방식	• 수직천이가 100[%] • 모두 발광	• 수직천이 + 수평천이 • 열과 진동으로 일부 에너지가 소모
광 특성	고휘도, 고효율	저휘도, 저효율
적용	현재 백색 LED에 적용	초기 LED에 적용

(3) 에너지 갭과 발광파장과의 관계

$$\lambda = \frac{hc}{E_g} \simeq \frac{1,240}{E_g} \text{ [nm]}$$

여기서, λ : 발광파장[nm]
h : 프랭크상수
c : 광속도
E_g : 반도체 에너지 갭(eV)

(4) 백색 LED 구현방법

전 세계적으로 활발하게 진행되고 있는 GaN 백색 LED 제작방법은 다음과 같이 구분됨

① 단일칩 형태의 방법(파장변환방식)

기술적인 면이나 가격적인 면에서 비교 우위에 있는 방법

㉠ 청색 LED를 여기광원으로 하고 YAG(Yttrium Aluminum Garnet)의 노란색 (560[nm])을 내는 형광물질을 접목시킨 형태임
  - 가장 간단하고 가장 밝게 할 수 있어 백라이트로 많이 활용되고 있음
  - 적색 영역의 스펙트럼이 부족하여 연색성이 떨어져 약간 차가운 느낌을 주는 단점이 있음
  - 이를 보완하기 위해 청색 LED에 적색+녹색 형광체를 조합하여 백색광을 내는 것이 최근에 개발되어 사용되고 있음
㉡ UV LED와 RGB 형광체 결합하는 방법
  - 아름다운(자연스런) 백색을 낼 수 있음
  - 한번에 모든 자외광을 형광체에 비추어 빛을 얻기 때문에 밝기를 향상시키는 것이 향후 과제임

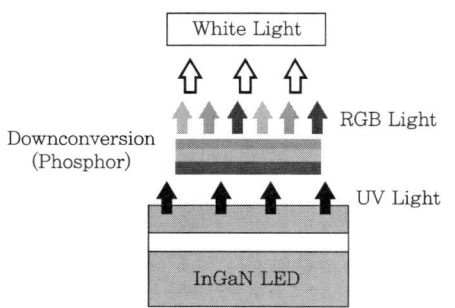

그림 4-38 ▶ UV LED & RGB Phosphor   그림 4-39 ▶ Blue LED & Yellow Phosphor

② 멀티칩 형태의 방법(색상 혼합방식)
  ㉠ 보색관계가 있는 2개 혹은 3개의 LED 칩을 서로 조합하여 백색을 얻는 방법
    - 주황색에서 적색까지 발광색을 조절하는 경우 성능지수가 100[lm/W]를 초과함에 따라 현재 조합된 백색 LED의 조명효율이 형광등과 가까운 정도임
    - LED의 조명효율이 빠른 속도로 높아지고 있는 추세에 비추어 향후 형광등보다 높은 LED 조명이 출현할 것으로 전망됨
  ㉡ R, G, B 3개의 칩을 사용하는 방법
    - 적, 녹, 청 3색의 발광 스펙트럼을 통해 아름다운 백색을 얻을 수 있음
    - 이 방법은 칩마다 동작전압의 불균일, 주변 온도에 따른 칩출력 변화의 문제가 있음
    - 조명용보다는 풀컬러의 LED 도로표시판이나 길거리의 풀컬러 LED 스크린 분야에 많이 활용됨

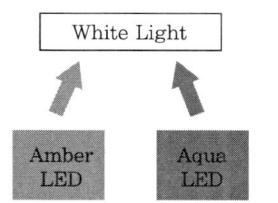
그림 4-40 ▸ Binary Complementary

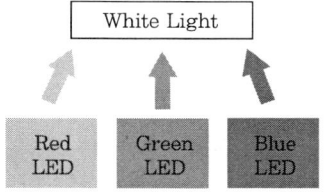
그림 4-41 ▸ Multichip Solution

(5) 동작 특징

① 전압-전류 특성
  ㉠ 각각의 LED 종류에 따라 조금씩 다른 전압-전류 특성을 가짐
  ㉡ 순방향 전압은 적색과 황색 LED는 2.0~2.2[V], 녹색과 청색 LED는 3.0~4.2[V], 역전압은 -3~-10[V]임
  ㉢ 적색 LED가 청색, 녹색 LED보다 구동전압은 낮으나 전류 변화율은 큼
  ㉣ 조명용 LED와 표시용 LED 전압-전류 특성은 매우 유사하나 표시용보다 높은 전류가 흐른다는 것이 다름

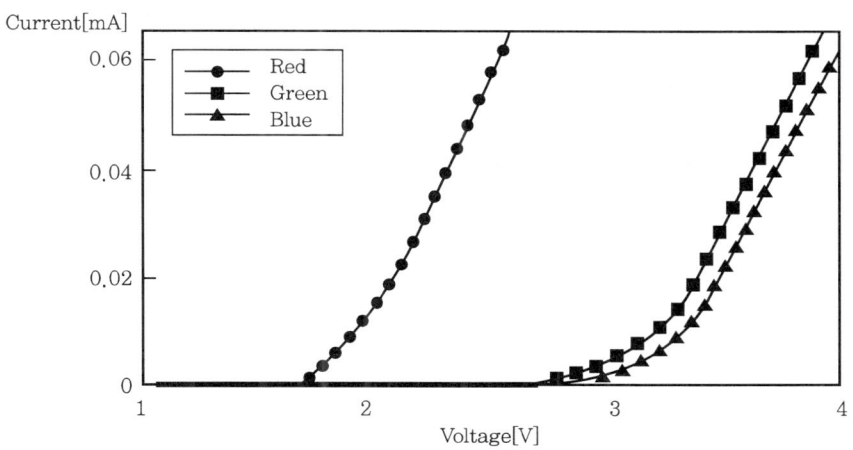
그림 4-42 ▸ LED 동작전압에 따른 전류 특성

② 온도 특성
  ㉠ 온도가 올라갈수록 광출력이 저하됨(백열전구나 방전등과 반대됨)
  ㉡ 주위 온도 및 접합부 온도가 증가되어 전자와 정공의 재결합이 활성화되어 빛에너지가 적어지기 때문임
  ㉢ 접합부 온도에 따라 각각의 LED 광출력 특성이 다름(청색과 녹색, 백색보다는 적색과 황색이 비교적 적음)

㉣ LED가 높은 주위 온도에서 계속 동작될 경우 수명이 짧아지고 광출력 저하 및 효율이 저하됨

㉤ 접합부 온도가 85[℃] 이상 오르면 효율은 70[%]까지 떨어짐

㉥ 접합부의 온도 증가는 LED의 색온도를 증가시키고 연색성 지수가 감소됨

㉦ 이러한 접합부 온도 특성을 좌우하는 요소는 주위 온도, LED에 흐르는 전류 LED에 설치되어 있는 Heat Sink가 있음

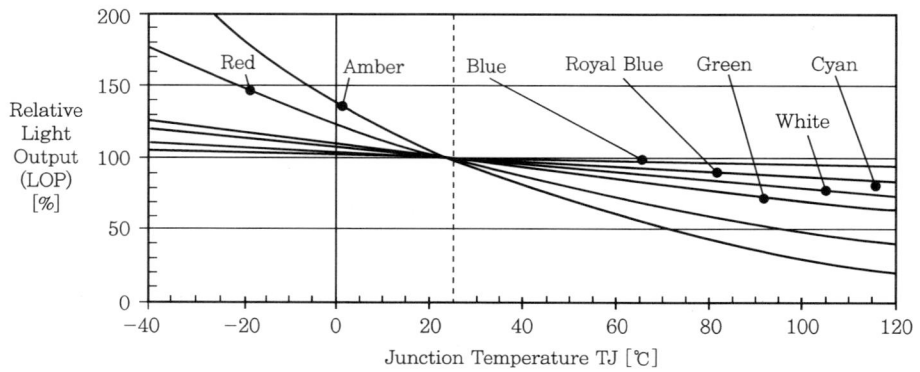

그림 4-43 ▶ 고휘도 LED의 접합온도에 따른 광출력 특성

③ 광출력 특성

㉠ 적색 LED의 광출력 특성은 LED의 전압 변화에 대하여 상당히 급격히 변화함

㉡ RGB LED의 전압에 대한 광출력은 일정한 전압까지는 비례적으로 증가하지만 일정한 전압 이상이 되면 전압이 증가해도 출력이 감소하게 됨

④ 열화 특성

㉠ 주위 온도가 높을수록 열화가 빨라짐

㉡ 파장이 짧을수록 열화가 빨라짐

㉢ LED에 흐르는 전류가 클수록 열화가 빨라짐

(6) 장·단점

장점		단점
㉠ 장수명	㉡ 저소비전력	㉠ 가격이 고가임
㉢ 우수한 환경성	㉣ 고신뢰성	㉡ 좁은 배광 특성
㉤ 빠른 점등속도	㉥ 충격에 강함	㉢ 고휘도로 인한 눈부심 발생
㉦ 소형, 경량	㉧ 사용범위가 넓음	㉣ 주위 온도 및 자체 발광에 의한 열에 취약함

(7) 적용

① 표지판의 소형 전구 대체
② 교통신호등(옥외), 차량의 표시등
③ LCD Back L/T, 휴대용 가전제품
④ 항공유도등, 대형 전광판 등
⑤ 열로 인한 손상 우려 장소 : 박물관, 미술관, 상점 Display용
⑥ 현재 일반 조명분야로 적용이 확대되고 있음

(8) 조명설계 시 고려사항

① DC로 점등되는 관계로 정류장치가 필요함
② 고휘도, 고광도의 광색을 낼 수 없어 적용상의 한계가 있음
③ 배광곡선상의 바닥 조사면이 적고 연색성이 나쁨(Ra가 70)

2) OLED(Organic Light Emitting Diode)

(1) 개요

① OLED란 유기물 박막에 전계를 가하여 전류를 흘려주어 빛을 발하는 전계발광을 하는 소자로서 LED와 유사한 발광기구로 동작

② 에너지 절약 및 친환경적인 신광원의 필요성이 대두되어 OLED와 같은 반도체 조명에 대한 개발이 확대되고 있는 추세

③ OLED는 조명용 WOLED로 개발되어 현재 신조명 광원으로 각광받는 LED의 점광원의 단점을 별도의 구조체 없이 얇고 투명한 면광원으로 구현이 가능하여 임의 형태로 디자인하는 것이 쉬우며 다양한 응용제품, 예술조명과 같은 고부가가치의 신조명의 창출에 적합함

(2) 발광원리

OLED는 전계(전기)발광의 원리를 이용한 것으로 LED의 무기물 소자와 달리 소자의 재료를 유기물로 사용하며 유기물의 두께를 100[nm] 이하로 하면 10[V] 이하의 전압에서도 그 내부에 약 106[V/m] 정도의 강한 전계가 작용하고 양극과 음극으로부터 각각 정공과 전자가 유기물질 내부로 주입되는 것이 가능함

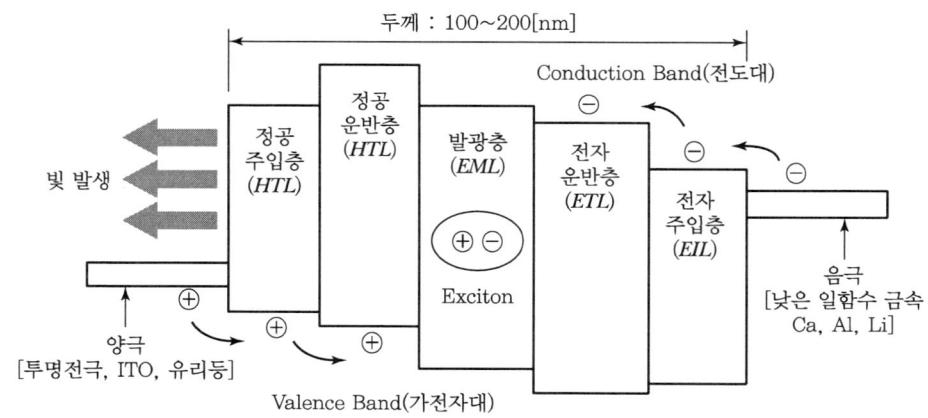

그림 4-44 ▶ OLED 발광원리

- HIL(Hole Injection Layer : 정공주입층)
- HTL(Hole Transfer Layer : 정공수송층)
- EML(Emission Material Layer : 발광층)
- ETL(Electron Transfer Layer : 전자수송층)
- EIL(Electron Injection Layer : 전자주입층)

① 양 전극에 전압을 인가하면 열방사 혹은 터널링 효과에 의해 양극에서 정공이, 음극에서 전자가 전도대와 가전자대를 통해 발광층 내부에 주입됨
② 발광층에서 만난 전자, 정공은 높은 에너지를 갖는 여기자를 생성하게 되는데 이때 여기자(엑시톤)가 낮은 에너지로 떨어지면서 빛을 발생함
③ 이때 발광층을 구성하고 있는 유기물질이 어떤 것이냐에 따라 빛의 색깔이 달라지게 되며 Red, Green, Blue를 내는 각각의 유기물질을 이용하여 Full Color를 구현할 수 있음

(3) 구조
① 음극
  ㉠ 일함수가 낮은 금속(Ca, Li, Al : Li, Mg : Ag 등)
  ㉡ 음극 역할 외 빛을 반사하는 거울 역할을 함
② 유기박막층
  ㉠ 정공수송층(HTL), 전자수송층(ETL) : 발광효율 향상, 장수명, 고휘도
  ㉡ 정공주입층(HIL), 전자주입층(EIL) : 양극 / 유기물 / 음극 계면의 에너지 장벽 저감을 통한 고효율화
  ㉢ 발광층(EML) : 빛이 발생되는 층
③ 양극
  ITO와 같은 투명전극을 사용하며 발광체에서 발생한 빛을 외부로 내보내는 역할을 함

(4) 필요성
① 백열등의 경우 저에너지 소비효율로 세계적으로 사용 규제
② 형광등은 백열등에 비해 7~8배의 효율이 높으나 제조과정에서 발생하는 환경오염 요소와 편의성의 문제
③ **차세대 조명기술의 필요성** : 지구온난화, 소비전력, 디자인 등의 소비자 기호의 충족성

(5) 백색발광 구현
① 색상혼합방식
  ㉠ 적색(R), 녹색(G), 청색(B)의 3개의 발광물질을 적층하는 방법(3가지 색상 혼합)
  ㉡ 황색(Y)과 청색(B) 2가지 색상의 혼합방법
② 파장변형(환)방식
  OLED 소자에서 방출되는 청색 파장계열의 빛이 형광체를 여기시켜 백색을 구현함

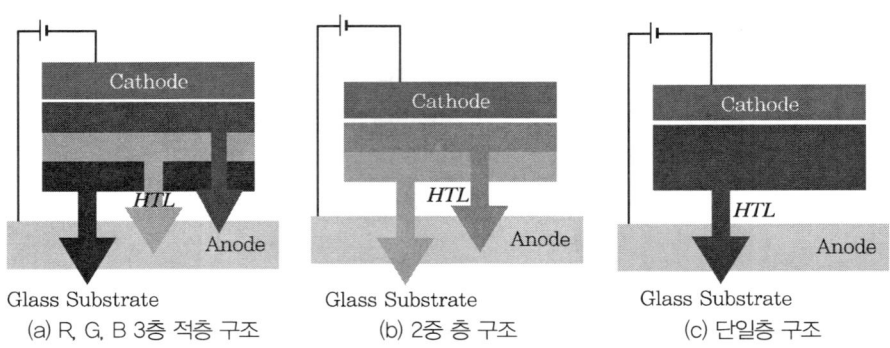

그림 4-45 ▶ OLED 소자의 백색발광 구현방법

③ 특징 비교

구분	특징
파장변환방식	• 색상혼합방식 대비 제작공정이 간단함 • 컬러 변환층의 조절로 연색성을 손쉽게 조정할 수 있음
색상혼합방식	• 파장변환방식 대비 손실이 없음 • 고효율의 백색발광소자를 제작할 수 있음

(6) 분류

① 발광재료

구분	장점	단점
저분자(Small Molecule) OLED → 현재 많이 사용	• 재료의 효율이 우수함 • 수명이 우수함	• 제조공정이 복잡함 • 생산단가가 고가임 • 대면적 디스플레이 제작이 어려움
고분자 (Polymer) OLED	• 대형화에 용이함 • 낮은 구동전압 • 대면적 디스플레이 제작이 용이함	• 재료의 효율이 낮고 수명이 짧음 • Full Color Display 구현의 어려움

② 구동방식

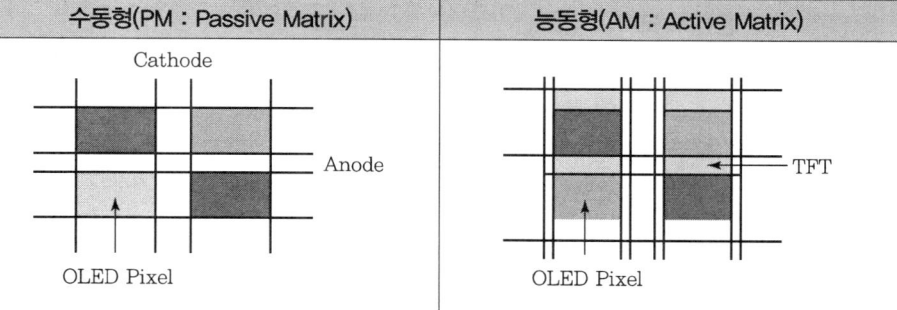

수동형(PM : Passive Matrix)	능동형(AM : Active Matrix)
그림 4-46 ▸ 수동형 구동방식	그림 4-47 ▸ 능동형 구동방식
화면 표시 영역에 양극과 음극을 Matrix 방식으로 교차배열한 후 라인 전체에 대한 전압을 인가하는 방식	각 화소마다 박막트랜지스터(TFT)를 배열하여 원하는 화소를 선택적으로 제어하는 방식

③ 발광원리

정공과 전자가 재결합하여 여기자를 형성하는 경우 1중항 여기상태(Singlet)와 3중항 여기상태(Triplet) 두 가지가 양자학적으로 1 : 3의 비율로 존재하게 됨

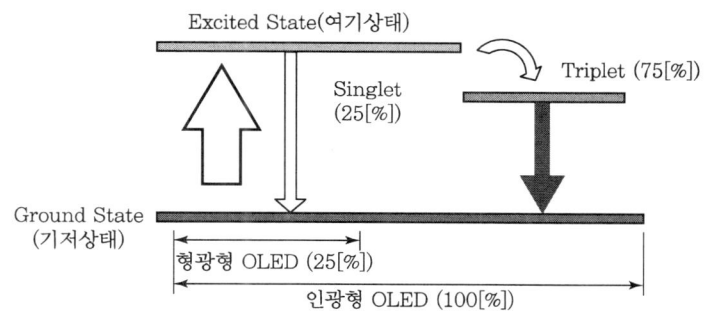

그림 4-48 ▸ 형광물질, 인광물질 발광원리

구분	내용 설명
형광물질	• 1중항 여기상태에서만 빛으로 에너지가 변함 • 3중항 여기상태는 열로 에너지가 소모됨 • 최대 양자효율이 25[%]로 한정됨
인광물질	• 1중항 여기상태가 3중항 여기상태를 거쳐 안정된 상태로 내려오면서 두 상태가 모두 빛에너지로 전환이 가능함 • 내부 양자효율이 100[%]까지 가능함

(7) 특징

① 응답속도가 빠름
   ㉠ OLED는 텔레비전 화면 수준의 동화상 재생에도 자연스런 영상을 표현할 수 있음
   ㉡ LCD의 약 1,000배 수준

② 자체발광형
   ㉠ 소자 자체가 스스로 빛을 내는 자체발광형임
   ㉡ 어두운 곳이나 외부의 빛이 들어올 때도 시인성이 좋은 특성을 가짐

③ 광 시야각
   일반 브라운관 텔레비전 같이 바로 옆에서 보아도 화질이 변하지 않음

④ 초박막형
   LCD 두께의 $\frac{1}{3}$ 수준

⑤ 저전력
   백라이트가 필요 없기 때문에 저소비전력(약 LCD의 $\frac{1}{2}$ 수준)

(8) OLED와 LED 비교

구분	OLED	LED
광원 형태	면광원	점광원
발광재료	유기물 반도체	무기물 반도체
전기전도도	낮다.	높다.
장점	• 저전력 소비 • 눈부심이 적음 • 박막 제작이 가능 • 응답속도가 빠름 • 발열이 적음 • 예술조명에 적용	• 선명한 Color • 고효율 • 장수명 • 사용범위가 넓음
단점	• 작고 예민함 • LED 대비 발광효율이 낮음 • LED 대비 가격이 고가	• 고휘도로 눈부심이 발생 • 좁은 배광 특성 • 고비용 • 주위 온도 및 자체 발광에 의한 열에 취약함

(9) 조명광원으로의 과제

① 인광발광 물질(3중항여기자) 개발

② 광방출 효율을 높이는 광학적 특성의 개선
  ㉠ 발광층에서 생성된 빛이 EML, HTL, HIL를 통해 굴절·소실되어 효율이 낮아짐
  ㉡ 이것은 정공주입, 정공수송 등 전기적 특성에 맞추어 OLED가 개발되어 광학적 특성을 동시에 실현하기 어렵기 때문임

(10) 조명광원으로서의 WOLED 향후 과제

① 백색의 순도를 조명에 적합하게 구현해야 함
② 발광효율을 형광등 또는 LED에 대응할 수 있는 $100 \sim 150[lm/W]$(휘도 $100[cm/m^2]$) 수준으로 향상시켜야 함
③ 저가격화 실현
④ 수명 향상 및 연색성의 조정 가능성이 요구됨

(11) 결론

① OLED 조명의 조기 상용화를 위해서 고효율 발광기술, 장수명기술, 저가격화 기술에 대한 핵심기술의 확보가 필수적이며 이를 위해 정부의 적극적인 지원과 더불어 학계와 산업체가 힘을 모아야 할 것이다.
② OLED 조명에 대한 지속적인 기술개발과 제품의 완성도가 높아질수록 OLED 조명은 통신기술, 태양전지 등 여러 가지 응용기술과 접합되어 새로운 미래 조명시장을 창출할 것으로 판단된다.

4.1.3 조명기구

광원으로부터 나오는 빛을 제어하여 조명에 도움을 주는 장치로 미적 악센트 기능을 갖는 장식 등의 목적으로 다음과 같은 기능을 갖는다.
① 효과적인 배광
② 눈부심 감소
③ Lamp의 휘도를 저감시켜 주고, Lamp를 보호
④ 광원에 전기를 공급하여 주는 역할
⑤ 기타 심리적, 기계적, 전기적, 의장적인 요소를 고려함

1. 투과와 흡수

빛이 매질을 통과 중에 흡수되는 양과 투과하는 양과 반사되는 양은 입사한 양과 같다.

1) 반사율 $[\rho] = \dfrac{F_r}{F}$ (F : 입사광속, F_r : 반사광속)

2) 흡수율 $[\alpha] = \dfrac{F_a}{F}$ (F : 입사광속, F_a : 흡수광속)

3) 투과율 $[\tau] = \dfrac{F_t}{F}$ (F : 입사광속, F_t : 투과광속)

　$F_r + F_a + F_t = F[\mathrm{lm}]$이므로 $\rho + \alpha + \tau = 1$

2. 조명기구의 구조

조명기구의 요구사항은 광학적 기능이 충분해야 하고 사용하기 쉬워야 한다. 또한 만들기 쉽고 튼튼하고 모양이 좋아야 한다.

1) 광학적 부문

(1) 조명기구의 기능상 가장 중요한 것은 배광을 제어하는 부문. 재료에 따라 유리, 플라스틱, 금속이 사용됨

(2) 재료의 종류 선정 시 고려사항

　① 반사율, 투과율, 확산성
　② 강도, 내구성, 물, 습기, 약품에 대한 성질
　③ 빛과 방사선에 변화되지 않고 청소하기 쉬울 것

2) 전기적 부문 : 램프에 전기를 공급하기 위함임

3) 기계적 부문

(1) 광학적 및 전기적 부분을 지지하고 보호함
(2) 등기구 모양을 유지하고 기능을 안전하게 함(대체로 금속 사용)

3. 조명기구의 기능

1) 배광기능

(1) 조명기구의 첫 기능은 배광일 것임
(2) 기구의 형태에 따라 완전확산, 반간접, 간접조명으로 구분됨
(3) 배광곡선은 기구의 종류, 모양, 재질에 따라 다르며 외구의 재료가 완전확산면일 경우 휘도는 균등함
(4) 램프의 Slim화(에너지 절약)에 따라 램프의 단위면적당 자외선(가시광선)의 방사량이 많아짐으로써 간접, 반간접 조명방식의 배광방식을 통해 눈부심을 제거함

2) 보호각

(1) 갓과 반사갓을 사용하여 광원의 직사광을 차단하고 루우버로 광원의 직사광을 방지하여 광원에 의한 눈부심을 방지함
(2) 보통 수평방향으로부터의 부각으로 재며 15~25° 정도임

3) 효율

(1) 조명기구를 사용하면 어느 정도의 빛의 손실이 발생
(2) 전광속 F_0의 광원을 조명기구에 넣을 경우 손실을 뺀 나머지가 나오며 기구로부터 나오는 광속을 F(유효광속)이라 하면

$$기구효율(\varepsilon) = \frac{F}{F_0} = \frac{유효광속}{전광속}$$

여기서, F : 유효광속[lm], F_0 : 전광속[lm]

4) 휘도

(1) 조명기구는 광원의 직사광에 의한 눈부심 방지 목적으로 사용하며 광원면에서 θ 방향의 광도를 θ 방향에 대한 투영 면적으로 나눈 값으로 표시

$$휘도(B) = \frac{I_\theta}{dA \cos\theta}$$

기구 자체의 휘도도 문제가 되며 비확산성의 것에서는 특히 중요함

(2) 눈부심을 느끼는 한계(때때로 시야 내에 들어오는 광원의 경우) : 0.5[cd/cm^2]

(3) 각종 광원의 휘도

    ① 형광등 : 0.35[cd/cm^2]

    ② 필라멘트 전구 : 600[cd/cm^2]

    ③ 고압 수은 램프 : 50[cd/cm^2]

    ④ 태양광(천장) : 160,000[cd/cm^2]

4. 조명기구의 종류

조명기구의 종류는 성능, 구조, 형태로 구분되며 가장 중요한 성능인 배광에 따라 구분하면 직접조명기구, 반직접조명기구, 전반확산조명기구, 반간접조명기구, 간접조명기구로 구분됨

표 4-14 ▸ 배광에 따른 조명기구의 특성

종류	기구 형태	배광곡선	특성	용도
상방 0~10[%] / 하방 100~90[%] 직접			• 작업면을 직접조명 • 고조도를 경제적으로 얻음 • 심한 휘도차에 의한 눈부심 발생 • 빛을 집중시키는 기구 → 고천장에 사용 • 빛을 확산시키는 기구 → 낮은 천장에 사용	• 공장 조명 • 다운라이트 • 매입조명
10~40[%] / 90~60[%] 반직접			• 직사광과 반사광 이용 • 작업면의 충분한 조도 확보 및 휘도 감소 • 조명기구는 하면 개방형임 • 갓등은 젖빛 유리나 플라스틱을 사용	• 일반 사무실 • 학교 상점 • 주택
40~60[%] / 60~40[%] 전반확산			• 수평작업면 조도 → 직접 배광 • 위 방향의 빛 → 반사광 이용 • 빛광면을 크게 하여 눈부심 방지 • 젖빛 유리, 플라스틱, 아크릴 사용	• 고급 사무실 • 학교, 상점 • 공장 전반 조명 • 주택
60~90[%] / 40~10[%] 반간접			• 천장을 주 광원으로 사용 • 양질의 빛을 발산 • 세밀한 작업장소에 적합 • 휘도가 0.5스틸부를 초과하면 안 됨 • 쾌적한 시환경 조성	• 병실, 침실 • 다방, 레스토랑 • 고급 사무실 • 독서실 • 설계실
90~100[%] / 10~0[%] 간접			• 천장을 주 광원으로 이용 • 천장의 밝은 색 • 광택이 없는 마감 필요 • 직사현휘가 없음 • 쾌적한 시환경 제공 • 설비비가 많이 듦	• 대합실 • 입원실, 회의실 • 침실 • 다방, 레스토랑

5. 배광곡선

1) 광원의 배광

(1) 점광원은 공간의 각 방향의 광도가 일정함

(2) 그 외의 광원의 광도는 광원의 종류, 형태, 구조, 방향에 따라 다르므로 어떤 방향으로 어느 만큼의 광도가 분포되어 있는지를 알고 이를 적절히 이용해야만 적합한 조명을 실시할 수 있음(이와 같이 광도의 분포를 광원의 배광이라 함)

2) 배광곡선(Light Distribution Curve)

(1) 정의

조명기구에서 각 방향으로 나가는 빛의 방향과 세기를 평면상에 극좌표곡선으로 나타낸 것

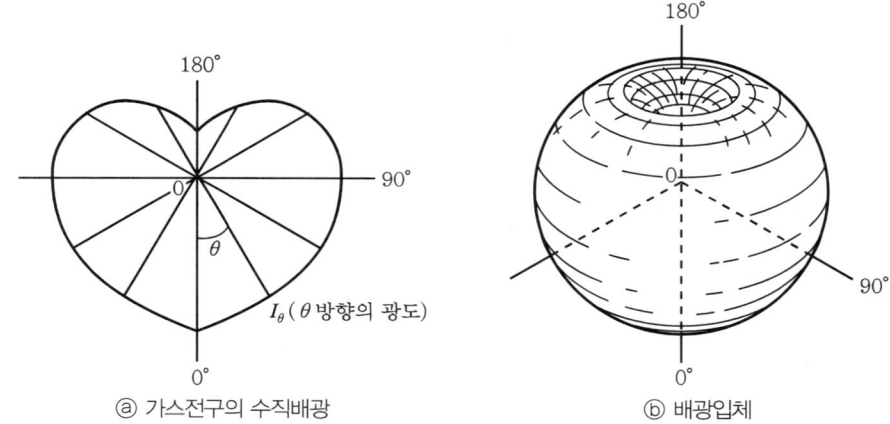

ⓐ 가스전구의 수직배광 ⓑ 배광입체

그림 4-49 ▸ 배광곡선

(2) 배광의 중요성

조명기구의 배광을 잘못 선정할 경우 빛이 전달되지 못하는 부분이 발생되어 조명설계의 오류가 발생되므로 배광이 중요함

(3) 종류

① 수직배광곡선

수직면 위의 각 방향의 광도분포를 표시한 것으로 일반적으로 배광곡선이라 하면 수직배광곡선을 의미함

② 수평배광곡선

　　수평면 위의 각 방향의 광도분포를 표시함

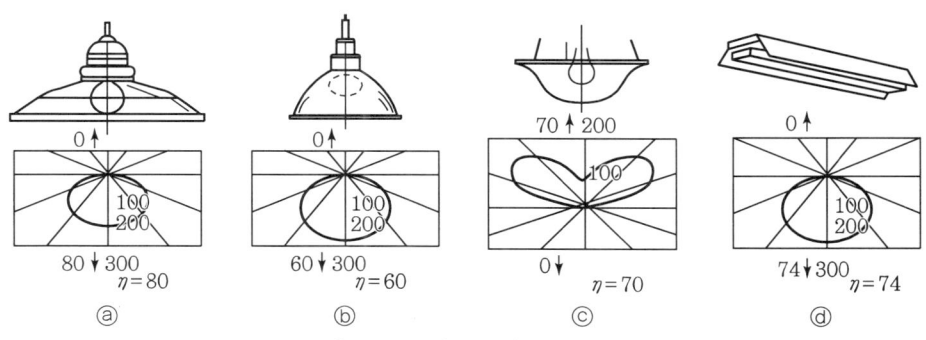

그림 4-50 ▶ 각종 조명기구의 배광

상기의 그림에서와 같이 각종 조명기구의 배광곡선이 표시되며 각 배광곡선은 아래와 같음

ⓐ 공장용 법랑입힌 강판 반사갓
ⓑ ⓐ와 동일함(좁은 곳에 사용함)
ⓒ 간접조명 불투명 반사갓
ⓓ 형광등용 반사갓

6. 설계 시 고려사항

1) 저휘도 고조도 반사갓의 사용
2) 다양한 조명기구의 활용으로 쾌적한 조명분위기 창출
3) 조명기구의 에너지 절약 추구

7. 조명기구의 최근 동향

1) 쾌적한 시환경 제공

(1) **고품질의 조명** : 휘도분포가 적정한 등기구로서 눈부심 방지, 쾌적한 조명을 연출함
(2) **다양한 조명** : 조명기구의 다양성으로 실내환경의 쾌적한 분위기를 창출하고 다기능 기구에 의해 다양한 분위기를 연출함
(3) 주광을 이용한 심리적 안정감을 높임
(4) 연색성을 향상시킴

2) 에너지 절약

(1) **효율의 향상** : 조명기구의 고효율화 $\left(\text{조명기구의 효율} = \dfrac{\text{유효광속}}{\text{전광속}}\right)$

(2) 다양한 형태의 등기구 개발

(3) LED 조명기구 적용

(4) DALI 조명 제어 System의 적용

4.1.4 옥내 조명설계

조명설계란 주어진 장소의 사용목적에 알맞은 광환경, 시환경에 적합하도록 빛의 양, 질, 방향 등을 고려하여 광원 및 조명기구의 종류, 크기, 위치 등의 조명시설을 결정하는 고도의 전문 기술적 소양을 필요로 하는 작업이며, 이를 위해서 조명 계산은 물론 생리, 심리 및 심미적인 부분도 충분히 고려해야 할 뿐 아니라 건축구조 및 의장도 이해해야 한다.

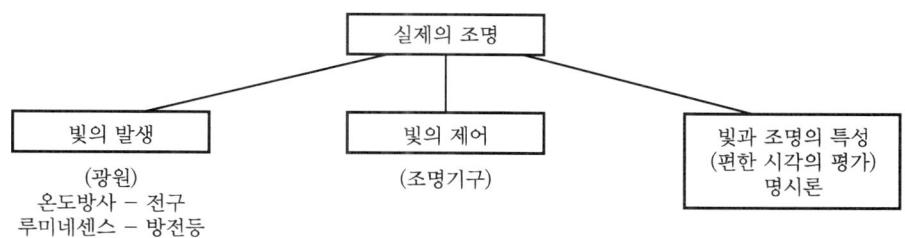

그림 4-51 ▸ 조명의 실제

좋은 조명을 설계하기 위해서는 조명의 목적, 명시론적 고찰, 좋은 조명의 조건, 조명방식, 전반조명, 국부조명, 건축화조명, 경제성 검토, Energy Saving, 각 실의 조명 기획 측면이 검토되어야 한다.

1. 좋은 조명의 조건

1) 명시 조명의 조건

(1) 조도

일반적으로 조도가 높을수록 좋으나 경제상의 한계비용과 이익면을 감안하여 제정된 조도기준에 따라 결정(KSA-3011 참고)

표 4-15 ▸ 조도기준

조도단계	공장	주택	사무실	학교	병원	경기장
aaa	초정밀작업	재봉	설계, 제도	정밀실험	부검	공식경기
aa	정밀작업	공부, 독서	도서 열람	흑판면	시진, 주사	일반경기
a	보통작업	세탁, 조리	회의실	일반교실	진찰실	레크리에이션

(2) 휘도분포(광속발산도 분포 = 밝음의 분포)

① 휘도의 차이가 있으면 보임은 나빠지며 이런 조건에서 작업 시 피로가 빨라짐
② 시야 내가 균일하게 밝아야 이상적이나 실제로는 밝기의 분포를 고르게 할 수 없으므로 어떤 한도를 허락하고 이에 따라 휘도분포 한도가 결정됨

표 4-16 ▶ 시야 내 휘도분포 허용한계

대상물	사무실, 학교	공장
작업대상물과 그 주위면(책과 책상면)	3 : 1	5 : 1
작업대상물과 떨어진 면(책과 바닥면)	10 : 1	20 : 1
조명기구와 그 부근면(천장과 주위 벽면)	20 : 1	50 : 1
통로 PT의 각 부분	40 : 1	80 : 1

(3) 눈부심

불쾌, 고통, 눈의 피로, 시력의 일시적 감퇴를 초래하는 눈부심이 없을 것

표 4-17 ▶ 눈부심의 원인과 방지대책

눈부심의 원인	눈부심의 방지대책
• 고휘도의 광원이 직접 보일 경우 • 광택이 심한 반사면이 있는 경우 • 시야 내의 휘도 대비차가 심할 경우 • 눈에 입사하는 광속이 과다할 경우	• 보호막이 충분한 반사갓 부착 • 루버 타입 등 기구 사용 • 젖빛 유리구 등을 사용

(4) 그림자(그늘)

① 입체를 실체대로 보기 위해서는(입체감, 재질감 표시) 적당한 그림자가 필요함(보통 3 : 1 정도가 적당함)
② 일반 작업 시 시선 가까운 위치에 지장이 되는 그림자가 10[%] 이상 생기지 않도록 함

(5) 분광분포

① 광원의 분광분포가 자연주광색과 동일하도록 설계
② 자외선과 적외선을 제외시키도록 고려
③ 파장에 따른 특성을 이해
   ㉠ 장파장이 많은 전구의 경우 따스한 감각을 줌
   ㉡ 단파장이 많은 형광램프나 수은램프는 청량감을 줌

(6) 심리적 효과(기분)

① 밝은 날 옥외 환경에 유사할수록 심리적으로 좋은 조명임
② 광원 이외 실내 마감색에 따라 심리적 효과가 변함
   ㉠ 실내 마감의 색, 밝기에 따라 느끼는 기분이 달라짐
      작업에 대한 조명의 경우 천장, 벽 상부 > 벽 아래 > 바닥의 밝기 순서가 밝은 날 옥외 환경에 근사함

(7) 미적 효과

① 기구 형체는 장식이 없는 단순한 것으로 하되 조명설비 전체도 단순한 기하학적 배열이 좋음
② 건축구조, 의장, 실내마감 배색과 조화를 이룰 수 있도록 배치함

(8) 경제성 검토

단순한 염가가 아닌 생산능률, 사고 감소 등을 고려한 조명비를 결정함

2) 분위기 조명의 조건

(1) 조도

① 음악을 듣고 있을 때나 식사를 하고 있을 때와 같은 경우 변화된 조명이 요구됨
② 어느 경우에는 낮은 조도가 좋고, 어느 경우에는 보임에 충분한 조도보다 더 고조도가 좋을 때도 있음

(2) 휘도분포

계획된 밝음과 어두움의 배분이 쾌적한 분위기일 경우가 많음

(3) 눈부심

의도적인 눈부심이 사람의 시선을 유도할 수 있음

(4) 그림자(그늘)

실체의 보임보다도 입체적인 감각, 원근감의 강조를 위해 극단적인 밝음과 어두움의 비가 요구되는 경우가 있음

(5) 분광분포

장파장은 따스한 기분을 주며, 단파장은 깨끗하고 위생적인 느낌을 줌

(6) 경제성 검토

광속, 조도의 수치적 대소보다도 조명효과의 달성도를 고려함

표 4-18 ▶ 좋은 조명의 요건 분류

좋은 조명의 요건	실리적 조명(명시 조명)		의장적 조명(분위기 조명)	
조도	가능한 한 밝게(경제성 검토)	25	실의 용도(필요한 밝음)에 맞게 적용	5
광속발산도 분포	밝고 어두움의 차가 없을수록 좋음	25	계획에 따라 명암의 조도 배분 고려	20
눈부심	직·간접적 반사가 없을수록 좋음	10	의도적인 눈부심 유도	0
그림자	없을수록 좋음	10	입체감·원근감을 위해 인위적으로 만듦 (7:1 이상 가능)	0
분광분포	표준주광이 좋고 열, 자외선이 없을수록 좋음	5	실에 어울리는 색광 (난색, 한색) 이용	5
심리적 효과	맑은 날 옥외감각일수록 좋음	5	목적에 따라 다른 감각이 필요함	20
미적 효과	간단할수록 좋음	10	계획된 미의 배치와 조합이 필요함	40
경제성	1[W]당 광속이 많을수록 좋음	10	분위기 달성도 고려	10
총점		100		100

3) 결론

(1) 명시 조명은 사무실, 학교, 제도실, 공장, 도서관, 주택의 주방, 작업실 등에서 시각을 우선적으로 요구하며, 음식점, 커피숍, 주택의 거실의 경우 미적 및 심리적 요소가 중요한 경우이다.

(2) 좋은 조명의 조건에서 주어진 공간에 맞게 명시 조명과 분위기 조명을 적용해야 하며, 또한 그 공간의 온습도 등과 함께 그 공간의 쾌적한 조명환경이 되도록 해야 할 것이다.

2. 조명방식의 분류

1) 기구의장에 따른 분류

조명방식	특징	용도
단등방식	광원이 점 또는 점에 가까운 형태	분위기 조명
다등방식	몇 개의 점광원을 한 개의 기구에 모은 형태	
연속열방식	광원이 보이는 형태가 선 또는 선형에 가까운 방식	명시 조명
면방식	발광면이 평면으로 보이는 방식	

2) 기구 배치에 따른 분류

(1) 전반조명

조명기구를 일정한 높이 및 간격으로 배치하여 방 전체의 조도를 균일하게 조명하는 것을 말하며 일종의 명시조명 방식임

① 특징
- ㉠ 작업 위치에 관계없이 기구 배치가 고정됨
- ㉡ 조도가 균일하고 그림자가 부드러움
- ㉢ 광원의 높이가 6[m] 이하이면 형광등, 6[m] 이상이면 Metal Hallide, 고압나트륨 등을 사용

② 적용 : 일반사무실, 학교

(2) 국부조명

전반조명으로 조명할 수 없는 특정 장소나 국부적인 고조도를 필요로 하는 경우에 적용

① 특징
- ㉠ 불필요한 장소에 소등할 수 있어 경제적임
- ㉡ 명암의 차이가 크고 눈부심이 많음
- ㉢ 특정 부분에 조도를 높일 수 있음

② 적용 : 공장 등 정밀작업이 요하는 장소

(3) 전반, 국부 병용 조명

전반조명을 하는 장소에서 국부적으로 고조도를 필요로 하는 경우에 적용

① 특징 : 필요조도를 경제적으로 얻을 수 있음
② 적용 : 타이프실, 정밀작업

(4) 중점배열 전반조명

전반조명을 하는 방에 중점부분을 더욱 밝게 하는 조명방식

3) 기구 설치에 따른 분류

(1) 전반조명

천장 설치가 주이며 매달림 설치, 매입 설치, 건축화조명 방식이 있음

(2) 국부조명

이동형 스탠드, Bracket 등, 천장으로부터 매달린 등, 지향성이 강한 기구를 천장에 붙이거나 매입하는 방식

4) 배광에 따른 분류

표 4-19 ▶ 배광에 따른 기구의 특성

종류	기구 형태	배광곡선	특성	용도
상방 0~10[%] 하방 100~90[%]	직접		• 작업면을 직접조명 • 고조도를 경제적으로 얻음 • 심한 휘도차에 의한 눈부심 발생 • 빛을 집중시키는 기구 → 고천장에 사용 • 빛을 확산시키는 기구 → 낮은 천장에 사용	• 공장조명 • 다운라이트 • 매입조명
10~40[%] 90~60[%]	반직접		• 직사광과 반사광 이용 • 작업면의 충분한 조도 확보 및 휘도 감소 • 조명기구는 하면 개방형임 • 갓등은 젖빛 유리나 플라스틱을 사용	• 일반 사무실 • 학교 상점 • 주택
40~60[%] 60~40[%]	전반확산		• 수평작업면조도 → 직접 배광 • 위방향의 빛 → 반사광 이용 • 빛광면을 크게 하여 눈부심 방지 • 젖빛 유리, 플라스틱, 아크릴 사용	• 고급 사무실 • 학교, 상점 • 공장 전반 조명 • 주택
60~90[%] 40~10[%]	반간접		• 천장을 주 광원으로 사용 • 양질의 빛을 발산 • 세밀한 작업장소에 적합 • 휘도가 0.5스틸부를 초과하면 안 됨 • 쾌적한 시환경 조성	• 병실, 침실 • 다방, 레스토랑 • 고급 사무실 • 독서실 • 설계실
90~100[%] 10~0[%]	간접		• 천장을 주 광원으로 이용 • 천장의 밝은 색 • 광택이 없는 마감 필요 • 직사현휘가 없음 • 쾌적한 시환경 제공 • 설비비가 많이 듦	• 대합실 • 입원실, 회의실 • 침실 • 다방, 레스토랑

5) 건축화 조명

(1) 개요

건축물의 일부를 광원화하는 것으로 건축의 구조, 마감이 조명기구의 일부가 되는 방식으로 천장 이용방식과 벽면 이용방식으로 구분되며 조명전문가와 건축설계자가 초기부터 협의가 필요한 조명방식으로 다음과 같이 분류됨

(2) 구분

① 천장면 건축화 조명

조명방식	구조	특징
광천장조명		① 정의 : 천장에 확산 투과재를 붙이고 내부에 광원을 배치하는 방식 ② 특징 : 천장면이 광천장이 되므로 부드럽고 깨끗한 조명 - 고조도(1,000~1,500[lx])로 1층 홀, 쇼룸 등에 적용 보가 있는 경우의 광천장 ③ 설계 시 고려사항 • 발광면이 얼룩짐이 없도록 할 것 • 광원간격 $S \leq 1.5D$, $S \leq D$(파형 플라스틱의 경우) • 보가 있는 경우 보조 조명장치 필요
루버 천장조명		① 정의 : 천장에 루버판을 붙이고 내부에 광원을 배치하여 조명하는 방식 ② 특징 : 직사현휘 없음, 낮은 휘도와 직사광을 얻고자 하는 경우 사용 ③ 설계 시 고려사항 • 루버면이 휘도의 얼룩짐이 없도록 광원 배치 • 램프가 직접 눈에 들지 않도록 광원 배치 • 보호각이 30°인 경우 : $S \leq 1.5D$ 　　　　　　45°인 경우 : $S \leq D$로 설계

조명방식	구조	특징
다운라이트 조명		① 정의 : 천장에 작은 구멍을 뚫어 내부에 여러 형태의 조명기구를 설치하여 조명하는 방식 ② 특징 : 실내의 단순함을 피할 수 있음 　－분위기 변화가 가능 ③ 설계 시 고려사항 : 등기구의 랜덤한 배치가 필요 ④ 용도 : 호텔 로비, 접수부, 엘리베이터 출입구
코퍼 조명		① 정의 : 천장에 여러 형태의 구멍을 뚫어 등기구를 매입하고 커버를 사용하는 방식 ② 용도 : 분위기 위주 조명에 설치 　고천장의 영업실, 1층 홀, 백화점 등의 전반 조명
코브 조명		① 정의 : 램프를 감추고 코브의 벽 천장면을 이용하여 간접조명으로(반사광을 만듦) 조명하는 방식 ② 특징 : 방 전체가 부드럽고 차분한 분위기 ③ 설계 시 고려사항 　• 램프가 방 구석에서는 보이지 않도록 설계 　• 램프에 의한 천장의 얼룩짐이 없도록 설계 　• 코브가 한쪽인 경우 : 코브의 높이 $H = 1/4\,S$ 　• 코브가 양쪽인 경우 : 코브의 높이 $H = 1/6\,S$
광량 조명 (연속열 방식)		① 정의 : 연속열기구를 천장에 매입하거나 들보에 설치하여 조명하는 방식 ② 특징 : 가장 효과적인 조명방식 　－설치방향에 따라 종방향, 횡방향, 대각선, 장방향이 있음 ③ 용도 : 일반사무실, 긴 복도

② 벽면 건축화 조명

조명방식	구조	특징
밸런스 조명		① 정의 : 밝은 광원으로 벽면을 조명하는 방식 　－광원을 설치하고 밸런스판으로 벽면을 가려 벽면의 아래방향과 위방향을 조명하는 방식 ② 설계 시 고려사항 　• 밸런스판을 목재, 금속, 실내 벽면을 흰색으로 마감 　• 광원은 형광등이 적당
코너 조명		① 정의 : 천장과 벽면의 경계구역에 조명기구를 배치하여 천장과 벽면을 조명하는 방식 ② 용도 : 지하도, 긴 복도 등에 적용
코니스 조명		① 정의 : 천장과 벽면의 경계에 둘레턱을 만들어 벽면 아래를 조명 ② 용도 　• 형광등의 건축화 조명에 적합 　• 창문 위에 설치하여 건물 이그네이션 조명효과가 큼

3) 결론

(1) 건축화 조명은 상기의 벽면 건축화 조명(밸런스 조명, 코너 조명, 코니스 조명)과 천장면 건축화 조명(광천장 조명, 루버 조명, 다운라이트 조명, 코퍼 조명, 코브 조명, 광량 조명)으로 구분된다.

(2) 좋은 조명의 요건적인 측면에서 분위기 조명에 많이 적용되며 조명효율, 조명에너지 절약 측면에서 불리하나 각 조명 대상별 조명효과 달성을 위해 상기의 건축화 조명을 적용한다.

3. 옥내 전반조명 설계

전반 조명설계는 건축주의 조명에 대한 요구사항을 조명이론을 갖춘 설계자가 조명대상물의 목적, 크기 및 형태, 명시적, 분위기적 방향을 검토하여 건축물의 특성에 적합하도록 설계하는 것으로 광속법을 이용한 조명설계 방식은 다음과 같다.

1) 전반조명 설계 순서(광속법을 이용한 조명 설계)

(1) 조명대상물 파악

① 대상물의 목적 파악
② 크기 및 형태 파악
③ 명시적, 분위기적 방향 선정

(2) 광원의 선정

① 광원의 제원 특성 검토
 용량, 효율, 수명, 연색성, 색온도 등
② 경제성 검토
③ 유지보수성 검토
④ 적용 장소
 ㉠ 옥내 : 백열등, 형광등, 할로겐등
 ㉡ 옥외 : HID 램프

(3) 조명기구 선정

목적에 적합한 조명기구를 선정해야 하며 고려사항은 다음과 같음
① 작업장의 형태 파악 → 넓이, 천장고 높이
② 작업장의 특징 파악 → 산, 먼지 등의 유무
③ 경제성
④ 유지보수성
⑤ 그림자 비율 등

(4) 조명기구 배치 및 간격

① 균등한 조도 확보를 위한 등간격 배치방법 채택
② 직접조명방식

 ㉠ 천장 ↔ 작업면 : H_0, 광원 ↔ 작업면 : $H\left(\dfrac{2}{3}H_0\right)$, 등 ↔ 벽 : S_0

ⓒ 등간거리$(S) \leq H$
ⓒ 등과 벽과의 거리
- 벽을 이용하는 경우 $S_0 \leq \dfrac{1}{3}H$
- 벽을 이용하지 않는 경우 $S_0 \leq \dfrac{1}{2}H$

③ 간접 및 반간접 조명방식
㉠ 천장과 작업면 사이의 거리 : H
ⓒ 등간거리$(S) \leq 1.5H$
ⓒ 천장과 등기구 간 거리$(H') = \dfrac{1}{5}S$

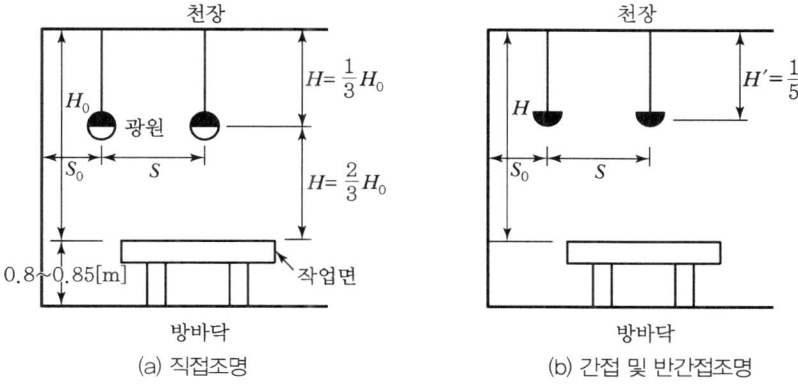

그림 4-52 ▶ 조명기구 배치 및 간격

(5) 필요조도 결정

① KSA 3011의 조도기준을 적용함
② 개략적인 조도기준

표 4-20 ▶ 조도기준

작업면 \ 조도	표준조도[lx]	조도범위[lx]
초정밀작업	2,000	1,500~3,000
정밀작업	1,000	600~1,500
보통작업	400	300~600
단순작업	200	150~300

(6) 방지수(실지수) 결정

빛의 이용에 대한 방의 크기의 치수로 방의 크기와 형태는 빛의 이용에 많은 영향을 미침

$$방지수(R) = \frac{X \cdot Y}{H(X+Y)}$$

여기서, X : 방의 폭, Y : 방의 길이, H : 작업면 ↔ 광원높이

방의 높이가 낮을수록, 폭과 길이가 클수록 방지수는 커짐

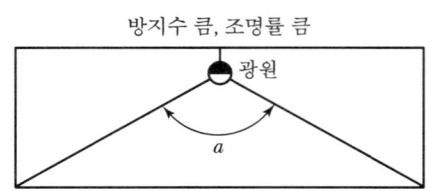
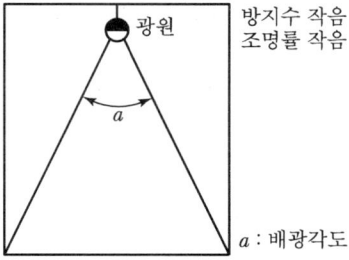

그림 4-53 ▶ 실지수와 조명률과의 관계

조명률은 다른 조건이 일정하면 방지수가 적어지면 감소하게 되며 방지수 도표를 이용하여 방지수를 구함

표 4-21 ▶ 방지수 분류기호표

방지수	5	4	3	2.5	2	1.5	1.25	1	0.8	0.6
기호	A	B	C	D	E	F	G	H	I	J

(7) 조명률 결정

조명률은 광원의 전광속과 작업면에 도달하는 유효광속과의 비율이며 조명기구의 배광, 천장, 벽, 바닥의 반사율에 따라 결정되며 통상 천장의 반사율은 80[%], 바닥면은 15~30[%], 벽면은 50~60[%]로 하는 것이 좋은 광환경을 이룰 수 있음

표 4-22 ▶ 실내의 반사율

재료	반사율[%]	재료	반사율[%]
흰 진회벽, 흰 페인트	60~80	목재(노란 니스칠)	30~50
흰 벽, 흰 타일	60	창호지	40~50
엷은색 크림 벽	50~60	밝은 벽돌	15
진한색 벽, 진한색 페인트	10~30	콘크리트	25
목재(백목)	40~60	엷은색 페인트	35~55
리놀륨	15	검은 페인트	5~10

$$조명률 = \frac{피조면(작업면)에\ 입사하는\ 광속[lm]}{전광원의\ 광속[lm]} \times 100[\%]$$

표 4-23 ▶ 간접조명 기구에 대한 조명률, 감광보상률 등의 설치 간격 등

배광 설치간격	기구의 예	감광보상률 [D] 보수상태			반사율	천장	0.75			0.50			0.30	
						벽	0.5	0.3	0.1	0.5	0.3	0.1	0.3	0.1
		상	중	하	방지수		조명률 $U[\%]$							
간접 ↑0.80 ↓0 $S \leq 1.2H$	전구	1.5	1.8	2.0	J I H G F		16 20 23 28 29	13 16 20 23 26	11 15 17 20 22	12 15 17 20 22	10 13 14 17 19	08 11 13 15 17	06 08 10 11 12	05 07 08 10 11
	형광등	1.6	2.0	2.4	E D C B A		32 36 38 42 44	29 32 35 39 41	26 30 32 36 39	25 26 28 30 33	21 24 25 29 30	19 22 24 27 29	13 15 16 18 19	12 14 15 17 18

*간접, 반간접, 전반확산, 반직접, 직접조명기구 중 간접조명기구의 예

(8) 감광보상률 결정

일정기간 경과 후 램프 자체 열화 및 먼지 등의 요인으로 광속 저하에 대해 여유를 감안해 주는 요소로 백열전구의 경우 1.3~2.0배, 형광등의 경우 1.3~2.4배 정도 고려하며 미국에서는 감광보상률 대신 역수인 유지율을 적용함

광속이 저하되는 주요 원인으로는 필라멘트의 증발로 인한 광속 저하, 흑화 현상, 등기구의 경년 변화 등의 요인에 기인함

(9) 램프의 크기 계산

램프의 조도 계산에는 광속법, 전력법, 축점법이 있다.

① 광속법

일반적으로 많이 사용되는 광속법에 의한 계산방법은

$$N(\text{램프개수}) = \frac{E \cdot A \cdot D}{F \cdot U}$$

여기서, E : 조도, F : 광속
A : 방면적, U : 조명률
D : 감광보상률 $\left(\frac{1}{M} \text{ 보수율}\right)$

② 전력법

과거의 실적과 경험에 의해서 신규로 설계하는 조명 전력을 산정하는 방법을 말함

③ 축점법(국부조명에 의한 조도)
　㉠ 국부조명을 하는 경우에는 주위에서의 반사광을 고려하지 않은 광원 광도와 조도와의 관계가 거리의 역자승에 비례하는 법칙과 입사각여현의 법칙에 의해서 계산됨
　㉡ 이 방법은 반사의 영향을 무시하기 때문에 실내조명에서 실조도보다 낮은 값이 됨
　㉢ 조도(E) 계산법
$$E = \sum \left(\frac{I}{r^2} \cos\theta \right)$$

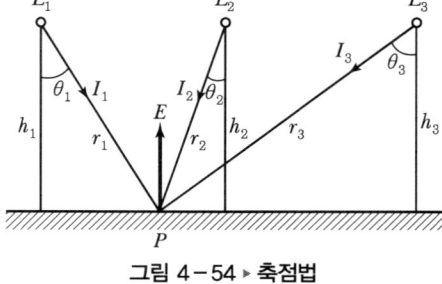

그림 4-54 ▶ 축점법

(10) 광속발산도 계산(실내면)

작업면 주위의 밝음 또는 작업대상물의 휘도와 그 주위의 휘도와의 대비는 명시 조명, 눈부심과 관계가 있으므로 조명조건으로서 중요하며 광속발산도를 검토하여 실내의 각 부의 휘도를 올바르게 표시해야 하고 이에 대한 검토방법은 다음과 같음

① 방계수를 정함
　방의 폭 X, 길이 Y, 천장으로부터 방바닥까지의 높이 Z인 경우
　방계수 $= \dfrac{Z(X+Y)}{2XY}$

② 조도비 산정
　방계수와 조명방식(직접, 반직접 등), 각 부의 반사율을 적용한 표를 이용하여 조도비를 산정함

③ 각 부 조도(E_c, E_w, E_f) 산정
　조도비와 평균조도를 곱하여 천장, 벽, 바닥의 조도를 구함

④ 각 부 광속발산도(R_c, R_w, R_f) 산정
　• 각 부의 조도에 반사율을 곱하여 각 부의 광속발산도를 구함
　• 작업대상물의 조도와 반사율을 곱하여 작업대상물의 광속발산도를 구함

⑤ 광속발산도비 계산
　작업대상물의 광속발산도 대비 각 부의 광속발산도가 기준의 범위에 적합한가 여부를 확인함

㉠ 천장 E_c/E (천장의 반사율 0.5~0.8)

표 4-24 ▶ 실내 각부의 조도비

조명방식		직접		간접			전반확산		
벽의 반사율		0.1~0.3		0.5	0.3	0.1	0.5	0.3	0.1
방바닥의 반사율		0.3	0.1	0.1~0.3			0.1~0.3		
방계수	J	0.26	0.24	3.58	4.35	5.18	1.52	1.71	2.12
	I	0.28	0.23	2.60	2.98	3.38	1.29	1.38	1.63
	H	0.26	0.18	2.11	2.32	2.54	1.14	1.18	1.35
	G	0.25	0.16	1.89	2.05	2.20	1.07	1.09	1.21
	F	0.26	0.14	1.70	1.81	1.91	0.99	1.00	1.09
	E	0.26	0.13	1.61	1.70	1.79	0.75	0.96	1.00
	D	0.27	0.13	1.53	1.60	1.66	0.92	0.92	0.92
	C	0.28	0.12	1.48	1.53	1.59	0.89	0.89	0.89
	B	0.28	0.12	1.41	1.45	1.49	0.86	0.86	0.86
	A	0.29	0.29	0.11	1.38	1.41	1.44	0.84	0.84

㉡ 벽 E_w/E

(천장의 반사율 0.5~0.8)
(벽의 반사율 0.1~0.5)

조명방식		직접 및 간접		전반확산	
방바닥의 반사율		0.3	0.1	0.3	0.1
방계수	J	0.85	0.83	1.33	1.30
	I	0.76	0.73	1.19	1.15
	H	0.71	0.67	1.10	1.05
	G	0.69	0.64	1.05	1.00
	F	0.68	0.62	1.01	0.96
	E	0.67	0.60	0.99	0.93
	D	0.66	0.59	0.97	0.91
	C	0.66	0.58	0.95	0.89
	B	0.65	0.57	0.93	0.88
	A	0.65	0.57	0.92	0.87

㉢ 방바닥 E_f/E

(천장의 반사율 0.5~0.8)
(벽의 반사율 0.1~0.5)
(바닥의 반사율 0.1~0.3)

조명방식		직접 및 간접	전반확산
방계수	J	0.66	0.91
	I	0.75	0.92
	H	0.81	0.94
	G	0.85	0.95
	F	0.88	0.96
	E	0.90	0.97
	D	0.92	0.98
	C	0.93	0.98
	B	0.95	0.99
	A	0.96	0.99

표 4-25 ▶ 시야 내 광속발산도의 한계

내용	사무실, 학교	공장
작업대상물과 그 주위 사이(예 책과 책상면)	3 : 1	5 : 1
작업대상물과 그것으로부터 떨어진 면(예 책과 바닥)	10 : 1	20 : 1
조명기구 또는 창과 그 부근 면의 사이(예 천장, 벽면)	20 : 1	40 : 1
통로 내 각 부의 밝은 부분과 어두운 부분	40 : 1	80 : 1

2) 조명 계산 방법

전반조명은 일반사무실 등과 같이 방 전체를 균일하게 조명하는 방식이며 평균조도 계산법은 3배광법에서 시작되어 이를 통해 발전된 것이 독일의 LITG법, 미국의 ZCM법, 영국의 BZM법, CIE법 등이 있고 이를 통틀어 광속법이라 한다.

(1) 광속법

① 작업면 평균조도 계산방법

$$E = \frac{N \cdot F \cdot U}{A \cdot D} = \frac{N \cdot F \cdot U \cdot M}{A} \quad [\text{lx}]$$

여기서, E : 조도, M : 보수율(유지율), N : 등기구 개수
A : 실내면적, F : 광속, D : 감광보상률, U : 조명률

② 검토사항

㉠ 조명률(U)

조명률은 광원의 전광속과 작업면에 도달하는 유효광속과의 비로서 실내면(천장, 벽, 바닥 등)의 반사율, 등기구의 배광, 방의 크기 등에 따라서 달라진다. 조명률 표에서 어느 값을 이용할 것인가 하는 문제는 실지수(室指數)를 먼저 구해야 함

$$실지수(R) = \frac{X \times Y}{H(X + Y)}$$

여기서, X : 방의 가로 길이(방의 폭)[m]
Y : 방의 세로 길이[m]
H : 작업면에서 광원까지의 높이[m]

실지수(R : Room Index)는 빛의 이용에 대한 방의 크기에 대한 치수임

㉡ 감광보상률(D)과 유지율(M)

전구 필라멘트의 증발에 따른 발산광속의 감소와 유리구 내면에서의 흑화 또는 조명기구 및 실내반사면이 먼지 축적 등에 의해 반사율이 저하되므로 조도가 감소되고 이 조도 감소를 예상하여 전소요 광속에 여유를 취하는 것이 감광보상률 또는 유지율이라 함

(2) 3배광법(일반적으로 광속법이라 하면 3배광법을 의미함)

미국의 Harrison과 Anderson이 모형에 의한 실내조도를 실험적으로 구하고 이것을 응용하여 실용화한 실내 조명 계산법이다.

① 광원 또는 등기구에서 나오는 전광속을 간접분(F_I), 수평분(F_H), 직접분(F_D)의 3개 성분으로 분할하고, 실지수, 천장면, 벽면의 반사율(바닥면 바사율은 14[%]로 일정)을 이용하여 구한 간접분분포계수(U_I), 수평분분포계수(U_H), 직접분분포계수(U_D)를 각각 F_I, F_H, F_D에 곱한 후 3개 성분을 합하여
$F_I U_I + F_D U_D + F_H U_H = F_T$(작업면 유효광속)을 계산하고, 이것으로부터 조명률을 산출하여 작업면의 평균조도를 구하는 방법

② 평균조도 계산법(Eav)

$$Eav = \frac{F \cdot U \cdot N \cdot M}{A} [\text{lm}]$$

여기서, F : 램프의 총광속[lm],　　N : 등 개수[EA]
　　　　U : 조명률[%],　　M : 보수율$\left(\frac{1}{D}\right)$,　　A : 방면적[mm^2]

㉠ 조명률(U)

$$U = \frac{F_T}{F}$$　　여기서, F_T : 유효광속[lm], F : 전광속[lm]

㉡ 작업면 유효광속(F_T)

$$F_T = F_I U_I + F_D U_D + F_H U_H$$

여기서, F_I : 간접분 유효광속[lm],　　U_I : 간접분 분포계수
　　　　F_D : 직접분 유효광속[lm],　　U_D : 직접분 분포계수
　　　　F_H : 수평분 유효광속[lm],　　U_H : 수평분 분포계수

㉢ R_r(실지수) $= \dfrac{w \cdot l}{h_r(w+l)}$

여기서, w : 방의 폭[m], l : 방의 길이[m]
　　　　h_r : 광원에서 작업면까지의 높이[m]

상기 식에서 R_r(실지수)이 크면 바닥이 넓고 천장이 낮은 방이고 R_r이 작으면 바닥이 좁고 천장이 높은 방으로 복도와 같이 좁고 긴 실내의 경우 평균조도 산출 시 문제가 있으며 반사율은 천장, 벽면을 고려하여(바닥반사율은 14[%]로 일정) 조명률표에서 반사율과 실지수를 조합시켜 각각의 분포계수를 산출함

③ 적용 : 제한된 범위에서 적용

(3) 구역공간법(ZCM : Zonal Cavity Method)

① 개념

이 방식은 몬데카를로 시뮬레이션을 통해 3배광법보다 정밀한 조도 계산이 가능한 방법으로 조도 계산의 대상인 실내 전체를 천장, 벽, 바닥반사율이 ρ_c, ρ_w, ρ_f일 때 방의 천장과 조명기구 사이의 천장공간, 조명기구와 작업면 사이의 방공간 및 작업면과 바닥 사이의 바닥공간으로 구분하고 각 공간의 형태와 반사율에 따라 천장공간을 천장유효반사율 ρ_{ce} 면으로 치환하여, 가상천장으로 하고 바닥공간을 바닥유효반사율 ρ_{fe} 면으로 치환하여 이를 방공간의 가상바닥으로 치환한 뒤, 방공간을 적용하여 조명률(이용률)을 구하는 방법. 이와 같이 가상공간 크기의 방으로 치환하여 이용률과 광손실률을 적용하여 실내면의 조도를 측정하는 방식이며 3배광법의 방지수와 ZCM의 공간비율은 반비례 관계이며 천장 및 바닥 반사율을 고려하는 방법에서도 3배광법과 ZCM법이 서로 다르므로 조명률과 이용률의 호환성은 없음

② 평균조도 계산방법(Eav)

$$Eav = \frac{F \cdot N \cdot (CU) \cdot (LLF)}{A} \text{ [lx]}$$

여기서, F : 광속[lm], LLF(Light Loss Factor) : 광손실률
N : 등 개수[EA], A : 면적[m²], CU(Coefficiency Utility) : 이용률

㉠ 이 계산방식은 광속법 대비 이용률과 광손실률이 적용되며 이용률은 상기의 방법으로 치환된 가상공간의 천장 유효반사율 ρ_{ce}, 바닥 유효반사율 ρ_{fe}, 벽반사율 ρ_w, K_{rc}를 적용하여 주어진 이용률표에 의해 해당 이용률을 찾아내어 적용

표 4-26 ▶ 유효바닥공간반사율이 30[%]일 때 이용률 표

유효천장공간반사율	80				70				50			30		
벽반사율	70	50	30	10	70	50	30	10	50	30	10	50	30	10
유효바닥공간 반사율 30%														
방공간비율														
1	1,092	1,082	1,075	1,068	1,077	1,070	1,064	1,056	1,049	1,044	1,040	1,028	1,026	1,023
2	1,079	1,066	1,055	1,047	1,068	1,057	1,048	1,039	1,041	1,033	1,027	1,026	1,021	1,017
3	1,070	1,054	1,042	1,033	1,061	1,048	1,037	1,028	1,034	1,027	1,020	1,024	1,017	1,012
4	1,062	1,045	1,033	1,024	1,055	1,040	1,029	1,021	1,030	1,022	1,015	1,022	1,015	1,010
5	1,056	1,038	1,026	1,018	1,050	1,034	1,024	1,015	1,027	1,018	1,012	1,020	1,013	1,008
6	1,052	1,033	1,021	1,014	1,047	1,030	1,020	1,012	1,024	1,015	1,009	1,019	1,012	1,006

ⓒ 광손실률은 광출력 저하에 대한 최소요구조도를 유지시키기 위한 Factor로 회복 가능 요인과 회복 불가능 요인을 모두 찾아내어 산출된 계수를 모두 곱함
② 방의 공간 구성도

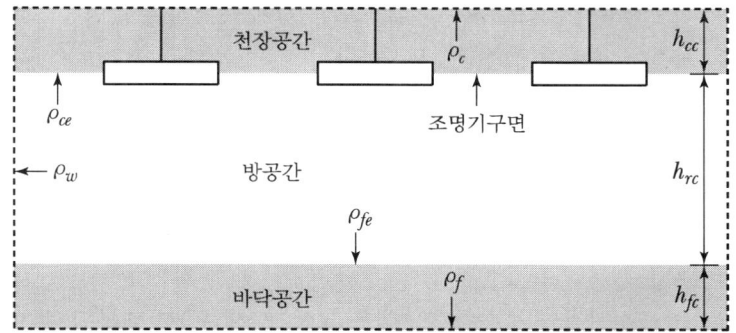

그림 4-55 ▶ ZCM법에서의 방의 공간

㉠ 공간비율(CR : Cavity Ratio)식 = $\dfrac{5h(w+l)}{w \times l}$ ‥‥‥‥‥‥ ①

ⓐ 균일공간의 경우 위 식 ①을 적용함

$$K_{CC}(\text{천장공간비율}) = \dfrac{5 \times h_{cc} \times (w+l)}{w \times l}$$

$$K_{rc}(\text{방공간비율}) = \dfrac{5 \times h_{rc} \times (w+l)}{w \times l}$$

$$K_{fC}(\text{바닥공간비율}) = \dfrac{5 \times h_{fc} \times (w+l)}{w \times l}$$

여기서, h_{cc}, h_{rc}, h_{fc} : 천장공간, 방공간, 바닥공간의 높이
w, l : 방의 폭, 방의 길이

ⓑ 불균일공간의 경우 $CR = \dfrac{2.5 \times (\text{공간높이} \times \text{공간길이})}{(\text{공간의 면적})}$

③ 이용률(CU)

이용률이란 광속법에서 조명률에 해당되는 Factor로

이용률 = $\dfrac{\text{작업면에 입사하는 광속}}{\text{조명기기의 Lamp에서 발산되는 총광속}}$

으로 표현되며 조명기구의 배광분포, 방의 형상, 실내면의 반사율에 영향을 받음

㉠ 위 식 ①에 의해 천장과 바닥의 공간비율 K_{CC}, K_{fC}를 계산하면 천장과 바닥의 이용률을 산출할 수 있음

ⓒ K_{rc}(방공간비율)의 값이 클수록 좁고, 천장이 높은 방을 나타냄
이것은 3배광법의 실지수(R)와 $K_{rc} \times R_r = 5$배의 반비례 관계를 나타냄

④ 광손실률(LLF : Light Loss Factor)
　㉠ 개념
　　광출력의 저하 예상에 대해 최소요구조도를 유지시키기 위해 교정값을 미리 가산하는 것으로 유지율(감광보상률)에 해당하는 값임
　㉡ 광손실률 결정 시 고려사항
　　ⓐ 모든 요인을 곱함
　　ⓑ 알 수 없는 요인은 1로 함
　　ⓒ 가능한 한 많은 요인을 산정함
　　ⓓ 최종적으로 LLF가 적은 경우 조명기구 교체가 검토됨
　㉢ 회복 가능 요인
　　정기적인 보수(청소, 램프 교체, 도색 등)로 회복될 수 있는 요인
　　ⓐ 램프의 광출력 감소요인(LLD : Lamp Lumen Depreciation Factor)
　　　• 광출력감소계수(LLD)는 초기 광속에 대한 램프의 수명 중 특정 시기 광속의 비임
　　　• LLD는 제조자가 제공해야 할 사양임
　　　• 집단 또는 부분 교체시기는 램프의 정격수명의 70[%]로 되는 때가 바람직함
　　ⓑ 조명기구 먼지열화요인(LDD : Luminair Dirt Depreciation Factor)
　　　• 이 요인은 광속 감소의 가장 큰 요인임
　　　• 조명기구 유지 정도, 대기환경조건 그리고 조명기구 청소주기에 의해 결정됨
　　ⓒ 실내면 먼지열화요인(RSDD : Room Surface Dirt Depreciation Factor)
　　　• 이 오염에 의해 조도가 감소하는 정도는 청소간격, 대기조건, 등기구의 배광분포에 영향을 받음
　　　• 실내면에 먼지가 퇴적되면 반사광속 및 작업면으로의 상호 반사가 줄어듦
　　ⓓ 램프의 수명요인(LBO : Lamp Burn Out Factor)
　　　• 끊어지는 램프를 개별적으로 교체하는 유지보수 계획인 경우 이 요소를 고려할 필요가 없음
　　　• 실제 개별적으로 끊어진 램프는 방치하다가 수명의 60~70[%] 정도를 점등한 후 교체하는 것이 경제적인 유지보수 계획임
　　　• 집단교체 시까지 몇 개의 램프가 끊어지느냐 하는 Data는 제조자가 제공해야 함
　㉣ 회복 불가능 요인
　　정기적인 보수(청소, 램프 교체, 도색 등)로 회복될 수 없는 요인

- ⓐ 조명기구의 주위 온도
    - 온도에 의한 영향은 백열전구나 고광도 방전등에서는 적으나, 형광등은 큰 영향을 받음
    - 형광등은 주위 온도 25[℃]에서 효율이 가장 좋고 형광등기구의 취부방법과 실내온도는 광출력에 큰 영향을 미침
    - 매입형이나 부착형은 내부 온도가 상승하며, 냉장고, 주방의 경우 온도 변화에 의한 광속 감소를 고려해야 함
- ⓑ 공급전압요인
    - 백열전구는 전원전압이 1[%] 증감하면 광속이 3[%] 증감하나 방전등은 안정기의 종류에 따라 다름
    - 전압변동이 알려진 경우 계산에 넣고 그렇지 않은 경우 1로 봄
- ⓒ 안정기요인
    - 방전등의 광출력은 시험용 안정기(KS규정, 미국은 ANSI의 Reference Ballast)와 결합하여 측정하므로 특히 형광등의 경우 시판되는 안정기와 결합 시 광출력의 변화가 있음
    - HID 램프는 영향이 없음
- ⓓ 안정기 – 램프의 광학적 요인
    - 조명기구의 배광측정 시에 다른 조합의 안정기와 형광램프를 사용할 경우 램프의 광속이 달라짐
    - 광학적인 데이터는 사용하는 램프와 안정기에 따른 적절한 계수를 곱하여 줌으로써 보정할 수 있음
- ⓔ 장치 작동요인
    - 고휘도 방전램프(HID Lamp)의 광출력은 안정기, 램프의 점등 자세, 기구에서 반사되어 램프로 입사되는 에너지에 따라 달라짐
    - 이 영향을 모두 합하여 장치 작동요인이라 함
- ⓕ 조명기구의 표면열화요인
    이 요인은 금속, 페인트, 플라스틱 부품의 변화에 따른 광출력의 감소에 따른 것임
- ⓖ 램프의 기울임
    램프 기울임 요인은 주어진 점등 자세에서의 광속과 정격 광속의 비로 정의됨

⑤ **적용**
방의 크기가 비교적 큰 실내의 다수 전반조명기구 사용 시 적용함

표 4-27 ▶ 3배광법과 ZCM법의 비교

비고	3배광법	ZCM법
배경	실험적	실험적, 이론적
반사율 범위	• 천장 : 30~50[%] • 벽 : 10~50[%] • 바닥 : 14[%](일정)	• 천장 : 10~80[%] • 벽 : 10~90[%] • 바닥 : 10~30[%]
광속분포	수평분, 간접분, 직접분	상향분(간접분) 하향분(간접분, 직접분)
기구 배치	등기구 배치 간격과 기구취부 높이의 비가 일정함	무관함
방공간의 구분	단일공간	천장, 바닥, 방공간으로 구분하여 유효반사율 개념을 이용함
보수율	등기구 오염만 고려	기구와 방의 오염, 램프의 수명, 안정기 종류, 전압변동 등을 고려함
오차 특성	큼	작음
조도 계산	$E = \dfrac{N \cdot F \cdot U \cdot M}{A}$	$E = \dfrac{N \cdot F \cdot (CU) \cdot (LLF)}{A}$

(4) BZM(영국)

이 방식은 등기구의 직하면 또는 작업면의 반사율을 고려하는 방식으로 ZCM(북미조명학회 : IES) 방식처럼 작업면 아래 공간부터 작업면 위의 유효반사율을 고려하지 않는 방식임

① 조명률(U)

  U = (광원에서 방사된 전광속에 대한 하향광속비 $\eta_\triangledown$) × (하향광속의 고유 조명률 $U_\triangledown$)
  + (광속에서 나온 전광속에 대한 상향광속비 $\eta_\triangle$) × (상향광속의 고유조명률 $U_\triangle$)

  $\eta = \eta_\triangledown + \eta_\triangle$ (η : 조명기구의 효율)

  ㉠ 하향광속의 고유조명률 $U_\triangledown$

   직접비, 실 공간지수, 천장공간의 유효천장반사율(등가천장의 가상 반사율), 작업면의 반사율에 의해 정해짐(도표 이용)

  ㉡ 상향광속의 고유조명률 $U_\triangle$

   직접비에는 관계없고 실 공간지수, 천장공간의 유효천장반사율, 작업면의 반사율에 의해 정해짐(도표 이용)

② 공간지수

    ㉠ 실 공간지수 $R_{rc} = \dfrac{w \times l}{h_{rc}(w+l)}$ ················ Ⓐ

    ㉡ 천장 공간지수 $R_{cc} = \dfrac{w \times l}{h_{cc}(w+l)}$ ··············· Ⓑ

③ 적용 시 문제점

등기구가 종, 횡 부분에 대해 등간격으로 배치된 경우에 해당되며 비대칭 기구에 대해서는 응용되지 않음

(5) CIE법(국제조명위원회)

이 방식은 등기구가 불규칙한 배치에서도 조도 계산이 가능한 방식으로 조명기구의 하반구면을 4등분하고 각 구대에서 나오는 광속을 아래의 F_1, F_2, F_3, F_4로 구분하여 계산하는 방식임

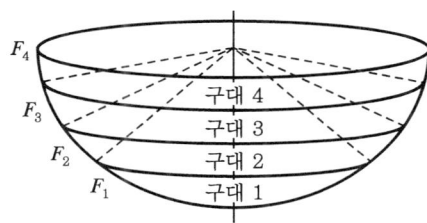

그림 4-56 ▶ CIE법에 의한 하반구 4등 입체각 구분

Exercise 01

조명률에 영향을 주는 요소

[풀이]

1. 정의
   광원의 전광속이 피조면(작업면, 바닥면)에 도달하는 유효광속의 비를 말한다.

2. 영향을 주는 요소
   1) 조명기구의 배광
      협조형 조명기구가 광조형 기구 대비 직접비가 크고 조명률이 높음
   2) 조명기구의 효율
      $$효율(\eta) = \frac{F(기구로부터\ 나오는\ 광속)}{F_0(전광속)}$$
      (1) 동일한 광원 선정 시 기구효율이 높을수록 조명률이 높음
      (2) 알루미늄 증착 또는 유리피막 기구가 일반 철판보다 조명률이 높음
   3) 실지수(R)
      빛의 이용에 대한 방의 크기와 형태를 특징짓는 척도임
      (1) 실지수$(R) = \dfrac{X \cdot Y}{H(X+Y)}$ (X, Y : 방의 폭, 길이, H : 작업면 – 천장 높이)
      (2) 천장과의 관계
         ① 천장이 낮을수록 실지수는 커짐
         ② 천장이 높을수록 실지수가 작아짐
      (3) 실지수가 커지면 조명률이 증가함
   4) 조명기구 설치 간격(S)과 설치 높이(H)와의 비 $\left(\dfrac{S}{H}\right)$
      동일한 배광기구와 실지수가 같을 시에는 $\dfrac{S}{H}$ 비가 클수록 조명률이 높음
   5) 실내표면의 반사율
      실내표면의 반사율이 높으면 조명률이 높음

3. 조명률 계산법
   1) 3배광법 : 현재 잘 사용되지 않음
   2) 구역공간법(ZCM) : 미국 조명학회 추천방식
   3) 영국구대법(BZM) : 영국 조명학회 추천방식
   4) CIE법 : 국제조명위원회 추천방식

Exercise **02**

보수율에 대해 설명

풀이

1. 정의
   조도 계산 시 일정기간 사용 후 램프 자체의 동정 특성 변화, 기구오염, 실내면 변색 등을 고려하여 소요광속 계산 시 미리 여유치를 고려해 주는 Factor로서 단위는 M으로 표기한다.

2. 보수율에 영향을 주는 요인
   보수율$(M) = M_l \times M_f \times M_d \times M_w$
   1) $M_l = M_1 \times M_2$
      M_1 : 램프의 동정 특성을 고려한 보수율
      M_2 : 램프의 교체방법을 고려한 보수율
   2) M_f : 조명기구 자체의 사용시간에 따른 경년 변화를 고려한 보수율
   3) M_d
      (1) 조명기구, 램프의 오염, 먼지 특성을 고려한 보수율
      (2) $M_3 \times M_5$
         M_3 : 조명기구의 오염을 고려한 보수율
         M_5 : 램프의 오염을 고려한 보수율
   4) $M_w(M_6)$
      실내 주요 반사면의 오손을 고려한 보수율로 보통 무시함

3. 보수율의 크기
   1) 백열전구
      (1) 깨끗한 곳 : $\frac{1}{1.3}$
      (2) 먼지가 많은 곳 : $\frac{1}{2}$
   2) 형광등 : 보통 $\frac{1}{1.3} \sim \frac{1}{2.4}$

4. 보수율과 감광보상률과의 관계
   1) 보수율을 이용한 조도 계산법
      $E = \dfrac{F \cdot U \cdot N \cdot M}{A}$ M : 보수율(유지율)
   2) 감광보상률을 이용한 조도 계산법
      $E = \dfrac{F \cdot U \cdot N}{A \cdot D}$ D : 감광보상률

Exercise 03

옥내 조명 설계 시 구역공간법(Zonal Cavity Method)으로 평균조도를 계산하기 위하여 적용하는 공간비율(CR : Cavity Ratio)에 대하여 설명하시오.

풀이

1. 구역공간법(ZCM)에 의한 평균조도 계산방법(E_{av})

$$E_{av} = \frac{F \cdot N \cdot (CU) \cdot (LLF)}{A} (\text{lx})$$

여기서, F : 광속[lm], N : 등 개수[EA], CU(Coefficiency Utility) : 이용률,
LLF(Light Loss Factor) : 광손실률, A : 면적[m²]

1) 위 식에서 이용률(CU)을 구하기 위해 공간비율이 적용됨
2) 공간비율은 실내의 형상을 나타내는 것으로 광속법의 실지수에 해당됨
3) 광속법의 실지수(R_r)와 방공간계수(K_{rc})의 곱($R_r \times K_{rc} = 5$)의 반비례 관계가 있음

2. 공간비율 설명
   1) 구역공간법(ZCM)의 방의 공간 구성도

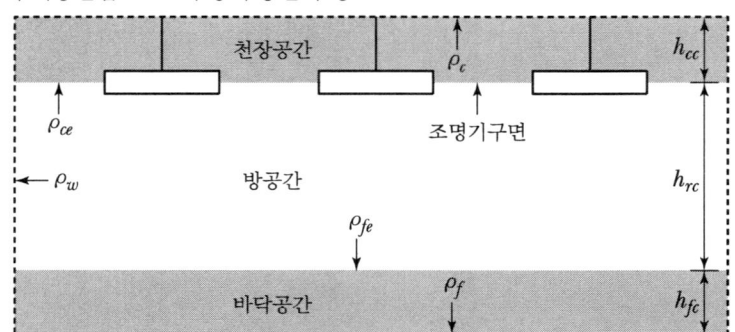

   방의 형태(h_{cc}, h_{rc}, h_{fc})와 반사율(ρ_c, ρ_w, ρ_f)에 따라 유효천장반사율(ρ_{ce}), 유효바닥반사율(ρ_{fe})로 치환함

   2) 방공간비율

$$K_{rc} = \frac{5h_{rc}(w+l)}{w \times l}$$

   여기서, w, l : 방의 폭(w), 방의 길이(l)
   　　　　h_{rc} : 방공간 높이

   3) 방공간비율 및 유효반사율 적용을 통한 이율률 산출
   유효천장반사율(ρ_{ce}), 유효바닥반사율(ρ_{fe}), 벽반사율(ρ_w), 방공간비율(K_{rc})을 이용하여 이용률 표에서 이용률을 구함

표 4-28 ▶ 유효바닥공간반사율이 30[%]일 때 이용률 표

유효천장 공간반사율	80				70				50			30		
벽반사율	70	50	30	10	70	50	30	10	50	30	10	50	30	10
유효바닥공간 반사율 30%														
방공간비율														
1	1,092	1,082	1,075	1,068	1,077	1,070	1,064	1,056	1,049	1,044	1,040	1,028	1,026	1,023
2	1,079	1,066	1,055	1,047	1,068	1,057	1,048	1,039	1,041	1,033	1,027	1,026	1,021	1,017
3	1,070	1,054	1,042	1,033	1,061	1,048	1,037	1,028	1,034	1,027	1,020	1,024	1,017	1,012
4	1,062	1,045	1,033	1,024	1,055	1,040	1,029	1,021	1,030	1,022	1,015	1,022	1,015	1,010
5	1,056	1,038	1,026	1,018	1,050	1,034	1,024	1,015	1,027	1,018	1,012	1,020	1,013	1,008
6	1,052	1,033	1,021	1,014	1,047	1,030	1,020	1,012	1,024	1,015	1,009	1,019	1,012	1,006

4) 공간비율(CR)과 실지수의 비교

	공간비율(CR)	실지수(방지수)
산출식	$CR = \dfrac{5h(w+l)}{w \times l}$	실지수 $= \dfrac{X \cdot Y}{H(X+Y)}$ 여기서, X : 방의 폭, Y : 방의 길이, H : 작업면 ↔ 광원높이
특징	공간비율이 클수록 좁고, 천장이 높은 방	실지수가 클수록 높이가 낮고, 방의 폭과 길이가 큼
적용	ZCM법	광속법

Exercise **04**

KDS 기준 옥내조명설계순서

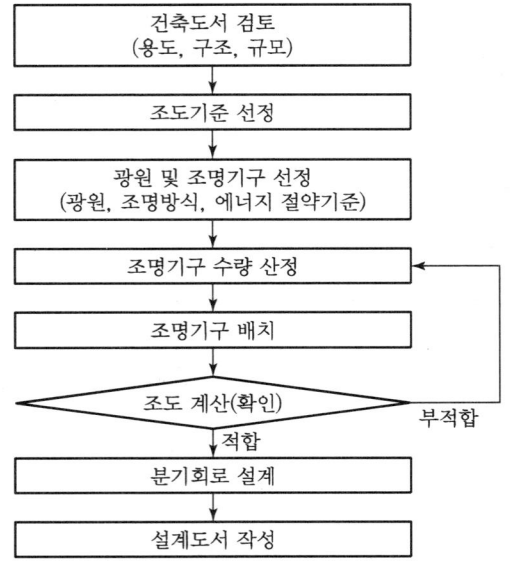

그림 4-57 ▶ 조명설계순서

1. 건축도서 검토
   건축도서를 검토하여 설계하고자 하는 옥내조명설비의 용도, 구조, 규모 등을 파악함

2. 조도기준 선정
   1) 조도기준 : KS A 3011에 의한 조도범위에서 선정함
   2) 조도기준은
      (1) 시대상 작업면에서 수평면조도를 나타냄
      (2) 작업내용에 따라 수직면조도를 나타냄
   3) 조도기준 높이
      (1) 시작업 면의 높이가 정해지지 않은 경우 : 바닥 위 0.85[m]를 기준
      (2) 바닥에 앉아서 하는 일인 경우 : 바닥 위 0.4[m]
      (3) 복도 또는 옥외의 경우 : 바닥면을 기준으로 함

3. 광원 및 조명기구 선정
   1) 광원
      (1) 광원은 효율, 광색, 색온도, 연색성, 휘도, 동정 특성, 수명, 플리커, 시동 및 재시동시간 등을 고려하여 작업공간의 특성에 적합한 제품을 선정할 것
      (2) 광원의 선정은 건축물의 에너지 절약 설계기준, 고효율 에너지 기자재 보급 촉진에 관한 규정 등에 따름
   2) 조명기구
      (1) 광원 : 형광램프, HID 램프, LED 램프 등을 사용

(2) 조명기구
① 설치방식 : 천장형 조명, 벽부형 조명, 플로어형 조명방식 등으로 구분함
② 배광방식 : 직접조명, 반직접조명, 전반확산조명, 반간접조명, 간접조명 등으로 구분함
③ 배치방식 : 전반조명, 국부조명, 국부적 전반조명 및 TAL(Task & Ambient Lighting) 조명방식 등으로 구분함
④ 건축화 조명방식 : 천장 건축화 조명, 벽 건축화 조명 등으로 구분함
⑤ 조명기구 선정 : 건축물의 에너지 절약 설계기준, 고효율 에너지 기자재 보급 촉진에 관한 규정 등에 따름

3) 스마트조명시스템 : 스마트조명시스템의 적용대상과 적용 여부를 검토함

4. 조명기구 수량 산정
조명률을 선정하고, 보수율을 결정한 후 기준 조도를 만족하는 조명기구 수량을 산정함

5. 조명기구 배치
산정된 조명기구 수량을 기준하여 조명기구를 배치하고, 조도분포를 확인함

6. 조도 계산
1) 조도 계산방법은 평균조도를 구하는 광속법과 축점조도법에 의해 계산하고, 조명 계산 소프트웨어를 사용할 경우, 상세 입력사항은 건축설계자, 건축전기설비기술사(자) 또는 조명디자이너와 협력해야 함
2) 광속법은 실내 전반 조명설계에 사용함
3) 축점법은 국부조명 조도 계산이나 경기장, 체육관 조명의 경우와 비상조명설비에 사용함
4) 조도 계산에 소프트웨어를 사용하는 경우, 건축 설계도면의 반영 및 각 벽면의 반사율, 조도기준 계산을 위한 측정점의 위치 및 개수 등을 고려하여 적용해야 함

7. 분기회로 설계
1) 산정된 등기구 수량 및 배열에 따른 분기회로를 설계함
2) 분기회로의 도체단면적 및 차단기 정격 산정은 KDS 32 25 10(간선 및 배선설비)에 따름

8. 설계도서 작성
최종 설계 결과를 확인하고 설계도서를 작성함

4.1.5 조명제어 System

건축물에서의 조명설비는 전체 부하의 약 20~30[%]를 점유하고 있으며 이를 에너지절약의 일환으로 제어하여 쾌적한 조명환경을 구축하는 것이 조명설비의 합리적이고 효율적인 관리이다. 거시된 빌딩체제의 구축 및 할 수 있는 System으로서 조명제어 System은 매우 중요하다.

1. 조명제어의 필요성

1) 건축물의 대형화에 따른 에너지 다소비 및 전력소비 증가
2) CO_2 절감 및 지구온난화 방지
3) 조명이 동력이나 신재생보다 에너지 절감효과가 큼

2. 구성

1) 구성도

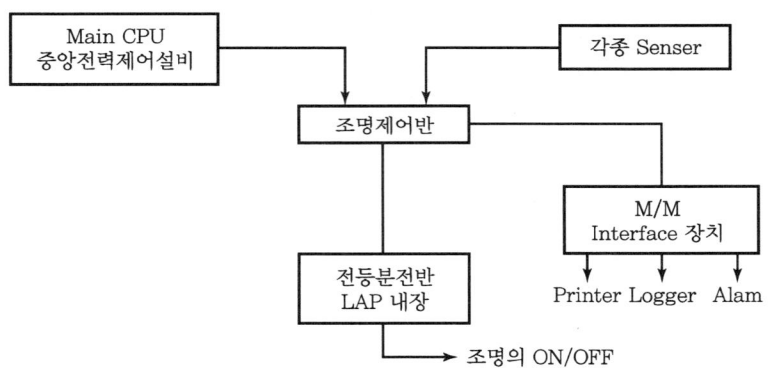

그림 4-58 ▸ 조명제어 System의 구성

2) 구성기기

　(1) 조명제어반　　　　　　　　(2) LAP
　(3) M/M Interface 장치　　　(4) 각종 Senser
　(5) Main CPU 장치

3. 제어방식

1) 집중제어방식(DDC : Direct Digital Control)

1대의 Computer에서 조명 데이터 입출력 및 감시제어를 집중시킨 방식

(1) 구성

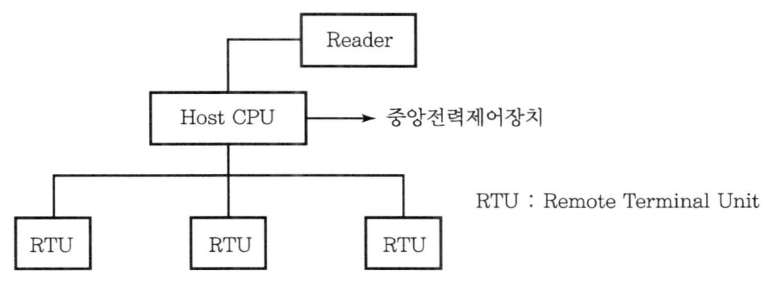

그림 4-59 ▶ DDC 방식의 구성

(2) 특징

모든 기능을 Host CPU에서 갖고 수정 지시함
① RTU는 단지 로깅 기능만 수용(Host CPU로부터 받은 제어 명령으로 조명 램프를 ON, OFF 제어함)
② 설치비가 DCS보다 저렴
③ Host CPU에서 고장 시 전체 System이 고장

(3) 적용 : 중·소규모 조명 System

2) 분산제어방식(DCS : Distributed Control System)

Host CPU가 고장이 발생하여도 각각의 FCU 자체 프로그램에 의해 조명제어함

(1) 구성

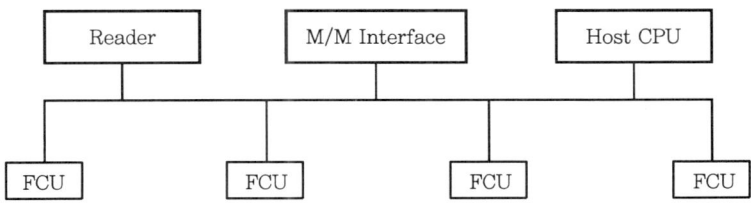

FCU : Field Control Unit

그림 4-60 ▶ DCS 방식의 구성

(2) 특징

① FCU에서의 독립된 Program에 의해서 제어하는 방식
② HOST CPU는 감시기능과 전력수요 예측
③ 집중제어방식보다 설치비가 고가임

(3) 적용 : 대규모 조명 System

4. 종류 및 특성

1) 주광 Senser에 의한 창가조명제어

① 창가 Zone을 적정하게 선정하여 ON-OFF 제어함
② 태양광이 실내 요구 조도에 적합하게 입사 시 창가조명을 자동 소등
③ 태양광이 실내 요구 조도에 미치지 못하면 자동 점등
④ Photo Senser의 설치 위치와 조도 설정에 대해 충분한 검토를 해야 함

2) Time 스케줄 제어

(1) 전원 내의 시간 스케줄에 의한 전체의 조명제어방식
(2) 평상시 제어, 휴일 제어, 일요일 제어 등을 들 수 있음

3) Multi Level 제어(감광제어)

(1) Zone별로 사람이 없을 때에도 조명기구를 점등시키는 방식
(2) Zone별 제어가 가능하도록 조명설비를 계획함
(3) 사무실을 전반적으로 전체 점등, 1/2점등, 1/3점등, 전체 소등 등이 있음

4) Occupancy Sensor 제어

타임스케줄 제어가 행해지고 있는 시간대에도 Sensor를 설치하여 사람이 있으면 광원을 점등하고 없으면 소등함

5) 수동 조작 제어

제어반 자체에 Momentary On, Off Switch를 부착하여 정상적인 프로그램 제어기능을 취소하는 기능

6) 조광 제어

조광기에 의해 광원의 조광을 제어하는 방식

7) 정전 시 제어

정전 시 발전기 부하에 해당하는 비상 전등만을 현 상태로 유지하고, 일반 전등 부하는 소등시켜 발전기 용량에 Damage를 가하지 않도록 하기 위해 정전 시 제어를 함

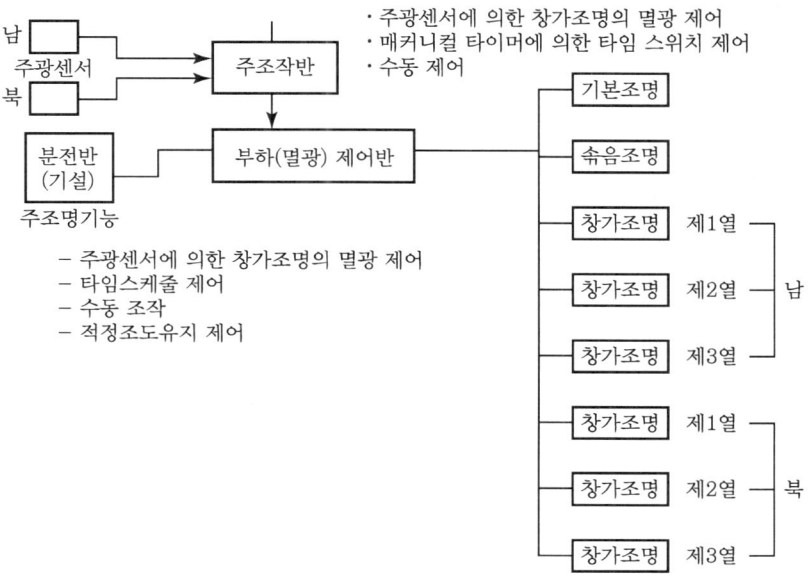

그림 4-61 ▶ 조명제어시스템의 예

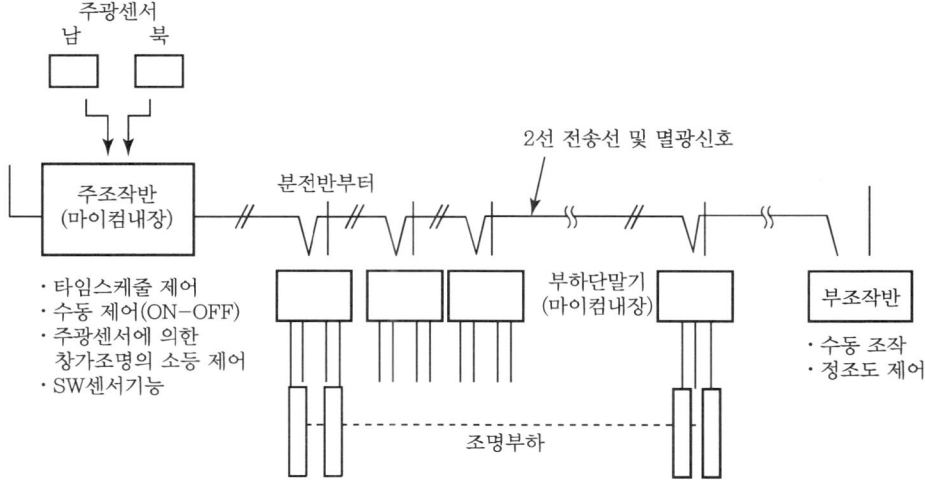

그림 4-62 ▶ 조명제어시스템의 예

5. 적용효과

1) 에너지 절감효과
2) 관리의 효율성, 편리성 구축
3) 쾌적한 조명환경의 구축
4) 빌딩의 고부가 가치화
5) 빌딩의 자동화 구축

6. 설계 시 고려사항

1) 에너지 절감 측면에서 설계를 고려함
2) 쾌적한 조명환경을 구축할 수 있는 System을 구축할 것
3) 타 설비와의 호환성을 검토한 Software의 구축
4) 건물 내 LAN을 구축하여 신속정확한 제어가 이루어질 수 있도록 할 것
5) 전체적인 기능을 고려한 경제성이 있어야 할 것

7. DALI(Digital Addressable Lighting Interface) 프로토콜을 이용한 광원의 조광기술
※ DALI(디지털에 자체 주소를 가진 조명 접속기)

1) 개요

(1) DALI는 IEC 62386에 의한 개방형 표준 프로토콜로서 개별 조명제어는 물론 디밍과 그룹제어가 가능한 마스트 슬래브 구조의 프로토콜이다.

(2) 형광등의 경우 조광용 안정기와 시스템의 고가 및 조광 특성의 한계로 보편적으로 보급되지 못하였으나 최근 새로운 주 조명으로 부각되고 있는 LED의 경우 조광이 매우 쉽고, 구현 가격도 저렴하여 DALI 프로토콜과 호환성이 높아 DALI 적용이 증가하고 있는 추세이다.

2) DALI 시스템 구성도

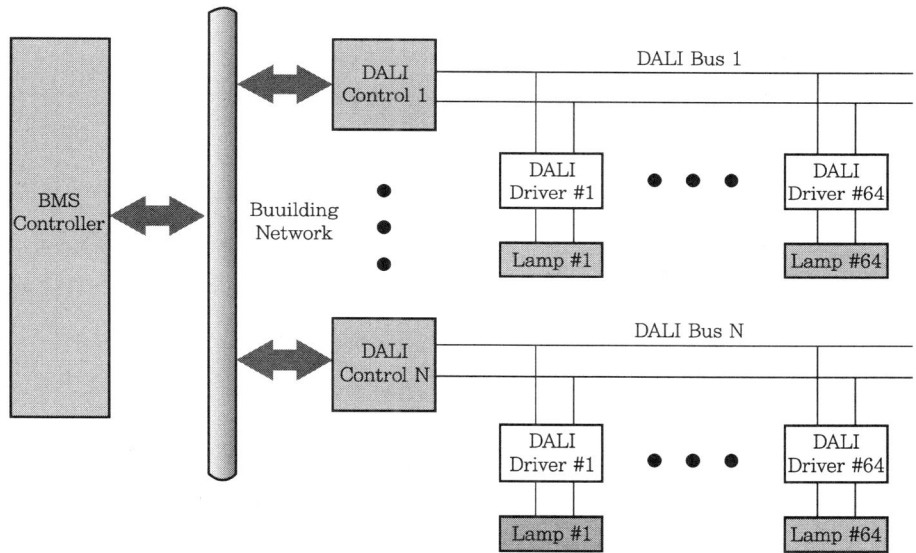

그림 4-63 ▶ DALI 시스템 구성도

(1) 독립제어 기능

DALI 제어기에 의해 DALI Loop 또는 Bus를 통해 최대 64개의 Drive를 독립제어할 수 있고 양 방향 통신이 가능

(2) 그룹제어 기능

조명기구들을 조합하여 그룹으로 제어할 경우 16개 그룹으로 나누어 동작 제어 가능

(3) DALI 제어기

① 독립운전도 동작 가능

② Gateway나 Transmitter를 사용해 건물의 네트워크에 연결해 BMS(Building Management System)와 연계된 양 방향 통신시스템의 서브시스템으로도 동작 가능

(4) DALI 배선 : Twisted 또는 Shielded Cable 사용

(5) DALI 장치 간의 최대거리 : 300[m] 이내

(6) DALI 시스템 간에는 전류 2[mA] 이내, 전압강하 2[V] 이하만 허용하며, 한 개의 DALI Loop에 흐를 수 있는 최대전류는 250[mA]임

3) DALI 드라이버(안정기) 구조

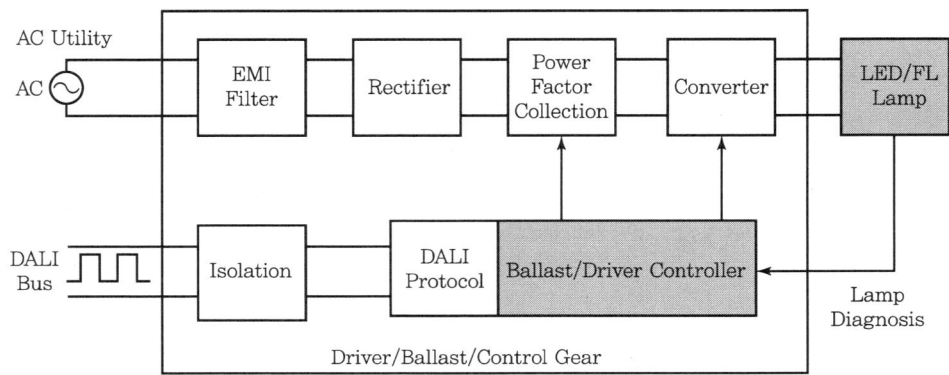

그림 4-64 ▶ DALI 드라이버 구조

(1) LED나 형광등의 에너지를 최종적으로 제어하는 것은 전용 전력변환장치가 수행함

(2) 형광등의 경우 안정기로 불리고, LED의 경우 드라이버 또는 Control Gear로 명칭됨

(3) DALI 프로토콜로 동작되는 전용 드라이버가 필요하며, 기존의 드라이버나 안정기에 추가로 마이크로 콘트롤러가 사용됨

(4) DALI Bus를 통해 광원에 대한 제어 명령을 받아 수행하고 광원의 상태와 데이터를 Bus로 넘겨서 DALI 제어기에 전달됨

(5) 각 데이터는 신호제어계와 전력제어계의 전기적 분리를 위해 전기적으로 포토커플러나 트랜스포머에 의해 절연된 신호로 통신되어야 함

(6) DALI 제어기가 드라이버로부터 받는 정보는 현 조명상태와 광원의 출력 레벨, 램프와 안정기 상태에 관한 것임

(7) 조광범위는 0.1[%]~100[%]로 설정 가능하며 조광의 최소 레벨값은 제품에 따라 달라짐

4) DALI 특징 및 프로토콜

(1) 건축물의 개방형 표준 조광제어방식인 DALI는 적합한 프로토콜을 사용한 경우 서로 다른 회사 제품들도 상호 연계되어 동작 가능함
(2) 조명제어 데이터 전송률은 1초당 1,200bit로 설정됨
(3) 전송 시 Noise에 의한 오동작을 줄이기 위해 High Level 전압은 9.5[V]~22.5[V]로, Low Level 전압은 -6.5[V]~6.5[V]로 규정됨

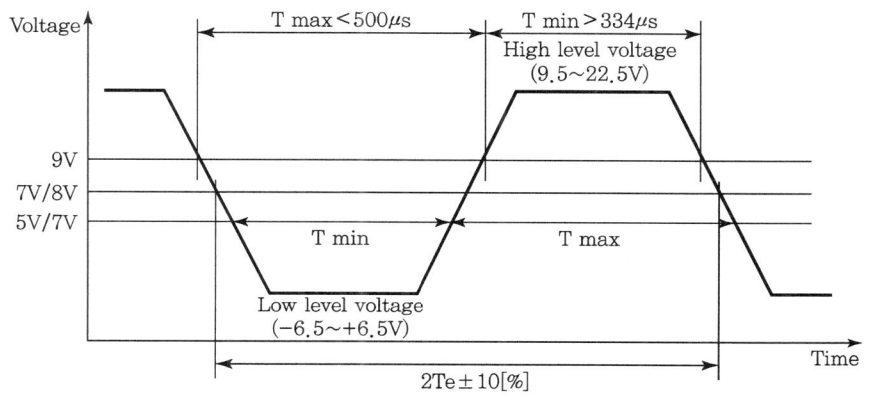

그림 4-65 ▶ DALI 인터페이스의 전기적 신호

(4) DALI 프로토콜은 246개의 레벨로 구분하여 조광제어가 가능함
(5) DALI는 원하는 조명작업과 주어진 상황에 맞춰 다양한 명령을 프로그램할 수 있는 융통성을 갖고 있음
(6) 작업공간의 변화에 대해 별도 배선작업 없이 조명 변경이 가능함
(7) 양 방향 정보통신으로 안정기와 광원 상태를 파악할 수 있어 유지보수에도 효과적임
(8) 재실감지조명, 스케줄조명, Peak Cut용 조명제어 등 여러 기법의 제어방식을 수행할 수 있음
(9) DALI를 적절히 적용할 경우 30~60[%]의 에너지 절약이 가능함

5) DALI에 의한 기대효과

(1) 에너지 절감 및 CO_2 절감
(2) 쾌적한 업무환경 구축
(3) LED 감성조명을 통해 안락하고 쾌적한 분위기를 조성하므로 조명효과를 극대화함

6) 결론

현재 LED 광원의 보급으로 지능적인 조명제어가 용이하게 되었으며 조광제어에 대한 구현 가격이 현저히 감소함에 따라 DALI 시스템은 향후 실무에서 크게 활용될 것이며 지능화된 여러 건물관리시스템과 연계되어 효과적인 조명제어용으로 특화되어 활용될 수 있을 것이기 때문에 에너지 절감에도 크게 기여할 것으로 판단된다.

8. LED(Light Emitting Diode) Dimming 제어기술과 적용

1) 개요

(1) LED 디밍(Dimming) 제어시스템이란 LED 조명의 밝기를 조절해서 분위기를 연출할 수 있는 시스템임

(2) 디밍시스템에 무선 네트워크와 서로 연동하여 스마트폰 등으로 원격 디밍 제어가 가능하며, LED의 경우 조광에 대한 구현비용이 타 광원보다 유리하며 다양한 응용이 가능한 특징이 있음

(3) LED 제어기술에 대해 위상 제어 방식, 직류 정전류 제어 방식, PWM 제어 방식으로 구분하여 설명함

2) 위상 제어 방식

(1) **제어기술**

교류 상용 전원의 일정 부분을 잘라 내어 광원에 감소된 에너지를 공급함으로써 광원의 밝기를 조절하는 것임

(2) **광출력 조절방식**

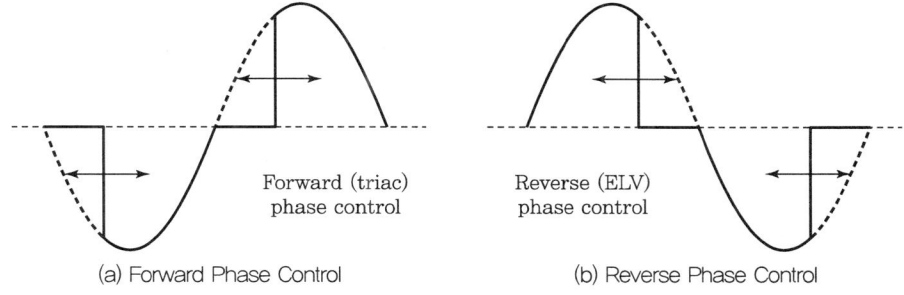

그림 4-66 ▶ 위상 제어 방식

① Forward Phase Control
   ㉠ 0점을 지나서 전원전압이 올라가는 단계에서 스위치를 작동시켜서 상용 AC 전원의 증가하는 앞부분을 잘라내는 방식
   ㉡ Triac이 사용되며, 가장 보편화되고 경제적인 방식
   ㉢ 백열등, 할로겐등의 조광 및 MLV용으로 사용됨

② Reverse Phase Control
   ㉠ 전원전압의 Peak 값에서 떨어질 때 스위치를 작동시켜서 AC 전원이 감소하는 부분을 잘라내는 방식
   ㉡ 반도체소자로 FET(Field Effect Transistor)를 사용함

ⓒ 가격이 상대적으로 상승함

(3) 장단점

장점	단점
• 조광을 매우 쉽게 할 수 있음 • 기존 백열등을 LED 램프로 대체 가능함	• 전원에 고조파 발생이 많음 • 역률이 저하됨 • 플리커 현상이 심함

(4) 적용

① 백열구, 할로겐 조광용
② 백열구 대체 광원으로의 LED 조광용

3) 직류 정전류 제어 방식

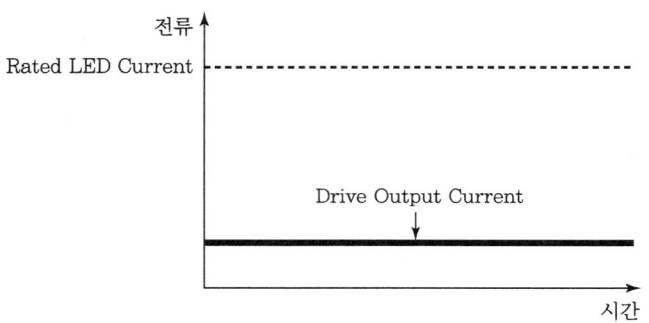

그림 4-67 ▸ 직류 정전류 제어 방식

(1) 제어기술

직류 정전류 Dimming 방식은 PWM Dimming과 달리 LED가 항상 도통 상태로 동작되고, Dimming을 위해서 [그림 4-67]와 같이 직류 정전류를 제어하게 되며 보편화된 일반조명용으로 가장 적합함

(2) 특징

① 직류 전류를 제어하기 위해 조광용 LED 드라이버가 별도로 필요함
② LED 드라이버는 형광등 조광용 안정기에 비해 저가임
③ 매우 낮은 조광의 경우 전류의 변화로 색온도가 변화되는 현상이 있음
④ 가장 안정된 광출력을 보장함
⑤ 1~100[%] 조광 구현이 가능함

(3) **적용** : 가정 및 사무실 등 일반 조명용

5) PWM 제어 방식

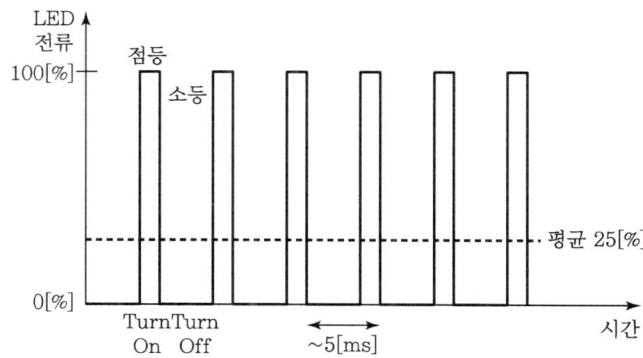

그림 4-68 ▶ PWM 제어 방식

(1) **제어기술**

PWM Dimming 방식은 [그림 4-68]과 같이 LED에 공급되는 직류전압 또는 직류전류를 PWM 파형으로 잘라서 공급하는 방식임

(2) **특징**

① LED에는 정격 이상의 전류를 공급하지만 공급되는 시간의 비율을 조절하여 평균적인 전류에 해당되는 광량을 공급하는 방식임

② 듀티비 $\left(\dfrac{T_{ON}}{T_{ON}+T_{OFF}}\times 100[\%]\right)$는 한 주기 내 실제 에너지를 공급하는 펄스의 비율로 LED 디밍의 정도를 좌우하는 파라미터임

(3) **장단점**

장점	단점
• 매우 정밀한 조광이 가능함 • 색온도의 변화가 없음	• PWM 신호에 의한 소음 및 EMI 발생 가능성 • 플리커 현상이 심함 • 정전류방식보다 LED 수명의 단축 가능성

(4) **적용** : LED TV 백라이트용

4.1.6 조명설계의 적용

1. 학교 조명

1) 개요

   (1) 학교는 학생이 오랜 시간 수업을 하는 공간 특성이다.

   ① 쾌적한 환경(충분한 밝기 및 눈부심이 없을 것)과 학습에 충분한 명시 조명을 실시함
   ② 학생들의 눈을 보호할 목적으로 조명(흐린 날, 비오는 날 등) 등이 계획되어야 함

   (2) 이를 위한 학교 조명의 명시론적, 좋은 조명의 조건, 각 실별 조명계획 등이 검토되어야 한다.

2) 학교 조명에서의 명시론적 관찰

   (1) 학습에 충분한 조도를 확보하여 물체의 보임의 조건을 좋게 함
   (2) 조명에 의한 직접 눈부심과 반사광에 의한 눈부심을 고려함
   (3) 광속발산도의 한계를 고려함
   (4) 학습에 필요한 시각환경을 고려함

3) 학교에서의 좋은 조명의 조건

   명시적 측면에서 좋은 조명의 조건이 적극 검토됨

   (1) 조도 : 밝을수록 좋음

   표 4-29 ▸ KS 조도기준

실내	장소	조도범위
실내	강당, 급식실, 교직원실, 방송실, 실내체육관, 휴게실, 사무실 등	F(150-200-300)
	실험실습실(일반), 교실, 일반제도실 등	G(300-400-600)
	도서열람실, 실험실습실, 정밀연구실, 컴퓨터실	H(600-1,000-1,500)
실외	농구장, 배구장, 수영장 등	E(60-100-150)
	육상경기장, 체조장, 핸드볼장	D(30-40-60)

   (2) 휘도분포 : 밝음의 차가 없을수록 좋음(3 : 1이 적당)
   (3) 눈부심 : 광원 및 반사면에 의한 눈부심을 적극 억제함
   (4) 그림자 : 입체감, 재질감을 표시하기 위한 밝음과 어두움이 적당해야 함
   (5) 분광분포 : 자연주광이 되도록 설계하며 적외선, 자외선의 차광에 유의할 것

(6) **심리적 효과** : 밝은 날 옥외 환경과 같은 느낌이 좋음

(7) **미적 효과** : 단순한 기구 형체로 기하학적 배열을 고려함

(8) **경제성** : 광속과 비용을 고려함

4) 조명방식

  (1) **초등학교**

    직접조명, 반직접기구에 의한 다등방식의 적용(200[lx])

  (2) **중, 고등학교**

    전반조명으로 고조도를 얻기 위한 연속열 방식의 적용(300[lx])

  (3) **전문대학, 대학교**

    건축화 조명 방식의 적용(루버 조명)(400~500[lx])

5) 조명의 계획

  (1) **일반 교실**

    ① 장시간 수업 장소로 주간 채광에 대한 충분한 고려가 있어야 함

    ② 야간 수업에서도 충분한 조명시설이 검토될 것

    ③ 조명방법

      ㉠ 효율이 좋은 형광등에 의한 반직접 및 전반확산조명이 추천(과거)

      ㉡ 최근 에너지 절약 측면에서 LED 등기구로 교체되고 있음(현재)

    ④ 실내마감

      ㉠ 천장 : 백색으로 하고 반사율이 80~85[%] 정도임

      ㉡ 벽 : 연한색(하급학교는 황색계통, 상급학교는 청·녹색계로 함)에 반사율 50~60[%]

      ㉢ 바닥 : 밝게 하며 반사율은 20~50[%] 정도임

    ⑤ 눈부심 방지대책

      ㉠ 책상면 최전열 및 최후열에서 칠판 주변 15° 시야각 내에 자연채광, 창, 눈부심 광원이 설치되지 않을 것

      ㉡ 창의 눈부심을 방지하기 위해 젖빛 유리구, 블라인드를 사용함

  (2) **교실 칠판 조명**

    광원에 의한 흑판 반사에 의한 눈부심을 고려함(형광등 설치)

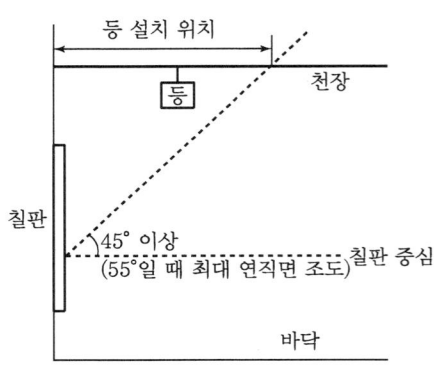

그림 4-69 ▶ 칠판 조명　　그림 4-70 ▶ 눈부심 방지 – 설치제한 공간

① 학생측 조건
　㉠ 칠판용 광원이 직접 눈에 입사되지 않을 것
　㉡ 반사에 의한 눈부심이 없을 것
② 교사측 조건
　㉠ 강의 중 눈부심을 방지하기 위해서는 칠판 조명의 앙각이 45° 이상일 것
　㉡ 교사가 작성한 칠판 글자에 대한 광원의 반사광에 의한 눈부심이 없을 것
　㉢ 최대의 연직면 조도를 얻기 위해 칠판 조명등과 칠판 중심의 각도 $\theta = 55°$ 정도임
③ 칠판의 조건
　㉠ 흑색보다 녹색이 좋음
　㉡ 반사에 의한 확산된 빛이 증가하고 빛의 이용률이 증가함

(3) 도서실

① 도서열람실과 서고 조명으로 구분함
② 열람실은 장시간 독서에 피로가 적은 충분한 조도와 질적으로 우수한 빛이 요구됨
③ 서고실은 수직면 조도가 중요함
④ 열람실의 평균조도는 500[lx] 정도(대학교 기준)

(4) 강당(실내체육관)

① 천장고를 고려한 투광기 및 전반확산조명 방식 채용
② 일반적으로 LED 투광등이 많이 적용됨
③ 천장 상부에 낙하 방지용 이중 안전장치 설치 검토
④ 상부로 튀어오르는 공에 대한 램프 및 기구의 보호장치 검토
⑤ 램프 교환, 청소를 고려한 승강장치 부착 조명기구 검토

6) 설계 시 고려사항

(1) 교사측, 학생측 요구 조명에 의한 눈부심을 검토함
(2) 흑판에 의한 반사에 눈부심을 적극 고려함
(3) 경제성을 고려
(4) 성에너지화 조명의 요구
(5) 학습에 필요한 쾌적한 조명환경의 구축

7) 결론

학교 조명 계획 시 수업과 관련하여 학생, 교사의 눈부심 방지를 위한 칠판 조명 부분이 중요하며 특히 저학년의 시력 감퇴와 관련한 조명계획, 주간 및 야간 수업을 위한 충분한 조도 검토, 에너지 절약을 위한 창가조명제어 시스템 적용, 고효율 광원 및 등기구 적용 등을 적극 검토하여야 한다.

2. 미술관, 박물관의 전시 조명

1) 개요

(1) 미술관, 박물관 조명은 전시공간의 조명계획이 가장 중요하며 이들 공간 내 전시물에 대한 쾌적한 관람 분위기 조성과 전시유물의 손상 최소화라는 상반된 조명 연출이 요구됨

(2) 전시 조명은 물체의 보임을 좌우하는 밝기, 휘도, 조명시간 등을 고려하는 것 외에 전시물에 대한 가치의 발견과 이해를 할 수 있는 조명이어야 함

2) 전시 조명의 특징

(1) 작품을 관람객에게 정확히 나타내는 조명
(2) 작가의 의도 및 예술성을 충분히 나타낼 수 있는 조명
(3) 쾌적한 관람 분위기의 조성
(4) 전시품 손상의 최소화

3) 조명계획 시 고려사항(조명요건)

(1) 조도와 광량

① 조도가 높을수록 쾌적한 관람분위기를 연출하나 지나치게 높은 조도일 경우 광화학적인 손상, 열적 손상에 영향을 미치므로 조도와 광량의 기준이 선정됨

② 광량의 최소화를 위하여 조도를 낮게 유지함

③ 각국의 조도 및 광량기준

표 4-30 ▶ 각국의 조도 및 광량기준

구분	대상	IESNA(북미조명학회)	KS(국내)
빛에 민감	염직물, 의상, 동양화, 인쇄물, 벽지 등	$50[lx] \times 8[h/일] \times 300[일]$ $= 120,000[lx \cdot h]$	75~300[lx]
빛에 비교적 민감	유채화, 피혁품, 목재품 등	$75[lx] \times 8[h/일] \times 300[일]$ $= 180,000[lx \cdot h]$	300~700[lx]
빛에 민감하지 않음	금속, 돌, 유리, 도자기, 보석 등	전시조건에 따라 다름	750~1,500[lx]

㉠ 국내의 경우 조도기준이 타국에 비해 높은 편이며 연간 적산조도의 한계설정이 필요함

㉡ 조도가 높아지면 전시기간이나 횟수를 조정하여 연간 적산조도[lx · h] 기준범위로 조정시킴

(2) 휘도분포

① 전시 조명에서 휘도는 전시물의 보존 차원에서 검토되어야 함
② 시감휘도를 높게 함
③ 관람객의 눈의 순응 상태를 낮추어야 하며 그에 대한 방안으로
  ㉠ 시야 내 고휘도 광원이나 실내로 향하는 밝은 창은 설치하지 않아야 함
  ㉡ 전시실의 전반조도를 낮추고 조도의 균제도를 높여 부분적인 고휘도가 되지 않게 해야 함
  ㉢ 전시물이 놓여 있는 배경이나 주위의 휘도분포는 $\frac{1}{2} \sim \frac{1}{3}$ 정도가 되도록 전시물의 재질과 색채를 결정하여 반사율에 대한 배려를 해야 함
  ㉣ 전시실에 진입하기 전 입구의 로비나 중앙홀로부터 전시 경로로 진입할수록 조도를 낮추어 낮은 휘도에 자연스럽게 순응하게 함

(3) 연색성

특히 작품이 연색성을 요구하는 경우 평균연색평가수(Ra)가 90 이상인 것을 사용함

(4) 눈부심

전시실의 눈부심은 불쾌 Glare이며 눈부심의 방지대책으로
① 고휘도 광원이 시선에 위치하지 않아야 함
② 전시물 보호를 위한 액자의 유리 등을 통해 광원의 반사가 시선에 들어오지 않게 해야 함

(5) 색온도와 조도

색온도와 조도와의 연관성이 발휘되는 것으로
① 주간에 자연광에 영향을 받는 곳은 색온도가 높은 광원을 사용해야 함
② 자연광의 영향을 받지 않는 곳, 야간 사용이 주체가 되는 곳에는 색온도가 낮은 광원을 사용함
③ 색온도가 다른 광원의 사용은 가급적 배제함
④ 보존을 위한 조명의 경우 3,000~4,000[K] 정도의 광원이 적합함

(6) 광의 방향성과 확산성

① 자연광을 실내로 도입 시 광의 제어 등이 불가하므로 주로 인공광을 통한 조명방식이 적용됨
② 전시물의 음영효과를 위해 최대, 최소 휘도비가 6 : 1 이내가 되도록 확산광과 지향성 광의 적절한 조합이 필요함

4) 조명방식

(1) 실내의 전반조명으로 시각의 순응을 고려한 조명방식이 요구됨
(2) 실내의 전반조명으로 반간접조명, 중점배열 조명방식이 적용됨
　　　　국부조명으로 Spot Light나 Slide Light가 검토됨
(3) 전반조명으로 저조도를 유지하고 국부조명으로 필요조도를 확보함

5) 광원 및 조명기구

(1) 광원의 조건

① 전방사 중 가시광선 비율이 높을 것
② 400[nm] 이하의 파장은 차단될 것
③ 장시간 사용해도 색온도의 변화가 없을 것
④ 장시간 사용이나 정격이 아닌 경우에도 가급적 안정성을 가질 것

(2) 광원의 종류 및 특성

광원의 종류	특성
• 전구(LED 전구) 　① 반사형 전구 　② 할로겐 전구	① 입체감을 나타내는 데 효과적임 ② 국부조명용에 적합 ③ 배광제어가 용이함 ④ 열방사를 차단할 수 있는 배려가 필요함
• 형광램프(LED 형광등) 　① 퇴색 방지용 형광램프 　② 일반형광램프	① 진열장의 전반조명용 ② 광색이 다양함 ③ 조명효율이 높음 ④ 일반형의 경우 자외방사 차단이 필요함
• 고압방전등(LED 방전등) 　① Metal Hallide 　② 수은등, 나트륨등	① 고천장 공간용 ② 고출력 특성이 있음

※ 종전에 기체방전등을 사용하였으나 현재 LED 적용과 함께 LED 광원이 실계통에 적용되고 있음

(3) 조명기구

진열장과 일체형으로 많이 사용되며 국부조명 기구 외에는 전시실에 노출되지 않음
① 외관의 형태가 단순하고 색상이 화려하지 않아야 함
② 직접현휘나 반사에 의한 눈부심이 방지될 것
③ 유지보수가 용이할 것
④ 광원에 발생되는 열의 확산이 용이할 것

6) 각 실별 조명의 계획

(1) 실내의 전반조명

벽면 전시 조명의 누설광을 이용함

① 미술품을 감상하는 데 필요한 충분한 조도 유지

② 전시품에 시선이 집중할 수 있도록 실내 전반 조도를 낮추어 주는 것이 중요함(50~100[lx] 유지)

(2) 그림 조명(평면 전시물의 조명)

① 그림의 관람은 화면 상하의 밝음의 차이가 없어야 함(수직면 조도가 중시)

② 그림을 보는 위치는 화면 중앙보다 약간 아래쪽에 눈높이와 일치하는 것이 가장 좋음

③ 광반사가 없고 그늘이 지지 않는 이상적인 광원의 위치 X는

$$X = 0.58(h-1.50) = (h-1.50)\tan 30°[\text{m}]$$

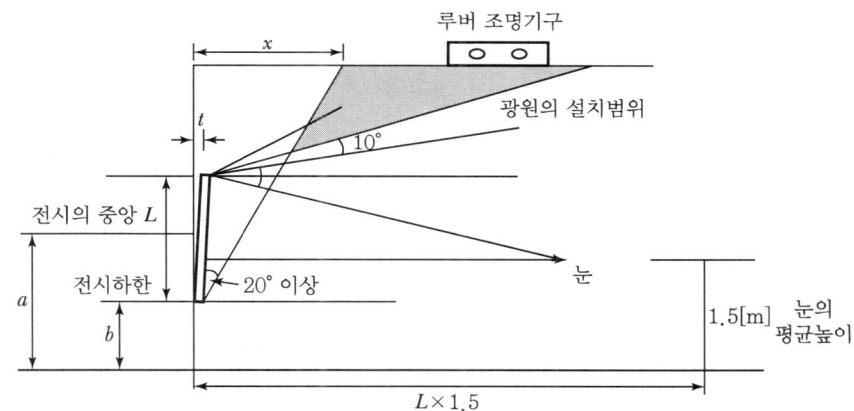

a : 전시물의 중심높이 → 전시물의 높이가 1.4[m] 이하인 전시물 → a는 GL에서 1.6[m]
b : 전시물의 하한높이 → 전시물의 높이가 1.4[m] 이상인 전시물 → b는 GL에서 0.9[m]

그림 4-71 ▶ 광원의 위치와 시선과의 관계

(3) 조각의 조명

① 조각품의 볼륨을 충분히 표현할 수 있는 빛의 질, 방향 등을 고려하여 조명

② 흐린 날 야외 환경과 같은 조명이 이상적임

③ 전시물의 위치 변화를 고려하여 Spot L/T를 설치함

(4) 진열장 내의 전시품 조명

① 진열장 내부의 램프가 관람객의 눈에 들지 않도록 조명

② 광원에 의한 열방사나 적외선을 차단할 수 있는 시설

③ 조명기구와 광원의 보수에 전시물이 손에 닿지 않도록 함
④ 진열장 외부로 빛이 누설되지 않을 것
⑤ 고효율 반사판을 사용하여 광원수를 줄임

7) 조명에 의한 전시품 손상의 원인과 대책

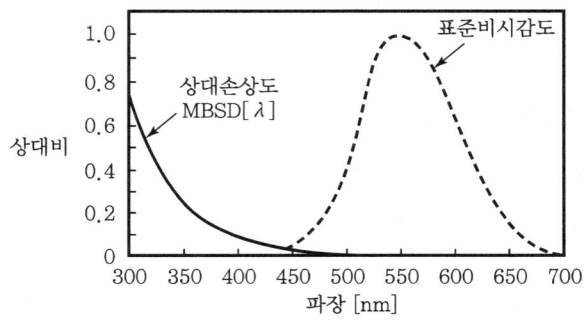

그림 4-72 ▸ 손상의 분광특성곡선

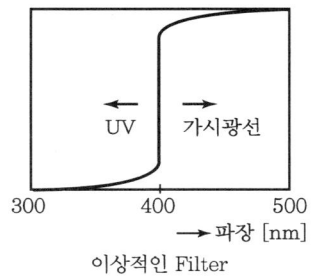
이상적인 Filter

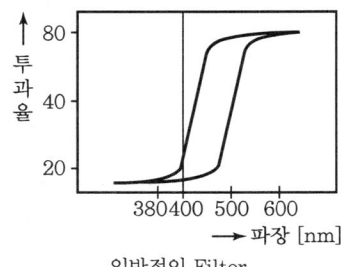
일반적인 Filter

그림 4-73 ▸ 필터 종류

(1) 손상의 원인

① 광방사 에너지에 의한 전시품의 손상
　㉠ 손상 형태 : 광화학적, 물리적 손상이 발생됨
　㉡ 광방사에 의한 광화학적 손상원리 및 대책

표 4-31 ▸ 광화학적 손상원리 및 대책

광화학적 손상원리	대책
물질 → 광방사 에너지 흡수 → 물질분자 여기, 활성화 → 활성화 에너지가 산소에 전달 → 활성화 산소 발생 → 과산화수소 발생 (H_2O_2) → H_2O_2가 물질, 염료와 광화학적 산화 발생 → 손상	• 광학적 손상계수가 적은 것을 선택함 • 조명기구 커버 등에 자외선 등 단파장 광반사를 흡수하는 재질을 사용함

② 온습도 변화에 따른 전시물의 손상

　㉠ 손상 형태 : 물리적 손상

　㉡ 물리적 손상원리 및 대책

표 4-32 ▶ 물리적 손상원리 및 대책

물리적 손상원리	대책
물질 → 광방사 에너지 흡수 → 물질분자 열운동 촉진 → 온도 상승 및 냉각 발생 시 확장, 수축 반복 → 물질 내 수분 증발, 흡수에 의한 접착력 약화 → 이탈, 박리 등 발생 → 물리적 손상 발생	• 광원 적용 시 조도당 방사조도가 적은 것을 선택함 • 백열전구, 할로겐 램프 등 조명기구 커버 등에 적외선 방사 흡수필터를 사용함 • 안정기, 변압기 등 발열 원인요소는 외부로 격리하고 대류나 강제 통풍함

③ 자연 주광에 의한 전시물의 손상 : 자외선, 적외선 손상

(2) 대책

① 광방사 에너지의 제한 – 사용 광원의 단위조도당 방사조도가 적은 것을 선택함
② 단파장 광을 차단할 수 있는 UV 필터를 설치함
③ 조명을 손상시키지 않는 범위에서의 낮은 조도를 유지함
④ **퇴색 방지형 형광등의 이용** : 유리 또는 플라스틱 필터의 설치
⑤ 백열전구, 할로겐 전구 사용 시 적외선 방사 흡수 필터의 설치
⑥ 쇼케이스, 진열장 내의 경우 조명에 의한 온도 상승의 억제 및 환기 Fan 설치
⑦ **실내의 적정 온·습도 유지** : 적정온도 20[℃]±2, 적정습도 50±5[%]
⑧ 자연채광의 억제 및 주광의 자외선, 적외선을 차단할 수 있는 유리창의 설치

8) 결론

(1) 조명에 의한 전시물의 손상 대책을 적극 검토함

(2) **조명에너지 절약을 위한 방법 검토**

　① 절전형 조명기기 적용　　② 적정조도 기준의 설정
　③ 조명에너지 절약 설계　　④ 조명제어 시스템 검토

(3) 쾌적한 조명환경 구축

(4) 경제성 검토

3. 상점 조명(백화점)

1) 개요

(1) 상점 또는 백화점은 상품을 사고파는 공간 특성임
   ① 고객의 관심을 끌 수 있는 악센트 조명
   ② 상품을 돋보이는 조명
   ③ 상점의 매상에 기여할 수 있는 조명을 고려해야 함

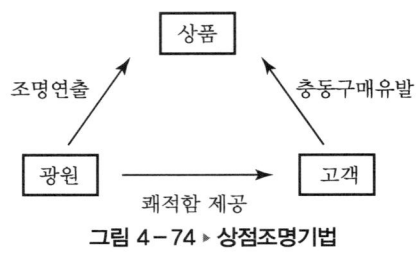

그림 4-74 ▶ 상점조명기법

(2) 상점에서의 조명계획을 명시론적, 좋은 조명의 조건, 각 실별 조명계획을 중심으로 설명함

2) 상점에서의 명시론적 고찰

(1) 명시조건을 만족하고 환경과 조화시키며 경제성을 충족시킴
(2) 색채가 많은 상품은 연색성을 고려함
(3) 조명에 의한 고객의 눈부심을 고려함(감능, 불쾌, 직시)
(4) 밝음의 분포를 두어 입체감을 줄 수 있는 조명계획을 검토함

3) 상점의 좋은 조명의 조건

(1) 판매활동에 기여할 수 있는 실리적 측면이 중요함
   ① 실리적 조명 : 물체의 보임과 눈의 피로를 줄일 수 있도록 조명함
   ② 장식적 조명 : 미적, 심리적 효과를 누리고 광속분포의 배분이 필요함

(2) 상점 조명의 검토항목
   ① 광원에 의한 색온도, 연색성, 분광분포를 고려함
   ② 색채가 다양한 상품에서의 연색성이 중요함

(3) **한색계 상품** : 차가운 느낌의 조명 - 색온도를 높게 하고 조도를 높임
   온색계 상품 : 따스한 느낌의 조명 - 색온도를 낮게 하고 조도를 낮춤

(4) 상품의 퇴색원인, 손상원인 등을 파악하여 적극 대처함

4) 조명방식

(1) 전반조명으로 눈부심을 방지할 수 있는 반간접 조명방식, 전반확산 조명방식이 적합함
(2) 기획 상품들은 중점 배열 전반조명이나 국부조명이 적합함

(3) 상품과의 조화를 이룰 수 있는 조명방식이 채용됨

① 높은 조도의 장소 : 직접조명, 반직접조명방식, 전반 국부병용방식의 검토
② 낮은 조도의 장소 : 전반확산, 반간접조명방식의 적용
③ 상품이 복잡한 것 : 높은 조도 적용
④ 상품이 단순한 것 : 낮은 조도 적용

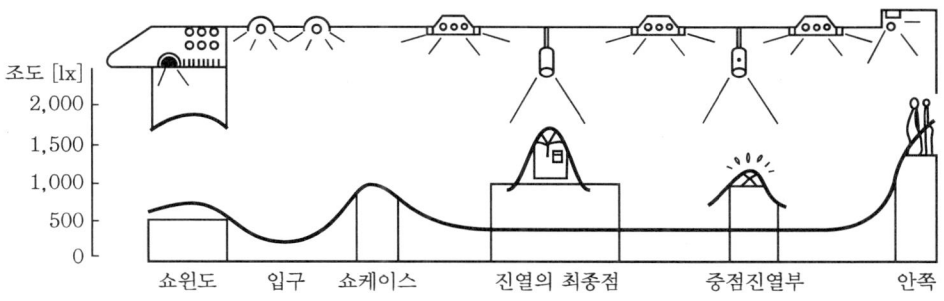

그림 4-75 ▶ 상점 내 밝음의 리듬

5) 조명의 기획

(1) 상점 내 전반조명

① 상점 내의 평균조도를 유지하여 판매활동에 기여 – 고효율 조명기구가 적합함
② 조명기구의 배치는 장래성을 고려하여 배치됨
③ 조명방식은 전반확산조명방식과 국부조명의 병용이 바람직함

(2) 진열창 조명

① 보행자의 시선을 끌 수 있는 악센트 조명이 필요함
② 상점 내의 전반조도보다 2~4배의 밝은 조명이 필요함
③ 광원으로 천연색 형광등으로 부드럽고 높은 조도의 유지가 필요하며 전구에 의한 악센트 조명의 병용

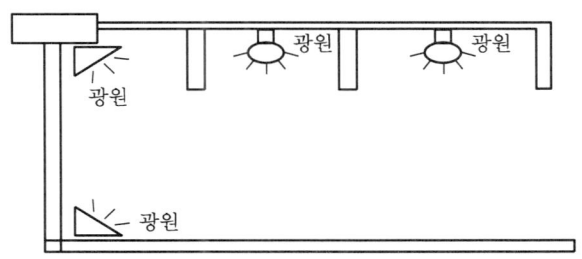

그림 4-76 ▶ 진열창 조명

(3) 진열장 조명

① 상점 내 전반조도의 2배 이상이 필요함
② 진열장 하단이 어두워지지 않도록 수직면 조도를 고려함
③ 밝은 조명이 필요하며 연색성을 고려한 악센트 조명을 적용함

(4) 진열함

① 상점 내 전반조도의 3~4배의 밝기와 악센트 조명이 필요함
② 진열함 자체에 조명등을 설치할 경우 관형전구, 형광등을 설치하되 반사갓 사용으로 눈부심을 제거함

(5) 진열대

① 상품을 전시하여 고객이 직접 선택할 수 있는 조명이 되어야 함
② 상품을 강조하는 집중조명의 경우 전반조명보다 3~6배 밝기로 Down L/T, Spot L/T, Stage L/T로 조명함

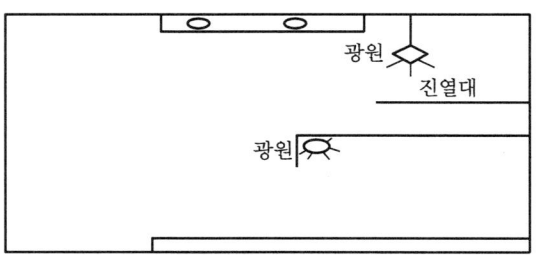

그림 4-77 ▶ 진열대 조명

(6) 고려사항

① 전반적으로 연색성을 고려한 전구와 형광등의 병용
② 수직면 조도, 수평면 조도가 모두 중시됨
③ 필요에 따른 악센트 조명 적용
④ 상품의 종류에 따른 분광분포를 고려함

6) 조명에 의한 전시상품의 손상과 대책

(1) 손상원인

① 광방사에너지에 의한 전시상품의 손상 – 물리적, 광화학적 손상
② 온·습도 변화에 의한 전시상품의 손상 – 물리적 손상
③ 자연주광에 의한 전시물의 손상

(2) 대책

① 광방사 에너지의 제한
② 단파장 광을 차단할 수 있는 UV 필터의 설치
③ 퇴색 방지형 형광등의 사용
④ 백열전구, 할로겐 전구 사용 시 적외선 흡수 필터의 설치
⑤ 자연주광의 적외선, 자외선을 차단할 수 있는 유리창의 설치
⑥ 실내의 적정 온습도 유지 온도 20 ± 2[℃] 유지, 습도 50 ± 5[%] 유지

7) 조명에 의한 에너지 Saving 대책

(1) 고효율 조명기구의 사용 및 전자식 안정기를 사용함
(2) 주광을 최대로 활용, 조명제어 System의 적용
(3) 천장, 벽, 바닥을 밝은색으로 처리하여 조명률을 향상시킴
(4) 조명기구의 적정배치 및 고조도 필요시에 국부조명 병용
(5) 절전형 조명기기의 사용

8) 결론

(1) 조명에 의한 전시상품의 퇴색원인 파악 및 적극 대처
(2) 에너지 절약 조명 검토
(3) 쾌적한 조명환경의 구축
(4) **경제성의 검토**
   초기 설치비, 연간 고정비, 연간 전력비 등의 적정 검토
(5) 조명방식에 따라 느끼는 기분을 고려하여 설계

4. 공항 조명

1) 개요

공항 조명은 ICAO(International Civil Aviation Organization : 국제민간항공기구) 규격과 공항시설법, 시행규칙에 의해 조명공사를 시행하며, 주야간 어떠한 기상 상태라도 항공기가 안전하게 유도될 수 있도록 하는 것이 비행장 조명의 목적이며, 공항 이용객에게 밝고 활기찬 기분을 느끼게 하여 외국 방문객에게 좋은 인상을 주는 것도 매우 중요하다.

2) 공항 조명의 구분

(1) 항공등화

항공기 저속 성능에 적합하고, 조종사에 대한 각종 안내정보를 주야간 구별 없이 연속적으로 제공하여 조종사의 부담을 경감시키고, 이착륙의 최저 기상조건을 낮추고 항공 종합시스템 전체 흐름의 원활한 촉진과 운항효율 및 안전성 향상을 목표로 함

(2) 공항청사 내부 조명

승객에게 쾌적성을 느끼게 하는 명시적 조명과 분위기 조명이 적용됨

(3) 항공기 조명

항공기 자체의 충돌방지등, 항공등, 착륙등, 계기등, 객실조명등이 있음

3) 공항청사 내부 조명

(1) 좋은 조명의 조건

① 조도

밝을수록 좋으나 새로 규정된 KS 조도규정에 따름

장소	최저기준조도	표준기준조도	최고기준조도
검사대, 체크인카운터	500[lx]	750[lx]	1,000[lx]
대합실, 중앙홀 등	300[lx]	450[lx]	600[lx]
화장실, 수하물처리장	150[lx]	225[lx]	300[lx]

② 휘도분포

시야 내 밝음의 분포가 균일하도록 설계, 어떤 한도 내에 들어가야 함

③ 눈부심

눈부심을 느끼지 않는 조명방식이 유리, 특히 바닥 마감재료로 발생하는 눈부심도 고려해야 하며, 특히 중앙홀이 중요함

④ 그림자

공항청사 내에서 짙은 그림자가 생기지 않도록 반간접조명, 완전확산조명 방식으로 고려함

⑤ 분광분포

자연 주광색과 지역, 날씨, 계절 등을 고려하여 설계하며, 특히 중앙에 주광이 직접 들어오는 건물, 구조에서는 자연스럽게 조화를 이루는 분광분포를 고려한 조명이 되도록 함(균제도 고려)

⑥ 심리적 효과

대부분 장소에서 활기차고 상쾌한 느낌을 주는 조명이 유리하고, 휴게실, 구내식당 등에서는 차분하고 정리된 느낌을 주는 조명도 필요함

⑦ 미적 효과

건축구조, 의장, 실내 마감, 배색과 조화를 이룰 수 있도록 배치 조합이 검토됨

⑧ 경제성

높이에 따른 적절한 광원과 조명기구 등을 선정하고 광원의 실용수명 및 경제적 교환시기, 교환방법 등을 검토함

(2) 광원의 선정

① 청사 내(천장 높이에 따라 적절한 광원 선정)

천장 높이	5[m] 이하	5~10[m]	10[m] 이상
형광등	○		
고출력 형광등		○	
메탈할라이드, 할로겐			○

② 외부 조명

  ㉠ 외부 도로 조명 : 메탈할라이드 Lamp
  ㉡ 외부 벽면 조명 : 할로겐 Lamp 등

(3) 조명기구의 선정

① 직접조명기구

현재 국내 공항의 대부분이 하면개방형의 직접조명에 의존하지만 가능하면 직접조명기구는 피하는 것이 좋으며, 특수한 지역은 다운라이트 조명기구 이용이 가능함

② 반직접조명기구

직접조명기구를 약간의 반사광으로 보완한 조명방식으로 직접조명 대용으로 사용됨

③ 완전확산조명기구

젖빛 유리의 조명기구를 사용하거나 광천장 조명방식으로 적용함

④ 반간접조명기구

조명의 질적 측면을 고려하여 가능하면 반간접조명기구의 사용이 공항청사 내 조명 방식으로 적합함

⑤ 간접조명기구

공항 내 휴게실이나 커피숍 등은 간접조명기구 사용으로 안락한 분위기를 연출함

(4) 조명방식

① 기구의 의장에 따른 분류

공항청사 내 대부분의 경우 연속열 방식으로 처리하고 특수하게 평면방식도 사용함

② 기구배광에 따른 조명방식

공항 조명의 질적인 면을 강조하여 반간접조명이 가장 적합함(간접조명 계통)

③ 기구 배치에 따른 조명방식

대부분 전반조명방식으로 처리하고 검사대, 사무실 등은 전반국부 병용 조명이 합리적이고 청사 내의 큰 사무실은 TAL 조명방식이 좋음

④ 건축화 조명

공항에서 조명의 질적인 면을 강조하는 조명은 건축화 조명의 광천장 조명, 루버 조명, 특수한 부분의 다운라이트, 코퍼 조명, 휴게실, 식당 등은 코브 조명 등이 적용됨

(5) 각 실별 조명기획

① 터미널(대합실, 안내 카운터, 검사대 등)

전반조명방식으로 광천장 조명이 적합하며, 밝고 활기찬 조명이 필요함

② 연결통로(Access Corridor)

비행기에서 바로 나오거나 공항 내에서 연결통로로 진입 시 너무 조도의 차이가 나지 않도록 균제도에 유의해야 하며, 다운라이트 조명이 적합함

③ 투광조명

건물의 외벽 Illumination, 공항의 상징물 조명, 분수조명, 특수조형물이나 수목 등은 투광조명으로 적용함

④ 주차장

낮은 조도의 다운라이트 조명으로 열을 맞추어 시공함

4) 항공 등화 시설

(1) 개요

항공 등화라 함은 공항시설법에서 불빛, 색채, 형상을 이용하여 항공기의 항행을 돕기 위한 항행안전시설로서 교통부령이 정하는 시설을 말함

(2) 설치기준(공항시설법 시행규칙 별표14)

① 조종사 및 관제사의 눈이 부시지 않도록 할 것
② 노출된 등화설비(활주로등, 정지로등, 유도로등)는 항공기와 접촉할 때 항공기에 손상을 주지 않고 등화설비가 부서지도록 경구조물로 할 것
③ 매립된 등화설비는 항공기 바퀴와의 접촉으로 인하여 항공기 및 등화설비에 손상을 주지 않도록 제작·설치할 것

(3) 항공 등화 시설의 종류 및 주요 기능

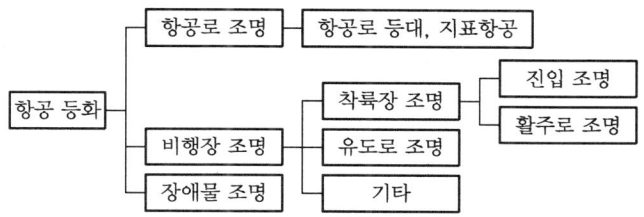

그림 4-78 ▶ 항공 등화의 분류

항공 등화 중에서 항공기의 시스템 운영에 특히 중요한 것은 비행장 조명 중 진입 조명, 활주로 조명, 유도로 조명이며 비행장 조명을 기준으로 설명함

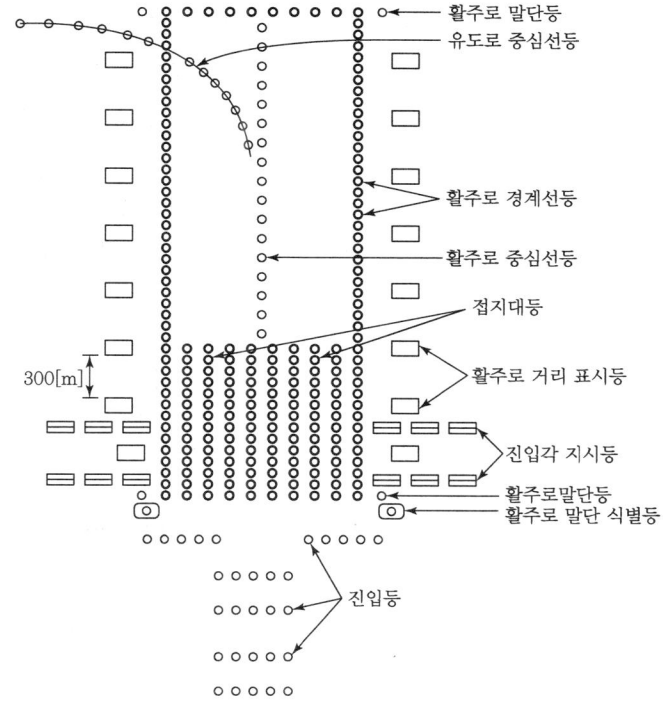

그림 4-79 ▶ 비행장 조명

① 진입 조명
　㉠ 개념
　　주간, 야간에 항공기 조종사에게 활주로의 방향을 알려주는 등화로서 항공기가 활주로에 안전하고 정확하게 착륙할 수 있도록 도와주는 등화임
　㉡ 종류
　　진입등, 진입각 지시등, 활주로 말단 식별등, 선회등, 활주로 유도로등
　㉢ 진입등(ALS : Approach Lighting System)
　　ⓐ 개념
　　　야간은 물론 기상이 좋지 않은 주간에도 밝은 불빛(섬광등은 1시간에 약 6,600[km]를 이동하는 것처럼 반짝임)으로 항공기를 활주로까지 안전하고 확실하게 진입을 유도해 주는 등화임
　　ⓑ 종류
　　　• 고광도 시스템(표준식과 간이식)
　　　• 중광도 시스템으로 구분됨
　　ⓒ 설치기준
　　　• 진입등 평면은 폭 120[m], 길이는 마지막 등의 60[m]까지 고정된 장애물을 제외하고는 어떠한 장애물도 있어서는 안 됨
　　　• 활주로 최말단에서부터 21번째까지의 진입등의 가운데는 섬광등으로 함
　　　• 섬광등 위치는 진입등의 중심선등에서 좌측 또는 우측에 설치하여야 하나, 현장여건상 부적합할 경우 진입등의 중심선등에서 아래로 1.2[m]까지 설치할 수 있음
　　　• 섬광등은 1초에 2회씩 활주로 쪽으로 향하여 순차적으로 섬광되어야 함
　㉣ 진입각 지시등(PAPI : Precision Approach Path Indicator)

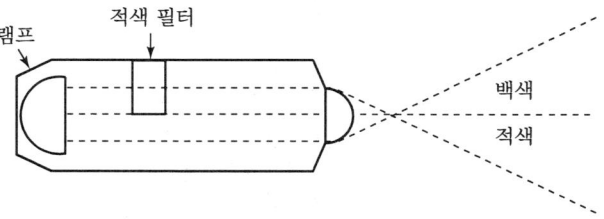

그림 4-80 ▶ 진입각 지시등의 구조

　　ⓐ 개념
　　　• 착륙하는 항공기 조종사가 PAPI 불빛의 색상을 확인하여 활주로에 안전하게 착륙할 수 있도록 도와주는 시설이므로 이 등은 모든 공항에 필수적으로 설치하여야 함

- 항공기가 활주로에 안전하게 착륙할 수 있도록 착륙 각도를 알려주는 등임
- 진입각 지시등의 알맞은 착륙 각도는 3도

ⓑ 종류
- 표준식 진입각 지시등(PAPI)과 간이식 진입각 지시등이 있음
- 등체의 아래쪽 반은 적색이고 위쪽 반은 백색 섬광을 나타냄

ⓒ 설치기준
- 활주로 가장자리 양쪽에 설치하여야 함
- PAPI의 제1등기구는 활주로 가장자리에서부터 바깥쪽으로 $15 \pm 1[m]$, 제2, 3, 4등기구는 각각 $9 \pm 1[m]$을 띄워서 설치함

㉤ 활주로 말단 식별등(RTIL : Runway Threshold Indentification Light)

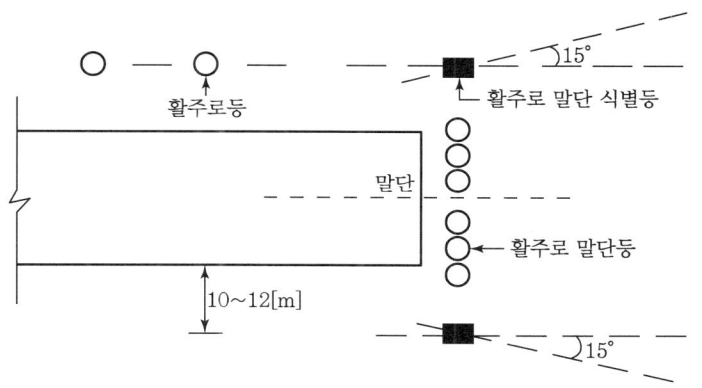

그림 4-81 ▶ 활주로 말단 식별등 설치 평면도

ⓐ 개념
- 항공기 조종사가 활주로로 착륙하기 위하여 활주로 양쪽 사각 모서리에서 깜박거리는 섬광등을 보고 활주로 말단 위치를 신속하고 명확하게 판단할 수 있도록 설치함
- 2개의 섬광등이 동시에 깜박거리도록 구성하여 활주로 말단을 추가적으로 표시함

ⓑ 종류
- 일방향성 시스템
  등기구가 수직 10도 및 수평 15도 각도로 조정된 시스템
- 전방향성 시스템
  등기구가 활주로에 수직이 되도록 중심점을 맞춘 시스템

ⓒ 설치기준
- 활주로 말단에서 활주로 중심선과 대칭으로 양쪽에 설치됨

- 1분에 60~120회 깜박거리는 백색 섬광등으로 활주로로 진입하는 방향에 서만 보이도록 하여야 함
- 불빛이 강력함으로 인해 조종사의 시야를 흐리게 하는 경우에 빛의 양을 감소시킬 수 있는 장치를 해야 함
- 등기구의 높이는 활주로 중심선의 수평면상의 0.9[m] 이내이어야 함
- 등기구는 활주로 말단등렬에 설치함

② 활주로 조명
  ㉠ 기능
  항공기가 활주로를 이탈하지 못하도록 불빛 또는 색상으로서의 활주로의 지역을 알려주는 등화임
  ㉡ 종류
  활주로 말단등, 활주로 말단 연장등, 활주로 종단등, 활주로 거리등, 활주로 중심선등, 접지등, 정지로등
  ㉢ 활주로 말단등(RTHL)
    ⓐ 개념
    이륙 또는 착륙하고자 하는 항공기에 활주로 말단을 표시하기 위한 등화임
    ⓑ 종류
    - 노출형
    - 매입형
    ⓒ 설치기준
    - 활주로 말단이 종단과 일치하는 경우에는 활주로 말단에서 전방으로 3[m] 이내에 설치함
    - 말단등을 종단등과 함께 설치하는 경우 말단등의 광색은 항공기가 활주로로 진입하는 방향에서 녹색, 반대편은 적색이 보이도록 설치하여야 함
  ㉣ 활주로 중심선등(RCLL)

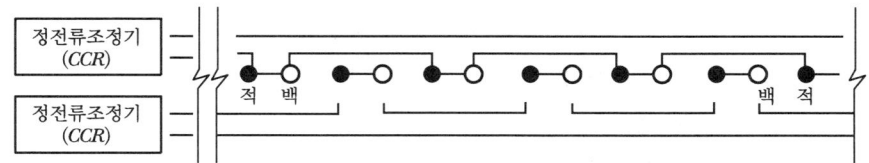

그림 4-82 ▸ 활주로 중심선등의 간격을 15[m], 30[m]로 설치

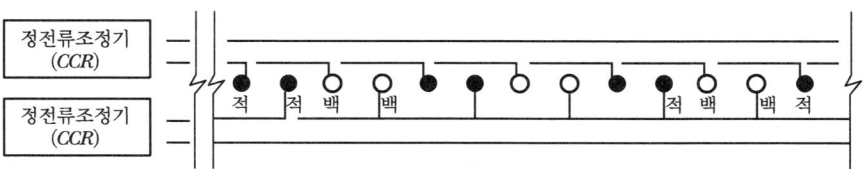

그림 4-83 ▸ 활주로 중심선등의 간격을 7.5[m]로 설치

　　　　ⓐ 개념
　　　　　야간 또는 시정이 좋지 않는 주간에 불빛으로서 이착륙하는 항공기에게 활주로의 중심을 알려줌
　　　　ⓑ 설치기준
　　　　　• 활주로 중심선을 따라 설치하여야 하나, 현장여건상 중심선에 설치하기 어려운 경우 중심선에서 60[cm] 이하로 이격하여 설치할 수 있음
　　　　　• 설치간격은 7.5[m], 15[m], 30[m]로 설치함
　　ⓜ 접지대등
　　　　ⓐ 개념
　　　　　항공기의 안전한 착륙을 확보하기 위하여 착륙하고자 하는 항공기에 접지대를 알려주기 위해 접지대에 설치하는 등화임
　　　　ⓑ 설치기준
　　　　　• 활주로 말단에서 활주로 방향으로 900[m]까지 설치하여야 함
　　　　　• 활주로 중심선에 대하여 대칭이 되도록 해야 함
　　ⓗ 활주로 거리등(DMS)
　　　　ⓐ 개념
　　　　　항공기 조종사에게 활주로의 남은 거리를 알려주기 위한 등화임
　　　　ⓑ 설치기준
　　　　　• 활주로 양 긴 변에서 15[m] 떨어져 약 300[m] 간격으로 설치하여야 함
　　　　　• 입력전압은 고압 또는 저압으로 공급함

③ 유도로 조명
　㉠ 기능
　　항공기가 활주로로 착륙하여 유도로를 통하여 계류장 등의 기타 목적지까지 안전하고 빠르게 지상 이동이 가능하도록 설치하는 등화임
　㉡ 종류
　　유도로등(TFDL), 유도안내등(TGS), 유도로 중심선등(TCLL), 정지선등(SBL), 유도로 교차등(TIL), 활주로 경계등(RGL)
　㉢ 유도로등
　　　ⓐ 개념
　　　　지상 주행 중인 항공기에 계류장 및 기타 지역을 이탈하지 못하도록 각 지역의 가장자리에 설치하는 등으로 지상 주행 중인 항공기에 유도로, 계류장 및 기타 지역의 가장자리를 알려주기 위한 등화
　　　ⓑ 종류
　　　　• 노출형　　　　　　　　　　• 매입형

ⓒ 설치기준
- 유도로, 계류장 및 기타 지역의 가장자리에서 바깥쪽으로 3[m] 이내에 설치할 것
- 광색은 청색으로 모든 방위각에서 보이도록 설치할 것
- 유도로 안내등이 항공기 운항에 방해를 줄 수 있는 경우에는 유도로 안내등 대신에 2개의 유도로등을 설치할 수 있음

ⓔ 유도로 중심선등

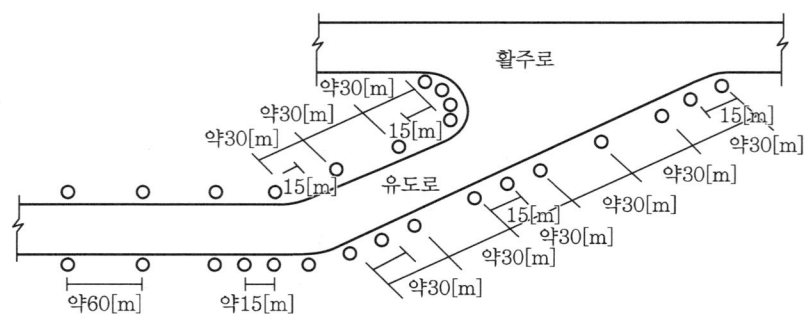

그림 4-84 ▶ 유도로 중심선등

ⓐ 개념

유도로등의 중심에 설치되는 등화

ⓑ 설치기준
- 중심선에 설치하여야 하나 현장여건상 불가피한 경우 유도로 중심선에서 30[cm] 이하로 떨어져서 설치할 수 있음
- 입력전압은 저압으로 공급함
- 광색은 녹색 고정등이며 유도로상 또는 유도로 부근의 비행기에서 볼 수 있는 빔폭을 가져야 함

5. 경관 조명

1) 개요

경관 조명이란 조명대상물에 밝기를 가하여 그 부분을 주변 환경과 조화를 이루고 돋보이게 하는 조명기법으로 명시 조명과 분위기 조명으로 연출하며 경관 조명의 목적과 역할에 적합하고, 그 도시의 랜드마크가 될 수 있게 해야 한다.

2) 목적

(1) 도로, 광장, 지하도 등의 경우
① 보행자에게 안전한 보행을 확보
② 범죄를 예방함
③ 차량의 안전운행 및 운전자의 운행의 쾌적성 제공

(2) 상징적 건축물
① 역사성과 예술성 부각
② 지역주민의 자긍심 고취

(3) 일반건축물
① 고객의 호기심 유발 및 입장 유도
② 야간 도시경관을 돋보이게 함

(4) 광장
① 야간의 범죄예방
② 산책객에게 편안하고 안락한 분위기 제공

3) 경관 조명의 역할

(1) 공공시설에 대한 이해 및 친밀감 향상
(2) 상업활동의 진흥 및 관광의 활성화
(3) 야간의 시가지 활성화
(4) 도시의 역사 및 역사적 건물에 대한 인식 향상
(5) 시민의 생활문화의 다양화, 24시간 도시화

4) 조명설계 순서

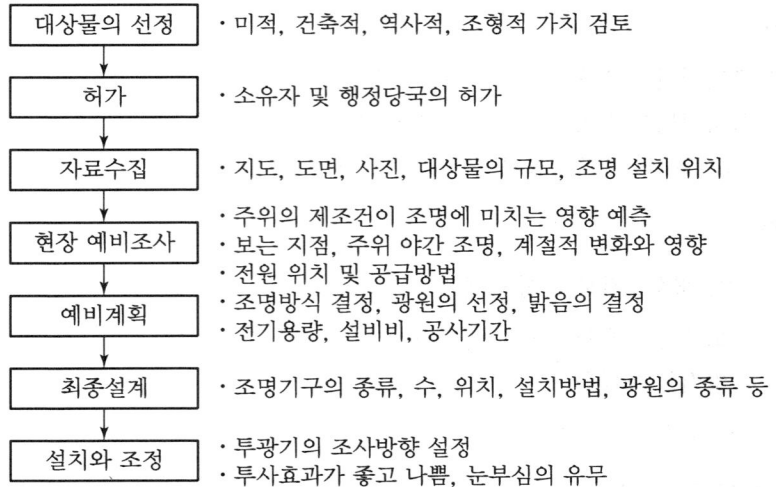

5) 설계 시 주요 검토사항

(1) 조명대상물의 검토

① 주위 환경의 밝기
② 조명대상물의 크기, 형상, 색채, 재질
③ 장해광 발생요인 및 기대효과

(2) 조도

① 건축물 마감재료의 반사율과 주변 조명 환경에 따라 조도가 결정됨
② 조도 확보를 위해 건축마감재의 반사율을 최소 20[%] 이상 되는 재질의 건축적 협의가 필요함

표 4-33 ▶ 재료의 반사율

재료	반사율[%]	재료	반사율[%]
타일(백색)	60~80	스테인리스	55~65
콘크리트	25~50	백색 페인트	65~75
유백유리	45~50	구리(연마)	55~60

(3) 광원의 종류

① 주요 검토사항 : 연색성, 색온도, 효율, 수명 등
② 건물의 마감색과 광원 선정

표 4-34 ▶ 마감색의 광원

건물 마감색	광원	
백, 적, 오렌지	백열전구, 할로겐 램프, 고압나트륨등	크세논램프 메탈할라이드
백, 청, 녹	수은등	

③ 광원의 적용

표 4-35 ▶ 광원의 적용

광원	적용
할로겐	• 고연색성이 필요한 건축물, 수목 조명용 • 휴식공간, 산책로
고압나트륨	• 연색성이 중요치 않은 따스한 분위기 장소 • 일반형 → 터널, 도로 • 고연색형 → 사람의 왕래가 많은 장소
고압수은등	• 일반형 → 녹색 및 잔디의 선명도 유지 장소 • 골프장, 공원(녹음지)
메탈할라이드	• 고효율과 연색성이 필요한 장소 • 광장, 도로, 유원지, 산책로 등

※ 현재 LED형 형광등, 투광등 등을 적용

(4) 투광기

① 검토사항

  ㉠ 기구의 외관 구조   ㉡ 배광곡선
  ㉢ 투광기 종류   ㉣ 투광방법
  ㉤ 유지보수

② 종류

표 4-36 ▶ 투광기의 적용

종류	조도[lx]	용도
협각형(<30°)	500 이상	고조도, 원거리
중각형(30~60°)	200~300	근거리, 저조도
광각형(>60°)	200 이하	

③ 투광방법

표 4-37 ▶ 투광방법

방식	내용
직접투광	• Up Light, Spot Light • 건축물의 음양 검토
간접투광	• 벽, 천장 등의 반사광 이용 • 눈부심이 억제됨

④ 배치 시 고려사항
  ㉠ 주간 미관 : 기구 및 케이블 배선 은폐
  ㉡ 눈부심
  ㉢ 보수 및 조정
  ㉣ 방수문제

6) 장해광 영향 및 대책

표 4-38 ▸ 장해광의 영향과 대책

구분	영향	대책
주거환경 부분	① 누설광의 수면 방해 ② Glare에 의한 운전자의 교통안전 방해 및 불쾌감 유발 ③ 보행자에게 불필요한 불쾌감 유발	① 직접광 방지 루버 및 기구 선정 ② 기구 배치 및 각도 조정 ③ 사전 Simulation
동식물 부분	① 농작물의 이삭 지연 ② 가로수의 광합성작용에 악영향 ③ 조류, 파충류의 생식환경에 악영향 ④ 가축의 경우 신진대사 기능에 혼란을 초래함 ⑤ 포유류의 경우 과도한 빛으로 인하여 번식능력 저하	① 저유충 메탈할라이드 램프 설치 ② 비산광 저감 ③ 점등시간의 제한(심야시간 소등 및 개화 시 점등 제한) ④ 식물에 영향을 주지 않는 광원 선정 ⑤ 차광막으로 불필요한 방향으로 복사되는 빛을 차단함
천공광 부분	① 천체관측 장해 ② 에너지 낭비	① 하방 배광곡선 선정 ② 수평 이하의 배광기구 선정 ③ 상향투광 각도를 축소함 ④ 누설광이 적은 투광기 사용

7) 경관 조명 기법

조명대상물 혹은 배경에 적당한 밝음을 주어 야간에 그 대상물을 아름답게 부각시키는 기법으로 그 대상물을 단지 균등하게 조명하는 것이 아니라 대상물의 각 면에 적당한 명암, 음영을 가하여 조형적인 양상이나 입체감을 갖도록 하는 방법으로 각 대상물별 조명기법을 분류하면 다음과 같다.

(1) 투광기법

① 대상물의 배경이 밝은 경우와 어두운 경우
  ㉠ 배경이 밝은 경우 대상물의 바깥둘레를 약간 어둡게, 중앙은 밝게 함
  ㉡ 배경이 어두운 경우 대상물의 바깥둘레를 밝게, 중앙은 어둡게 하여 입체감을 줌

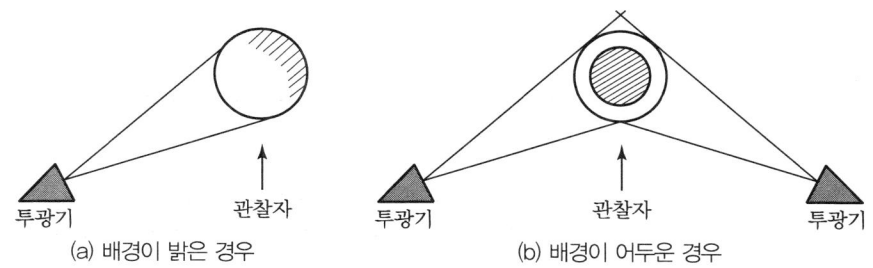

그림 4-85 ▸ 대상물에 대한 조명기법

② 대상물의 요철이 있는 경우
　㉠ 대상물의 요철이 작은 경우 : 대상물 주요 시선방향과 조명방향은 45° 이상 설치
　㉡ 대상물의 요철이 큰 경우 : 시선방향에서 주 조명을 설치하고 반대방향으로부터 약한 보조 조명을 설치함

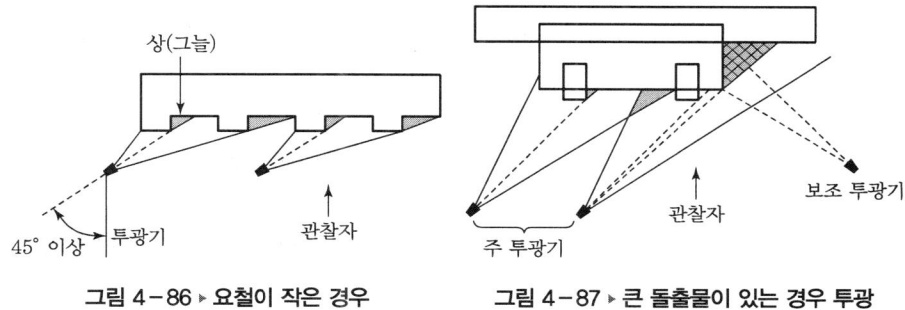

그림 4-86 ▸ 요철이 작은 경우　　그림 4-87 ▸ 큰 돌출물이 있는 경우 투광

(2) 각 대상별 조명기법

① 건조물 조명
　㉠ 종교적, 역사적으로 중요한 공공 건조물(기념관, 입체적 대상물 등)
　　• 색채와 입체감 표현의 주의
　　• 조화와 격조를 높이는 배려
　㉡ 상업용 빌딩
　　• 대상물의 존재를 부각시켜 주고 미적 효과를 강조함
　　• 빛과 그림자의 표현을 함께 사용하여 효과를 달성함

② 심볼타워(고층, 초고층 건물) 조명
　㉠ 그 지역의 가치성과 지역주민의 공감대를 높일 수 있어야 함
　㉡ 심볼타워가 높아 협각배광의 강한 빛과 더불어 타 방향으로의 영향이 없도록 해야 함
　㉢ 전체를 밝게 하거나 그림자를 만들어 조형미를 연출할 수 있어야 함
　㉣ 구조물에 기구를 설치하는 경우 주간에 보이지 않도록 해야 함

③ 모뉴먼트 조명
  ㉠ 조각, 석상 등
    ⓐ 대형 : 심볼타워 조명기법과 같은 기법으로 연출함
    ⓑ 소형(5~6[m])
      • 전체를 조명하고 또 균일하지 않도록 조명함
      • 그림자나 빛의 차이에 의한 부조화를 만들기 위해 대상물의 형상에 따라 조명기구의 수, 배치를 결정함
④ 공원 조명
  ㉠ 공원의 조도기준은 5~30[lx]
  ㉡ 광원은 와트수 대비 광속이 많고 램프 단가가 저렴한 수은 램프를 사용하는 것이 유리함
  ㉢ 수명이 긴 광원을 선정함
  ㉣ 밝음은 균일하게 하되 빛의 강약을 만들어 공원 전체에 리듬감을 주어 빛나는 느낌이 되게 함
  ㉤ 범죄 방지를 충분히 고려해야 함
  ㉥ 여름철 수목의 번창함을 고려한 조명 배치를 해야 함
⑤ 수목 조명
  ㉠ 나무의 상부를 조명하는 경우 나무 제일 아래 가지 높이에 폴을 설치하고 투광 조명함
  ㉡ 나무의 형태에 맞추어서 일루미네이션 조명을 함
  ㉢ 나뭇잎의 색을 자연스럽게 보이도록 하는 연색성이 우수한 광원을 선정(메탈할라이드, 고압나트륨등, 할로겐등 등)
  ㉣ 식물의 주기에 조명을 맞추고 식물이 어떤 상태가 되어도 글레어가 없도록 효과적인 조명을 해야 함
⑥ 대형 교량
  ㉠ 설계 기본 개념
    ⓐ 해당 지역의 교량 특성에 부합되는 랜드마크적 요소와 새로운 경관을 제공함
    ⓑ 단순한 교통수단으로서의 교량이 아닌 조형성과 상징성을 지닌 교량으로 부각시킴
  ㉡ 설계 기본 원칙
    ⓐ 연출적 측면
      해당 대형 교량의 미적인 면을 고려한 연출
    ⓑ 기능적 측면
      차량통행, 운전자, 보행자의 안전성과 눈부심을 고려한 조명 연출

ⓒ 주변 환경과의 조화
- 타 교량과의 차별화 및 어울림
- 주변의 주요 건축물과의 어울림
- 교량조건 및 환경과의 친화적 요인 고려

㉢ 경관 조명 연출방안

ⓐ 상판 조명
- 연출 방안
- 콘크리트에는 메탈할라이드 램프가 가장 적합한 연출효과가 기대됨
- 차가운 흰색으로 전체적으로 부드럽게 조명
- 조명 선택
   10[m] 간격으로 250[W] 등기구를 선택하여 사선으로 조명 각도를 정함

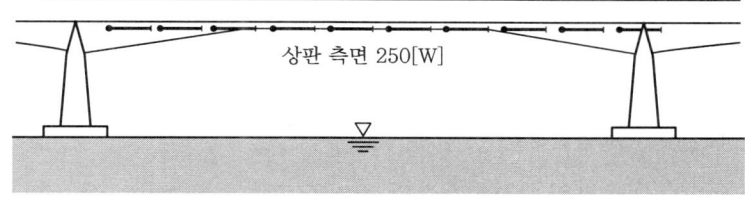

그림 4-88 ▶ 교량 상판 조명

ⓑ 하부 조명
- 연출방안
  교각과 연결하여 두 팔을 힘차게 뻗어서 서로 서로 맞잡는 이미지 연출
- 조명 선택
  상판과 차별화를 두어 100[W] 투광등으로 조명함

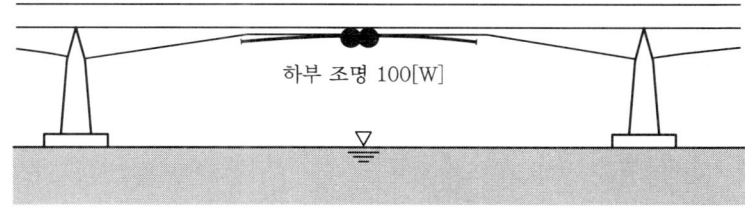

그림 4-89 ▶ 교량 하부 조명

ⓒ 교각 조명
- 연출방안
  하부와 연계하여 교각 안쪽 측면을 조명하여 수면 투영반사를 통해 V자 선을 나타내어 강한 느낌을 표현함

• 조명 선택

   교각과 연계하여 100[W] 투광등으로 조명함

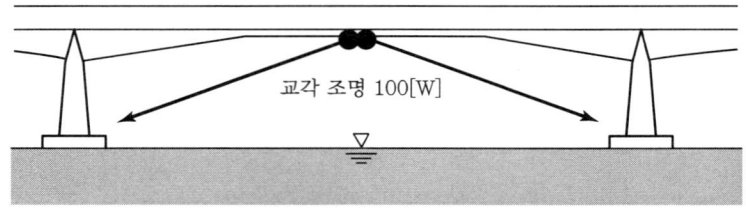

그림 4-90 ▶ 교량 교각 조명

8) 경관 조명의 구성요소

(1) Land Marks

사람들이 떨어진 장소에서도 볼 수 있는 시각적인 특이성을 가지는 점으로 특징적인 외관을 가진 건축물, 탑, 다리 등

(2) Nodes(결합점)

도시 내부의 중요지점으로 통상 도로들이 집중되는 장소의 광장 등

(3) Paths(도로)

사람들이 하루 종일 통과하는 가로나 도로로 역사적인 거리 등이 대상이 됨

(4) Edges(상)

도로로는 볼 수 없는 선상의 요소를 말하며 연속 상태를 중단하는 2개 지역의 경계로 강기슭이나 해안선 등

(5) Districts(지역)

독자적이면서 균질한 특징을 가지고 일정한 넓이를 가진 면적인 부분으로 주택지, 상업지, 공원 녹지 등이 해당됨

9) 에너지 Saving 대책

(1) 글로브형 조명기구를 컷오프(Cut-off)형으로 교체함
(2) 연색성 등 다른 조건이 허용하는 범위 내에서 효율이 좋고 집광이 용이한 광원을 선정함
(3) 종합효율이 높은 조명기구를 선정함
(4) 적절한 조명기구의 선정과 설치로 누설광을 줄임
(5) 점등관리 및 유지보수를 철저히 실시함

10) 결론

(1) 경관 조명은 대상물을 목적과 주위 환경과 조화를 이루면서 돋보이게 하기 위해 상기와 같은 좋은 조명의 요건 및 조명기법을 적용해야 한다.

(2) 특히 선진국의 경우 빛 공해의 심각성에 대해 각종 조례, 가이드라인, 기준 등의 규제방침을 운영 중에 있으며, 국내의 경우도 최근 환경부에서 인공조명에 의한 빛공해방지법이 제정(2013. 02. 시행)되어 4개의 종별 환경관리구역으로 제정하여 인공조명을 친환경적으로 관리하여 모든 국민이 건강하고 쾌적한 환경에서 생활하도록 관련법이 새롭게 제정되었다.

6. KS C 3703에 의한 터널 조명

1) 개요

(1) 터널 조명의 목적은 밝기가 급변하는 도로상황이나 교통상황을 정확히 파악하여 시각 환경 개선을 통해 도로 교통의 안전을 확보하기 위함이다.

(2) 터널 조명에 대해 국제표준에 능동적으로 대처하고 국가산업표준(KS)을 국제표준에 부합시키고자 KS C 3703 터널 조명 표준이 제정되었으며, 이를 기준으로 상기 내용을 상술하였다.

2) 터널 조명 계획 시 유의사항

(1) 입구 부근의 시야상황(20° 시야 내 천공, 노면, 인공구조물, 입구 부근 지물, 경사면 등의 휘도와 그들이 시야 내에 차지하는 비율)

(2) 구조조건(터널 단면 모양, 전체 길이, 터널 내 도로선형, 노면, 벽면, 천장면 반사율 등)

(3) 교통상황(설계속도, 교통량, 통행방식, 대형차의 혼입률 등)

(4) 환기상황(배기 설비 유무, 환기방식, 터널 내 공기의 투과율 등)

(5) 유지관리계획(청소방법, 빈도 등)

(6) 부대시설의 상황(교통안전 표지, 도로 표지, 교통 신호기 등)

(7) 에너지 절약

3) 입구부 조명

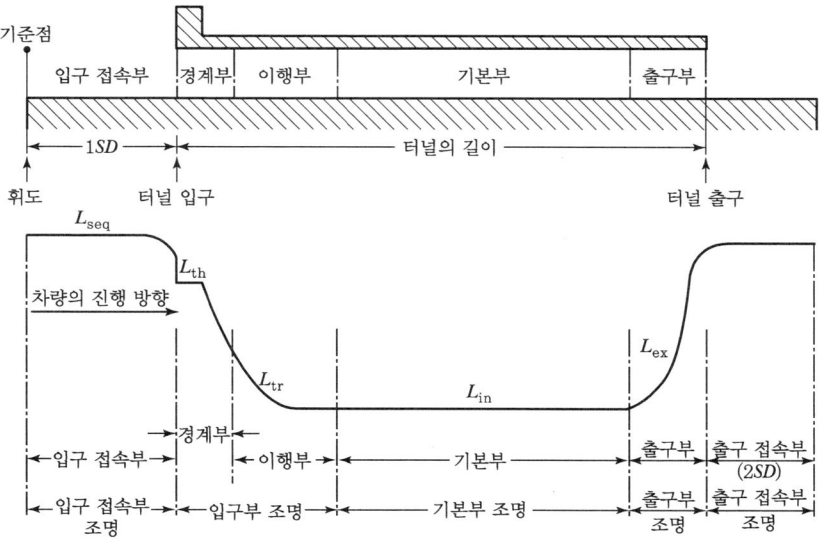

그림 4-91 ▶ 터널 조명의 구성(일반교통터널의 세로 단면도)

주간에 터널 입구 부근에서의 시각적인 문제를 해결함을 목적으로 기본 조명에 부가하여 설치하는 조명을 말한다.

(1) 경계부 조명 기준

① 경계부 평균노면 휘도(L_{th}) 결정
  ㉠ 터널의 설계속도와 주행방향을 결정함
  ㉡ [표 4-39]의 경계부 휘도에 대한 조절계수로부터 경계부 휘도값에 곱하는 비율을 결정함
  ㉢ 기준점 위치에서 터널을 향하여 사진을 촬영하고 20도 원뿔의 바닥원을 터널 입구를 중심으로 그려서 원 안의 하늘 면적 비율을 구함
  ㉣ [표 4-40]로부터 적당한 휘도값을 읽고 [표 4-39]의 비율[%]을 곱함
  ㉤ 위 ㉠~㉣의 절차에 따라 경계부 노면휘도를 결정함(이외에도 감지대비법, $L20$법 등의 방법으로 노면휘도를 결정할 수 있음)

② 경계부 길이
경계부 전체 길이는 정지거리와 같거나 이보다 길어야 함

③ 경계부 조명수준
  ㉠ 경계부의 처음부터 중간지점까지의 조명수준은 경계구역 초반의 값과 동일해야 함
  ㉡ [그림 4-92]와 같이 정지거리의 절반 지점부터 조명수준은 점차적·선형적으로 감소하여 경계부 종단에서는 $0.4L_{th}$까지 감소함

표 4-39 ▶ 경계부 노면휘도에 대한 조절계수

터널길이	교통량[1]	출구부 보임(기준점으로부터)				출구부 안 보임(기준점으로부터)			
		주광 입사				주광 입사			
		좋음		나쁨		좋음		나쁨	
		벽면반사율				벽면반사율			
		30% 초과	30% 이하	30% 초과	30% 이하	30% 초과	30% 이하	30% 초과	30% 이하
50m 미만	전부	0%(주간 경계부 조명 필요 없음)				0%(주간 경계부 조명 필요 없음)			
50m 이상 100m 미만	적음	0%	0%	0%	0%	0%	50%	50%	50%
	보통	25%	25%	25%	25%	25%	50%	50%	50%
	많음	50%	50%	50%	50%	50%	50%	50%	50%
100m 이상 200m 미만	적음	50%	50%	50%	50%	50%	100%	100%	100%
	보통	75%	75%	75%	75%	75%	100%	100%	100%
	많음	100%	100%	100%	100%	100%	100%	100%	100%
200m 이상	전부	100%				100%			

주) (1) 교통량 : 단위[차량대수 / 시간. 차로]
① 일반통행 : 많음(1,000 이상), 보통(1,000 미만 300 초과), 적음(300 이하)
② 양방통행 : 많음(300 이상), 보통(300 미만 100 초과), 적음(100 이하)

표 4-40 ▶ 주간의 자동차 터널도로의 경계부 평균 노면휘도 L_{th}[cd/m²]

20° 원추형 시야 내의 경계부 평균 노면휘도 L_{th}[cd/m²]								
20° 원추형 시야 내의 하늘의 비율		20% 초과		20% 이하 10% 초과		10% 이하 5% 초과	5% 이하 0%	
시야 내의 밝기 상황		터널 방위[1],[2]				주변 반사[3]		
		남향	북향	남향	북향	보통	높음	보통	높음
설계속도 [km/h]	60	200	250	150	200	125	175	75	150
	80	260	360	200	300	180	270	150	240
	100	370	480	280	400	240	360	200	320
	120	470	610	360	510	310	460	255	410

주) (1) 터널 입구의 방위(남향 : 남쪽 입구, 북향 : 북쪽 입구)
(2) 터널 입구의 방위가 동-서쪽의 경우 노면휘도는 남향과 북향의 중간치를 선택한다.
(3) 터널 입구 주변의 반사에 따르는 영향
① 높음 : 터널 입구 부근의 지물이 흰색, 회색 등의 반사율이 높은 경우를 말하며, 입구 부근에 장기간 적설 상태가 계속되는 경우도 여기에 포함한다.
② 보통 : 상기 이외의 경우를 말한다.

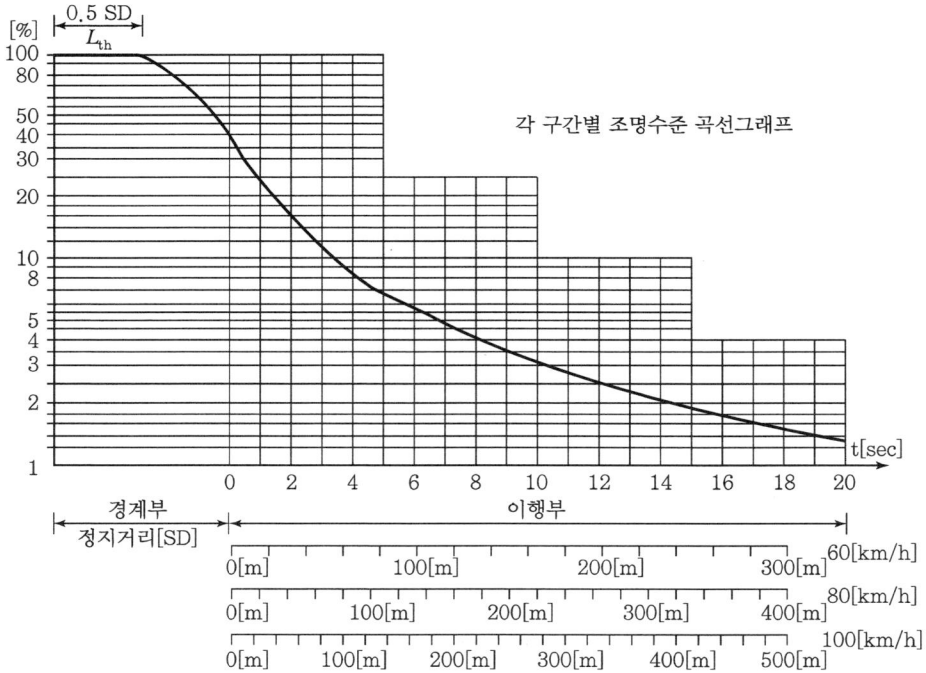

그림 4-92 ▶ 주행속도에 따른 구간별 조명수준

(2) 이행부 조명 기준

① 이행부 휘도 감소는 [그림 4-92]에 나타난 곡선에 따라 이루어져야 함
② 이행부에서 단계별 휘도값 $L_{tr} = L_{th}(1.9+t)^{-1.4}$로 계산됨
③ [그림 4-92]과 같은 곡선형이 아닌 계단식 곡선 형태일 경우 모든 위치에서의 휘도는 곡선상의 수치 이하로 떨어져서는 안 됨
④ 계단식으로 감소하는 경우 한 단계와 그 다음 단계의 최대 휘도비는 3이며, 이행부 최종 단계의 휘도는 기본부 휘도의 2배 이상으로 되지 않을 것

4) 기본부 조명

(1) 기본부에서의 평균 노면휘도(L_{in})는 정지거리나 설계속도에 따라 [표 4-41]과 같아야 함
(2) 설계속도에 따른 운행시간이 30초 이상이 되는 매우 긴 터널의 경우, 그 이후 기본부 구간의 평균 노면휘도를 [표 4-41]의 값의 $\frac{1}{2}$로 감하여 적용할 수 있음

표 4-41 ▶ 주간의 자동차 터널도로의 기본부 평균 노면휘도 L_{in} [cd/m²]

설계속도	터널의 교통량		
	적음	보통	많음
120[Km/h]	7	9	11
100[Km/h]	7	9	11
80[Km/h]	5	6.5	8
60[Km/h]	3	4.5	6

(3) 조명기구 설치높이 및 설치 제한 간격(도로안전 시설설치 및 관리지침 – 참고)

① 조명기구의 설치높이는 4[m] 이상을 원칙으로 함
② 조명기구가 일정한 간격으로 설치되어 있지 않은 경우에는 불쾌한 플리커가 발생될 수 있어 조명기구 설치 시 피해야 하는 간격기준이 있음

표 4-42 ▶ 설계속도에 설치 회피 간격(도로안전 시설설치 및 관리지침 – 참고)

설계속도[km/h]	설치 회피 간격[m]
100	1.5~5.6
80	1.2~4.4
60	0.93~3.3
40	0.6~2.2

5) 출구부 조명 기준

(1) 출구부 조명은 터널의 기본부와 같은 방법으로 조명해야 함

(2) 매우 긴 터널 내에서 추가적인 위험이 예상되는 상황에서의 출구부 조명 설치방법

① 출구부 조명에 의한 주간 휘도를 정지거리 이상의 구간에 걸쳐 점차 증가시킴

② 기본부 휘도에서 시작하여 출구 접속부 전방 20[m] 지점의 노면휘도는 [표 4-41]의 기본부 휘도값의 5배가 되도록 단계적으로 상승시킴(설계속도에 따른 기본부의 운행시간이 30초 이내인 경우)

③ 매우 긴 터널의 경우, 기본부 휘도에서 시작하여 출구 접속부 전방 20[m] 지점의 휘도가 [표 4-41]의 기본부 휘도의 $\frac{1}{2}$로 감한 값의 5배가 되도록 단계적으로 상승시킴

6) 입구 접속부 및 출구 접속부의 조명

(1) 야간에 터널 접속도로의 터널 출입구 부근의 구간에 설치하는 도로조명 기준은 KS A 3701을 원칙으로 함

(2) 터널이 조명이 없는 도로의 일부이고 운행속도가 50[km/h] 이상일 때, 또는 다음의 경우 입구 접속부 및 출구 접속부의 야간 조명을 설치하도록 함

① 터널 내 야간 조명 수준이 1[cd/cm²] 이상인 경우

② 터널 입구와 출구에서 각기 다른 기상 상태가 나타나는 경우

(3) (2)의 경우 입구 접속부의 길이는 정지거리 이상으로, 출구 접속부의 길이는 정지거리의 2배 이상으로 하되, 200[m] 이상일 필요는 없음

7) 조명방식

(1) 대칭조명(Symmetric Lighting)

① 교통의 진행방향과 동일방향 및 반대방향으로 같은 크기의 빛이 투사되는 조명방식

② 양 방향으로 대칭적인 광도분포를 보이는 조명기구를 사용한 것이며, 표준장애물에서의 휘도 대비계수는 0.2 이하임

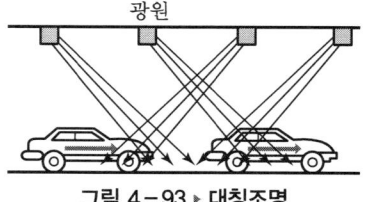

그림 4-93 ▶ 대칭조명

(2) 카운터빔 조명(Counter – Beam Lighting)

① 빛이 교통의 진행방향과 반대방향으로 물체에 투사하는 조명방식
② 이 방향으로 큰 배광을 갖도록 비대칭적인 빛을 발산하는 조명기구를 사용하는 것임
③ 노면휘도가 높아지고 장애물은 노면을 배경으로 검은 실루엣으로 나타나며, 표준장애물에서의 휘도대비계수는 0.6 이상임

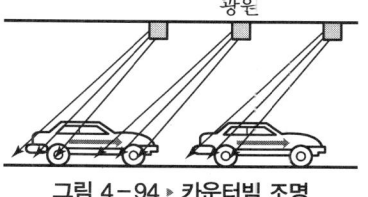

그림 4-94 ▶ 카운터빔 조명

(3) 프로빔 조명(Pro – Beam Lighting)

① 교통의 진행과 같은 방향으로 빛이 물체를 향해 비치는 조명방식임
② 이 방향으로 큰 배광을 갖도록 비대칭적인 빛을 발산하는 조명기구를 사용하는 것임
③ 이 경우, 노면에 수직인 차량의 배면이나 물체의 휘도는 높아지게 됨

그림 4-95 ▶ 프로빔 조명

8) 결론

(1) KS C 3703의 각 터널구간별 조명기준은 다양한 터널에서 운전자의 안전성과 터널 조명의 효율성을 고려한 기준의 필요성 및 신축 터널의 조명설계나 기존 터널의 재설계 시 필요한 기본사항을 제시하기 위함이다.
(2) 또한 국제 기준에 부합되는 조명수준의 유지와 조명품질 제고를 근간으로 하여, KS 기준이 국제표준에 부합시키고자 함이다.

7. 도로 조명

1) 개요

(1) 도로 조명은 도로변과 그 주변에 존재하는 물체를 충분히 밝게 하여 보행자나 차량 운전자의 보임을 확실하게 하고 사고, 범죄 등에 대한 위험이 없고 안전하고 쾌적하게 통행할 수 있게 하는 조명임

(2) 도로 조명 설계 시 적절한 노면휘도 유지, 운전자의 보임의 조건 향상, 차량속도에 따른 소요조도 향상 등을 고려해야 함

2) 도로 조명의 효과

(1) 물체의 보임을 확실히 함
(2) 차량 운전자의 불안감 제거 및 피로 경감
(3) 교통안전의 도모
(4) 보행자의 불안감 제거 및 범죄예방
(5) 도로 이용률 향상

3) 도로 조명 설계 시 고려사항

(1) 사전 검토사항

① 도로의 종류, 폭, 선형, 교통량, 주행속도 등
② 도로의 주변 환경 검토
③ 소요조도, 노면휘도, 눈부심, 유도성, 에너지 절감대책
④ 관계법령 검토 : KS A 3701 및 국토해양부 도로 안전시설 설치 및 관리지침

(2) 노면휘도 및 소요조도 선정

① 운전자에 대한 도로 조명의 휘도 기준

| 도로 조명 등급 | 평균노면휘도 (최소허용치) L_{avg}[cd/m²] | 노면 상태(최소허용치) ||| TI[%] (최대허용치) |
| | | 건조한 노면 || 젖은 노면 | |
		종합균제도(Uo) L_{min}/L_{avg}	차선축균제도(Ul) L_{min}/L_{max}	종합균제도(Uo) L_{min}/L_{avg}	
M1	2.0	0.4	0.7	0.15	10
M2	1.5	0.4	0.7		10
M3	1.0	0.4	0.6		15
M4	0.75	0.4	0.6		15
M5	0.5	0.35	0.4		15

② 보행자에 대한 도로 조명 기준(KS A 3701)

야간의 보행자 교통량	지역	조도[lx]	
		수평면 조도	수직면 조도
교통량이 많은 도로	주택지역	5	1
	상업지역	20	4
교통량이 적은 도로	주택지역	3	0.5
	상업지역	10	2

③ 도로 및 교통의 종류에 따른 조명 등급

도로의 종류		교통의 종류와 자동차 교통량	도로조명 등급
고속도로, 자동차 전용도로	상하행선이 분리되고 교차부는 모두 입체교차로로서, 출입이 완전히 제한되어 있는 고속의 도로	교통량이 많으면서 도로 선형이 복잡한 경우	M1
		교통량이 많거나 도로 선형이 복잡한 경우	M2
		교통량이 적고 도로 선형이 단순한 경우 또는 주변 환경이 어두운 경우	M3
주간선도로, 보조간선도로	고속의 도로, 상하행선 분리도로	교통제어와 다른 형태의 도로 사용자의 분리가 부족함	M1
		교통제어와 다른 형태의 도로 사용자의 분리가 잘 되어 있음	M2
	주요한 도시 교통로, 국도	교통제어와 다른 형태의 도로 사용자의 분리가 부족함	M2
		교통제어와 다른 형태의 도로 사용자의 분리가 잘 되어 있음	M3
집산 및 국지도로	중요도가 낮은 연결도로, 지방연결도로, 주택지역의 주 접근도로, 사유지로의 접근도로와 연결도로	교통제어와 다른 형태의 도로 사용자의 분리가 부족함	M4
		교통제어와 다른 형태의 도로 사용자의 분리가 잘 되어 있음	M5

(3) 광원의 선정

① 광원의 수명, 효율, 광속유지율 등이 사전 검토됨
② 광원의 종류
   ㉠ 고압나트륨등
   연색성은 나쁘나 시인성, 고효율, 안개투과력 등의 장점으로 공항 조명, 터널 조명, 항만 조명 등에 적용됨

ⓒ 메탈할라이드

연색성이 우수하며 최근 고효율의 CDM 계열의 메탈할라이드가 적용됨

(4) 조명기구의 선정

① 조명기구는 원칙적으로 한국산업표준 KSC 7611(도로조명기구)에 따르고 도로의 종류 및 특성에 따라 조명 성능의 달성 여부, 눈부심 제한, 빛공해 방지, 효율, 에너지절약을 고려하여 적정한 것을 선정함

② 조명기구의 컷오프 분류 (단위 : cd/1,000[lm])

	풀 컷오프형	컷오프형	세미 컷오프형
수직각 80°	100	100	200
수직각 90°	0	25	50

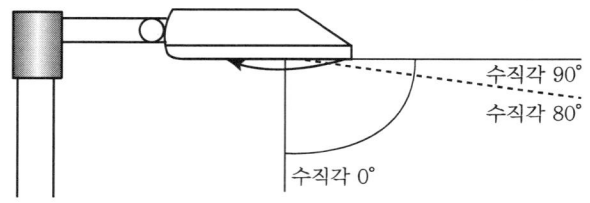

그림 4-96 ▶ 조명기구 컷오프 분류

주) 각 광도값들은 광원, 광속의 1,000(lm)당 광도값(cd)으로 계산함

㉠ 풀 컷오프형 기구

조명기구 배광 분포상의 수직각 90° 또는 그 이상에서 발생하는 1,000[lm]당 광도가 0[cd]가 되는 조명기구로, 수직각 80°에서의 광도는 1,000[lm]당 광도가 100[cd] 이하가 되며 매우 엄격한 상향광의 제한으로 눈부심과 산란광에 의한 빛공해를 억제하도록 한 기구

㉡ 컷오프형 기구

조명기구 배광 분포상의 수직각 90°에서 발생하는 1,000[lm]당 광도가 25[cd] 이하인 조명기구로, 수직각 80°에서의 광도는 1,000[lm]당 광도가 100[cd] 이하로 제한되며, 풀 컷오프형보다는 수직각 90° 방향 또는 그 이상의 광도 제한을 다소 완화한 배광

㉢ 세미 컷오프형 기구

조명기구 배광 분포상의 수직각 90° 또는 그 이상에서 발생하는 1,000[lm]당 광도가 50[cd] 이하인 조명기구이며, 수직각 80°에서의 1,000[lm]당 광도가 200[cd] 이하로 제한됨

③ 조명시설 설계 시 조명기구의 배광 달성 여부는 컴퓨터 시뮬레이션을 통한 평균노면휘도, 평균노면조도, 균제도, TI 등 조명기준 항목에 부합하는지 확인하여야 함

(5) 조명기구의 배치
① 직선도로
  ㉠ 편측식
    폭이 넓은 도로에서는 밝고 어둠의 편차가 심하기 때문에 간이도로, 폭이 좁은 도로(6~8[m]) 이하에 주로 적용함
  ㉡ 지그재그식
    도로 폭이 8~20[m] 정도의 시가지 도로에 적용함
  ㉢ 마주보기식
    중요한 도로, 차량의 통행이 많거나 속도가 빠른 도로, 밝게 할 필요가 있는 도로에 적용함
  ㉣ 중앙배열식
    중앙분리대가 있는 중요한 도로, 차량 통행이 많고 속도가 빠른 도로에 적용함
② 곡선도로
  ㉠ 곡률반경이 작을수록 등기구 간격이 좁아짐
    ($S_1 > S_2$)
  ㉡ 직선배치보다 등기구 수가 많아짐
  ㉢ 차량에 대한 유도성 배치가 중요함

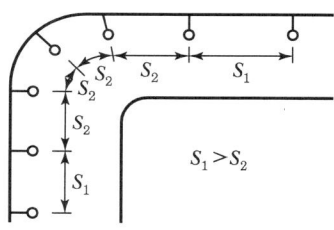

그림 4-97 ▶ 곡면도로의 기구 배치

③ 교차로
  사고가 일어나기 쉬운 장소이므로 고조도를 필요로 함

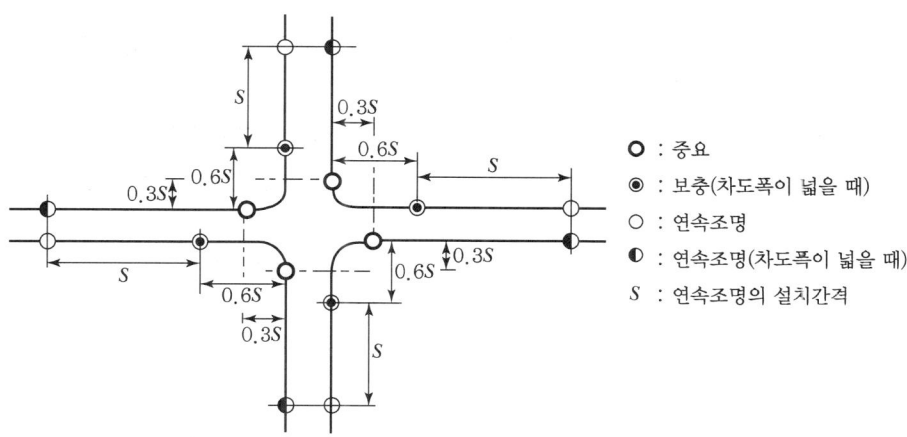

그림 4-98 ▶ 도로폭이 비슷한 십자로 교차로 조명기구 배치 예

(6) 도로 조명 계산

① 계산식

$$F = \frac{K \times L \times W \times S}{N \times U \times M}$$

여기서, F : 광원 1개의 광속[lm], S : 등간거리[m], K : 평균조도환산계수[lx/cd/m²]
N : 광원 개수, L : 기준휘도[cd/m²], U : 조명률
W : 도로폭[m], M : 보수율

② 광원의 크기(F)와 등간거리와의 관계
  ㉠ 광원이 크면 등간거리가 길어져 기구 수가 감소하므로 경제적이나 조도의 얼룩짐이 커지고 균제도가 나쁨
  ㉡ 광원이 작으면 등간거리가 짧아져 기구 수가 증가하며 건설비가 증가하나 조도균조도는 좋아짐

③ 조도균제도

표 4-43 ▶ 도로별 조도균제도

구분	최소조도 / 평균조도	최소조도 / 최대조도
고속도로	1/5 이상	1/10 이상
교통량이 많은 도로	1/7 이상	1/4 이상
교통량이 적은 도로	1/10 이상	1/20 이상

5) 기타 검토사항

(1) **허용전압강하** : KEC 기준에 적합할 것
(2) **접지** : 분전함 및 가로등주 → 외함 단독접지 및 회로별 연접접지
(3) 누전차단기 설치 및 접지저항 검토
(4) **전기공급 방식** : 단상 2선식 220[V], 3상 4선식 380[V]
(5) **에너지 절약대책 강구** : 효율 70[lm/W] 이상 광원 사용, 회로분리
(6) 주위 환경과 조화 검토
(7) 평균노면휘도, 휘도균제도, 임계치 증분을 만족할 것
(8) 타 공정과의 간섭사항 검토

6) 결론

보행자 및 차량 운전자의 안전을 확보할 수 있는 도로 조명을 설계 계획 시 도로의 형태, 중요도, 선형, 차량의 속도 및 교통량 등을 고려하여야 하며 이를 위한 광원 선정, 등기구 선정을 통해 노면휘도, 조도균제도 등이 규정의 조건을 만족하여 쾌적한 도로 조명이 될 수 있게 해야 한다.

8. OA 사무실의 VDT 조명

1) 개요

VDT(Visual Display Terminal)란 정보화시대와 더불어 기존 서류작업에 부가하여 PC 작업이 병행되는 사무공간의 특수성으로 광막반사와 글레어 현상이 나타날 수 있어 작업자에게 쾌적한 시작업 환경을 제공하여 작업능률을 향상시켜 주고 피로를 감소시켜 주는 조명이 요구된다.

2) VDT 작업의 영향

(1) 건강장해

VDT로부터의 전자파 중 가시광선 외 적은 양의 X선, 자외선, 적외선 등의 영향으로 인체장해 가능성이 있음

(2) 시각적 피로 증가

① VDT 화면의 발광 변화
② VDT 화면의 광막반사(고휘도광원, 외부창의 주광등)

(3) 정신적 스트레스 증가

VDT 화면으로 시선을 이동하면서 작업해야 하며 시대상물에 큰 휘도차 발생으로 인함

3) VDT 조명의 특징

(1) VDT 화면에 나타나는 반사상

① VDT에서 문자는 스스로 빛을 내며, 배경휘도는 실내 조명광 확산반사에 영향을 받음
② 문자휘도와 배경휘도가 비슷하면 문자를 보는 데 어려움이 있음
③ 문자휘도가 배경휘도보다 높으면 문자가 반짝거려 보기가 어려움
④ 조명기구나 창 등의 고휘도면이 VDT 화면에 비쳐서 이 반사영상이 표시문자에 중첩되어 보이는 것이 외부 반사영상임
⑤ 문자휘도, 배경휘도, 반사영상의 휘도 이 3가지를 기본적으로 고려해야 함

(2) VDT 화면의 문자와 배경휘도 비

① 적절한 휘도비 : 0.8
② 최저 휘도비 : 0.5 이상

4) VDT 환경에서의 조명설계 방안

(1) 고려사항

① 키보드나 입력용 서류면에 필요한 조도 확보 : 수평면 조도는 500~1,000[lx]
② CRT 화면에 대한 수직면 조도의 제한 : 수직면 조도는 100~200[lx]
③ 조명기구의 휘도를 제한함
④ 작업면과 주변 휘도차가 적절한 한계 이내로 제한함

(2) VDT 화면의 고휘도체 반사 방지

① VDT 화면에 적당한 후드를 씌움
② VDT 화면에 적당한 필터를 씌움
③ VDT 화면을 직접 화학에칭 처리함

(3) 적정한 조명기구 배치

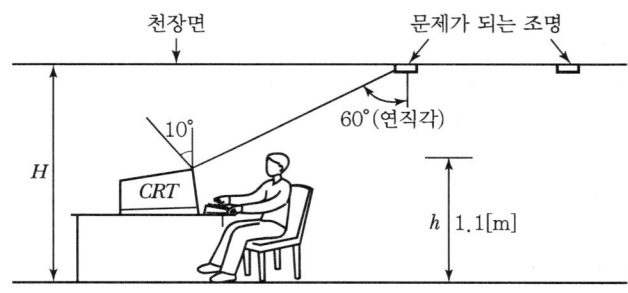

그림 4-99 ▶ VDT 작업 조명 배치도

① 넓은 사무실의 경우 천장에 조명기구를 균등하게 배치하는 전반조명방식에서 조명기구가 VDT 화면 위에 비치는 것을 피할 수 없음
② VDT에 비추는 조명기구의 수직각 범위는 $H=2.7$[m], $h=1.1$[m]일 경우 각 a는 60도 이상이 됨
③ H, h, 및 VDT 화면의 경사각도가 변하면 a도 변함
④ VDT 화면에 창이 비치지 않도록 기기와 작업장소를 배치함 → OA용 조명기구 사용

(4) 조명기구의 휘도 제한

① 확산판넬, 프리즘판넬 혹은 루버 등을 이용
② 수직각이 60° 이상인 기구는 200[cd/m^2] 이하로 함

표 4-44 ▶ 조명기구의 휘도 제한($a \geq 60°$)

구분	반사방지 처리가 안 된 VDT	반사방지 처리가 된 VDT
VDT 전용실	30[cd/m^2] 이하	300[cd/m^2] 이하
일반사무실	200[cd/m^2] 이하	2,000[cd/m^2] 이하

(5) VDT 조명방식

① 전반조명방식
  ㉠ 천장 전체에 조명기구를 배치하여 실 전체의 작업면에 동일한 조도를 주는 방식
  ㉡ 실내 사무기기의 배치가 변경되어도, 작업대상, 작업장소가 변해도 조명 상태는 변하지 않는 유연성이 있음
  ㉢ 조명기구는 하면 개방형 기구가 사용되며 글레어가 없는 기구를 사용함
  ㉣ 조명기구를 VDT 화면에 교차되도록 배치하여 수평 작업면에서는 주로 좌우의 방향에서 빛을 균등히 나누어 적절한 조도가 얻어지도록 함

② 국부적 전반조명방식
  ㉠ 작업대상, 작업장소에 따라 조명기구를 배치함
  ㉡ 이러한 기구로 실 전체의 조명도 겸하는 방식임
  ㉢ 작업장소에서의 그림자, 글레어, 광막반사 등의 영향을 최소화함

③ 국부조명방식
  ㉠ 작업대상에만 조명하는 방식임
  ㉡ 실의 일부분에 있어서 높은 조도를 필요로 하는 경우 사용하는 방식임

④ 국부전반조명방식(Task And Ambient)
  ㉠ 전반조명과 국부조명을 조합하는 방식
  ㉡ 전반조명의 조도는 국부조명보다도 낮고 동시에 국부조명을 보조하는 방식임
  ㉢ 실 전체가 음울한 느낌을 주지 않도록 하기 위해 천장과 벽의 휘도가 동시에 과도하게 높아지지 않도록 주의함
  ㉣ Task 조명조도와 Ambient 조명의 조도비는 $1 : \frac{1}{2} \sim \frac{1}{5}$ 정도임

5) 결론

(1) VDT 조명계획 시 쾌적한 시작업을 위한 적정 수평면 조도와 수직면 조도를 유지해야 하며 광막반사 방지를 고려해야 함
(2) 서류면의 조도는 500~1,000[lx], VDT 화면의 수직면 조도는 100~200[lx] 범위가 적당하며, 반사각 60° 이상의 조명기구 휘도는 200[cd/cm^2] 이하가 좋음
(3) VDT 조명계획이 효율적으로 적용되기 위해 제도적인 시행방안이 필요함

9. 골프장 조명설계

1) 개요

(1) 골프장 조명은 경기장 조명설계의 한 기법이며 일반적으로 일몰 시 경기 중단 방지 및 이용객에 대한 고품질의 서비스 제공을 목적으로 조명함

(2) 골프장 조명계획 시 주요 검토사항

① 사전 검토사항
㉠ 골프 코스 형태 및 길이
㉡ 주변 지형과 수목, 수풀의 형상
㉢ 날아가는 공의 입체적인 범위 및 공의 낙하지점

② 주요 검토사항
조도, 조명방법, 광원 선정, POLE 선정, 시뮬레이션

2) 조명설계 시 주요 검토사항

(1) 조도기준

표 4-45 ▶ KS 조도기준(수평면)

장소	조도범위	최대기준[lx]
그린, 티잉 그라운드	30~60	60
드라이빙 레인지	60~150	150
페어웨이	15~30	30

표 4-46 ▶ IES 조도기준

장소		조도기준[lx]
티잉 그라운드	수평면	50
페어웨이	수평면	10
	연직면	30
그린	수평면	50

(2) The Green 조명방법

영역별, 플레이 특성에 맞는 적절한 조명방식을 적용해야 하며, 골프 코스의 특성상 지형의 특성에 따른 그림자 발생과 다각적이고 다양한 투사각도를 설정해야 함

① 티잉 그라운드(Teeing Ground)
㉠ Teeing Ground 좌, 우 옆면 혹은 후면에 조명 POLE을 설치함

ⓒ 좌, 우 플레이어(Player) 스탠스를 고려하여 대칭방향의 보조조명을 설치함
ⓒ 그림자로 인한 장해가 방지될 것

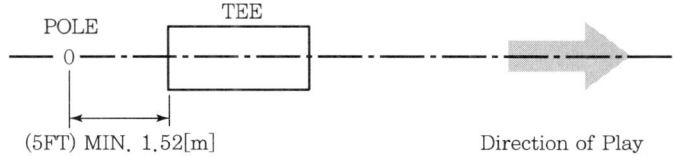

그림 4-100 ▸ Teeing Ground 조명방법

② 페어웨이(Fair Way)
   ㉠ 페어웨이로 향하는 볼의 궤적을 추적하기 위해 연직면 조도 확보와 볼의 예상 낙하지점의 평면 조도 확보가 필요함
   ㉡ 티잉 그라운드 약 30~100[m] 전방, 지상고 15[m], 플레이 방향과 수직인 공간에서의 연직면 조도 확보가 필요함

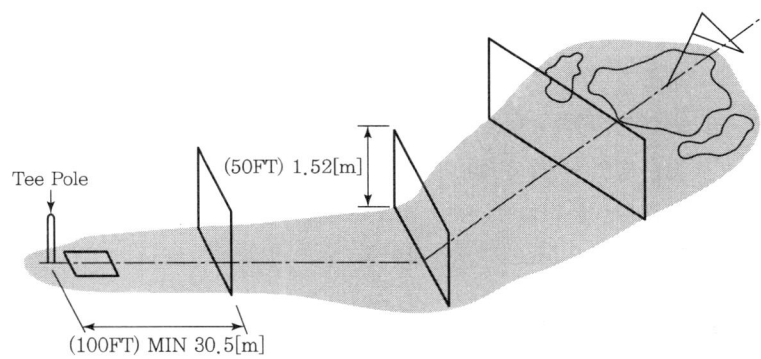

그림 4-101 ▸ 페어웨이

③ 그린 조명
   ㉠ Player가 POLE에 설치된 광원으로부터 직접적인 눈부심과 바닥반사 눈부심이 억제될 것
   ㉡ 바닥반사 눈부심을 최대한 억제하기 위해 POLE의 위치를 그린과 경기 진행방향을 수직으로 4등분함
   ㉢ 중심점을 기준으로 진행방향의 좌측은 15도 이상 40도 영역 내에서 가까운 쪽에 POLE을 설치함
   ㉣ 우측 POLE의 위치는 15도 이상 40도 영역 내 먼 곳에 설치하는 것이 눈부심 방지의 적절한 위치 선정임

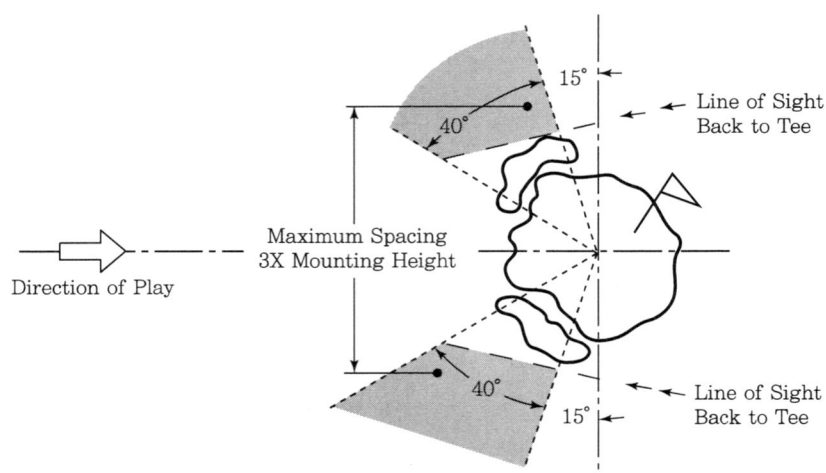

그림 4-102 ▸ 그린 조명

(3) 광원 선정

① 투광기 확산 각도
② 연색성 고려 : R_a 지수가 85 이상인 광원을 선정함
③ 장수명의 광원 선정
④ 고효율, 방수능력, 내구성이 우수한 광원을 선정함
⑤ Metal Hallide가 가장 적합함

(4) 조명 POLE 선정

① 설치 위치, 높이, 투광기 종류를 선정한 후 지형, 환경 수목 등의 관련사항을 고려하여 선정
② 그림자 방지를 위한 코스 양쪽 지그재그식 POLE을 배치함
③ 투자비에 대한 경제성 검토
④ 조명 POLE 간격 검토(80~100[m])
⑤ POLE 자체 강도 및 내구성 검토
⑥ 각 Zone별 조명기구의 적용

표 4-47 ▶ 조명기구의 적용 장소별 선정기준

구분	종류	유효거리	특징
Teeing Ground	광각형	10~30[m]	피조면과 투광기 거리가 가까운 곳에 적합함
Fair Way	중각형	30~60[m]	광범위한 부분에 걸쳐 공이 잘 보이게 하기 위해 Fair Way 전반조명에 적합함
	협각형	60~90[m]	높은 조도를 멀리까지 밝게 조사하기 때문에 수직면 조도를 얻는 데 적합함
Green	광각형	10~30[m]	높은 수평면 조도를 필요로 하는 Green 조명에 적합함

(5) 조명 시뮬레이션(Simulation)

① 티잉 그라운드, 페어웨이의 수평·수직면 조도분포도를 검토함
② Simulation을 통해 눈부심이나 조도의 보완이 필요한 부분은 추가 검토가 필요함

3) 결론

(1) 골프장 조명 시설은 일몰로 인한 경기 중단 방지와 더 많은 고객 유치로 영업이익을 창출할 수 있음
(2) 골프장의 쾌적한 환경을 위해 KS 기준 조도보다 높은 설계가 유리하나 경제성이 함께 검토되어야 함

10. 자연채광과 인공조명(PSALI)

1) 개요

(1) 자연채광이란 주광의 직사일광과 천공광 중 그 대상을 천공광으로 하며 자연채광방식에 따라 설비형 자연채광방식과 창으로부터의 채광방식으로 구분됨

(2) 인공조명(PSALI : Permanent Supplementary Artificial Lighting in Interior)은 실내환경이 자연채광만으로 불충분하거나 유쾌하지 않을 때 이를 보완하는 조명을 말함

2) 자연채광

(1) 설비형 자연채광의 종류

① 건물의 일영부에 태양광을 도입하는 방법
  ㉠ 개념
    고층건물이 주변에 있어 채광하는 데 있어 어려움이 있는 경우 일조권을 확보하는 방법으로 인공적으로 자연광을 채광하는 것을 말함
  ㉡ 채광방법
    ⓐ 태양광(자연광) 자동추미 방법
    ⓑ 태양광(자연광) 수동추미 방법

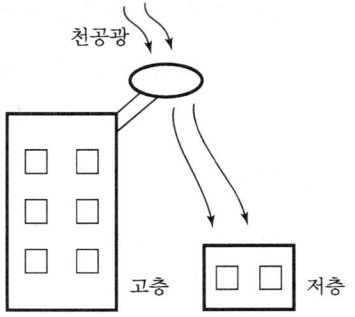

그림 4-103 ▶ 일영부의 자연광 채광

② 건물의 중정이나 아트리움에 태양광을 도입하는 방법
  ㉠ 개념
    건물 내부에 중정이나 아트리움을 설치하여 태양광을 도입함으로써 쾌적한 실내환경을 조성함
  ㉡ 채광방법
    ⓐ 태양광 자동추미 방식
    ⓑ 건축화 덕트 방식
    ⓒ 반사거울 방식

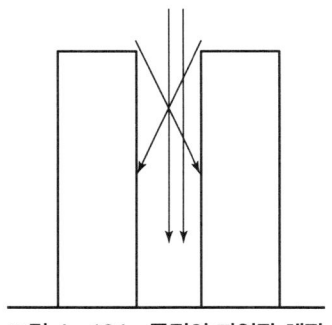

그림 4-104 ▶ 중정의 자연광 채광

③ 건물 내부와 지하실에 태양광을 도입하는 방법
  ㉠ 개념
    건물 내부를 고반사거울, 건축화 덕트 등을 통해 건물 내부 또는 지하실로 태양광을 도입함

ⓒ 채광방법
    ⓐ 광파이버 방식
        광파이버를 이용하여 지하공간의 자연채광에 적용하고 있는 방식으로 국내의 경우도 현재 적용 중에 있는 방식임
    ⓑ 반사거울 방식
    ⓒ 건축화 덕트 방식
        채광기와 광덕트를 활용하는 방식으로 국내에서 가장 많이 적용하고 있음

(2) 창으로부터의 채광방식

① 측창(측광)채광

수직 외벽면으로부터 채광하는 가장 일반적인 방식으로 편측채광, 양측채광, 다면채광의 방식이 있음

② 천창채광

㉠ 지붕 또는 천장면에 있는 천창으로부터 채광하는 방식으로 톱라이팅이라고도 함
㉡ 고조도를 얻는 특징 및 인접 건물로부터 조도분포의 균제도에 영향을 받지 않는 특징이 있음

③ 정측채광

천창의 결점을 측창으로 보충하는 배광방식으로 공장 등에 사용됨

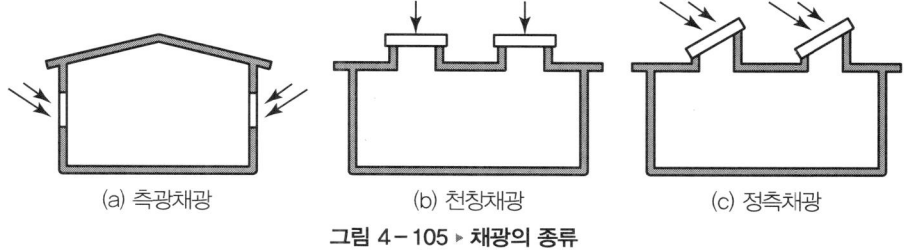

그림 4-105 ▶ 채광의 종류

3) PSALI

(1) 개념

실내 상시 보조 인공조명의 약자로 CIE에 의하면 자연채광만으로 실내조명이 불충분하거나 유쾌하지 않는 실내환경이 조성될 경우 실내의 자연채광을 보완하기 위해 설치하는 인공조명이라고 정의함

(2) PSALI 요점

① 적절한 실내 조도 레벨의 수준을 결정함

② 조도와 휘도 밸런스를 고려함
③ 창이나 인공광원에 의한 Glare를 없게 함
④ 인공광과 주광에 의한 광색이 조화되게 함
⑤ 경제성 및 유지보수성을 고려함
⑥ 적절한 조명제어를 검토함

(3) 실내 조도 레벨과 조도 밸런스

① 주간에는 눈의 순응 휘도 레벨이 높으므로 이에 적합한 주간 최대 조도가 요구됨
② 옥내, 옥외의 조도 차이가 크고 방의 안쪽은 조도가 부족하므로 이 부분을 인공조명으로 보충 시 옥외 조도와의 조화에 유의해야 함

(4) 휘도의 영향과 휘도 밸런스

① 주간의 실내는 창을 배경으로 물체에 실루엣 현상이 나타남
② 실루엣을 방지하기 위한 인공조명을 설치할 때 창의 휘도와 평행을 이루도록 주의함

SECTION 02 | 전동기 설비

전동기란 자기장 내에 있는 도체에 전류가 흐르면 도체에 전자력이 발생되어 회전작용을 하며 전기적 에너지를 기계적 에너지로 변환하는 회전기기이다. 전동기는 다음과 같이 분류된다.

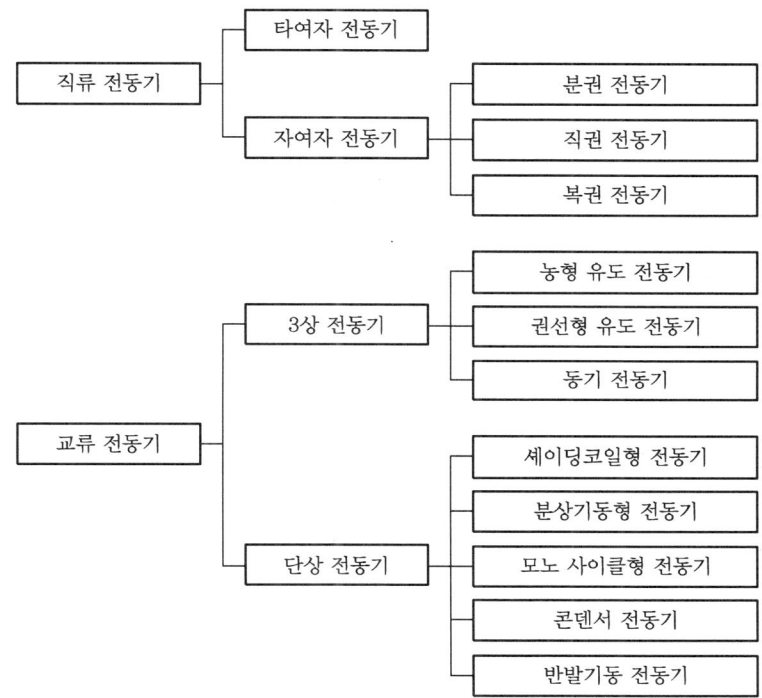

그림 4-106 ▶ 전동기 분류

4.2.1 직류 전동기

직류 전력을 기계적 동력으로 변환시키는 회전기기로서, 그 구조는 직류 발전기와 동일하다. 직류 전동기로 사용할 경우 전기자에 직류 전압을 인가하면 전기자에 전류가 흘러 플레밍의 왼손법칙에 따라 회전력을 발생시킴으로써 전기자가 회전하게 된다.

1. 구조 및 원리

1) 구조

   (1) **철심** : 계자철심, 전기자철심(규소강판, 압연강판)
   (2) **권선** : 계자권선, 전기자권선(회전자)
   (3) **정류자** : V형 링
   (4) **브러시** : 전기흑연, 금속흑연

2) 원리

   아래 그림과 같이 브러시 사이에 직류 전압을 가하면 전기자 도체에 그림과 같은 방향의 전류가 흘러서 도체와 자극에 의해 생긴 자속과의 사이에서 플레밍의 왼손법칙에 의해 전자력이 발생하여 전동기가 회전하게 된다.

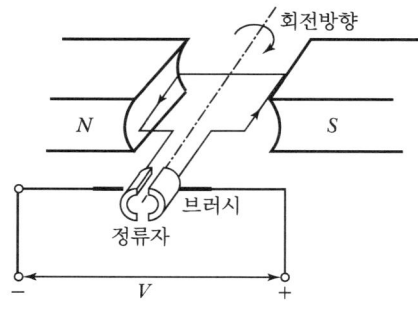

그림 4-107 ▶ **직류 전동기 원리**

이때 전기자 도체가 자속을 자르게 되므로 플레밍의 오른손법칙에 의해 기전력(E)이 발생되는데 이를 역기전력이라 한다.

2. 역기전력(E), 단자전압(V), 전기자전류(I_a), 속도(N), 토크(T)

자극의 자속을 Φ(wb), 회전수를 N(rpm), 극수, 도체수로 결정되는 정수를 K_1이라 하면

1) **역기전력**$(E) = K_1 \Phi N [V]$

$$K_1 = \frac{PZ}{60a}$$

여기서, P : 극수, Z : 총도체수, a : 전기자 병렬회로수

(1) **정지 상태** : 역기전력은 0[V]
(2) **회전속도 증가 시** : 역기전력은 상승
(3) **회전속도 감소 시** : 역기전력은 감소

2) **단자전압**(V)

브러시 양단의 단자전압으로 전기자회로저항을 $R_a(\Omega)$, 전기자전류를 $I_a[A]$, 브러시 전압강하를 $e(v)$라 하면 단자전압(V)은 다음과 같다.
$V = E + (I_a R_a + e)$

3) **전기자전류**(I_a)

$I_a = \dfrac{V-E}{R_a}$ 에서, 역기전력(E)은 속도에 비례한다.

(1) 전동기 부하가 증가하여 속도가 저하되면 역기전력(E)도 감소되고 전기자전류(I_a)는 증가함
(2) 반대로 전동기 부하가 감소하여 속도가 증가되면 역기전력(E)도 증가되고 전기자전류(I_a)는 감소함

4) **속도**(N)

$$N = K_1 \frac{E}{\phi} = K_1 \frac{V - I_a R_a}{\phi} \text{(rpm)}$$

(1) 회전속도는 역기전력(E)에 비례하고, 자극의 자속 ϕ에 반비례함

(2) **속도제어방법의 종류**

① 전압제어법(V) ② 저항제어법(R_a) ③ 계자제어법(ϕ)

5) **토크**(T)

$$T = \frac{PZ}{2\pi a} \phi I_a (\text{N} \cdot \text{m}) = K_2 \phi I_a \left(K_2 = \frac{PZ}{2\pi a} \right)$$

$\dfrac{PZ}{2\pi a}$는 전동기의 일정 상수이므로 전동기의 토크(T)는 자속(ϕ)과 전기자전류(I_a)에 비례한다.

3. 장단점

장점	단점
속도제어가 용이함	브러시, 정류자의 정기적인 보수점검
정밀한 속도제어가 가능함	직류변환장치가 필요하고, 농형유도전동기 대비 가격이 높음
토크를 용이하게 조정	정류자와 브러시 불꽃에 의한 통신장해
기동토크가 큼	정류자를 갖고 있어 고전압, 고속화에 제한이 있음

4. 종류별 특징

종류		구조	특성	용도
타여자			① 계자전류를 전기자전류와 전혀 다른 직류전원에서 취함 ② 계자회로와 전기자회로가 절연됨 ③ 분권전동기 특성과 거의 비슷함 ④ 광범위하게 세밀한 속도를 변화할 수 있음	대형 압연기 고급 승강기
자여자	직권		① 전기자권선 및 계자권선이 직렬접속 ② $I = I_f = I_a$로 부하전류 증가에 따라 자속이 증가함 ③ 기동토크가 가장 큼 ④ 무부하에 가까운 운전 시 속도가 현저히 상승함 ⑤ 직권전동기로 타 기기 운전 시 반드시 직결함	전차 전동차 크레인
	분권		① 전기자권선과 계자권선이 병렬접속됨 ② 계자전류(I_f) = $\dfrac{V}{R_f}$로 단자전압 일정 시 → 부하전류에 관계없이 일정 ③ 부하전류 $I ≒ I_a$ ④ 타여자 전동기의 속도 특성과 유사 (정속도 전동기 특성) ⑤ 유도전동기 특성과 유사함	공작기계 컨베이어

종류		구조	특성	용도
자여자	복권	가동복권 전동기	① 직권계자와 분권계자를 갖고 있음 ② 각 계자 기자력 비율에 따라 분권, 직권 특성을 가짐 ③ 직권계자 권선은 기동토크가 큼 ④ 정속도형과 속도변동률이 큰 형태로 구분됨	분쇄기 권상기 절단기

1) 분권 전동기 특성

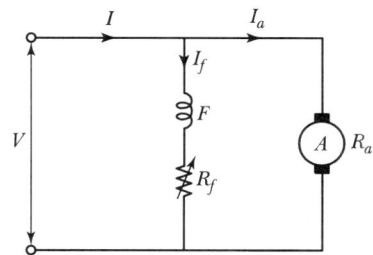

그림 4-108 ▸ 분권 전동기 접속도

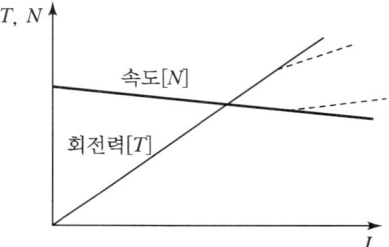

그림 4-109 ▸ 분권 전동기 속도 회전력 특성도

(1) 속도 특성

$$N = K\frac{(V - I_a R_a)}{\phi} ≒ K\frac{(V - IR_a)}{\phi} = K_1(V - IR_a) \quad \left(K_1 = \frac{K}{\phi}\right)$$

① V, R_a 일정 시 속도(N)는 전류 증가 시 직선적으로 감소함
② 전기자 반작용의 감자작용 고려 시 속도(N)가 낮아지는 정도가 적게 됨
③ 분권 전동기는 타여자 전동기와 같이 부하 변동에 따른 속도 변화가 적은 정속도 전동기임
④ I_f를 감소시켜 0에 가까워질 경우 자속 ϕ가 0에 가까워져 속도가 매우 높아 기계 파손의 우려가 있으므로 계자 접속 시 단선이 되지 않게 주의가 필요함

(2) 회전력(토크) 특성

$$T = K_2 \phi I_a = K_3 I_a \,(단 \; K_3 = K_2 \phi)$$

① 회전력 특성은 전기자 전류가 증가 시 증가함
② 전기자 반작용으로 전기자 전류가 증가하면 자속(ϕ)이 감소하여 점선과 같이 구부러지게 됨

2) 직권 전동기

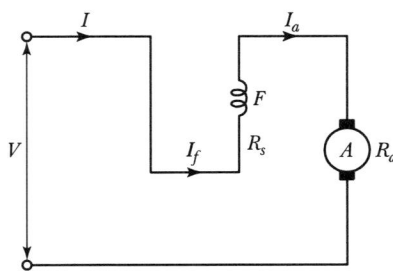

그림 4-110 ▶ 직권 전동기 접속도

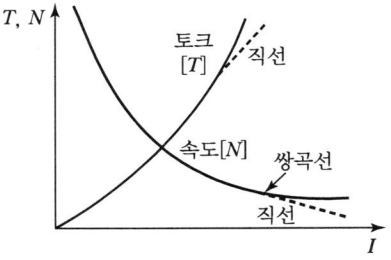

그림 4-111 ▶ 직권 전동기 속도 회전력 특성도

(1) 속도 특성

계자권선과 전기자권선이 직렬로 연결되어 있으므로 $I_f = I_a = I$가 됨

$$N = K_1 \frac{V - (R_a + R_s)I_a}{\phi} \text{ [rpm]}$$

① 자기회로가 포화되지 않는 경우 ϕ는 I_a에 비례함

$$N = K_1 \frac{V - (R_a + R_s)I_a}{I_a}$$

$(R_a + R_s)I_a$는 V에 비해 매우 작아 무시하면

$$N = K_1 \frac{V}{I_a} \text{ (V가 일정 시 상기의 쌍곡선이 됨)}$$

② 자기회로가 포화(부하증가로 계자기자력이 증가되면 자속 ϕ는 일정하게 되며,
$N = K_1'(V - R_a I_a) \rightarrow$ 점선과 같이 됨

③ I_a가 0에 가까워지면 속도는 매우 높아져서 무구속 상태(Run Away Speed)가 되므로 직권 전동기에 안전한 속도로 운전할 수 있는 최소 부하가 항상 걸려 있어야 함

(2) 회전력(토크) 특성

① 자기회로가 포화되기 전까지 자속은 계자전류에 비례하여 포물선이 됨
$T = K_2 I_a^2$ (단, K_2는 정수)

② 부하전류가 증가하여 자기회로가 포화되면 ϕ는 증가하지 못하고 일정하게 됨
$T = K_3 I_a$ (단, $K_3 = K_2 \times \phi$)

5. 기동

정지상태의 전동기를 운전하는 것을 기동이라 하며 직류 전동기가 운전 중에 흐르는 전기자전류 $I_a = \dfrac{V-E}{R_a}$ [A]에서 전동기에 전전압을 인가하여 기동하면 전기자회로의 $R = R_a$는 극히 작은 값이지만 운전 중에 E가 충분히 발생하고 있어 I_a값은 적당한 값을 유지한다. 그러나 기동 시에는 $E = 0$이므로 전원전압을 그냥 가하면 $I_a = \dfrac{V}{R_a}$의 큰 전류가 흐르며 이는 정격전류의 수십 배의 전류가 된다.

1) 정류자 및 브러시가 손상
2) 전원에 큰 충격을 줌
3) 큰 회전력이 발생되므로 기계가 파손될 우려가 있음

그러므로 기동 시 전류를 제한하기 위해 적당한 저항을 전기자에 직렬로 넣고 회전수가 점차 상승하여 역기전력($E = K\phi N$)이 증가하면 그 저항을 조금씩 감소시키는 기동저항을 이용한다.

6. 속도제어

$$N = K\dfrac{V - I_a R_a}{\phi}[\text{rpm}]$$

여기서, V : 공급전압[V], I_a : 전기자전류[A]
R_a : 전기자저항[Ω], ϕ : 계자자속

공급전압(V), 계자자속(ϕ), 전기자저항(R_a) 중에서 하나를 변화시켜 속도를 제어한다.

1) 계자제어법(Field Control)

(1) 분권 전동기

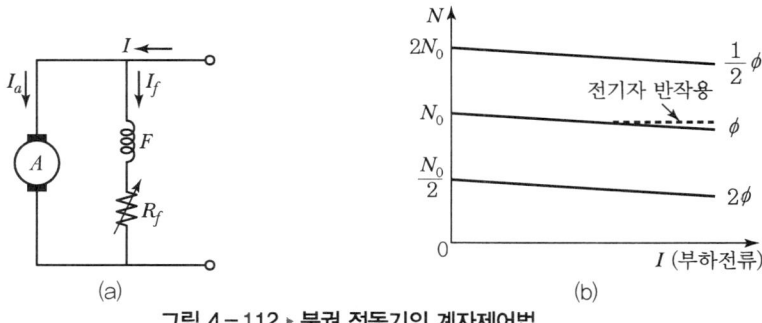

그림 4-112 ▶ 분권 전동기의 계자제어법

① 원리

분권권선에 직렬로 계자저항기(R_f)를 조정하여 계자전류를 조정하여 자속 ϕ를 변화시켜 속도를 제어하는 방법임

② 특징

㉠ 자속 증가 시 속도는 반비례로 감소함
㉡ 계자저항에 흐르는 전류가 적어 전력손실이 작음
㉢ 권선저항을 아무리 감소시켜도 계자권선 자신의 저항과 포화로 속도를 일정 이하로 저하시킬 수 없음
㉣ 계자저항을 매우 증가 시 계자전류가 적게 되면 전기자 반작용이 커짐
㉤ 광범위한 속도제어는 곤란함

(2) 직권 전동기

계자권선에 병렬로 접속한 가변저항 R_f를 조정하여 계자전류를 변화시키는 방법

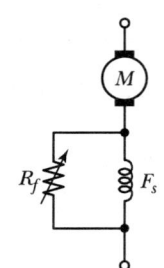

그림 4-113 ▶ 직권 전동기 계자제어법

2) 저항제어법(Rheostatic Control)

(1) 분권 전동기

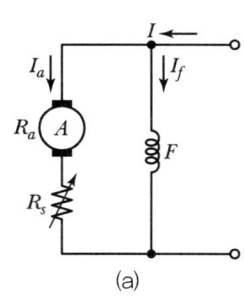
(a)

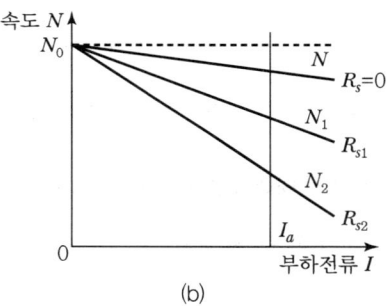
(b)

그림 4-114 ▶ 분권 전동기의 저항제어법

① 원리

전기자에 직렬저항(R_S)을 넣어서 R_a값을 변화시켜 부하전류에 의한 전압강하를 증가시켜 속도를 제어하는 방법

② 특징

㉠ $R_s = 0$일 때 최고속도가 되며 속도를 아주 낮은 데까지 변화시킬 수 있음
㉡ 큰 전기자 전류가 흘러 전력손실(I^2R)이 크고 효율이 나쁨

ⓒ 잘 사용되지 않음
ⓔ 소형 전동기의 속도를 정밀하게 제어하는 경우 등에 적합함

(2) 직권 전동기

① 전기자 회로에 직렬저항(R_s)을 넣어서 속도를 저하시키는 방법임
② 효율이 나쁨

3) 전압제어법(Voltage Control)

(1) 분권 전동기

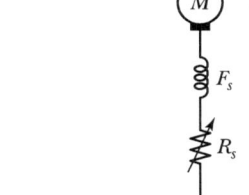

그림 4-115 ▶ 직권 전동기 저항제어법

① 원리
전기자에 가하는 단자전압[V]을 변화시켜 속도를 제어하는 방법
② 특징
ⓐ 광범위한 속도제어가 가능함
ⓑ 손실이 거의 없음
ⓒ 효율적인 제어가 가능함
ⓔ 가장 우수한 방식이나 가격이 고가임

(2) 직권 전동기

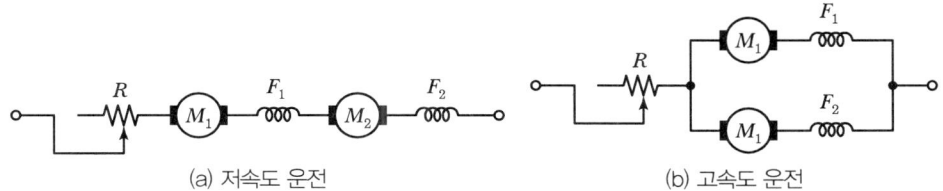

(a) 저속도 운전　　　　　　　　(b) 고속도 운전

그림 4-116 ▶ 직권 전동기 직·병렬제어

① 전압제어법의 일종인 직병렬제어법으로 제어함
② 정격이 같은 2대의 전동기에 대해
　ⓐ 직렬로 할 경우 각 기에 50[%]의 전압으로 속도 조정(속도 감소)
　ⓑ 병렬로 할 경우 전 전압으로 속도 조정(속도 증가)
③ 속도 변화가 제한적이므로 저항제어법을 병용하여 속도 변화를 다양하게 할 수 있음
④ 전차운전에 적용됨

7. 전기제동

1) 발전제동(Dynamic Braking)

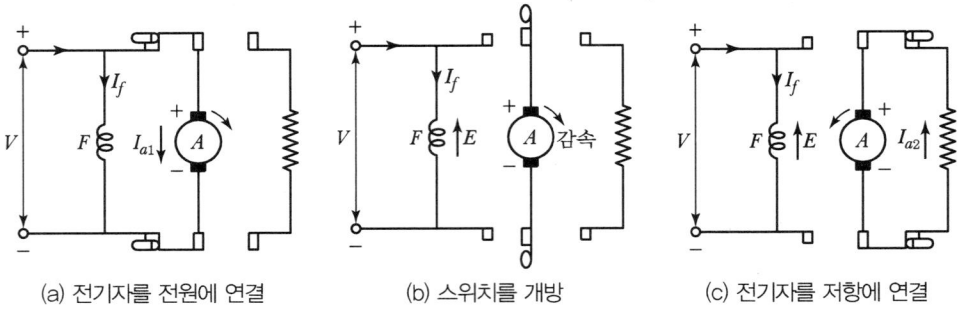

그림 4-117 ▶ 직류 전동기 발전제동

발전제동이란 운전 중의 전동기를 전원으로부터 분리시키고 발전기로 작용시켜서 회전체의 운동에너지를 전기에너지로 변환시킨 다음 이것을 저항 중에서 열에너지로 소비시켜 제동한다.

2) 역전제동(Plugging Braking)

운전 중 전동기의 전기자를 반대로 전환하면, 자속은 그대로 변하지 않고 전기자전류는 반대로 되어 회전과는 반대방향의 회전력이 발생되므로 제동된다.

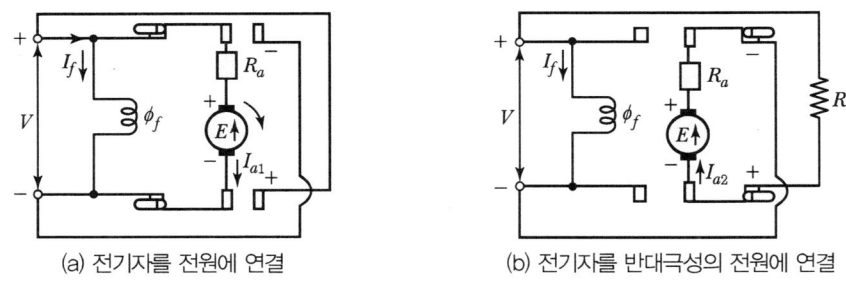

그림 4-118 ▶ 직류 전동기 플러깅

3) 회생제동(Regenerative Braking)

전차가 급경사의 비탈길을 내려갈 때에는 차체의 중량 등으로 속도가 증가하여 유기기전력이 전원전압보다 크게 되고 발전기로서의 전력을 전원에 돌려보내는 동시에 제동력이 생기는데 이를 회생제동이라 한다.

8. BLDC Motor

1) 개요

(1) BLDC(Brushless DC) 모터는 DC 모터에서 브러시 구조를 없애고, 반도체 소자를 이용하여 정류를 전자적으로 수행하는 모터임

(2) 영구자석의 위치를 홀센서 등의 전자적 센서로 검출하고, 검출된 신호로 전기각을 판단하여 코일에 전류를 흘려서 토크를 발생시키는 것임

(3) 반도체 부품의 발전을 바탕으로 한 전력 전자기술의 발전과 자성재료의 향상으로 BLDC Motor가 발전하게 됨

2) BLDC Motor 구성

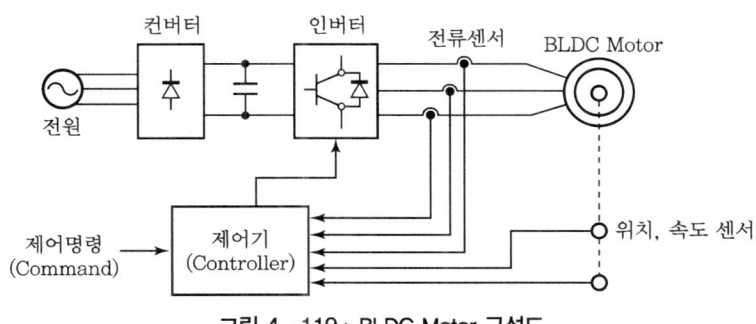

그림 4-119 ▶ BLDC Motor 구성도

(1) Controller(Driver)

구분	내용 설명
컨버터(Converter)	상용전원의 교류를 정류기의 3상 브리지 회로를 통해 전파 정류하여 직류전압으로 변환
평활 회로부	컨버터의 출력파형에는 직류 리플전압을 평활화시킴
인버터(Inverter)부	주파수 변환과 동시에 펄스폭을 제어하여 직류전압을 교류전압으로 역변환함
제어부	센서를 통해 인버터를 제어

(2) BLDC Motor

구분	내용 설명
고정자(전기자) 코일	회전자(영구자석)의 위치에 따라 고정자에 흐르는 전류가 순차적으로 변경됨
회전자(영구자석)	고정자 전류에 의해 회전하며, 희토류 자석과 페라이트 자석이 있음
홀센서	회전자의 위치를 검출함

(3) 내부 구성

① 고정자권선 및 홀센서는 각각 120° 위상차를 이루도록 구성함
② 홀센서는 회전자 N극의 최대자속을 받아서, 디코더 회로 스위칭 트랜지스터를 ON/OFF시켜 각 권선 $W_1 \sim W_3$에 전류를 흘릴 수 있게 함

3) 동작원리

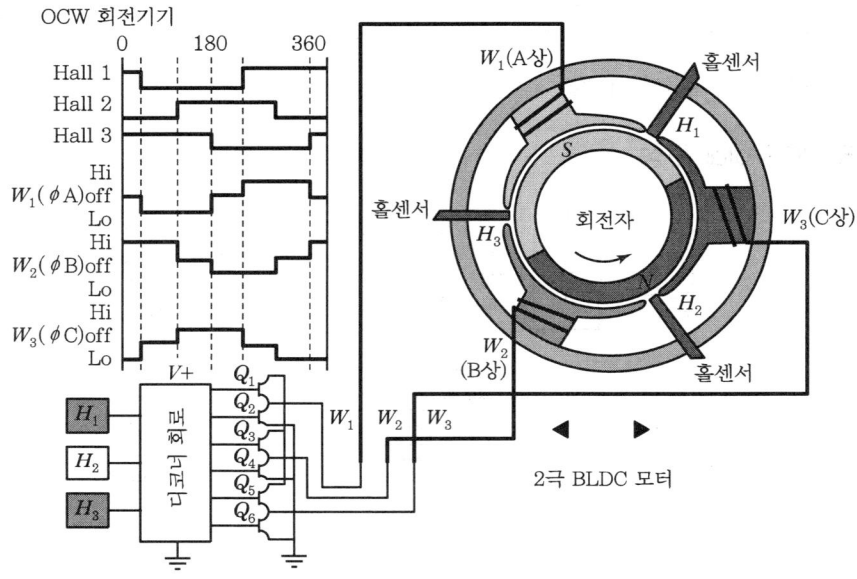

그림 4-120 ▶ BLDC Motor 내부 구성도

(1) 회전자의 각 위치를 홀센서에서 검출하여 디코드 회로에 전달하면 디코드 회로의 트랜지스트에 의해 고정자에 2상 전류가 순차적으로 공급되어 회전함
(2) 여자되는 전류는 최초 1step에서 최종 6step으로 회전되는 6step 전파구동방식을 많이 사용함(1step당 60°)
(3) 상회전을 반시계방향으로 회전한다고 하면 첫 번째 Step에서 홀센서 H_1, H_3은 High, H_2는 Low가 되며 전류는 B상(+)에서 C상(-)으로 흐르게 되어 회전자를 0~60° 회전시킨다. 이때 A상은 여자되지 않음
(4) 이렇게, 회전자가 60° 각도로 회전할 때마다 홀센서에서 회전자의 위치를 파악하여 각 고정자 코일에 흘려주는 전류를 다르게 흘려 회전자를 회전시킴

4) 종류

(1) 공극(Gap) 구성방식

① 원판형(Axial Gap Type)
   ㉠ 회전율을 저감시킬 필요가 있는 곳에 많이 사용
   ㉡ 저속회전만 가능함
   ㉢ 고출력, 고속회전 설계 시 고부담
② 원통형(Radial Gap Type)
   회전자의 관성 모멘트가 크므로 정속도 운전에 유리함

(2) 원통형

① 내전형(Inner Rotor Type)
   ㉠ 특징
      ⓐ 모터 구조를 비교적 간단하게 구성
      ⓑ 낮은 토크 및 관성 모멘트
      ⓒ 부하의 가감속 운전에 적합
      ⓓ 속응성이 우수함
   ㉡ 단점
      ⓐ 고가의 냉각비
      ⓑ 축 양단의 베어링 비용 문제

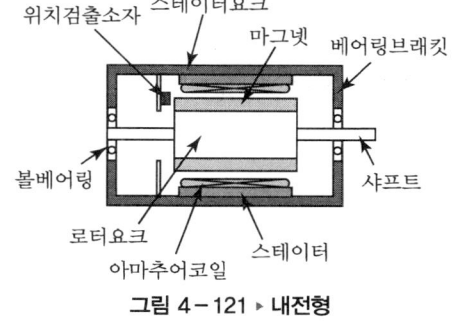

그림 4-121 ▶ 내전형

② 외전형(Outer Rotor Type)
   ㉠ 특징
      ⓐ 회전자의 관성 모멘트가 커서 정속도 주행에 유리함
      ⓑ Magnet을 크게 할 수 있어 고효율, 고토크화하기 쉬움
      ⓒ 밀폐구조로 하기 어려움
   ㉡ 단점
      속응성이 나쁨

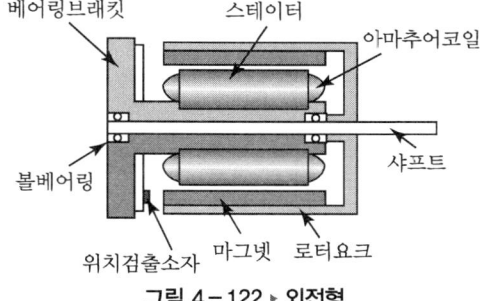

그림 4-122 ▶ 외전형

5) 장단점(특징)

(1) 장점

① 브러시가 없어 전기적, 기계적 노이즈가 작음
② 신뢰성이 높고 유지보수가 불필요함

③ 수명이 긺
④ 효율이 높음
⑤ 기기의 소형화가 가능함
⑥ 고속화가 용이함
⑦ 일정 속도 제어, 가변속 제어가 가능함

(2) 단점

① 로터(Rotor)에 영구자석을 사용하므로 저관성화에 제한이 있음
② 일반적으로 페라이트 자석을 사용할 경우에는 체적당 토크가 작아짐
③ 이러한 단점을 보완하기 위하여 희토류계 자석을 사용 시 비용 증가 및 철심포화 문제
④ 회전자에 영구자석 사용으로 대용량 Motor 제작에 한계
⑤ 비용이 고가(반도체 재료를 사용)

6) 전압제어의 필요성

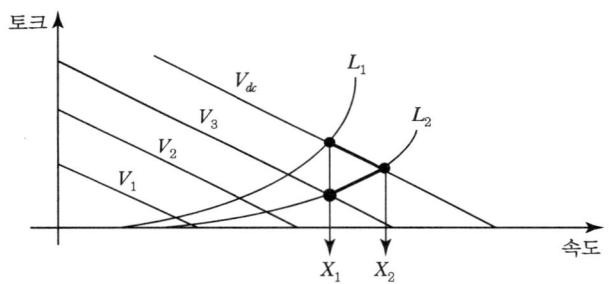

그림 4 - 123 ▶ 속도제어

(1) 부하조건이 L_1에서 동작 중이고 Motor에 최대전압 V_{dc}를 인가하고 있다면 Motor의 속도는 X_1으로 결정되어 동작함

(2) 부하조건이 L_2로 변경되면 평형점은 이동하여 Motor의 속도는 X_2로 동작함

(3) 이 부하 L_2에서 원하는 속도 X_1으로 동작시키기 위해선 Motor에 인가되는 전압을 V_{dc}에서 V_3로 변화시키면 평형점이 이동하여 Motor의 속도는 X_1에서 동작하게 됨

(4) 이와 같이 Motor에 인가되는 전압을 제어하면 Motor의 회전속도를 제어할 수 있음

7) 일반 DC Motor와 BLDC Motor와의 비교

구분	BLDC Motor	일반 DC Motor
구조	회전 계자형	회전 전기자형
영구자석	희토류 자석	페라이트 자석
결선 형태	Delta Y connection	Ring Winding delta connection
회전자 위치 검출	홀센서, 엔코더 등	브러시에 의해 자동검출
정류방식	반도체소자를 이용한 전자스위칭	브러시와 정류자의 접촉에 의한 기계적인 스위칭
역회전방식	Logic sequence를 반대로 함 (스위칭 순서의 변경)	단자전압의 방향을 반대로 함
특징	• 장기간 사용이 가능함 • 보수가 불필요함 • 전기, 기계적 잡음이 없음 • 고속운전이 가능함 • 소형화, 박형화가 가능함 • 효율이 높음 • 가격이 고가(드라이브 가격이 추가)	• 대응성 및 제어성이 우수함 • 정기적인 보수가 필요함 • 전기, 기계적 잡음이 발생함 • 브러시, 정류자 사용으로 고속운전이 불가능함 • 외형이 크고 구조가 복잡함 • 효율이 낮음

8) 적용

(1) 가전분야 외

① 냉장고, 세탁기, 식기세척기
② 광학기기, 컴퓨터 주변기기, 의료기기, 가전기기 등

(2) 응용분야

로봇공학, 항공우주, 자동차, 수치제어, 기계, 제조 및 군사분야 등

9) 결론

(1) BLDC Motor는 DC Motor의 효율성과 AC Motor의 정속성을 두루 갖추어 가전분야뿐만 아니라 응용분야에도 사용이 확대될 것이다.
(2) 향후 국가 경쟁력을 대표할 환경과 에너지 효율화 측면에서 일반 내연기관에서 BLDC Motor로 대체될 것이며 관련기술의 선취득이 중요하다.
(3) 미국과 EU 등에서도 에너지 절약적인 측면에서 더욱 높은 효율기준을 강화하는 것으로 보아 향후 고효율 모터 시장의 본격적인 성장에 적용이 확대될 것으로 판단된다.

4.2.2 유도전동기

유도기에는 유도발전기, 유도전압조정기, 유도전동기 등이 있으나 유도기라 하면 일반적으로 유도전동기(Induction Motor)를 말하며 전자유도작용과 전자력를 이용한 회전기로 특히 건축물에서는 구조적 장점, 저렴한 가격, 유지보수 및 취급상의 용이성으로 대부분 유도전동기를 사용하고 있으며 대용량의 경우 3상 유도전동기(농형, 권선형 등)를 소용량의 경우 단상 유도전동기를 사용한다.

4.2.2.1 3상 유도전동기

1. **구조와 원리**

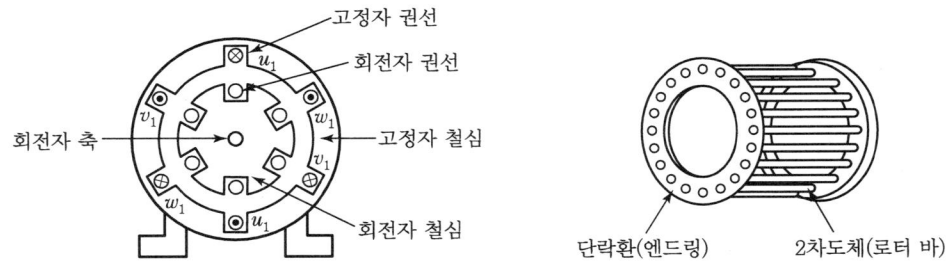

그림 4-124 ▶ 농형 유도전동기 구조

1) 구조

(1) 고정자

규소강판을 성층해서 만들며 철심 內周에 파여 있는 슬롯에 코일을 넣고 고정자 테를 두름

(2) 회전자

① 회전자 철심은 원통형으로 되어 있고 규소강판을 성층해서 만듦
② 권선형 회전자와 농형 회전자로 구분됨

2) 원리

유도전동기의 회전자가 회전하려면 반드시 회전자계가 필요하나 아르고 원판의 원리에서 알 수 있듯이 유도전동기에 영구자석의 회전(수동) 대신 고정자 권선에 120°의 위상각을 갖는 교번전류를 인가하여 회전자계를 발생시켜 동기속도로 회전시키게 한다. 이때 회전자계에 놓인 회전자가 회전자계를 끊게 되므로 플레밍의 오른손법칙에 의해 기전력이 유기되고 단락환으로 연결된 회전자도체(농형)에 유도전류가 흐르게 된다. 회전자계에 놓여 있는 회전자 도체는 플레밍의 왼손법칙에 의해 전자력이 발생하여 회전하게 되며 회전자 속도는 회

전자계와 같은 방향으로 회전하게 되나 회전자계의 속도보다 슬립만큼 속도가 느려지는 것이 유도전동기의 원리이다.

2. 아라고 원판(Arago's Disk) 회전원리

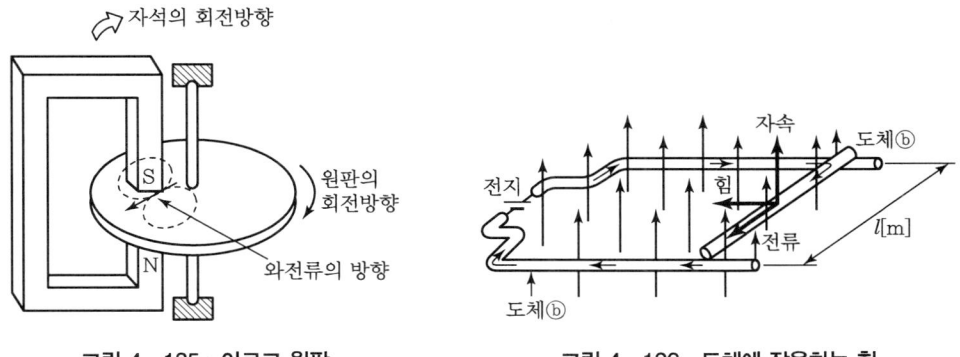

그림 4-125 ▸ 아라고 원판   그림 4-126 ▸ 도체에 작용하는 힘

1) 비자성체인 알루미늄 원판 위에서 자석을 손으로 [그림 4-125]와 같이 돌리면 원판은 자석보다 약간 늦은 속도로 회전함
2) 그 이유는 플레밍의 오른손법칙에 의해 원판에 기전력이 유도되어 점선과 같이 맴돌이 전류가 흐르며, 이 전류와 자석의 자속과 플레밍의 왼손법칙에 의해 원판은 자석의 회전방향으로 힘을 받아 시계방향으로 회전함
3) 이 경우 원판은 자석보다 빨리 회전할 수 없음
4) 만일 원판이 자석과 같은 회전속도가 되면 원판과 자석 간의 상대속도가 없어져서 맴돌이 전류가 유도되지 않게 되어 힘이 생기지 않음
5) 이것을 응용하여 원판 대신 원통형 도체를 사용하여 회전자를 만들고, 전류가 흐르는 권선에 의해 회전하는 자계를 만들어 주는 것이 유도전동기의 원리임

3. 회전자계

1) 3상 유도전동기의 회전원리

(1) 고정자 권선에 평형 3상 대칭전류를 인가 - 공극에 회전자계가 형성
(2) 회전자에 역기전력이 유기되어 유도전류가 흐름 - 플레밍의 오른손법칙
(3) 회전자전류에 의한 자속이 주 자속에 영향을 주어 자속 변형 - 전기자 반작용
(4) 자속이 직선성을 유지하기 위한 힘(F)이 작용 - 플레밍의 왼손법칙
(5) 회전자는 자속이 감소된 방향으로 회전 - 회전 토크 발생

2) 평형 대칭 3상 교류와 회전자계

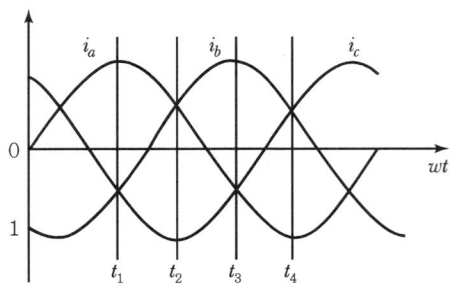

그림 4-127 ▶ 평형 대칭 3상 교류 파형

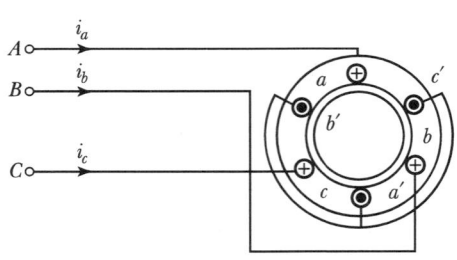

그림 4-128 ▶ 2극 3상 고정자 전류

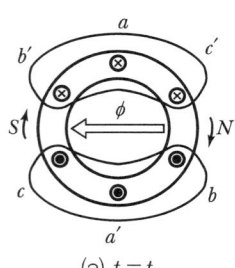

(a) $t = t_1$

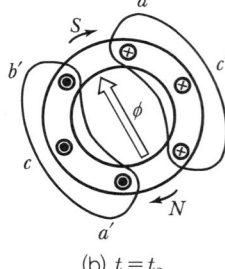

(b) $t = t_2$

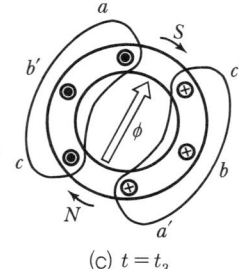

(c) $t = t_3$

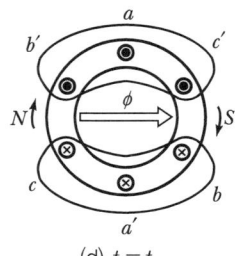

(d) $t = t_4$

그림 4-129 ▶ 회전자계의 발생원리

3) 회전자계의 수학적 해석

(1) 평형 대칭 3상 교류전류

$$\dot{I}_1 = I_m \sin\omega t$$

$$\dot{I}_2 = I_m \sin\left(\omega t - \frac{2}{3}\pi\right)$$

$$\dot{I}_3 = I_m \sin\left(\omega t - \frac{4}{3}\pi\right)$$

(2) 각 상 전류에 의한 자계의 세기

$$\dot{h}_1 = H_m \sin\omega t$$

$$\dot{h}_2 = H_m \sin\left(\omega t - \frac{2}{3}\pi\right)$$

$$\dot{h}_3 = H_m \sin\left(\omega t - \frac{4}{3}\pi\right)$$

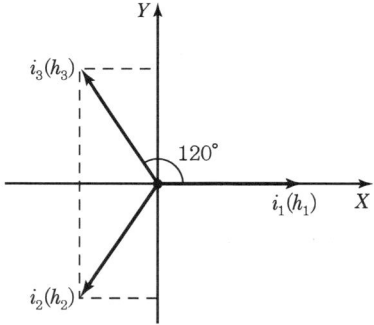

그림 4-130 ▶ 평형 대칭 3상 교류 벡터도

(3) X축 성분의 자계 : H_x

$$H_x = h_1 + h_2\cos\left(-\frac{2}{3}\pi\right) + h_3\cos\left(-\frac{4}{3}\pi\right)$$

$$= h_1 - h_2\cos\frac{\pi}{3} - h_3\cos\frac{\pi}{3}$$

$$= H_m\left[\sin\omega t - \sin\left(\omega t - \frac{2}{3}\pi\right)\cos\frac{\pi}{3} - \sin\left(\omega t - \frac{4}{3}\pi\right)\cos\frac{\pi}{3}\right]$$

$$= H_m\left[\sin\omega t - \cos\frac{\pi}{3}\left\{\sin\left(\omega t - \frac{2}{3}\pi\right) + \sin\left(\omega t - \frac{4}{3}\pi\right)\right\}\right] \quad \cdots\cdots\cdots ①$$

식 ①에서 $\left[\sin\left(wt - \frac{2}{3}\pi\right) + \sin\left(\omega t - \frac{4}{3}\pi\right)\right]$ 부분을 삼각함수 공식을 이용하여 풀이하면

$$\sin A\cos B = \frac{1}{2}[\sin(A+B) + \sin(A-B)]$$

$\left[A = (wt - \pi),\ B = \frac{\pi}{3}\right]$ 를 적용하여 풀이하면

$$\left[\sin\left(wt - \frac{2}{3}\pi\right) + \sin\left(\omega t - \frac{4}{3}\pi\right)\right] = 2\sin(wt-\pi)\cos\frac{\pi}{3} \rightarrow 식 ①에 대입$$

$$= H_m\left[\sin\omega t - \cos\frac{\pi}{3} \times 2\sin(wt-\pi)\cos\frac{\pi}{3}\right] \leftarrow \left(\cos\frac{\pi}{3} = \frac{1}{2}\ 적용\right)$$

$$= H_m\left[\sin\omega t + \frac{1}{2} \times 2 \times \frac{1}{2}\sin wt\right)\right] \leftarrow \sin(wt-\pi) = -\sin wt)$$

$$= \frac{3}{2}H_m\sin wt$$

(4) Y축 성분의 자계 : H_y

$$H_y = h_2\sin\left(-\frac{2}{3}\pi\right) + h_3\sin\left(-\frac{4}{3}\pi\right)$$

$$= h_3\sin\frac{\pi}{3} - h_2\sin\frac{\pi}{3}$$

$$= H_m\left[\sin\left(\omega t - \frac{4}{3}\pi\right) - \sin\left(\omega t - \frac{2}{3}\pi\right)\right]\sin\frac{\pi}{3} \quad \cdots\cdots\cdots ②$$

식 ②에서 $\left[\sin\left(\omega t - \frac{4}{3}\pi\right) - \sin\left(\omega t - \frac{2}{3}\pi\right)\right]$ 부분을 삼각함수 공식을 이용하여 풀이하면

$$\cos A\sin B = \frac{1}{2}[\sin(A+B) - \sin(A-B)]$$

$$2\cos A\sin B = [\sin(A+B) - \sin(A-B)]$$

$\left[A = (wt - \pi),\ B = \left(-\frac{\pi}{3}\right)\right]$ 를 적용하여 풀이하면

$$\left[\sin\left(\omega t - \frac{4}{3}\pi\right) - \sin\left(\omega t - \frac{2}{3}\pi\right)\right] = 2\cos(wt - \pi)\sin\left(-\frac{\pi}{3}\right) \rightarrow \text{식 ②에 대입}$$

$$= H_m \sin\frac{\pi}{3} \times 2\cos(wt - \pi) \times \sin\left(-\frac{\pi}{3}\right) \leftarrow \left(\sin\frac{\pi}{3} = \frac{\sqrt{3}}{2}\right)$$

$$= H_m \times \left(\frac{\sqrt{3}}{2}\right) \times 2\cos(wt - \pi) \times \left(-\frac{\sqrt{3}}{2}\right) \leftarrow \cos(wt - \pi) = -\cos wt$$

$$= H_m \times \left(\frac{\sqrt{3}}{2}\right) \times 2 \times (-\cos wt) \times \left(-\frac{\sqrt{3}}{2}\right)$$

$$= \frac{3}{2} H_m \cos \omega t$$

(5) 합성자계 : H_T

$$\dot{H}_T = \sqrt{H_x^2 + H_y^2} \angle \tan^{-1}\frac{H_y}{H_x} = \frac{3}{2}H_m \angle \tan^{-1}(\cot \omega t)$$

$$= \frac{3}{2}H_m \angle \left(\frac{\pi}{2} - \omega t\right)$$

자계는 전류와 같은 주기를 가지며 동기속도로 시계방향으로 회전하고 그 세기는 각 코일이 만드는 최대자계의 $\frac{3}{2}$ 배임

4. 유도전동기 특성

1) 슬립(Slip)

전동기의 속도 N이 N_S보다 어느 정도 느린가를 표시하기 위하여 슬립이 사용되며 [%]로 표시되기도 함

$$\text{슬립}(s) = \frac{Ns - N}{Ns} \times 100[\%]$$

(1) 회전자계 속도 : $N_S = \dfrac{120f}{P}$

여기서, P : 극수, f : 주파수

(2) 회전자 속도 : $N = \dfrac{120f}{P}(1-S)$

(3) 상대속도 : $N_S - N = sN_S$

(4) 전동기속도 : $N = (1-s)N_S$

① 슬립(s)=1이면 $N=0$로 전동기는 정지 상태
② $s=0$이면 $N=N_s$로 전동기는 동기속도로 회전함

③ $N_S > N$인 경우에 회전자가 회전함
④ 슬립의 크기는 $0 < s \leq 1$
⑤ 부하가 증가하면 슬립 s는 증가함
⑥ 보통 전부하에 대한 슬립 s의 값은 3~4[%] 정도임

2) 유기기전력과 주파수, 2차 전류

(1) 전동기가 구속(정지) 상태의 경우

구속되어 있는 전동기의 1차 권선에 단자전압 V_1을 가하면 1차 권선에 회전자계가 발생하여 1차 권선과 2차 권선이 동기속도로 지나가므로 1, 2차 기전력과 주파수는 다음과 같음

① 1차 기전력(고정자)

1차 권선에 회전자계를 만들어 주는 여자전류가 흐르면 1차 권선과 2차 권선에 각각 기전력이 유도되며 1차 유도기전력 E_1은

$E_1 = 4.44 \, k_{w1} \, f_1 \, n_1 \phi \, [\text{V}]$

② 2차 기전력(회전자)

1차 권선에서 만들어진 회전자속 ϕ는 2차 권선에도 기전력을 유도하며 회전자가 정지하고 있을 때에는 회전자계가 1차 권선을 자르면 동일한 속도로 2차 권선을 자르기 때문에 2차 유도기전력 E_2는 1차 유도기전력과 같은 형식이 된다.

$E_2 = 4.44 \, k_{w2} \, f_1 \, n_2 \phi \, [\text{V}]$

여기서, f_1 : 전원의 주파수[Hz]
kw_1, kw_2 : 1, 2차 권선의 권선계수
n_1, n_2 : 1, 2차의 1상 권선의 권수
ϕ : 1극의 평균자속[wb]

③ 주파수 : $f_2 = f_1 (f_2 = sf_1$에서 기동 시 슬립$(s) = 1$이므로$)$

④ 전동기의 2차 전류$(I_2) = \dfrac{E_2}{\sqrt{r_2^2 + x_2^2}}$

(2) 전동기가 회전하고 있는 경우

회전자가 슬립 s로 회전하고 있을 때는 2차 권선과 회전자계의 상대속도는
$N_s - N = sN_s$와 같이 정지하고 있을 때의 s배이므로

① 2차 기전력$(E_{2S}) = sE_2 \, [\text{V}]$

② 2차 기전력의 주파수$(f_2) = sf_1$

③ 2차 권선의 1상의 임피던스(Z_2) = $r_2 + jsx_2$

④ 2차 전류($\dot{I}_2$)

전동기가 슬립 S로 운전 시 2차 전류($\dot{I}_2$)

$$\dot{I}_2 = \frac{\dot{E}_{2s}}{\dot{Z}_{2s}} = \frac{s\dot{E}_2}{r_2 + jsx_2}, \quad I_2 = \frac{sE_2}{\sqrt{(r_2)^2 + (sx_2)^2}} \ [\text{A}]$$

여기서, r_2 : 2차 1상의 저항, x_2 : 2차 1상의 리액턴스

⑤ 역률($\cos\theta_2$) = $\dfrac{r_2}{\sqrt{r_2^2 + (sx_2)^2}}$

⑥ 1차 전류

㉠ 여자전류 : $\dot{I}_0 = \dot{I}_i + \dot{I}_\phi$

㉡ 1차 전류 : $\dot{I}_1 = \dot{I}_0 + \dot{I}_1{'}$ ($\dot{I}_1{'}$: 1차 부하전류)

전동기가 회전하게 되면 회전자 도체에는 2차 전류(I_2)가 흐르고, 이에 따른 기자력을 상쇄시키기 위해 1차 권선(고정자권선)에는 1차 부하전류($\dot{I}_1{'}$)가 더 흐르게 된다.

3) 등가회로

(1) 정지하고 있는 유도전동기의 등가회로

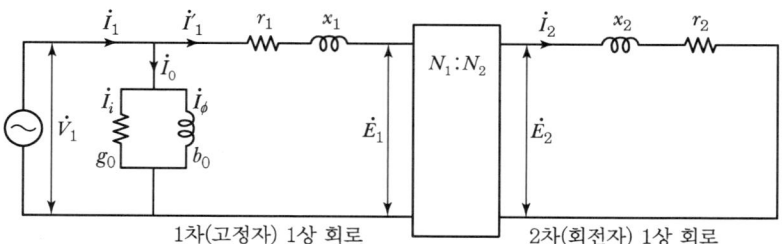

그림 4-131 ▶ 유도전동기 등가회로

전동기 2차 전류(I_2) = $\dfrac{E_2}{\sqrt{r_2^2 + x_2^2}}$ [A]

(2) 운전하고 있는(슬립 s 로) 유도전동기의 등가회로

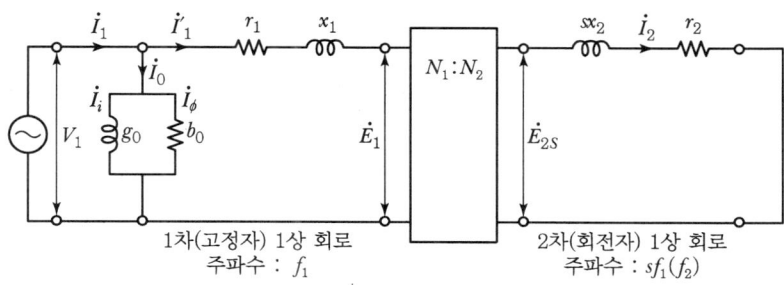

1차(고정자) 1상 회로
주파수 : f_1

2차(회전자) 1상 회로
주파수 : $sf_1(f_2)$

그림 4-132 ▶ 유도전동기 등가회로

① 전동기의 속도 $N = (1-s)N_S$
② 2차 권선의 1상의 기전력은 $E_{2S} = sE_2$
③ 2차 권선의 주파수 $f_2 = sf_1$
④ 2차 회로와 전류

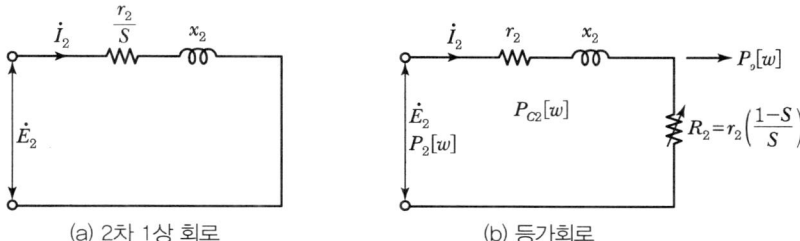

(a) 2차 1상 회로 (b) 등가회로

그림 4-133 ▶ 유도전동기 2차 회로와 전류

㉠ 2차 전류 $I_{2s} = \dfrac{sE_2}{\sqrt{r_2^2 + (sx_2)^2}}$, $I_{2s} = \dfrac{E_2}{\sqrt{\left(\dfrac{r_2}{s}\right)^2 + (x_2)^2}}$

㉡ 전동기가 슬립 s 로 회전하고 있을 때 회전자의 저항성분 $\dfrac{r_2}{s}$ 를 속도에 따라 변화가 되지 않는 저항과 변화되는 저항으로 취급하는 것이 편리하기 때문에 $\dfrac{r_2}{s}$ 를 2개의 성분으로 나누면

$\dfrac{r_2}{s} = \dfrac{r_2}{s} - r_2 + r_2 = \dfrac{1-s}{s}r_2 + r_2 = R_2 + r_2$ 가 되며

상기 그림에서 그림 (a)를 그림 (b)로 등가 변형할 수 있음

㉢ R_2 는 전동기 2차에 실제 접속시킨 외부 저항이 아니라 전동기의 기계적 출력을 발생시킨다고 보는 등가저항임

⑤ 기계적 출력

ⓐ 유도전동기 1차에서 2차로 공급되는 전력의 일부는 2차 회로의 손실로 잃게 되고, 나머지 대부분은 회전자에 의하여 기계적 출력으로 변환됨

ⓑ 2차 회로의 입력을 P_2[W], 2차 동손을 P_{C2}[W], 기계적 출력을 P_0[W]라 하면,

$$P_{C2} = I_2^2 r_2 [W], \ P_2 = I_2^2 \times \frac{r_2}{s} = \frac{I_2^2 r_2}{s} [W] 이므로$$

기계적 출력 P_0[W]는

$$P_0 = P_2 - P_{C2} = \frac{I_2^2 r_2}{s} - I_2^2 r_2 = I_2^2 \left(\frac{r_2}{s} - r_2 \right) = I_2^2 R_2 \ [W]$$

ⓒ 실제 P_0[W]만큼의 에너지가 기계적 동력으로 변환되는 것임

4) 벡터도

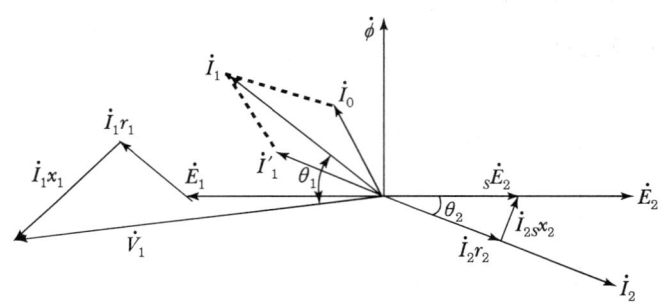

그림 4-134 ▶ 유도전동기 벡터도

5) 전동기 2차 출력과 토크

$$P_0 = \omega T \ (\omega = 2fn : 각속도[rad/min])$$

여기서, P_0 : 2차 출력
T : 토크[N·m]

6) 기동토크(T)

$$T = K_2 \phi I_2 \cos \theta_2 [N \cdot m]$$

회전자 전류 I_2의 유효분인 $I_2 \cos \theta_2$와 자속 ϕ가 토크를 발생시킴

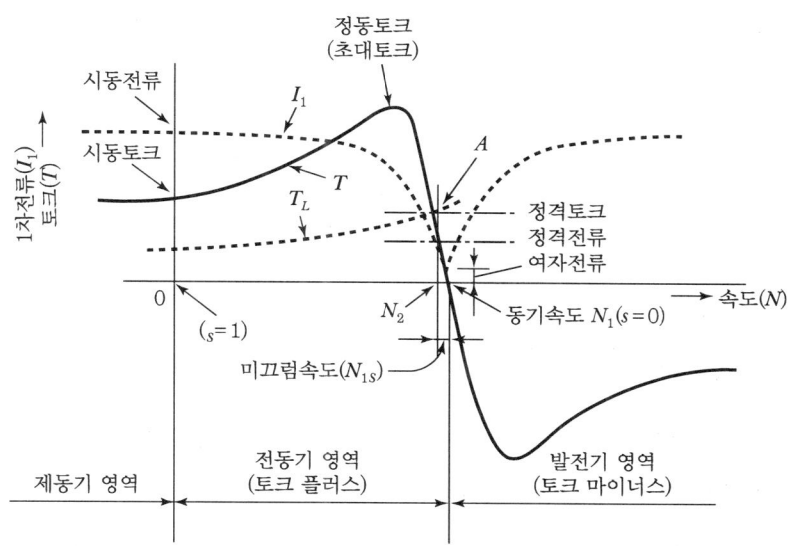

그림 4-135 ▶ 유도전동기 일반 특성(상용전원 구동)

5. 기동 특성

1) 그림과 같은 속도 특성을 갖는 전동기 부하가 있는 경우 기동토크(T_S)와 부하토크(T_L)의 차 ($T_S - T_L$)가 전동기를 기동시키는 토크이며 전동기 토크와 부하 토크의 차이로 인해 전동기는 가속이 된다. $T = T_L$의 점까지 전동기는 기동전류가 크며, 이 기동전류로 인한 배전선 전압강하 등 타 계통에 악영향을 미친다.

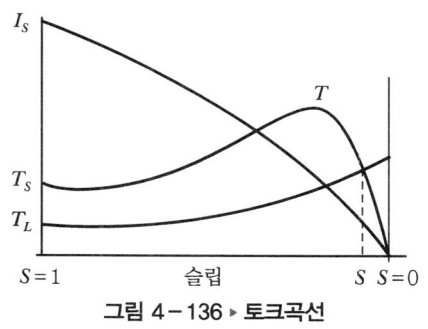

그림 4-136 ▶ 토크곡선

2) 따라서 기동 시 감전압 기동을 하여 기동전류를 제한하고 어느 정도 속도가 상승하면 전류 감소와 더불어 정격전압으로 전원을 공급하며 이로 인한 기동토크 감소의 문제를 검토해야 한다.

6. 기동방법

1) 개요

3상 유도전동기는 농형과 권선형으로 구분할 수 있다. 농형은 간단한 구조로 경제적이나 기동전류가 크며, 권선형은 기동전류, 기동토크의 제어가 쉬우나 슬립링과 브러시가 있어 보수성이 나쁘며 고가이다.

(1) 농형 유도전동기의 기동법

전전압 기동법	감압 기동법
직입기동	$Y-\Delta$ 기동, 기동보상기 기동, 리액터 기동, 크샤 기동

(2) 권선형 유도전동기의 기동법

① 2차 저항기동　　　　　② 2차 임피던스 기동

2) 3상 농형 유도전동기의 기동방식

(1) 직입 기동법(전전압 기동법)

① 정의
전동기에 회로의 전전압을 직접 인가하여 가동하는 기동방식

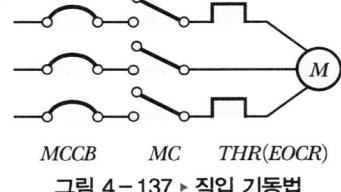

그림 4-137 ▶ 직입 기동법

② 장점
㉠ 간단한 기동방식
㉡ 설치가 간편하며 유지보수 용이

③ 단점
㉠ 큰 기동전류 : 운전전류의 3~6배
㉡ 큰 전압강하 : 기동 시 선로 악영향

④ 적용
㉠ 소용량 전동기 : 10[HP] 이하에 적용
㉡ 전원측 변압기 뱅크용량이 전동기 출력[kW]의 10배 이상인 경우

⑤ 설계 시 고려사항
㉠ 전원용량 검토 → 전압강하 원인을 해결
㉡ 부하의 GD^2 효과 검토 및 부하의 토크 검토

(2) $Y-\Delta$ 기동법

① 정의

기동 시 고정자 권선을 Y접속하고 일정시간 경과 후 Δ접속으로 변환해 운전하는 기동법

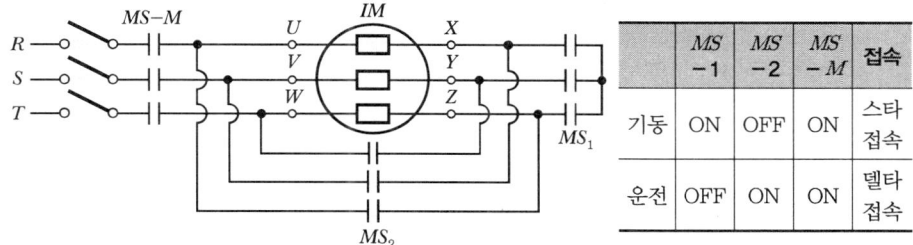

그림 4-138 ▸ $Y-\Delta$ 기동법

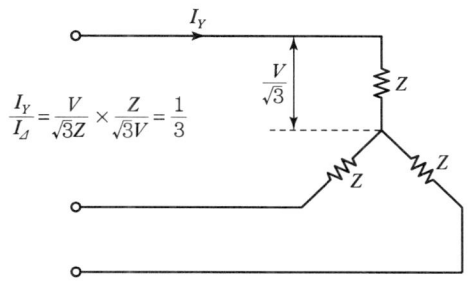

그림 4-139 ▸ $Y-\Delta$ 결선의 감전류 분석

② 장점

㉠ 기동전류의 감소

기동 시의 전동기 인가전압을 등가적으로 $1/\sqrt{3}$로 할 수 있음. 따라서 기동전류는 전전압기동 시의 1/3이 되며 전동기 토크도 1/3이 됨

㉡ 비교적 기동장치가 간편함

③ 단점

㉠ 별도의 가동장치가 필요

㉡ 가동장치의 정기적인 유지보수가 필요

④ Y에서 Δ로의 투입시간 : 15[sec] 이내임

$$T[\sec] = 4 + 2\sqrt{P[\mathrm{kW}]}$$

여기서, P : 전동기 용량

→ 이 시간은 기동전류가 정격전류의 0.7~1.0배 된 상태까지의 시간 설정임

⑤ 무통전 여유시간

스타에서 델타로 전환 시 단락사고 방지

㉠ 일반적으로 50[ms] 정도 : 무통전 여유시간을 너무 길게 설정하면, 이 시간에 전동기의 회전수가 너무 내려가 돌입전류가 크게 될 수 있으므로 주의
㉡ 고압용으로 아크시간을 조절하는 경우 : 0.5~1.0[sec]

⑥ 적용
㉠ 기동토크 증가가 적고 최대토크도 적은 방식
㉡ 기동토크에 문제 없는 부하에 적용
㉢ 중규모 전동기 : 10~30[HP] 이하에 적용

⑦ 설계 시 고려사항
전동기 출력 단자의 검토 및 부하 토크와 시동 토크를 비교 검토

⑧ 기동방식 구분

구분	Open Transition 방식	Closed Transition 방식
개념	Y에서 Δ로 전환 시 전동기를 전원에서 분리하여 전환하는 방식 (절환 시 돌입전류 발생)	Y에서 Δ로 전환 시 전동기를 전원에서 분리하지 않고 전환하는 방식(절환 시 돌입전류 억제 가능)
회로도	MCCB, EOCR, M, Y, Δ	MCCB, EOCR, M, Y, Δ
전류 특성 (선로전류)	$I_1 = I_s \times \dfrac{1}{3}$	$I_1 = I_s \times \dfrac{1}{3}$
	전전압기동에 대한 전류감소율 : 33.3[%]	전전압기동에 대한 전류감소율 : 33.3[%]
토크 특성	$T_1 = T_s \times \dfrac{1}{3}$	$T_1 = T_s \times \dfrac{1}{3}$
	전전압기동에 대한 토크감소율 : 33.3[%]	전전압기동에 대한 토크감소율 : 33.3[%]

구분	Open Transition 방식	Closed Transition 방식
가속성	• 토크 증가 小 • 최대토크 小	• 토크 증가 小 • 최대토크 小 • 델타 절환 시 쇼크 小
특징	• 2접점 방식 　- 전자접촉기 2개로 구성 　- 정지 시에도 권선에 전압이 인가 　　되어 권선열화가 쉬움 　- 정지 시 전원측 MCCB를 OFF • 3접점 방식 　- 정지 시에도 전원개폐기를 ON 　- 소화펌프용 및 고압 전동기	절환 시 돌입전류의 억제 가능 - 전원용량을 작게 선정할 수 있음 - 발전기 부하가 되는 전동기의 경우는 　발전기 용량 1단 저감 가능

(3) 기동 보상기에 의한 기동법

① 정의

Y-△ 기동방식의 단점을 개선한 방식으로, 기동 시 단권변압기를 이용하여 전동기의 단자전압을 50~80[%]로 저감하여 기동하고, 일정시간 경과 후 전전압으로 운전하는 법

② 장점

㉠ 배전선이 기동에 의한 악영향이 없음

㉡ 기동손실이 적음

③ 단점

㉠ 낮은 효율 : 기동보상기의 소비전력

㉡ 별도의 기동장치와 유지보수 필요

④ 적용 : 30[HP] 이상의 중대규모에 적용

구분	C	S	M
기동보상기	ON	ON	OFF
리액터	ON	OFF	OFF
운전	OFF	OFF	ON

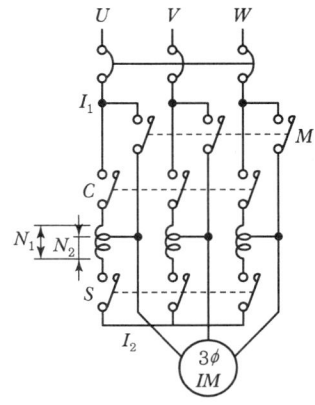

그림 4-140 ▶ 기동보상기에 의한 기동법

(4) 콘돌파 기동방식

기동보상기 방식에서 운전(전전압)으로 탭전환 시 돌입전류가 발생하는 문제점을 해결하기 위해 기동보상기 → 리액터 → 운전(전전압)으로 기동하는 방식

(5) 리액터 기동법

① 정의

고정자 권선에 3상 리액터를 직렬로 삽입하여 기동 시 리액터에서의 단자전압을 저감하여 기동하고 일정시간 경과한 후 리액터를 단락하여 전전압으로 운전

② 장점

㉠ 간편한 시동 조작

㉡ 최대토크가 감전압 기동 중 가장 큼

㉢ 운전으로의 전환 시 쇼크가 적음

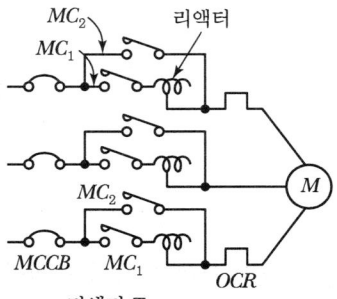

그림 4-141 ▶ 리액터 기동법

③ 단점

㉠ 대용량 유도전동기의 경우 정격속도에 도달되는 시간이 긺

㉡ 리액터로 인한 손실이 발생

④ 적용

㉠ 중규모 용량의 전동기

㉡ 저소음 기동을 요하는 장소에 적용

⑤ 설계 시 고려사항

㉠ 리액터 용량은 기동토크를 고려하여 적용

㉡ 기동전류는 직입기동 대비 전압비로 감소, 토크는 전압비의 제곱으로 감소하므로 기동전류의 감소율을 너무 크게 잡으면 토크 부족으로 기동 실패 우려가 있음

㉢ 일정간격으로 반복 기동을 하는 경우 기동시간과 리액터의 열시정수 관계 검토, 리액터 소손 방지로 매입 서모스타트 등 설치

(6) 크샤 기동법

① 정의 : 고정자 권선 1상에 저항 또는 리액터를 삽입하여 기동하는 방식

② 장점 : 합성 벡터가 적어짐

③ 단점 : 기동 시 1차 불평형 전류가 흐름

④ 적용 : 기동 시 충격 방지 목적으로 저소음을 요구하는 장소에 적용

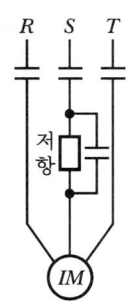

그림 4-142 ▶ 크샤 기동법

(7) Soft Start 기동법

① 정의 : 무접점 SCR이나 Thyristor 등 전력 반도체 소자를 이용하여 기동에 적정한 저전압부터 전전압까지 증가시키면서 저전류로 기동하는 기동법

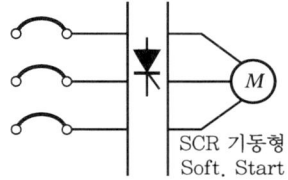

그림 4-143 ▶ Soft Start 기동법

② 장점
  ㉠ 기동시간, 토크의 크기를 부하에 따라 조정하여 저전류의 Soft 기동이 가능
  ㉡ 모터 보호 기능
    • 과부하 시 및 결상 시 Trip
    • 2차측 단락 시 Trip
  ㉢ 모터 수명이 연장 – 무접점 동작
③ 단점
  ㉠ 스위칭 노이즈 발생
  ㉡ 가격이 고가
  ㉢ 대용량의 경우 적용이 어려움
④ 적용 : 어떤 부하에도 무관하게 적용

3) 3상 권선형 유도전동기의 기동방식

(1) 2차 저항 기동법

① 정의
  2차 저항 조정기를 사용하여 저항치를 최대위치에서 기동하여 속도가 상승함에 따라 저항을 줄여 최후에는 저항을 단락하여 운전하는 기동방식

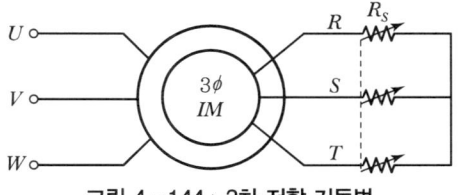

그림 4-144 ▶ 2차 저항 기동법

② 장점
  2차 저항으로 임의의 최대, 최소 토크를 선택할 수 있음
③ 단점
  ㉠ 운전 손실이 크고 효율이 나쁨
  ㉡ 유지보수 관리 주의
④ 적용 : 펌프, 블로어, 크레인 등

(2) 2차 임피던스 기동법

① 개념

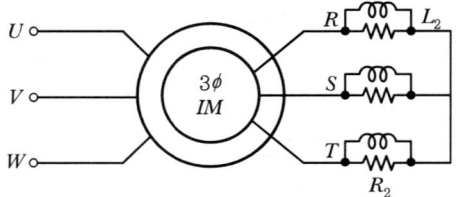

그림 4-145 ▶ 2차 임피던스 기동법

㉠ 기동 시 2차 주파수와 1차 주파수가 같으며 $\omega L \gg R$이므로 대부분의 전류는 저항(R)으로 흐르게 됨

㉡ 속도가 상승하면 2차 주파수는 거의 zero로 되고 $\omega L \ll R$이 되어 대부분의 전류는 L쪽으로 흐르게 됨

② 특징

리액턴스의 선정이 어려움

7. 유도전동기 기동방식 선정 시 고려사항

1) 전압변동 허용값과 기동 시의 전압강하

(1) 전동기 단자에서의 전압강하 한도

① 일반적으로 기동 시에 10[%]
② 정상 시 변동을 포함하여 15[%]

(2) 기동 시 전압강하 검토

① 전원 Cable의 임피던스를 무시할 경우(발전기, 변압기 임피던스만 고려)

$$E[\%] = \%Z \times \frac{P_M}{P_O} = \%Z \times \frac{\sqrt{3}}{P_O} VI$$

여기서, $\%Z$: 발전기 또는 변압기 임피던스, V : 단자전압[V]
P_M : 기동 시 전동기 입력[kVA], I : 기동전류[A]
P_O : 발전기 또는 변압기 용량[kVA]

② 전원 Cable의 임피던스를 고려한 경우

$$E[\%] = \frac{\varepsilon}{100+\varepsilon} \times \frac{P_M}{P_O} \times 100$$

$$\varepsilon(\text{전압변동률}) = \%r\cos\theta + \%x\sin\theta + \frac{\%x\cos\theta - \%r\sin\theta}{100}$$

(3) 기동 시 전압강하 대책

① 감압 기동 방식 채용
② 변압기 용량 증대
  ㉠ 변압기 용량이 전동기 용량의 10배 이상 시 : 전전압기동 가능
  ㉡ 변압기 용량이 전동기 용량의 3~10배 : 전전압기동 검토
  ㉢ 변압기 용량이 전동기 용량의 3배 미만 : 전전압 채용 불가
③ 전압변동에 영향을 받는 부하와 제어회로의 변압기 뱅크 분리

2) 부하소요 Torque에 대한 전동기 Torque 확인

(1) 목적

농형 유도전동기를 감압 시동하면 그 Torque는 전압의 제곱에 비례하여 감소하므로 감압기동을 위해 전압을 너무 내리면 시동 실패의 원인이 된다.

(2) 기동방식별 Torque 특성

① 부하소요 Torque에 대한 전동기 Torque 조정이 가능한 기동기는 문제가 없음
② $Y-\Delta$ 기동 시 문제가 발생됨

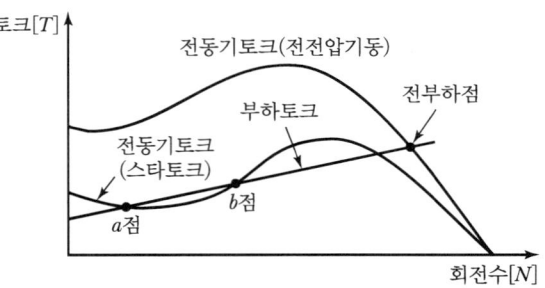

그림 4-146 ▶ 시동토크와 부하토크

기동 이후 부하소요 Torque가 전동기 Torque보다 큰 경우 더 이상 가속이 불가하며 고압 Blower, 냉동 Compressor 등 기동 Torque가 큰 부하의 경우 기동 실패의 원인이 됨

(3) 검토사항

부하의 종류와 부하 Torque를 알고 그것을 상회하는 Torque를 발생하는 기동방식을 선정해야 함

3) 기동기 시간내량

(1) 목적

기동기는 고유의 기동시간내량을 가지고 있으며 유도전동기 기동 시 기동시간을 기동기 시간내량 이내로 해야 안전기동이 가능함

(2) 기동시간 추이법

$$기동시간(T) = \frac{GD_T^2(N_2 - N_1)}{375(\beta T_M - T_L)}$$

여기서, GD_T^2 : 전동기축 환산 전 GD^2[kg·m], T_M : 전동기 평균가속 Torque
N_2 : 기동 종료 회전수[rpm], T_L : 부하의 평균 Torque
N_1 : 기동 초기 회전수[rpm], β : Torque 저감률

(3) 기동방식별 시간내량

기동기 구분	시간내량
직입 및 $Y-\Delta$	• 전자접촉기 기동시간내량은 약 15초임 • 전동기의 내량에 여유가 있을 경우 전자접촉기 Frame을 상향조정하므로 기동시간이 긴 용도 고빈도에 적용이 가능함
리액터 및 곤돌퍼	• 1분 정격의 리액터 혹은 단권변압기를 사용함 • 기동시간 $= 2 + 4\sqrt{P}$, P : 전동기 용량[kW] • 기동 간격은 2시간 이상 필요함 • 2시간 이내의 경우 단권변압기, 리액터의 열시정수 및 기동 시 발열량을 검토함

8. 직입기동 시 문제점

1) 기동전류 증대(정격전류의 500~700[%])

$$회전자측 전류(I_2) = \frac{E_2'}{Z_2} = \frac{sE_2}{\sqrt{r_2^2 + (sx_2)^2}} = \frac{E_2}{\sqrt{\left(\frac{r_2}{s}\right)^2 + (x_2)^2}} 에서$$

2차측 전류는 기동 시 슬립이 최대이므로 $\frac{r_2}{s}$ 값이 작아져 기동전류는 증대됨

2) 역률(cosθ)

고정된 리액턴스값 대비 저항 $\left(\frac{r_2}{s}\right)$ 값은 감소하므로 역률은 감소

3) 전압강하

기동 시 대전류로 인한 전압강하 발생으로 타 부하에 악영향 제공

9. 역전방법

전원의 3상 중에 2상을 바꾸어 주면 회전자계가 반대로 형성되어 반대의 회전 Torque가 발생하여 역전됨

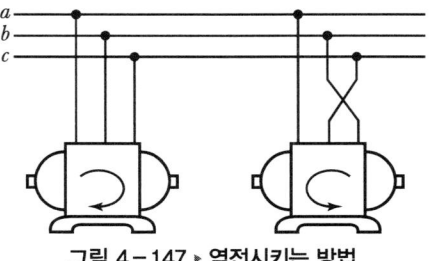

그림 4-147 ▶ 역전시키는 방법

10. 속도제어

1) 개요

(1) 유도전동기는 무부하와 전부하 시 회전수가 거의 변하지 않는 전동기이나 부하의 종류에 따라 회전수를 변화시켜야 할 경우의 속도제어법으로 전동기 속도 $N = \dfrac{120f}{P}(1-S)$ 에서

(2) 전동기 속도제어

① 동기속도(N_s) 변경 방식
  ㉠ 전원 주파수(f) 제어 ㉡ 극수(P) 제어
② 슬립(s) 변경 방식 : 1차 전압제어, 2차 저항제어, 2차 여자제어

2) 극수제어방법

(1) 정의

① 고정자 권선의 극수를 변환하여 속도를 제어하는 방식(4극 ↔ 8극 → 1 : 2 변환)
② 극수 P는 속도 N에 반비례하는 특성을 이용하여 속도를 제어함

(2) **특성** : 다단 정속도 특성
(3) **용도** : 엘리베이터나 공작기계, 펌프, 송풍기 등에 적용
(4) **적용** : 농형 유도전동기에 적용

3) 주파수 제어법(VVVF)

(1) 제어원리

$V \propto K\phi N = K\phi \dfrac{120f}{P}$ 의 관계에서 $\dfrac{V}{f} \propto K_1\phi$ 의 관계식이 성립함

① 여기서 전압이 일정한 상태에서 주파수만을 변경(감소)시켰을 경우 자속이 증가하면 회전자속도는 저하되는 데 비해 $T = K\phi I_2$ 에 의해 토크가 증가하게 되는 문제가 발생됨

② 따라서 자속을 일정하게 유지하기 위해서는 주파수와 전압을 동시에 변화$\left(\dfrac{V}{f} \text{ 일정}\right)$ 시켜야 하는데 이것을 VVVF(Variable Voltage Variable Frequency)라 함

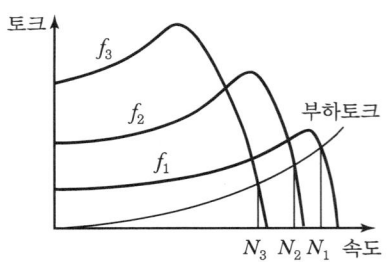
그림 4-148 ▶ 주파수만 변경한 경우

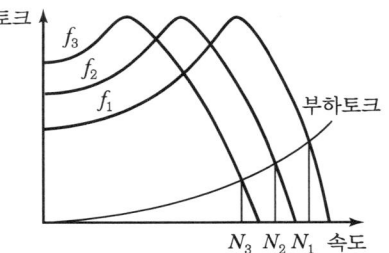
그림 4-149 ▶ 주파수와 전압을 동시 변경한 경우

(2) 특징

① V/f 제어의 경우 속도제어 범위가 벡터제어보다 좁음
② 고효율 및 고속운전이 가능함
③ 제곱 저감토크 부하인 송풍기 펌프 등에 적합함
④ 에너지 절감효과가 큼

(3) 적용 : 농형 유도전동기

4) 1차 전압제어

(1) 정의

유도전동기의 회전력은 전압의 2승에 비례해서 변한다는 성질을 이용하여 부하 시에 전동기의 슬립을 변화시키므로 속도가 제어됨

(2) 특징

1차 전압(V_1)일 때 슬립 S_1으로 운전한다고 하면 1차 전압(V_1)을 V_2로 낮출 때에는 회전력은 전압의 2승으로 낮아지므로 슬립 S_2로 운전되어 슬립은 커지고 속도는 감소함

$$\left(\frac{S_2}{S_1} = \frac{V_1^2}{V_2^2} \right)$$

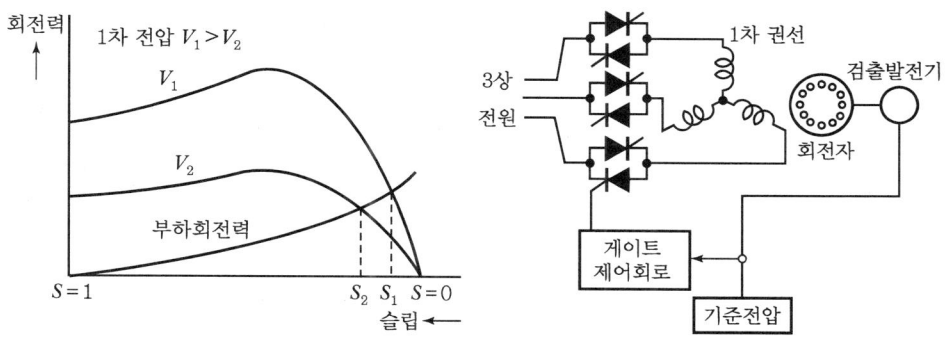

그림 4-150 ▸ 전압변동 시 속도-회전력 특성   그림 4-151 ▸ 싸이리스터이용 전압제어

(3) 종류

① 싸이리스터 이용방법

유도전동기 1차측에 싸이리스터를 접속하고 전압의 1[Hz]의 주기마다 통전시간(제어각)이 변하는 것에 의해 전압을 바꾸는 방법

② 리액터 혹은 저항을 이용하는 방법

전동기 1차측에 리액터 혹은 저항을 접속하고 그 리액턴스 혹은 저항을 변화시켜 1차 전압을 제어하는 방법

(4) 적용 : 소형 농형 유도전동기

5) 2차 저항제어

(1) 원리

회전자에 슬립링을 통해 2차 저항을 변화시켜 발생토크와 부하토크의 교점, 슬립을 변화시켜 속도를 제어하며, 토크(T)는 $\dfrac{r_2}{s}$ 에 의해 영향을 받으므로 2차 저항과 슬립에 동일한 배수를 인가해도 최대토크는 동일하게 되는 비례 추이의 원리를 이용한 방식

(2) 특징

① 2차 저항에 의한 손실 발생
② 속도제어가 원활하여 기중기, 권상기 등에 사용됨

(3) 적용 : 권선형 유도전동기

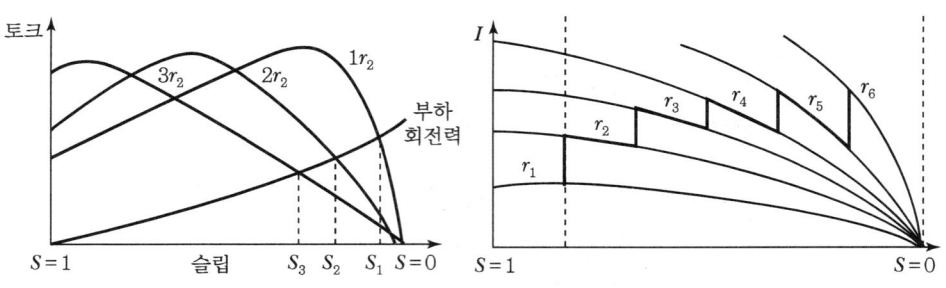

그림 4-152 ▶ 비례 추이 곡선

6) 2차 여자제어

(1) 원리

회전자권선에 적당한 주파수 변환기를 사용해서 2차 기전력(sE_2)과 동일한 주파수의 전압을 공급하여 속도를 제어하는 방식으로 2차측 전류

$I_{2S} = \dfrac{sE_2}{\sqrt{r_2^2 + (sx_2)^2}}$ 의 관계에서

① 2차측 기전력에 전압 $-E_c$를 인가하면 2차측 전류 $I_{2s} = \dfrac{sE_2 - E_c}{\sqrt{r_2^2 + (sx_2)^2}}$ 가 되며

이때 $sx_2 ≒ 0$이므로 $I_{2s} = \dfrac{sE_2 - E_c}{r_2}$ 에서 부하토크가 일정하면 2차 전류(회전자전류)도 동일하므로 $sE_2 - E_c$도 일정해야 하므로 슬립 s가 증가하여 회전자속도를 감속시킴

② 이때 2차측 기전력에 $+E_c$를 인가하면 2차측 전류 $\dot{I}_{2S} = \dfrac{sE_2 + E_c}{r_2}$ 가 동일하므로 슬립 s가 감소하여 회전자 속도가 증가하게 되며, $\dot{E}_c$가 더욱 증가되면 슬립 s가 부($-$)가 되며 전동기속도는 동기속도 이상이 됨

(2) 특징

① 인가전압에 따라 속도 조정이 용이함
② 대용량의 송풍기, 압연기 등에 사용됨

(3) 적용 : 권선형 유도전동기

11. 유도전동기 인버터의 속도제어(VVVF) 방식

1) 개요

(1) VVVF란 Variable Voltage Variable Frequency로 유도전동기 입력전압 및 주파수를 가변시켜 속도를 제어하는 방식임

(2) 에너지 절약을 목적으로 인버터 제어방식을 많이 적용함

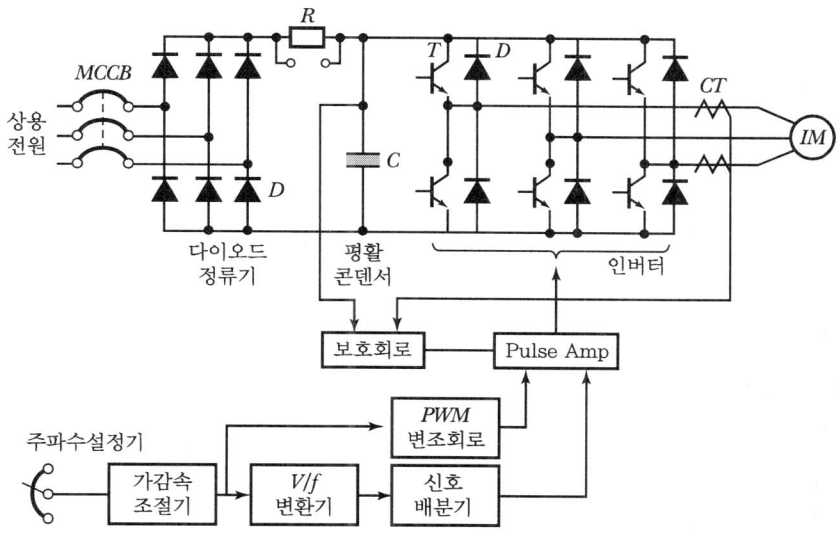

그림 4-153 ▸ 트랜지스터 전압형 인버터 회로

2) 제어원리

$V \propto K\phi N = K\phi \dfrac{120f}{P}$ 의 관계에서 $\dfrac{V}{f} \propto K_1 \phi$ 의 관계식이 성립한다.

(1) 여기서 전압이 일정한 상태에서 주파수만을 변경(감소)시켰을 경우 자속이 증가하면 회전자속도는 저하되는 데 비해 $T = K\phi I_2$ 에 의해 토크가 증가하게 되는 문제가 발생됨

(2) 자속을 일정하게 유지하기 위해서는 주파수와 전압을 동시에 변화 $\left(\dfrac{V}{f} \text{ 일정}\right)$ 시켜야 하는데 이것을 VVVF(Variable Voltage Variable Frequency)라 함

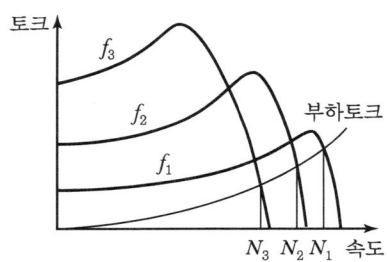
그림 4-154 ▶ 주파수만 변경한 경우

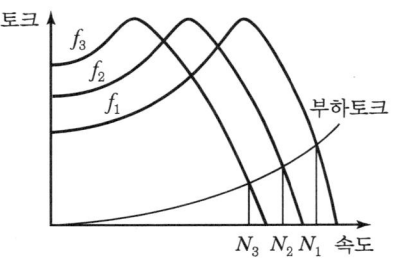
그림 4-155 ▶ 주파수와 전압을 동시 변경한 경우

3) 구분

구분	내용		
주 회로방식	• 전압형	• 전류형	
변조방식	• PWM	• PAM	
제어방식	• $\dfrac{V}{f}$ 제어	• 슬립주파수 제어	• Vector 제어

4) 전압형과 전류형의 비교

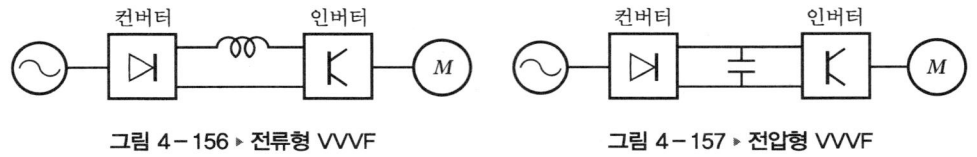

그림 4-156 ▶ 전류형 VVVF   그림 4-157 ▶ 전압형 VVVF

표 4-48 ▶ 전압형과 전류형의 비교

비교	전압형	전류형
제어 개념	• 컨버터 → 직류전압제어 • 인버터 → 교류전압, 주파수제어	• 컨버터 → 직류전류제어 • 인버터 → 교류전류제어
변환소자	IGBT	Thyristor
구조	소형, 경량	대형, 중량
범용성	높음	낮음
장점	인버터 계통의 효율이 높음	전류회로가 간단하며, 고속 Thyristor가 불필요함
단점	유도성 부하만을 사용할 수 있음	구형파 전류로 인해 저주파에서 토크맥동이 발생함

5) 전압형 PWM 방식과 PAM 방식의 비교

비교	PWM 방식	PAM 방식
주 회로 구성		
출력전압파형		
출력전류파형		
제어부	간단(IGBT, GTO)	복잡(Thyristor)
역률	좋음	나쁨
응답성	빠름	늦음
스위칭 주파수	높음	낮음
고조파 영향	적음	많음
적용	중·소용량에 많음	거의 사용치 않음

6) 제어방식 비교

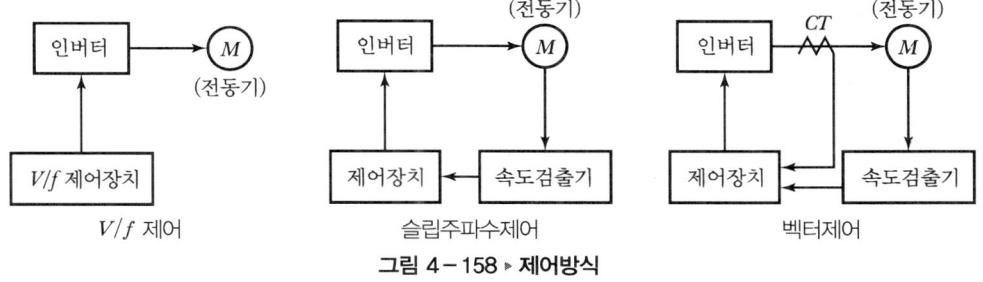

그림 4-158 ▶ 제어방식

(1) $\dfrac{V}{f}$ 제어(Open Loop 제어)

① 개념

부하의 출력상황에 따라 전동기 내의 발생자속을 간단하고 일정하게 유지하기 위해 반도체 소자인 GTO / IGBT 제어기술을 이용하여 인버터의 출력전압과 주파수를 일정하게 제어하는 방식으로 전압을 일정하게 하고 주파수만 감소시키면 $\dfrac{V}{f} \cong K_1 \phi$의 관계에서 자속이 증가하며 이로 인한 최대토크 증가 및 철심포화로 인한 대전류로 전동기 소손이 발생하므로 $\dfrac{V}{f}$를 같이 제어해야 함

② 특징
  ㉠ 제어 구성상 제어방식이 간단하고 범용전동기 사용이 가능함
  ㉡ 토크 제어가 불가능함
  ㉢ 고조파의 영향이 큰 단점임

(2) 슬립주파수 제어(Closed Loop 제어)
  ① 개념
    전동기에 속도검출기를 부착하여 전동기의 속도 및 토크를 발생하도록 슬립주파수를 결정하여 인버터로 출력주파수를 조정함
  ② 특징
    ㉠ $\dfrac{V}{f}$ 제어에 비해 슬립주파수 제어 기능이 부가되어 과전류제어, 정밀속도제어, 토크 제어가 가능함
    ㉡ 저속에서의 전압 조정은 $\dfrac{V}{f}$ 와 같이 곤란하나 슬립주파수의 제어에 의한 전류 조정이 가능하여 속도제어 범위가 넓어짐

(3) Vector 제어(Closed Loop 제어)
  ① 개념

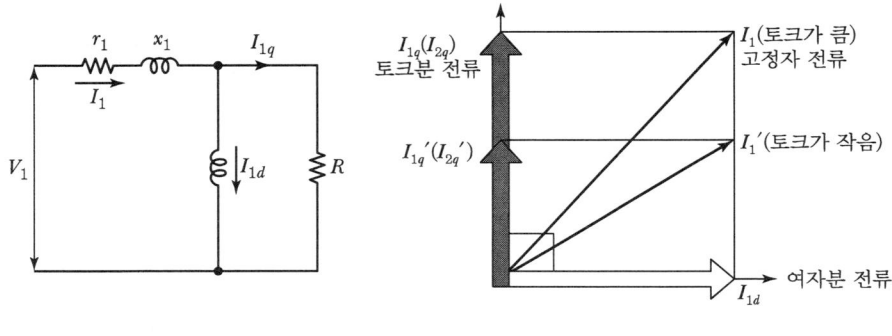

그림 4-159 ▶ 벡터제어 등가회로도   그림 4-160 ▶ 토크-전류도

  ㉠ 벡터제어(마이크로프로세서 이용)는 유도전동기의 1차 전류를 1차 자속전류 I_{1d} 와 1차 토크전류 I_{1q}(2차 토크전류 I_{2q}에 해당)로 비간섭적으로 분리 제어하는 기법임
  ㉡ 실제 유도전동기에서는 직류전동기처럼 전기자전류와 계자전류를 개별로 제어할 수 없어 정밀 제어가 어려운 문제를 Vector 제어 기술을 이용하여 직류전동기처럼 정밀한 제어가 가능하게 하는 방식임

② 종류

직접벡터제어	간접벡터제어
2차측 자속을 직접 측정하는 방법	자속을 직접 검출하지 않고 대신 슬립주파수를 제어하는 방식

③ 특징
　㉠ 종래 유도전동기 사용 시 곤란하던 정밀속도제어, 고토크 시동, 정출력 제어가 가능함
　㉡ 직류기에 비해 보수성이 좋고 고속화가 가능한 이점이 있음
　㉢ 전용 모터가 필요함
④ 적용분야 : 고급 공작기계, 제지, 필름제조공정

표 4-49 ▶ 제어방식 비교

구분	V/f 제어	슬립주파수 제어	Vector 제어
제어대상	전압, 주파수	주파수	계자 및 2차 전류 (토크전류) 분리
속도 검출	불가	검출	위치 및 속도 검출
가속 특성	가감에 한계	V/f 제어보다 우수	급 가감 가능
속도제어범위	1 : 10	1 : 20	1 : 100 이상
토크제어	불가	가능	가능
범용성	모든 전동기에 적용	V/f 제어와 Vector 제어 중간	전용 전동기 적용

7) 적용효과

장점	단점
고효율 운전	고조파 발생 및 장해 유발
고속운전	부하토크가 큰 경우 기동 실패
자동제어 용이	
범용 전동기 사용	
기동전류억제(Flicker 방지)	
에너지 절약 효과가 큼	

8) VVVF 적용으로 인한 에너지 절약효과

(1) 적용

부하 특성이 유량 변화에 따라 제곱저감 토크 특성을 갖는 펌프, Blower, Fan 등

(2) 관계식

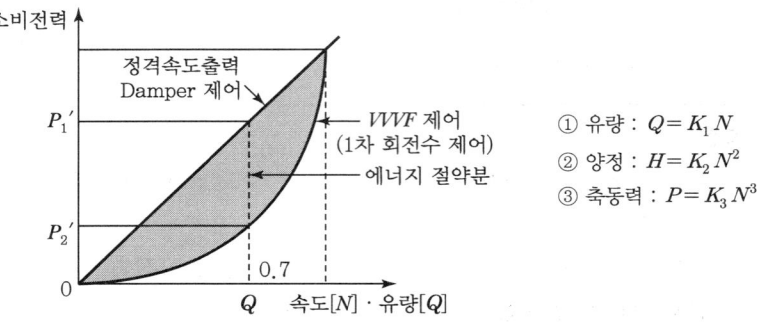

그림 4-161 ▶ 에너지 절감

(3) 적용 예

① Damper 제어

전동기를 일정속도로 운전하면서 유량을 100[%] → 70[%]로 제어 시, 동력 $P_1' = 0.7P_1$

② Inverter 제어

동일한 조건에서 에너지 절약은

$P = KN^3$에서 $P_2' = 0.343P_1$, $\Delta P = P_1' - P_2' ≒ 35.7[\%]$ 절감

9) 문제점 및 대책

(1) 과부하내량(정격전류의 150[%]로 제한)

전력소자의 반도체 특성에 따라 순간적인 과전류 불허 → 기동토크가 큰 전동기 기동 시 전동기보다 상위단 Inverter 사용

(2) 순시정전

제어회로의 소손 방지 → Inverter 정지회로 필요

(3) 고조파

전자기기의 오동작 발생 → 필터 및 리액터 설치, 계통 분리 등

(4) 역률개선용 콘덴서

① 출력측에 설치 시 고조파 전류 유입으로 콘덴서 파손 → 출력측 콘덴서 설치 방지
② 진상용 콘덴서는 교류 입력측 또는 직류측에 리액터를 설치한 후 입력측에 설치함

(5) 원심응력에 의한 피로 증가 → 기계 Shaft의 강도 증대

(6) 온도 상승에 의한 발열 문제

저속(20[%] 이하) 장시간 운전 시 냉각 팬 풍량 저하 → 별도의 냉각 팬 설치

10) 보호

(1) 과전압 보호

① 개념

평활회로의 전압을 감시하고 전압이 높은 경우 인버터 회로부의 파워 트랜지스터 소자의 출력을 차단하여 보호하는 것

② 과전압의 원인

㉠ 감속 중의 모터로부터의 회생전력의 영향

부하의 GD^2가 크고 인버터의 감속시간이 부하의 관성에 의해 자연 정지시간보다 짧은 경우 모터로부터 전력이 회생되어 평활회로부의 직류전압이 상승될 때 발생

㉡ 전원전압의 상승

(2) 부족전압 보호

① 개념

전원전압이 희망하는 값 이하가 될 경우 인버터를 정지해서 보호하는 것으로 전원전압이 저하될 경우 마이크로 컴퓨터나 제어회로의 오동작 및 파워 트랜지스터 소자의 구동 불능이 발생됨

② 입력전압 저하에 비례하여 인버터 출력전압이 저하되기 때문에 모터의 발생토크가 저감되며 이 결과 토크를 보완하기 위해 모터 전류가 증가하고 과전류 보호가 작용하는 경우도 발생됨

(3) 순시정전 보호

① 전원계통의 고장이나 낙뢰 등의 원인으로 정전 발생 시 순시적으로 전원전압이 내려가는 경우 부족전압 보호가 발생됨

② 순시정전 시 일반적으로 일정시간(약 15[ms])까지는 운전을 연속적으로 하나 그 이상의 시간에 대해서는 부족전압 보호가 이루어짐

(4) 과부하 보호

① 일반적으로 전동기 정격 출력의 약 150[%] 정도의 과부하 발생 시 인버터의 과부하 보호가 동작하게 됨
② 반한시 동작 특성이 발생됨

(5) 과전류 보호

① 전동기 정격출력의 약 200[%] 정도의 과전류가 순간적으로 발생 시 인버터의 과전류 보호가 동작하게 됨
② 단한시 동작 특성이 발생됨

(6) 퓨즈 보호 및 과열 보호

파워 트랜지스터 소자 등이 제어기능 상실로 인하여 소자의 파손사고가 발생한 경우 주회로에 설치된 퓨즈용단 또는 배선용 차단기의 차단에 의해 사고의 확대를 방지함

11) 적용

(1) **기동이 빈번한 부하** : 엘리베이터, 주차기기
(2) **변유량, 변풍량 부하**

12. 제동방법

운전 중인 유도전동기를 빨리 정지시키거나 언덕길을 내려가는 전기기관차의 경우 위험한 고속도가 되는 것을 억제하는 것이 제동이며 제동방법에는 기계적인 제동과 전기적인 제동으로 구분된다.
- 기계적인 제동 : 마찰브레이크, 전자클러치, 전동유압브레이크
- 전기적인 제동 : 회생제동, 역상제동, 발전제동, 단상제동

1) 회생제동

(1) 유도전동기가 부하에 대하여 동기 속도 이상일 때 유도발전기가 되어 전력을 전원에 반환
(2) 유도발전기 운전 중에 반항 Torque가 발생하며 제동
(3) 손실이 적고 효율이 높음
(4) 이 방식만으로는 정지시킬 수 없으므로 정지 시에는 다른 제동방법을 병용함

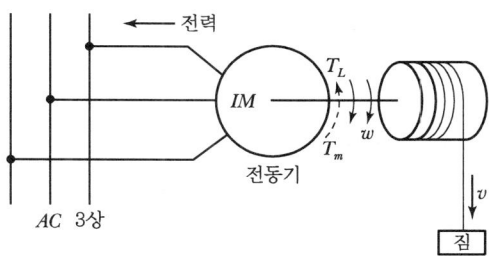

그림 4-162 ▶ 회생제동

2) 역상제동(Plugging 제동)

(1) 유도전동기의 2상을 바꾸어서 회전자계의 방향을 바꾸어서 역방향의 Torque를 발생시켜 제동
(2) 제동효과가 우수
(3) 2상의 접속변환 순간 대전류가 흐름
(4) 부하의 관성이 큰 농형 유도전동기의 경우 단기간 반복적으로 역상제동을 적용할 경우 전동기가 소손될 가능성이 있음
(5) 권선형 전동기는 2차 권선에 외부 저항을 설치하여 외부 저항에 의해 전류를 제한하고 또한 제동회전력을 증대시킬 수 있음

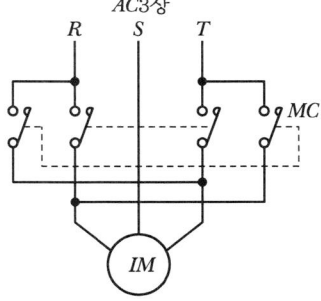

그림 4-163 ▶ 역상제동

3) 발전제동

(1) 교류 전원을 차단하고 고정자 권선에 직류 전류를 흘려 동기발전기가 되어 제동력이 발생하는데, 이때 2차측은 저항기에 접속하게 되며 회전자 발생전력은 저항기 안에서 열로써 소모되어 저항제동이라고도 함
(2) 저항기 저항값에 따라 제동토크와 속도관계가 변함
(3) 고속 회전기인 경우에 제동효과가 우수(초기 고속에서 제동효과가 크고 낮은 속도에서는 제동효과가 낮음)

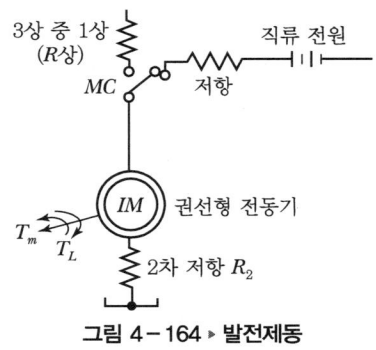

그림 4-164 ▶ 발전제동

4) 단상제동

(1) 3상 유도전동기의 3단자 중 2단자를 합한 선과 나머지 단자 사이에 단상 교류를 공급하면 단상 전동기가 되고, 2차 권선에 직렬로 큰 저항을 접속하여 제동 회전력을 발생시켜 전동기를 정지시키는 방법임
(2) 제동 중 고정자 권선전류는 25[%] 정도 흘러 과열되는 경우가 있으므로 중·소규모에 주로 적용함

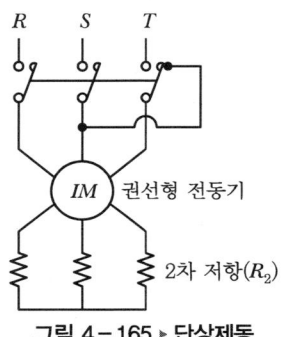

그림 4-165 ▶ 단상제동

4.2.2.2 단상 유도전동기

1. 개요

3상 유도전동기는 공장, 빌딩 등에서 대용량 동력원으로 사용되는 반면 단상 유도전동기는 회전자 구조가 3상 유도전동기와 동일한 농형 구조이며, 고정자 권선은 단상 교류전원에 접속되어 가정 등의 소용량의 동력원으로 많이 사용됨

2. 특성

1) 3상 유도전동기에 비해 특성이 떨어지며 1마력 이하의 전동기로 제한됨
2) 상용 단상전원에 접속하여 사용됨
3) 자기 기동(Self Starting)을 하지 못하므로 보조 기동 방법이 필요함

3. 회전원리

1) 고정자 권선에 단상 교류전원을 공급하면 권선의 축방향으로 교번 자기장이 발생
2) 교번 자기장에 의해 회전자의 도체에 유도 전류가 흐름
3) 회전자 윗부분과 아랫부분에 발생한 전자력은 크기가 같고 방향이 반대가 되어 전자력이 상쇄되어 기동할 수 없음
4) 기동을 위해 주권선에 보조권선과 같은 기동장치를 설치하여 기동하게 함

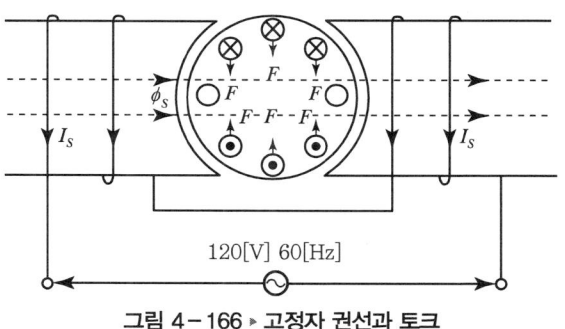

그림 4-166 ▶ 고정자 권선과 토크

4. 종류 및 특징

1) 분상 기동형

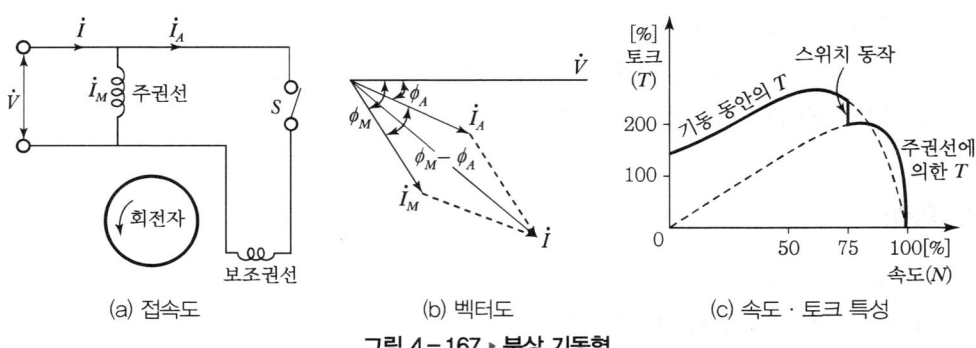

그림 4-167 ▸ 분상 기동형

(1) 원리

주권선과 보조권선을 전기각 90°로 배치하고 보조권선을 주권선보다 가는 코일로 권수를 $\frac{1}{2}$로 하여 인덕턴스를 줄여 보조권선을 주권선보다 앞선 역률로 만들어서 보조권선에서 주권선으로 회전자계를 발생시켜 기동하며 70~80[%]의 속도에 도달 시 원심력 스위치에 의해 보조권선을 개방시킴

(2) 특징

① 기동전류가 정격전류의 5~7배
② 기동토크가 정격토크의 1.5~2배
③ 200[W] 이하의 단상 유도전동기에 많이 적용

2) 콘덴서 기동형

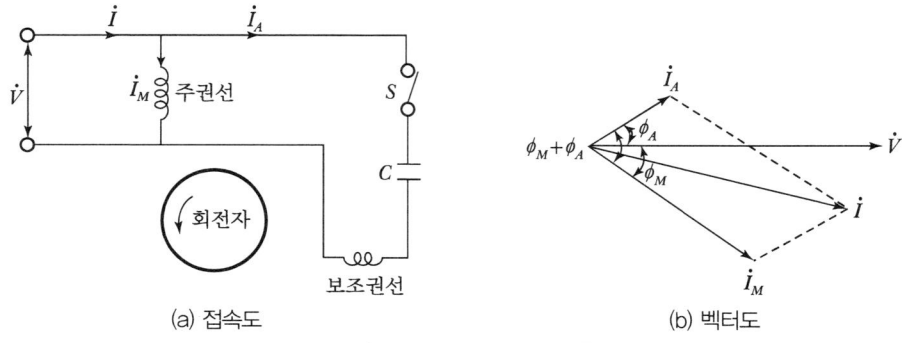

그림 4-168 ▸ 콘덴서 기동형

(1) 원리

보조권선(기동권선)의 전류가 주권선 대비 위상이 90° 앞선 자기장으로 기동권선에서 주권선으로 회전자계를 발생시켜 회전하며 기동 후 원심력 스위치를 개방하여 콘덴서와 보조권선을 분리함

(2) 특징

① 기동토크가 크고(정격 토크의 4배 정도) 기동전류는 적음
② 역률이 좋고 양호하여 일반적으로 많이 사용
③ 전원의 전압변동이 큰 곳에 적당
④ 200[W] 이상의 가정용 펌프, 송풍기 등에 많이 사용

3) 콘덴서 모터형

(1) 원리

기동 시와 운전 시 동일 용량의 콘덴서를 보조권선(기동권선)에 직렬로 설치하는 방식

(2) 특징

① 정전용량이 적어 콘덴서 기동형보다 기동 토크가 작음
② 기동전류, 전부하전류가 적음
③ 원심력 스위치가 없어 견고함(고장이 적음)
④ 큰 기동토크가 필요하지 않고 속도 조정이 필요한 선풍기, 세탁기 등에 사용

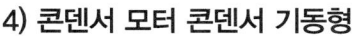

그림 4-169 ▶ **콘덴서 모터형**

4) 콘덴서 모터 콘덴서 기동형

(1) 원리

기동 시에는 기동용 콘덴서를 이용하고, 운전 시에는 운전용 콘덴서를 이용하는 방식으로 콘덴서 기동형과 콘덴서 모터형의 특징을 조합한 방식

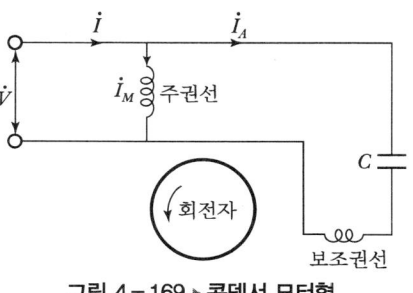

그림 4-170 ▶ **콘덴서 모터 콘덴서 기동형**

(2) 특징

① 기동토크가 크게 요구되는 부하에 적합함
② 펌프, 콤프레서, 냉동기 등에 사용

5) 반발 기동형

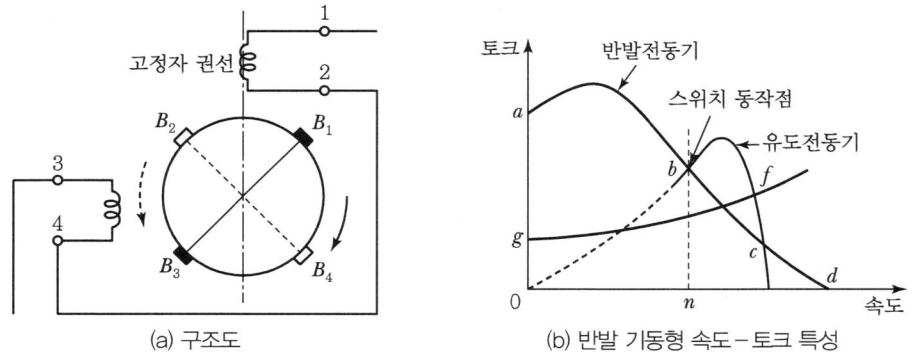

그림 4-171 ▶ 반발 기동형

(1) 원리

기동 시에 회전자 권선을 브러시에 단락시켜 기동토크를 크게 만드는 반발전동기로 기동하고, 전동기속도가 동기속도의 75[%] 부근에 도달 시 원심력에 의해 모든 정류자가 단락되므로 농형 회전자와 같이 단상 유도전동기로 작동됨

(2) 특징

① 기동토크가 크게 필요한 곳에 적합
② 전압 변동이 심한 장소에 적합
③ 펌프, 콤프레셔, 전동공구 등에 사용

6) 세이딩 코일형

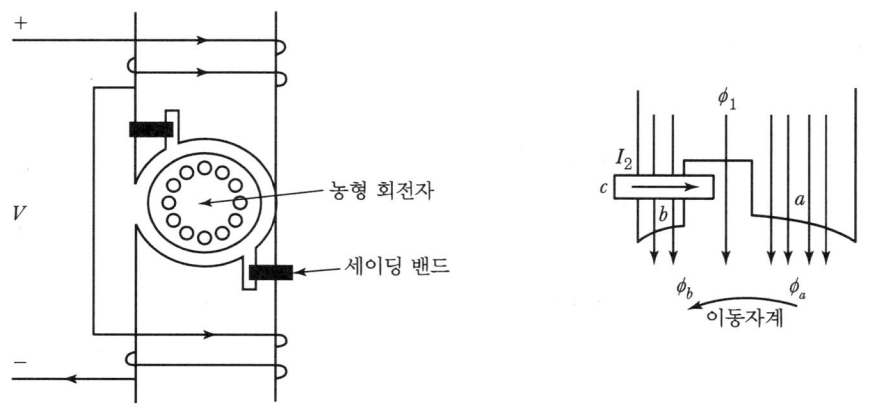

그림 4-172 ▶ 세이딩 코일형

(1) 원리

고정자의 각 자극의 한쪽에 슬롯을 만들어 저항이 큰 동대로 만들어서 단락코일(세이딩 코일)을 삽입하여 단락코일 부분의 위상을 늦게 하여 단락코일이 없는 부분에서 단락코일쪽으로 회전자계를 발생시켜 회전시킴

(2) 특징

① 기동토크가 작음
② 기동 SW가 없고 견고함
③ 역전이 불가능함
④ 소형에 많이 사용함

4.2.3 전동기 일반사항

4.2.3.1 유도전동기 고효율화

1. 개요

1) 고효율 전동기는 일반 유도전동기의 발생 손실을 저감시킨 것으로 적은 소비전력으로 에너지를 절감하고, 운전비용이 낮아서 단시간에 초기 설비 투자 비용 회수가 가능하다.
2) 가정, 공장, 건물 등에서 전기에너지의 약 50[%] 이상이 전동기에서 소모되므로 전동기를 고효율화하면 전력소비 절감에 따른 파급효과는 클 것으로 예상된다.

2. 고효율 전동기 종류

1) 일반표준 유도전동기보다도 효율을 1~6[%] 높게 설계된 전동기 손실이 적은 전동기이다.
2) 고효율형(High Efficiency), 프리미엄형(Premium), 슈퍼 프리미엄형(Super Premium), 울트라 프리미엄형(Ultra Premium)으로 구분된다.

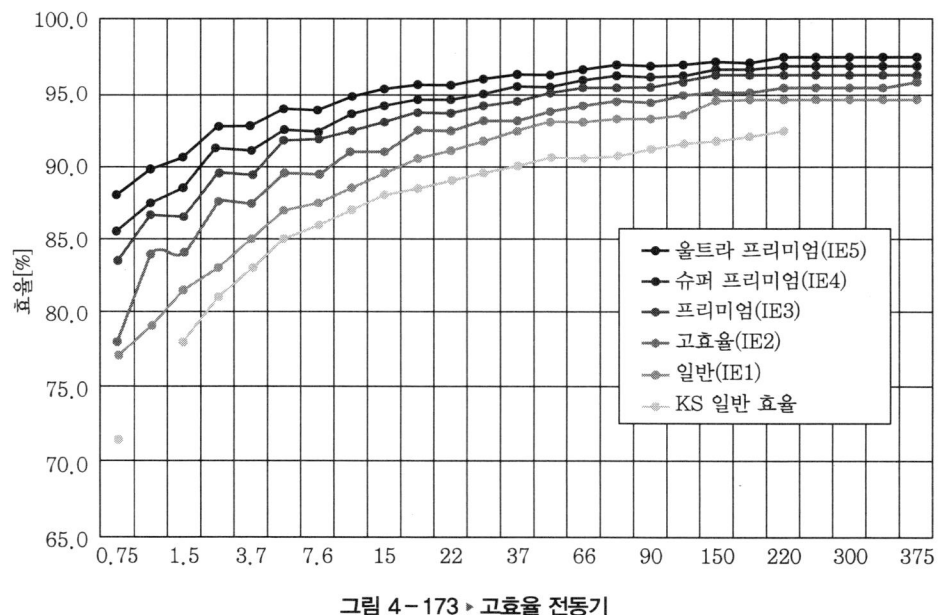

그림 4-173 ▶ 고효율 전동기

3. 전동기의 손실과 고효율화

1) **손실**

저압 3상 농형 유도전동기에 대해 상용전원으로 구동 시 발생 손실을 구분함

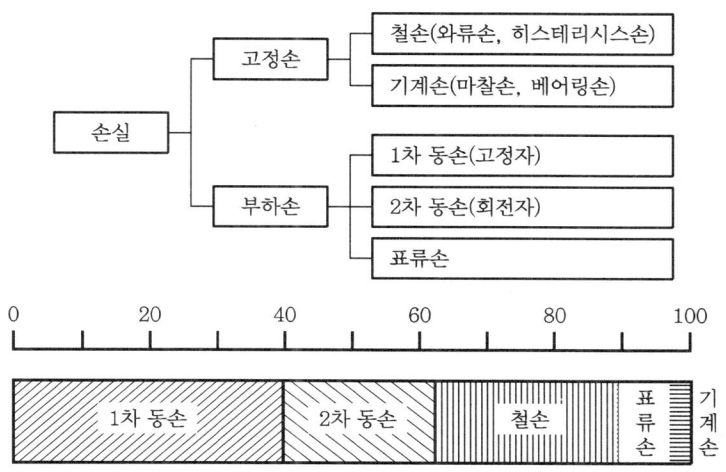

그림 4-174 ▸ 전동기 손실 분류도

2) 고효율화 방안

(1) 유도전동기 자체의 고효율화

(2) 가변속 구동을 할 경우 시스템으로서의 고효율화(VVVF)

3) 유도전동기 손실 저감 방안

(1) **동손 저감** : 도체저항의 감소

(2) **철손 저감**

① 철손이 적은 전기강판 사용
② 가공 후 강판을 열처리함

(3) **표류손**

① 공극 길이의 최적화
② 공극 자속밀도 감소
③ 고정자와 회전자의 Slot 구조 최적 설계

(4) **기계손**

① 전동기 냉각 팬 지름을 작게 함
② 적정 베어링 선정 및 윤활유 사용

4. 특징

장점	단점
• 일반전동기보다 효율이 높음 • 손실이 적음 • 권선의 절연수명이 긺 • 소음이 적음 • 에너지 절감 효과가 큼	• 축방향의 길이가 표준전동기보다 긺 • 전동기 중량이 증가함 • 가격이 표준전동기 대비 약 30[%] 고가

5. 최저효율제 동향

1) 2015년

미국 NEMA 프리미엄 기준을 참조하여 프리미엄급 고효율(IE3)로 기준을 강화하였다.

2) 2018년 10월(산업통상자원부 고시 2018 – 189호)

효율관리기자재 운영규정에 의해 0.75[KW] 이상 375[KW] 이하 3상 유도전동기의 최저효율제 적용 전동기는 프리미엄(IE3) 효율 이상만 생산판매된다.

6. 고효율 전동기 적용 시 효과가 높은 장소

1) 가동률이 높고 연속운전이 되는 곳
2) 정숙운전이 필요한 곳(저진동, 저소음)
3) 고부하 시 및 공조용 등 전력 소모가 Peak 시 사용되는 곳
4) 전원용량의 여유가 적어 설비 증설이 제한되는 곳
5) 전체 소비전력 대비 전동기의 소비전력이 큰 비중을 차지하는 곳

7. 결론

1) 고효율 전동기 최저효율제에 관한 국내 · 외 동향에 따라 소비전력의 절반 이상을 차지하는 전동기의 에너지 절약을 위한 고효율화는 국가적으로 더 이상 늦출 수 없는 중요한 과제이다.
2) 지구온난화 및 에너지 절약을 위해 전동기의 고효율화는 지속적으로 필요하며 저가격을 통한 보급의 확대가 필수적이다.

4.2.3.2 전동기 보호방식

1. 개요

1) 전동기는 다양한 형식, 용량, 전압이 있어 그 적용방식이 매우 다양하며 표준화되어 있지 않으며, 전동기 보호란 전동기 자체의 보호는 물론 파급사고의 방지를 위해 필요하다.

2) **전동기에서 발생할 수 있는 고장의 종류**

    (1) 권선이나 관련회로의 고장(단락, 지락)
    (2) 과부하 또는 구속
    (3) 전원의 상실 또는 저전압
    (4) 역상 전원
    (5) 결상 또는 전류 불평형

3) 전동기 보호회로는 크게 고압과 저압으로 구분됨

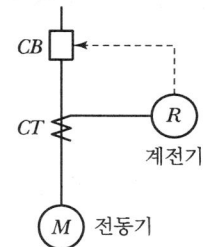
그림 4-175 ▶ 고압, 중형 이상 전동기

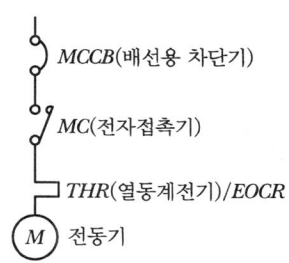
그림 4-176 ▶ 저압 전동기

2. 보호방식 선정 시 유의사항

1) 단락보호에 적합한 MCCB, Fuse는 과부하 보호에 적합한 열동형 계전기와 조합함
2) 배선용 차단기의 경우 전동기 보호용을 선정함
3) 간헐 운전 전동기의 과열은 열동계전기로 보호할 수 없어 서모스타 등을 사용함
4) 과부하 보호는 전동기 열 특성 이내에서 동작하도록 계전기 정정값을 설정함

3. 각종 보호방식

1) 과부하, 구속보호

(1) 과부하보다는 구속에서 급격한 온도 상승이 발생됨
(2) 정격전류에서 구속까지의 각 전류가 통과했을 때 전동기 각 부가 허용온도에 이르기까지의 시간을 열 특성이라 함
(3) 열 특성상 구속 시 허용시간에 주목하고 보호하는 것이 포인트가 됨
(4) 범용 E종 전동기는 5~20초, 수중 펌프용 전동기는 5초이므로 다른 특성의 보호계전기를 구분해서 적용해야 함
(5) **과부하, 구속보호용** : EOCR, 열동계전기, 모터브레이커

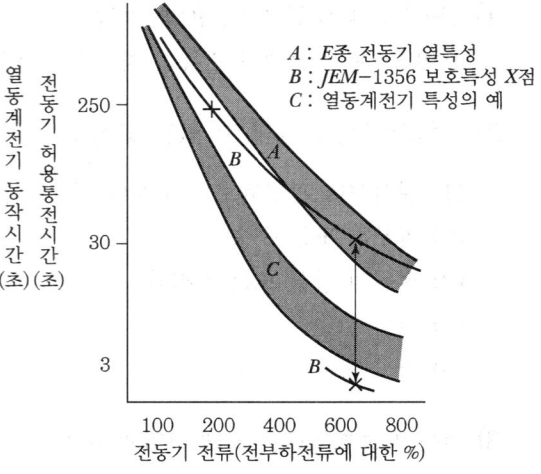

그림 4-177 ▶ **전동기 열 특성과 보호곡선도**

2) 단락보호

(1) 단락 발생 시 전원용량과 회로조건에 의해 단락전류가 흐르며 정격의 약 10~몇십 배가 흐름
(2) 그 회로의 전선, 제어기기를 보호함과 동시에 타 계통으로의 파급을 방지하기 위함
(3) **단락보호용** : 배선용 차단기, 모터브레이커, 퓨즈
(4) 퓨즈는 특별히 큰 차단용량을 필요로 하는 회로에 적용함

3) 결상보호

(1) 결상은 배전계통에서 퓨즈를 사용할 때 1상 용단, 배선용 차단기의 접촉 불량, 1선 단선 등으로 발생함
(2) 결상인 채 시동하면 시동토크가 없이 단상구속이 되고 정격전류의 약 4~7배의 구속전류가 흐르며, 3상 구속과 같이 보호할 수 있음
(3) 운전 중 결상이 된 경우 보호할 수 없는 경우가 있음 → 권선전류가 증가해도 보호계전기 전류의 증가가 적기 때문임

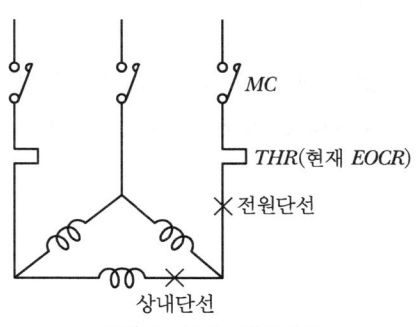

그림 4-178 ▶ **결상회로**

(4) 결상보호용 계전기 : 2E 열동계전기, 3E 계전기(정지형 과전류계전기), EOCR

4) 과전압 부족전압보호

(1) 과전압보다 부족전압이 문제가 되는 경우가 많음
(2) 과전압, 부족전압은 전동기 온도 상승으로 인한 악영향으로 정격전압 근처 운전이 바람직함
(3) 시동 시를 포함해 단시간이라도 ±10[%] 이내로 변동을 억제해야 함
(4) 전자접촉기 허용전압은 −15[%], +10[%]이므로 특히 시동 시 전압강하에 유의해야 함
(5) 보호용 : 과전압계전기(OVR), 부족전압계전기(UVR)

5) 역상(반상) 불평형보호

(1) 역상보호

① 전동기 역전에 의한 기계계통의 고장을 방지하는 것이 목적임
② 고정된 설비에서 설치 당시 시운전으로 확인이 가능함

(2) 불평형보호

① 원인
배전계통이 V결선 변압기일 경우, 대용량 정류기가 있을 경우, 큰 단상 부하가 있을 경우 전압불평형이 있으면 전류불평형은 현저함
② 영향
㉠ 전압불평형이 2~3[%]로 전류불평형은 20~30[%]가 됨
㉡ 불평형이 있으면 권선이 부분 과열되어 정격출력으로 운전할 수 없게 됨
③ 대책
㉠ 역상과 불평형보호 : 3E 계전기(정지형 과전류계전기), 4E 계전기, EOCR
㉡ 역상만의 보호 : 전압검출방식의 정지형 역상계전기

6) 누전보호

(1) 누전보호는 감전 방지와 화재보호가 주 목적임
(2) 인체보호용 누전차단기는 고속도 고감도형(30[mA], 30[ms])을 사용함
(3) 물기가 많은 장소에서는 15[mA], 30[ms]의 누전차단기를 적용함
(4) 전동기보호로는 별로 고려되지 않음
(5) 전동기 권선 절연 열화를 단락에 이르기 전에 보호 가능하며 철심, 기타 구조부의 손상을 방지할 수 있어 유용함

4. 저압전동기 보호기기

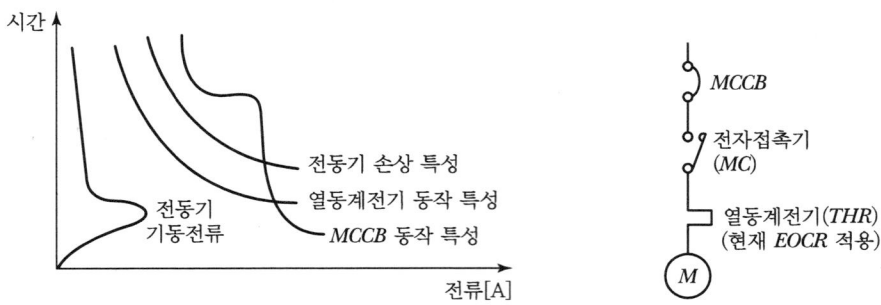

그림 4-179 ▶ 저압 전동기 보호도

1) 배선용 차단기

(1) 보호방식

① 과부하보호 : 장한시 트립요소

② 단락보호 : 순시 트립요소

(2) 전동기 과부하보호를 배선용 차단기로 하는 경우 한시 특성이 전동기 기동전류와 협조가 되는 전동기 보호용 배선용 차단기를 선정함

(3) 전동기 기동전류는 전 부하전류의 600[%] 이하로 시동시간이 수 초 이내로 되어야 함

2) 열동형 계전기

(1) 전동기의 과열원인

과부하, 운전 중 정지, 기동 실패, 주위 온도 상승, 환기 부족, 감속 운전, 빈번한 기동, 불평형 전압, 결상운전 등이 있음

(2) 열동형 계전기와 배선용 차단기와의 보호협조

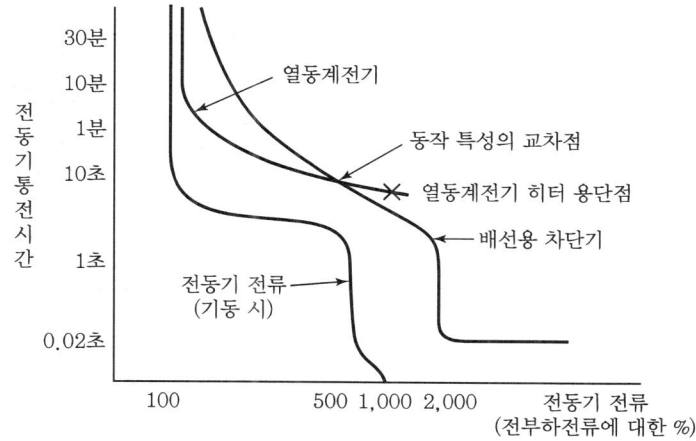

그림 4-180 ▶ 보호기기 협조도

① 열동계전기는 배선용 차단기와 결합해서 사용하는 경우가 가장 많음
② 열동계전기는 전류 정정치에서 10배까지이며 그 이상의 전류는 배선용 차단기로 커버함
③ 열동계전기와 배선용 차단기의 특성곡선의 교점을 열동계전기 특성의 영구 변화를 일으키는 점보다 적게 함(통상 10배 정도)
④ 배선용 차단기의 순시 개폐전류를 전동기 기동돌입전류보다 크게 함

3) 정지형 보호계전기(3E 계전기)

(1) 과부하(구속), 결상(불평형), 역상 3요소의 보호를 하는 것을 목적으로 함
(2) CT와 반도체 회로가 1개의 성형케이스에 내장되어 있으므로 정정전류가 CT의 1차측 관통 횟수와 3E 계전기의 정정노브로 광범위하게 조정할 수 있음
(3) 작동시한은 시동전류에서 5~15초 정도로 조정할 수 있음
(4) 전동기 특성과 부하기계의 특성에 맞는 최적 보호 특성으로 정정할 수 있음
(5) 누전보호가 필요시 4E 계전기가 사용됨

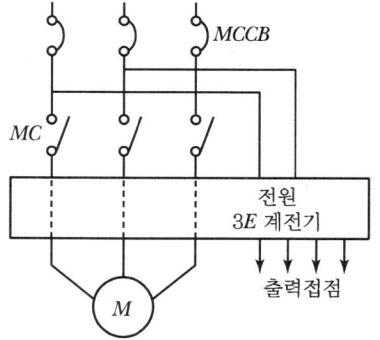

그림 4-181 ▶ 3E 계전기 구성도

5. 고압 전동기 보호기기

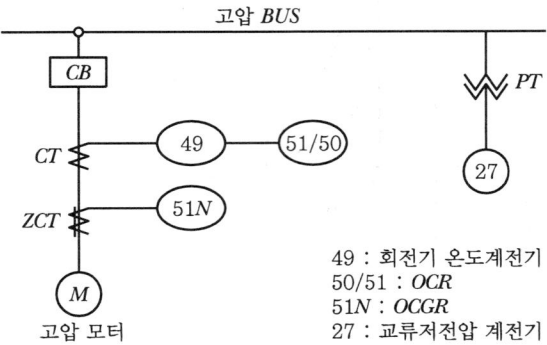

그림 4-182 ▶ 고압 전동기 보호

1) 단락보호

(1) 과전류계전기(50/51)의 순시요소를 이용함

(2) 순시요소 정정치 유의사항은 전동기 기동 시 수 배~수십 배의 기동전류와 돌입전류에 동작하지 않을 것

(3) 돌입전류는 전동기 철심의 잔류자기와 기동순간의 전압위상에 따라 달라지는 직류분을 포함한 전류로서 보통 제1투입파에서는 기동전류의 130~150[%], 제2투입파에서는 110~120[%]로 급감하며, 지속시간은 3~4[Hz] 정도임

(4) 권선의 단락보호 순시요소는 돌입전류에 동작치 않도록 여유를 주어 정정함

(5) 전동기 용량이 전원 공급 변압기의 50[%]를 초과 시 또는 대형 전동기의 경우 차동계전기를 적용함

표 4-50 ▶ 3상 유도전동기(농형)의 기동 특성

종류	기동토크(정격의 %)	기동전류(정격의 %)
일반용	100~150	460~650
특히 기동토크가 큰 것	150~200	500~700

2) 과부하보호

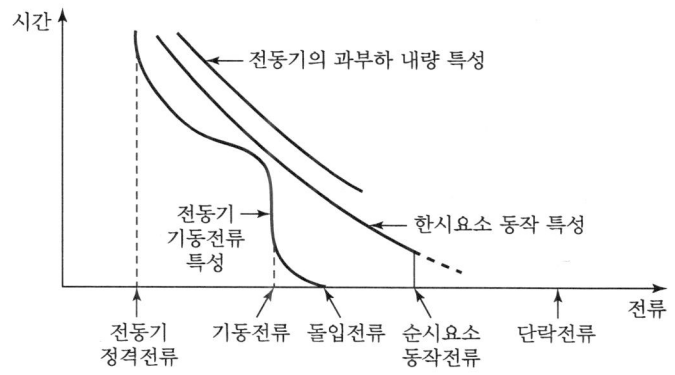

그림 4-183 ▶ 고압 전동기 보호협조도

(1) 전동기 과부하보호는 유도전동기 과부하내량과 잘 협조되는 강반한시(장한시형)의 과전류 계전기가 일반적으로 사용됨
(2) 실제 과부하 및 단락보호는 1개의 계전기 내 포함된 순시요소와 한시요소를 사용함
(3) 한시요소는 정격전류의 115[%]에 동작하여 경보를 발하며, 제2순시 요소는 정격전류의 200~250[%]에 정정하며 심한 과부하를 구분하여 한시요소와 동시 동작하는 조건으로 전동기를 트립시킴

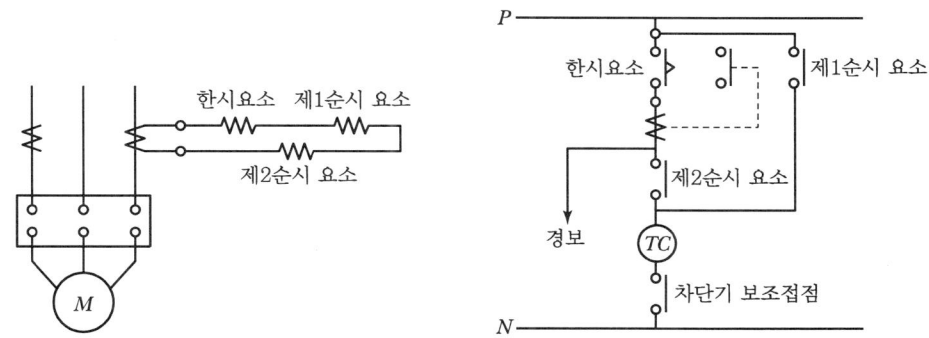

그림 4-184 ▶ 고압 전동기 과부하보호 회로

3) 저전압보호

(1) 저전압은 전동기 회전력 부족 또는 전류 증가로 인한 과열원인이 될 수 있음
(2) 정전 시 전동기를 전원으로부터 분리해 두지 않으면 전원 회복 시 다수 전동기가 동시에 기동 시 변압기 등의 과부하로 재정전 가능성이 있음
(3) 전동기 전원측 모선 PT 2차측에 부족전압 계전기를 설치하면 계통 전전압뿐만 아니라 전원측의 1상 결상 시에도 단상 기동에 대해 보호할 수 있음
(4) 계통전압의 75~90[%]에 정정하며 반한시형 계전기를 사용함

4) 지락보호

(1) 저항접지 계통에서 지락전류가 제한되므로 반한시성 지락과 전류 계전기가 많이 사용됨
(2) 순시형을 사용 시 Motor 기동 시 큰 전류에서 CT 특성차에 의한 오동작 방지를 위해 각 상 잔류회로보다는 영상 CT를 사용하는 것이 안전함

5) 결상 또는 전류 불평형 보호

(1) 전동기가 운전 중 개폐기의 접촉 불량 또는 Fuse 용단 등으로 결상 시 나머지 2상에는 $\sqrt{3}$ 배의 전류가 흘러 과열을 초래함
(2) 전원전압의 불평형으로 불평형 전류 발생 시 전동기 손실 증가 및 출력 감소 발생
(3) 역상전류계전기(46)로 보호함

4.2.3.3 권선형 유도전동기

1. 원리

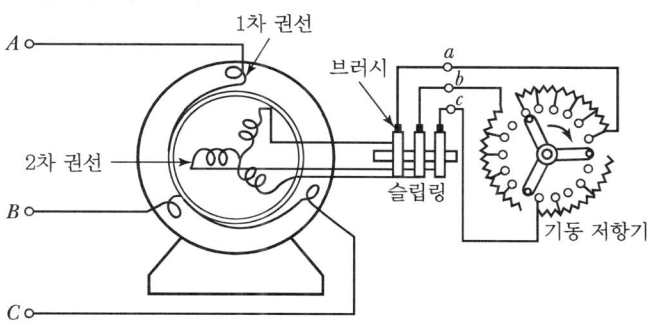

그림 4-185 ▶ 권선형 유도전동기 구조

일반적으로 권선형 유도전동기의 기동전류 제한 및 기동토크를 향상시키기 위해 비례 추이 현상을 이용하는데 상기 그림에서와 같이 회전자에 기동저항(Starting Rheostat)을 연결하여 최초 기동 시에는 저항을 최대로 하고 시간이 지나면서 점차 저항을 줄여나가면 기동토크가 부하토크보다 커지게 된다.

2. 기동방식

1) 2차 저항 기동법

유도전동기의 비례 추이 특성을 이용하여 회전자회로에 슬립링을 통해 가변저항을 접속하고 초기에 저항을 크게 하여 토크를 크게 하고 기동전류를 억제하며 순차적으로 저항값을 작게 하여 최종에는 저항을 단락시켜 기동하는 방법이다.

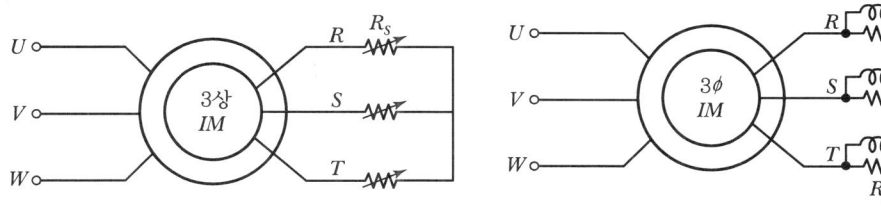

그림 4-186 ▶ 2차 저항 기동   그림 4-187 ▶ 2차 임피던스 기동

2) 2차 임피던스 기동법

회전자회로에 고정저항(R_2)과 리액터(L_2)를 삽입하여 기동 초기에 슬립이 크므로 회전자의 주파수는 커지게 되어 리액턴스가 커 2차측 전류는 저항으로 흘러 기동하며 일정한 시간 후 슬립이 적어지면(5[%]) 오히려 저항이 리액턴스보다 커져 리액턴스로 전류가 흐르면서 기동된다.

3. 속도제어

1) 2차 저항제어

(1) 원리

회전자에 슬립링을 통해 2차 저항을 변화시켜 속도를 제어하며 토크(T)는 $\dfrac{r_2}{s}$에 의해 영향을 받으므로 2차 저항과 슬립에 동일한 배수를 인가해도 최대토크는 동일하게 되는 비례 추이의 원리를 이용한 방식으로 권선형 유도전동기에서 적용되는 방식임

(2) 특징

① 2차 저항에 의한 손실 발생
② 속도제어가 원활하여 기중기, 권상기 등에 사용됨

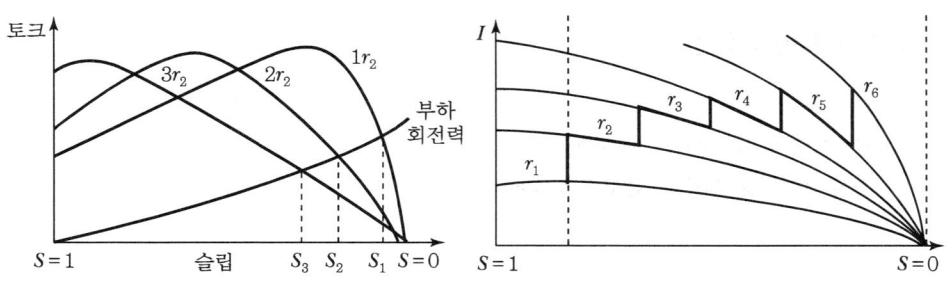

그림 4-188 ▶ 비례 추이 곡선

2) 2차 여자제어

(1) 원리

회전자 권선에 적당한 주파수 변환기를 사용해서 $sf(sE_2)$와 동일한 주파수의 전압을 공급하여 속도를 제어하는 방식으로, 2차측 전류 $I_{2S} = \dfrac{sE_2}{\sqrt{r_2^2 + (sx_2)^2}}$ 의 관계에서

2차측 기전력에 전압 $-E_c$를 인가하면 2차측 전류 $I_{2s} = \dfrac{sE_2 - E_c}{\sqrt{r_2^2 + (sx_2)^2}}$ 가 되며 이때 $sx_2 ≒ 0$이므로 $I_{2s} = \dfrac{sE_2 - E_c}{r_2}$ 에서 부하토크가 일정하면 2차 전류(회전자 전류)도 동일하므로 $sE_2 - E_c$도 일정해야 하므로 슬립 s가 증가하여 회전자속도를 감속시킴.

이때 $+E_c$를 인가하여 속도가 증가해서 $I_{2s} = \dfrac{E_c}{r_2}$ 가 되면 sE_2는 0이 되고 동기속도로 회전되며 $+E_c$값을 더욱 증가시키면 슬립 s는 부$(-)$가 되며 전동기속도는 동기속도 이상이 됨

(2) 특징
① 인가전압에 따라 속도 조정이 용이함
② 대용량의 송풍기, 압연기 등에 사용됨

4. 농형 유도전동기와 권선형 유도전동기의 비교

항목	농형	권선형
회전자 구조	농형 회전자(도체+단락환)	권선형 회전자(3상 권선 인가)
기동방식	전전압, 감압기동	2차 저항제어, 2차 임피던스제어
장점	• 구조가 간단하고 튼튼함 • 취급이 용이 • 효율이 좋음	• 기동전류 제한 • 전압강하 제한 • 기동토크 향상
단점	• 기동전류가 큼 • 선로전압강하 발생 • 고정자 권선 열화	• 구조가 복잡 • 브러시 교체 • 효율이 낮음
적용	소형	대형

4.2.3.4 동기전동기

1. 개요

1) 동기전동기는 전기에너지를 기계에너지로 변환시키는 회전기로서, 유도전동기와 같은 슬립이 없이 회전속도가 전기자 전원에 의한 회전자계의 동기속도에 비례하는 전동기이다.
2) 구조적인 특징으로 인해 회전전기자형보다는 회전계자형이 많이 사용되며 회전계자형은 돌극형과 원통형이 있으며, 특히 고속의 경우 원통형이, 대형 기기의 경우 돌극형이 적용된다.
3) 동기전동기는 소용량에서부터 대용량에 이르기까지 광범위하게 사용되고 있다.

2. 원리

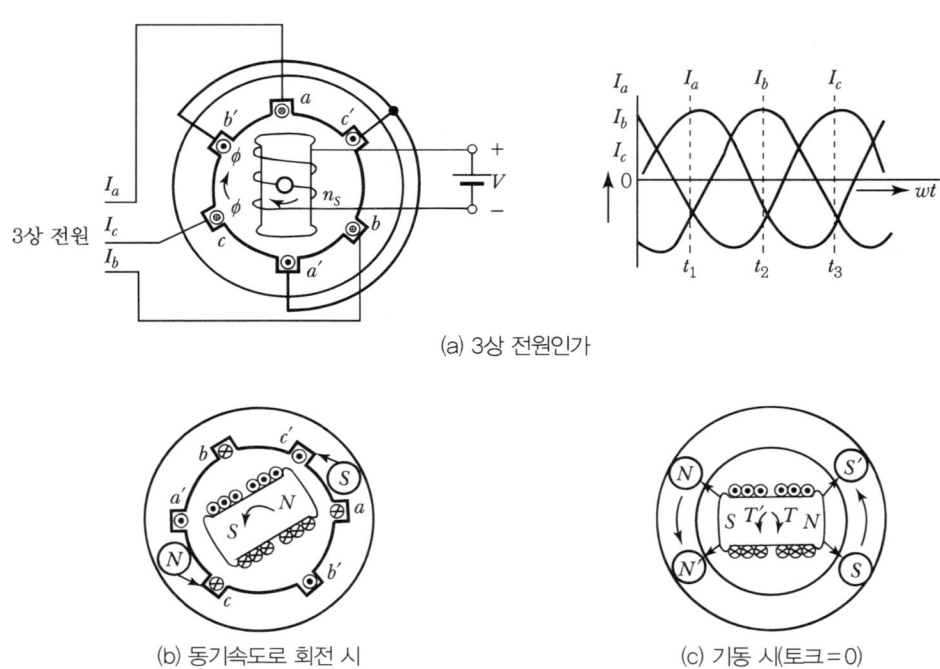

그림 4-189 ▶ 3상 동기전동기의 원리

1) **3상 권선에 3상 교류전류를 계속 흘려 줄 때**

   동기속도로 회전하는 회전자기장이 고정자에 발생한다.

2) **그림 (b)와 같이 계자자극 N, S와 회전자계 Ⓝ Ⓢ가 동기속도로 회전하고 있을 때**

   N과 Ⓢ 및 S와 Ⓝ 사이에 흡인력, 즉 토크가 발생하여 계자자극 N, S가 회전자계 Ⓝ Ⓢ를 따라 회전하게 된다.

3) 그림 (C)와 같이 기동 시, 즉 계자자극 N, S가 정지하고 있을 때

(1) 회전자계가 Ⓝ Ⓢ의 위치에 있을 때는 N과 Ⓢ 및 S와 Ⓝ 사이에 흡인력에 의한 토크(T)는 시계방향으로 됨
(2) 회전자계가 빠른 속도로 이동하여 Ⓝ Ⓢ의 위치에 왔을 때 N과 Ⓢ 및 S와 Ⓝ 사이에 흡인력에 의한 토크(T')는 반시계방향이 되어 평균토크가 0이 되어 전동기는 회전하지 못함

3. 회전속도

1) 동기전동기는 회전계자형의 동기발전기와 거의 같은 구조로서 동기속도 n_s로 회전하는 전동기임

2) 전동기 회전속도(n_s)

$$n_s = \frac{120f}{P}[\text{rpm}]$$

여기서, f : 교류전원의 주파수, P : 계자극수

4. 동기전동기의 구조

1) 고정자

회전자계를 발생시키기 위한 철심과 권선으로 구성됨
(1) 고정자 철심은 전기자 권선을 지지하고 자속통로 역할을 함
(2) 히스테리시스손을 적게 하기 위해 규소강판이 사용됨
(3) 맴돌이손을 적게 하기 위해 0.35~0.5[mm] 얇은 강판을 사용함

2) 회전자

(1) **회전전기자형** : 소용량, 저전압 동기기에 적용

(2) **회전계자형**

① 3상 권선을 튼튼한 구조로 할 수 있음
② 전기자 권선의 절연이 용이함
③ 전기자 권선에 큰 전류를 흘릴 수 있음
④ 계자회로에 직류 저전압으로 소요 전력이 적음
⑤ 특수한 용도를 제외하고는 대부분 회전계자형을 사용함

5. 동기전동기의 기동법

동기전동기는 동기속도로 회전하고 있을 때만 토크를 발생하므로 동기전동기 자체로서는 기동 토크는 0이다. 동기전동기는 스스로 기동하지 못하므로 다른 기동방법이 필요하다.

1) 자기기동법

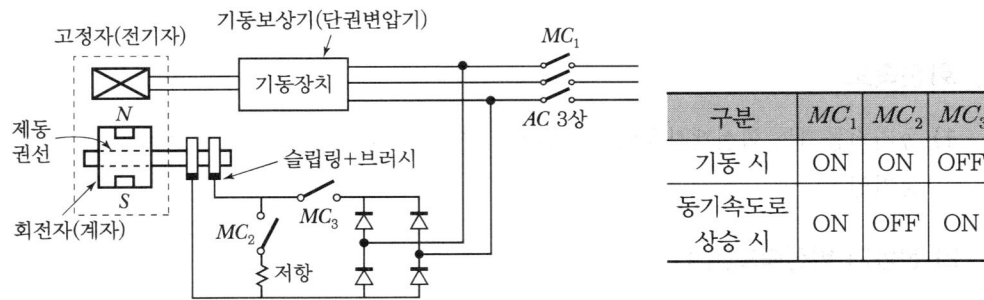

그림 4-190 ▸ 동기전동기 자기기동법

구분	MC_1	MC_2	MC_3
기동 시	ON	ON	OFF
동기속도로 상승 시	ON	OFF	ON

(1) 회전자의 자극편에 3상 유도전동기의 농형 회전자 권선과 비슷한 제동권선을 설치하여 동기전동기를 기동시키는 방법임
(2) 동기전동기에 여자전류를 가하지 않고 전기자 권선에 정격전압의 30~50[%]의 저전압을 가하여 기동시킴
(3) 기동 시 회전자속에 의해 권수가 많은 계자권선에 고전압이 유도하여 절연파괴 우려가 있어 저항을 통해 단락시켜 기동함
(4) 동기전동기가 기동되어 동기속도 부근까지 속도가 상승 시, 직류여자전류를 가하여 동기속도로 회전시키는 방법임

2) 기동전동기법

(1) 동기전동기의 축에 직결한 기동전동기를 사용하여 기동시키는 방법
(2) S_2를 닫아 기동전동기로 동기전동기를 돌리면 동기전동기는 동기발전기가 되므로 이 발전기의 계자전류 및 속도를 조정하여 전원과의 동기를 검정한 다음 개폐기 S_1을 닫으면 그 이후는 동기전동기가 됨

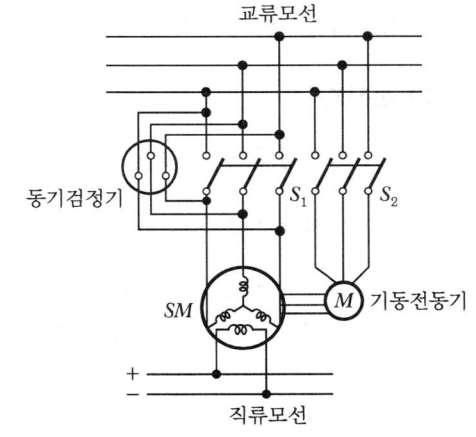

그림 4-191 ▸ 기동전동기법

3) 유도동기전동기법

(1) 유도동기전동기는 보통의 권선형 유도전동기와 같은 구조임
(2) 기동 시 회전자 권선에 기동저항기를 접속하여 폐회로를 만들어 유도전동기의 양호한 기동 특성을 이용함
(3) 동기속도에 가까워졌을 때 여자기에서 직류를 보내서 동기화함

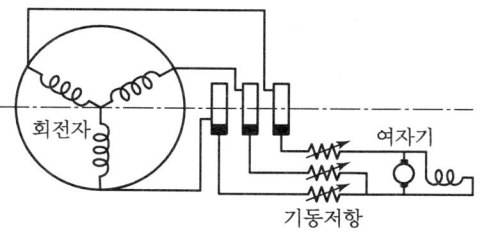

그림 4-192 ▶ 유도동기전동기법

6. 위상특성곡선(V곡선)

1) 동기전동기의 공급 전압과 부하를 일정하게 유지하면서 계자전류(I_f)를 변화시키면 전기자전류(I_a)의 크기가 변화하고 역률 $\cos\theta$도 동시에 변화함

2) 계자전류와 전기자전류의 관계에서 V 자형의 곡선이 나타나며 이를 전동기 V곡선, 위상특성곡선이라 함

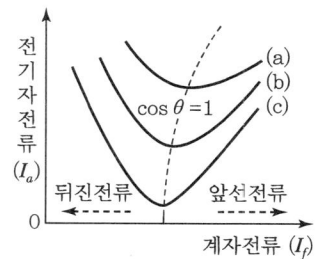

그림 4-193 ▶ V곡선

(1) 곡선(c)는 무부하, (a), (b)는 부하를 증가시킨 경우의 곡선으로 부하가 클수록 V곡선은 위로 이동함
(2) 이들 곡선의 최저점은 역률 1에 해당, 왼쪽은 뒤진 역률, 오른쪽은 앞선 역률을 나타냄
(3) 동기전동기는 계자전류를 조정하여 전기자전류의 세기와 위상을 조정할 수 있음

3) 동기조상기

(1) 전력계통(송전선)의 전압 조정 및 역률개선을 위하여 전력계통에 무부하 동기전동기를 사용한 것이 동기조상기임
(2) 동기전동기 계자 과여자운전 → 선로에 진상전류 공급 → 송전선로 역률개선 및 전압강하 감소 → 콘덴서로 작용

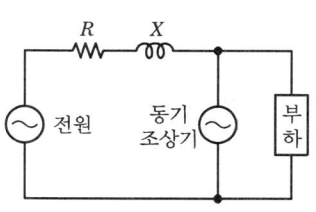

그림 4-194 ▶ 동기조상기

7. 난조

1) 난조 현상

(1) 동기기의 부하가 변동해서 부하 출력과 전기자 출력 사이에 불평형이 되면 즉시 새로운 평형 상태의 부하각으로 옮겨지지 않음

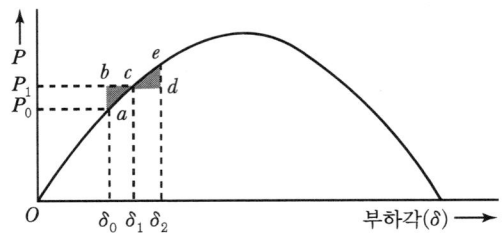

그림 4-195 ▶ 전력대 부하곡선

(2) 일정한 단자전압과 기전력 상태로 부하각 δ_0로 운전되고 있는 동기전동기에 부하가 갑자기 증가하면 부하각은 δ_0에서 증가된 부하에 상당하는 부하각 δ_1이 되어야 하지만 회전자의 관성으로 δ_0는 즉시 δ_1으로 될 수 없어 증가된 부하 출력보다 동기기의 출력이 부족하여 회전자는 순간적으로 에너지를 방출하며 감속하여 동기속도 이하로 됨

(3) 그러면 δ_0는 증가하여 δ_1이 되나, 회전자의 관성이 다시 작용하여 δ_1에서 부하각이 안정되지 않고 지나치게 증가하여 δ_2에 이름

(4) 이렇게 하여 부하각이 δ_1 이상으로 되면 동기기의 출력은 부하 출력보다 크게 되므로 회전자는 가속되고 부하각은 다시 감소하여 δ_1을 지나 변동 전의 부하에 대한 부하각 δ_0 부근까지 되돌아감

(5) 이와 같이 회전자가 δ_1을 중심으로 해서 진동하는 현상을 난조라 함

2) 난조 대책

(1) **제동권선 설치**

① 자극면에 슬롯을 파서 이곳에 저항이 적은 단락권선을 설치한 권선을 말함
② 회전자가 동기속도로 회전하고 있는 경우 회전자와 회전자계의 속도는 0 → 제동권선에 전류가 흐르지 않음
③ 회전자가 동기속도를 벗어나면 전류가 흘러 제동작용을 함

(2) **플라이 휠 설치**

전동기의 자유진동 주기가 길어지므로 난조를 방지할 수 있으나, 플라이 휠의 무게와 크기가 알맞지 않을 때 전동기의 자유진동 주기가 강제 진동의 주기에 일치하여 공진이 일어나 동기를 이탈하여 정지하는 경우도 있음

8. 동기전동기의 특징

1) 장점

(1) 부하의 변화로 속도가 변하지 않음
(2) 계자권선의 직류 여자전류를 조정하여 역률을 조정할 수 있으며, 전력계통의 역률을 조정할 수 있음
(3) 공극이 넓으므로 기계적으로 견고함
(4) 공급전압의 변화에 대한 토크의 변화가 적음
(5) 전부하 효율이 양호함

2) 단점

(1) 직류 여자 장치가 필요함
(2) 가격이 고가임
(3) 구조가 복잡하고 유지보수가 어려움
(4) 속도제어가 어려움
(5) 난조가 발생하기 쉬움

9. 적용

1) 소형의 작은 시계, 오실로 스코프, 전송사진
2) 비교적 저속도, 대용량의 것이 시멘트 공장의 분쇄기, 압축기, 송풍기 등에 이용
3) 역률개선용 동기조상기
4) 정속도 부하

4.2.3.5 전동기 진동 및 소음 원인

1. 개요

전동기의 진동과 소음에는 전기적인 원인과 기계적인 원인이 있으며 이 2가지 사항을 구분하여 설명하면 다음과 같다.

2. 전기적 및 기계적 원인

원인	발생 형태
전기적	• 운전 시 3상 중 1상의 결상 시 회전자계의 불균형에 기인 • 운전 시 고조파 부하에 의한 왜형파 전압파형으로 비정상적인 회전자계 형성 • 구조적으로 공극 각 부의 간격 불일치 시 자기적인 불균형
기계적	• 회전축이 기하학적 중심에 있지 않고 편심되거나 기계적인 응력으로 축이 휘게 된 경우 • 베어링의 마모 또는 손상 • 볼트 등 기계적인 조임이 이완된 경우 • 공극에 이물질 삽입 • 하부 집수정에 의한 유체 흡입 시 발생 가능한 Cavitation 현상 • 회전속도가 회전자의 고유진동 주기와 일치하는 임계속도에서 운전되면 심한 진동이 발생함

4.2.3.6 전동기 과부하율(Service Factor) 및 과부하율 1.0과 1.15의 차이

1. 전동기 과부하율의 의미

1) 전동기 과부하율(Service Factor)은 정격전압, 정격주파수, 허용온도의 기준하에서 허용과부하용량을 얻기 위해 정격출력에 곱하는 계수로서 허용과부하용량 운전 상태를 의미한다.

   허용과부하용량 = 정격출력 × SF(Service Factor)

2) 전동기 과부하율은 단기간 또는 필요한 경우 일시적인 과부하 운전을 하라는 의미이다.

2. Service Factor 종류

IEC 규격에는 Service Factor가 없고, NEMA 규정에만 Service Factor가 있다.

1) 종류

대표적인 것으로 1.0, 1.15, 1.25 이상의 것이 있으며 1.0 이상이면 전동기 명판에 명기토록 NEMA에 규정하고 있다.

2) 과부하율(Service Factor) 1.0과 1.15의 차이

(1) 1.0배는 정격운전

(2) 1.15배는 115[%] 일시적 과부하로 운전

① Coil Size 및 절연등급 등은 동일하나 Motor Frame Size만 1단계 크게 설계하여 냉각효과를 15[%]까지 비연속적인 과부하에 Motor 수명에 영향을 주지 않도록 설계한 것
② Service Factor는 전동기 정격출력의 증가를 뜻하지 않음
③ S.F : 1.15로 설계된 Motor의 경우
15[%] 과부하 운전 시 Motor 사양의 Temp' Rise보다 Temp' Rise + Max.10[℃] 이하로 상승되도록 설계되었음을 의미함

3. 고려사항(NEMA 규정)

1) 정격전압, 정격주파수를 반드시 유지하도록 규정하고 있음

2) 적절한 성능과 정상적인 예상 수명에 필요한 조건

　(1) ±10[%]의 전압 변동, ±5[%]의 주파수 변동하에서 정격출력 발생
　(2) 전압 변동과 주파수 변동 합산 변동은 ±10[%] 이내로 제한됨

3) 온도와의 관계

　(1) Service Factor 부하에서는 정상적인 정격부하에서보다 10℃ 높은 권선 온도 상승이 허용됨
　(2) Service Factor 부하로 연속 운전 시 권선의 절연 파괴, 고장 증가, 수명 감소의 원인이 됨

4. 기타

1) Service Factor Motor는 가격이 고가임
2) 일반전동기 대비 온도에 대해 안전율을 설계한 것

4.2.3.7 유도전동기 출력에 영향을 미치는 고조파 전압계수(HVF : Harmonic Voltage Factor)에 대하여 설명

1. 고조파 전압계수(HVF : Harmonic Voltage Factor) 선정 사유

다상 유도전동기에 인가된 전압에 정격(기본)주파수 이외의 주파수를 가진 전압 성분이 포함되어 있으면, 이 전압 성분은 고조파 전류가 흐르게 하며, 이로 인해 전동기 용량에 용량 감소의 문제가 발생되므로, 일정 이상의 HVF(Harmonic Voltage Factor)에 대해 용량저감분을 고려해야 한다.

2. 관련 근거

NEMA MGI-1998 Revision 1 Part 30

3. 고조파가 전동기에 미치는 영향

1) 전동기의 온도가 상승함
2) 손상의 가능성이 높아짐
3) 전동기의 불평형 회전자계를 발생시킴
4) 전동기의 출력을 저하시킴

4. 고조파 전압계수(HVF : Harmonic Voltage Factor)

1) $HVF = \sqrt{\sum_{n=5}^{n=\infty} \frac{V_n^2}{n}}$

여기서, n : 홀수 차 고조파의 차수
V_n : n차 고조파의 pu 전압

2) 5, 7, 11차 및 13차 고조파의 pu 전압을 각각 0.10, 0.07, 0.045 및 0.036이라 할 때 HVF는 다음과 같음

$$HVF = \sqrt{\frac{0.10^2}{5} + \frac{0.07^2}{7} + \frac{0.045^2}{11} + \frac{0.036^2}{13}} = 0.0546$$

5. 고조파 전압에 의한 전동기 용량 감소계수

고조파 전류가 흐르는 경우 전동기 온도는 기본주파수 정격전압으로 운전하는 전동기의 온도보다 높아진다. 따라서 고조파가 포함된 전압으로 운전하는 전동기는 손상 가능성을 방지하기 위해 출력감소율을 전동기 용량에 곱하여야 한다.

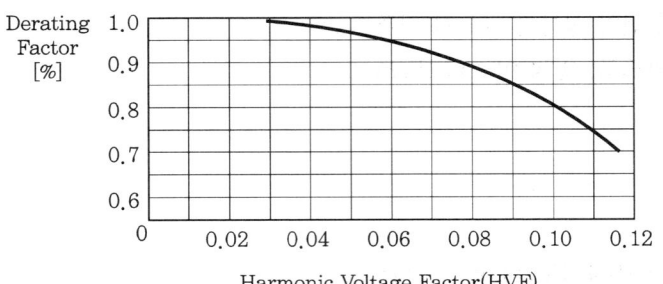

그림 4-196 ▶ 고조파 전압에 의한 전동기 용량 감소계수

1) 이 곡선은 기본주파수에 대한 홀수차 고조파에 대해서만 곱하도록 되어 있음(단, 9차 등 3의 배수인 고조파는 제외한다)
2) 이 곡선은 전압 불평형과 짝수 고조파 또는 이들 모두의 영향을 무시할 수 있는 수준이라는 전제하에서 그려진 출력감소율 계수 곡선임
3) 이 출력감소율 계수 곡선은 기본주파수 이외의 주파수에서 운전하는 경우나 또는 가변전압 또는 주파수 조정운전의 경우는 제외하였음
4) 상기의 곡선에서 HVF가 약 2[%] 정도에서는 전동기 출력에 영향이 없으나 3[%]를 넘어서는 경우 전동기 출력에 영향을 주게 됨
5) 따라서 고조파 전압계수만큼 출력감소율을 전동기 용량에 곱하여야 함

6) IEC 기준
① 유도전동기 기동 특성이 Design N인 전동기는 HVF가 0.03에서도 운전이 허용됨
② 그 외의 전동기와 동기전동기는 HVF를 0.02까지 운전이 가능함

4.2.3.8 유도전동기의 단자전압이 정격전압보다 저하되는 경우 발생하는 현상 및 대책

1. 개요

1) 유도전동기는 상시 운전 시 전압 변동이 ±10[%] 이내인 경우 실계통에서 사용상의 문제는 없음
2) 일반적으로 기동 시에는 10[%], 정상 시 변동 포함 15[%]의 전압강하가 허용되므로 기동 시 토크 저하에 따른 기동 불능은 물론 상시 전동기 효율 저하 등의 원인이 됨
3) 유도전동기는 정격전압으로 운전하는 것이 가장 이상적이나 유도전동기 단자전압이 저하되는 원인과 전압 저하 시 발생되는 현상 및 대책에 대해 구분하여 설명함

2. 유도전동기 단자전압이 낮아지는 원인

1) 전력계통의 지락, 단락 등의 사고 발생
2) 과부하 운전 변압기 및 배전선로 임피던스가 큰 경우
3) 대용량 전동기 및 아크로 전기로 등이 기동하는 경우
4) 선로 임피던스 및 변압기 임피던스가 큰 경우

3. 전동기 단자전압 저하 시 발생되는 현상 및 영향

표 4-51 ▶ 실용상 지장이 없는 범위에서의 전압, 주파수 변동의 영향

구분	전압		주파수	
	+10[%]	-10[%]	+5[%]	-5[%]
동기속도	변화 없음	변화 없음	+5[%]	-5[%]
정격전류	-7[%]	+11[%]	약간 감소	약간 증가
기동전류	+10~12[%]	-10~12[%]	-5~6[%]	+5~6[%]
최대출력	+21[%]	-19[%]	약간 감소	약간 증가
최대회전력	+21[%]	-19[%]	-10[%]	+11[%]
효율	+0.5~1	-2	약간 증가	약간 감소
역률	-3	+1	약간 증가	약간 감소
슬립	-17[%]	+23[%]	거의 변화 없음	거의 변화 없음
온도 상승	-3~4℃	+6~7℃	약간 감소	약간 증가
자기 소음	약간 증가	약간 감소	약간 감소	약간 증가

1) 토크 특성

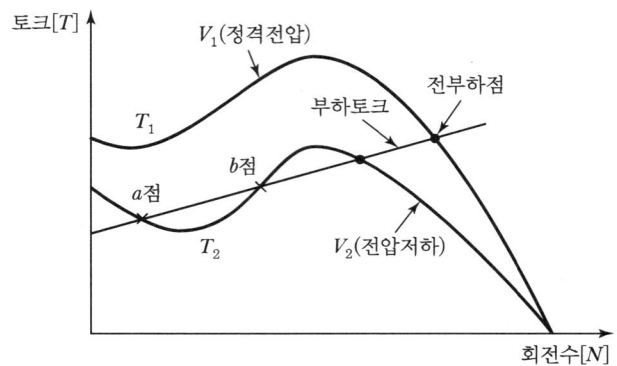

그림 4-197 ▸ 전압과 토크 특성

(1) $T \propto V^2$의 관계에서 토크는 전압의 제곱에 비례하므로 전압이 10[%] 감소하면 기동토크가 약 20[%] 정도 저하됨
(2) 토크 저하에 따른 회전력 감소로 기동 실패 등이 발생할 수 있음

2) 슬립 및 속도 특성

회전자 속도 $N = \dfrac{120f}{P}(1-S)$ 슬립과 전압$\left(S \propto \dfrac{1}{V^2}\right)$과의 관계에서 전압이 감소하면 슬립은 증가하므로 속도가 감소하게 됨

3) 기동전류 특성

(1) 회전자측 전류$(I_{2s}) = \dfrac{E_2{}'}{Z_2} = \dfrac{sE_2}{\sqrt{r_2^2 + (sx_2)^2}} = \dfrac{E_2}{\sqrt{\left(\dfrac{r_2}{s}\right)^2 + (x_2)^2}}$ 에서

(2) 전압이 저하되면 기동전류는 감소됨

4) 정격전류(1차 전류)

(1) $P = \sqrt{3}\,VI\cos\theta$에서 전압이 저하되면 정격전류는 증가하게 됨
(2) 전류가 증가하게 되면 손실이 증가하게 되며, 발열에 의한 전동기 손상의 원인이 될 수 있음

5) 역률 특성

$\cos\theta = \dfrac{P}{\sqrt{3}\,VI}$ 에서 전압이 저하되면 역률은 증가됨

6) 효율 특성

전압이 저하되면 전류가 증가되며, 이로 인해 손실은 증가하므로 효율은 저하됨

4. 단자전압이 낮은 경우 대책($\triangle V = X_s \cdot \triangle Q$)

1) 역률개선용 콘덴서 설치($\triangle Q$)

(1) 전압강하 $\Delta V = \sqrt{3}\,I(R\cos\theta + X\sin\theta)$에 의해 콘덴서를 설치할 경우 전압강하가 개선됨
(2) 역률개선용 콘덴서는 전동기에 개별로 설치하며 운전 중에만 투입되어야 함

2) 배전선로 및 변압기 임피던스 감소(X_s)

(1) 전원의 단락용량을 증가시킴
(2) 전원의 임피던스를 저감시킴

3) 전압 조정($\triangle V$)

(1) 직접 전압을 조정함(ULTC)
(2) 용접기, 전기로 등 전압강하가 심한 부하를 분리함

4) 기타 고조파 대책 등

부하전류에 고조파 포함 시 피상전력은 $\sqrt{P^2 + Q^2 + H^2} = S$로 역률 저하 및 전압강하의 원인이 되므로 고조파 억제대책을 적용 시 전압 상승효과가 있다.

5. 결론

상기에서 설명한 바와 같이 전동기 단자전압이 저하되는 경우 전동기의 효율 저하는 물론, 과열, 소손의 우려가 있으므로 전동기 단자전압이 저하되지 않도록 해야 하며 전압 변동과 주파수 변동의 합성이 ±10[%]의 범위가 허용된다 하더라도 전동기의 수명 특성과 에너지 절감적인 측면에서 유리하므로 정격운전으로 운전될 수 있도록 현장 업무 시 이 점을 중점 관리해야 할 것이다.

4.2.3.9 주파수의 변화(60[HZ] → 50[HZ])가 전동기 부하에 미치는 영향

1. 영향

1) 여자전류

자속 $\phi_2 = \dfrac{f_1}{f_2} \phi_1$로 ϕ_2가 증가되므로 여자전류도 증가하나 자속의 포화 특성을 고려하면 원래보다 약간 증가한다.

2) 철손

(1) 철손 $\propto fB^2$

(2) $f_2 B_2^2 = f_2 \left(\dfrac{f_1}{f_2} B_1\right)^2 = \dfrac{f_1}{f_2} f_1 B_1^2$ 이 되어 $\dfrac{f_1}{f_2}$배 증가함

3) 회전수

(1) 동기속도 $\left(N_S = \dfrac{120f}{P}\right)$ 에서

(2) 주파수가 감소 → 회전수도 저하됨

4) 최대토크

(1) $T_m \propto \phi$

(2) 주파수 감소 → 여자전류(자속) 증가 → 최대토크 증가

5) 기동전류

리액턴스 감소 → 기동전류 증가

6) 온도 상승

(1) 1)에서 여자전류에 의한 동손의 증가
(2) 2)에서 철손의 증가
(3) 3)에 의한 냉각효과 감소
위와 같은 이유로 온도가 상승한다.

7) 효율

3)에서 기계손은 감소하나 1) 동손의 증가, 2) 철손의 증가 등으로 총손실은 증가하여 효율은 저하된다.

2. 60Hz 전동기를 50Hz 전원에 사용 시 문제점

동손 증가, 철손 증가, 냉각효과 감소 등으로 온도가 상승되므로 문제가 된다.(전동기의 냉각 Fan은 속도가 감소하면 풍량이 감소하게 된다. 즉, 출력 토크는 증가하고 냉각 능력이 감소하게 되어 전동기의 온도 상승이 원인이 된다)

3. 50Hz 전동기를 60Hz 전원에 사용 시 그 반대 현상으로 부하 회전수는 증가하나 부하율이 높은 경우는 문제가 될 수 있다.

참고문헌

- KDS(국가건설기준) – 국토해양부
- KEC 및 KEC 해설서 – 대한전기협회
- KEC 시공 가이드북 – 한국전기공사협회
- KSC – IEC 60364 – KS(한국표준협회)
- KSC – IEC 62305 – KS(한국표준협회)
- KSC – IEC 60364 – 한국전기기술인협회
- KSC – IEC 62305 – 한국전기기술인협회
- 전기기술인 – 한국전기기술인협회
- 건축물의 피뢰설비 가이드북 – 의제/곽회로, 정용기
- 건축설비기술사 – Sub – note Ⅰ, Ⅱ – 의제/정용기
- 건축전기설비기술사 핵심문제 상, 하 – 의제/정용기
- 기술계산핸드북 – 의제/정용기
- 대한전기학회 자료
- 대한전기협회 자료
- 보호계전시스템의 실무 활용 기술 – 기다리/유상봉
- 송배전 기술용어 해설집 – 한국전력공사
- 송배전공학 – 동일출판사/송길영
- 송배전공학 – 보성문화사/백용현
- 수변전설비의 계획과 설계 – 의제/박동화, 이순형
- 자가용 전기설비의 모든 것 Ⅰ, Ⅱ – 기다리/김정철
- 전기기기 – 교육인적자원부
- 전기기기 – 태영문화사/안민옥
- 전기기기 – 태영문화사/조선기
- 전기설비계획, 운전과 보호계전기정정 – 기다리/이경식
- 전기설비사전 – 한미/건설공업협회
- 전기이론 – 교육부
- 전기의 세계 – 대한전기학회
- 전기저널 – 대한전기협회
- 전력기술관리법령집 – 동일출판사/이운희
- 전력사용시설물 설비 및 설계 – 성안당/최홍규
- 전원 및 간선설비설계 – 성안당/최홍규
- 전자파공해 – 수문사/김덕원
- 접지기술입문 – 동일출판사/김성모

- 접지등전위 본딩 설계 실무지식 – 성안당/정종욱 역
- 조명설비의 설계 – 성안당/최홍규
- 조명전기설비 – 한국조명·전기설비학회
- 조명제어공학 – 태영출판사/김의곤
- 최신배전시스템공학 – 대한전기학회
- 최신전기기계 – 동명사/이윤종
- 최신전기설비 – 광문각/남시복
- 최신전기설비 – 문운당/지철근
- 최신조명공학 – 문운당/지철근
- 태양광발전시스템의 계획과 설계 – 기다리/이순영
- 태양전지 실무입문 – 두양사/ 김경해
- 한국조명·전기학회 자료

건축전기설비기술사 Ⅱ권

발행일 | 2025. 4. 10 초판발행
저　자 | 조성환, 이재오
발행인 | 정용수
발행처 | 예문사

주　소 | 경기도 파주시 직지길 460(출판도시) 도서출판 예문사
T E L | 031) 955-0550
F A X | 031) 955-0660
등록번호 | 11-76호

- 이 책의 어느 부분도 저작권자나 발행인의 승인 없이 무단 복제하여 이용할 수 없습니다.
- 파본 및 낙장은 구입하신 서점에서 교환하여 드립니다.
- 예문사 홈페이지 http://www.yeamoonsa.com

정가 : 39,000원

ISBN 978-89-274-5783-1 13560